U0277499

高等教育新工科电子信息类系列教材

数字电子技术基础

（微课版）

主　编　陈美玲　石　瑶
副主编　刁艳美　刘　颂　严芳芳
主　审　李　玲

微课视频

西安电子科技大学出版社

内容简介

本书是根据教育部关于应用型本科人才培养目标的要求而编写的。全书以立德树人为根本任务，以数字电子技术的基础知识为主线，以器件为基础，以应用为目标，以具体实例为载体，将知识应用于实例，目的是使学生从感性认知中抽象出理论认知，对数字电子技术的相关知识掌握得更快，理解得更深刻。本书是按初学者循序渐进的学习过程编排的，内容包括概述、数字逻辑代数基础、集成逻辑门电路、组合逻辑电路、触发器、时序逻辑电路、波形的产生与变换、数/模转换和模/数转换电路、可编程逻辑器件基础。

本书在选材时考虑了数字电路基本知识的重要性，在编写过程中以专业知识为主线，以具体工作任务为载体，在每章的学习中，配合仿真演示和仿真训练，以增加学生的感性认知，从而加深其对专业知识的理解，在每章的最后配有思考与练习，以提高学生对本章内容的理解。在教与学的过程中应尽量做到读、做、想、学等方面环环相扣，师生互动，才能达到最佳效果。

本书可作为高等学校电气类、电子信息类、自动化类和机电类等专业"数字电子技术基础"课程的教材，也可供电子、信息技术相关工程技术人员参考。

图书在版编目（CIP）数据

数字电子技术基础：微课版 / 陈美玲，石瑶主编. -- 西安：西安电子科技大学出版社，2025. 2. -- ISBN 978-7-5606-7343-1

Ⅰ. TN79

中国国家版本馆 CIP 数据核字第 202483ZJ64 号

策　　划　吴祯娥
责任编辑　吴祯娥
出版发行　西安电子科技大学出版社（西安市太白南路 2 号）
电　　话　(029) 88202421　88201467　　邮　　编　710071
网　　址　www.xduph.com　　电子邮箱　xdupfxb001@163.com
经　　销　新华书店
印刷单位　广东虎彩云印刷有限公司
版　　次　2025 年 2 月第 1 版　　2025 年 2 月第 1 次印刷
开　　本　787 毫米×1092 毫米　1/16　　印张 15.5
字　　数　360 千字
定　　价　49.00 元
ISBN 978-7-5606-7343-1
XDUP 7644001-1

前 言

“数字电子技术基础”是高校自动化类、机电类、电子信息类等专业的一门重要的基础课程，是“电子线路设计”“单片机应用技术”等课程的先修基础课程。本书将思政、理论、实践、仿真融为一体，重点体现了“以能力为本位，以实践为主线”的教学思想，旨在使学生具备数字逻辑电路设计、制作、测试与调试等能力，在仿真与技能活动的基础上掌握相关知识，培养学生的职业素质。

通过本书的学习，学生可掌握高等应用型人才所必需的逻辑代数、门电路、组合逻辑电路、触发器、时序逻辑电路、脉冲波形的产生与整形、CPLD基本知识、A/D转换与D/A转换等有关知识和常用仪器仪表使用、数字集成电路与功能电路测试、电路设计、电路制作与调试等技能。

本书增加了“思维拓展”“知识拓展”等资源，相关知识点均配有微课视频；通过思考与练习环节强化和拓展教学内容；通过Multisim软件实现技能训练项目的应用；坚持以立德树人为根本任务，在每章中融入了思政内容与新工科元素，目的是使学生在学习名人励志故事和了解科技发展历程的过程中提高对自动化及电子技术的浓厚兴趣和思辨能力；配有大量的思考与练习，方便学生以练促学来巩固所学知识，查漏补缺。

南京工业大学浦江学院陈美玲、石瑶担任本书主编；南京工业大学浦江学院刁艳美、刘颂，太原学院严芳芳担任副主编。本书的具体分工为：刁艳美编写第1章和第2章；刘颂编写第4章；陈美玲编写第3章、第5章、第6章、第9章；刁艳美和刘颂共同编写第7章；石瑶编写第8章；严芳芳编写附录A与附录B；全书由陈美玲统稿。另外，在本书的编写过程中李玲老师给予了很多指导和帮助，并对全书进行了主审，在此表示衷心感谢！

由于作者水平有限，书中难免存在不妥之处，请各位读者批评指正。

作者

2024年5月于南京

目　录

第1章 概 述

本章导引

数字电子技术是研究数字信号的编码、运算、计数、存储、测量和传输的科学技术。从1904年电子管的问世到如今超大规模集成电路的应用，各国的科学家一直在电子器件研究的道路上不断创新、实践和攻克一个个技术难关，为信息技术和人工智能技术的发展打下了坚实的基础。现如今，数字电子技术已广泛用于我们生产和生活的各个方面，如我们生活中用到的数字产品(如手机、计算机等)，我国的高铁、大飞机、航空航天系统、北斗卫星导航系统，港口内的自动控制系统等都离不开数字电子技术，我国的数字电子技术应用走在了世界前列。

数字电路不仅可以用来进行各种逻辑运算和算术运算，还可用于各种数控装置、智能仪表等，正越来越多地应用于数据、图像及语音信号的传输和处理，如电子计算机、智能化仪表、众多数码产品等都是以数字电路为基础的。数字电子技术以极高的速度发展，越来越转向数字电子系统的集成，即将集成电路、保护电路、抗干扰电路等集成在一个芯片上。

近年来国际形势急剧变化，我国以集成电路为代表的高端科学技术发展面临着空前的挑战，国家在人工智能、集成电路等前沿领域积聚力量进行原创性、引领性科技攻关，以增强自主创新能力。学习数字电子技术基础知识可为进一步学习各种超大规模集成电路打下基础。

数字电路大致包含数字信号的产生和变换、传输和控制、存储和计数等。本章主要介绍数制和码制的概念、各种数制之间的相互转换、二进制的算术运算。

知识点睛

通过本章的学习，读者可达到如下目的：

(1) 了解数字信号和数字电路的特点。

(2) 掌握二进制数、八进制数、十进制数和十六进制数及其他进制数之间的相互转换。

(3)了解编码的基本概念，了解格雷码，掌握8421BCD码。

(4) 理解原码、反码和补码。

应用举例

日常生活中我们所熟悉的电子计算机是一个典型的数字系统。计算机系统包括硬件系统和软件系统，具体组成如图1.1所示。

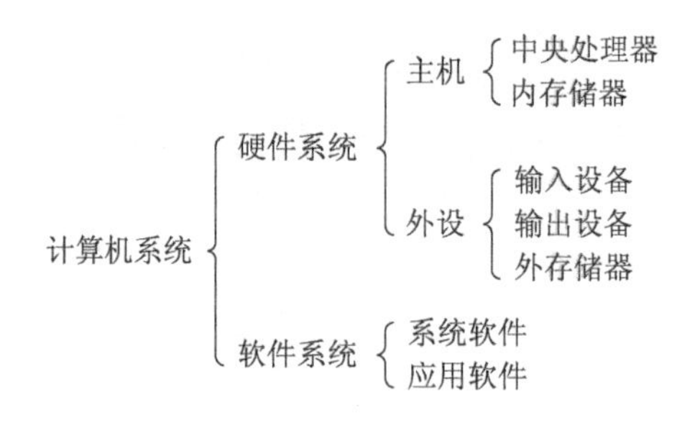

图 1.1　计算机系统的组成

计算机主机包括中央处理器和内存储器，它们所处理的信号都是数字信号，其硬件电路大部分是数字电路。软件系统中的源代码本质上都是由二进制代码(数字信号)构成的。

图 1.2 所示为数码相机的图片及组成框图。

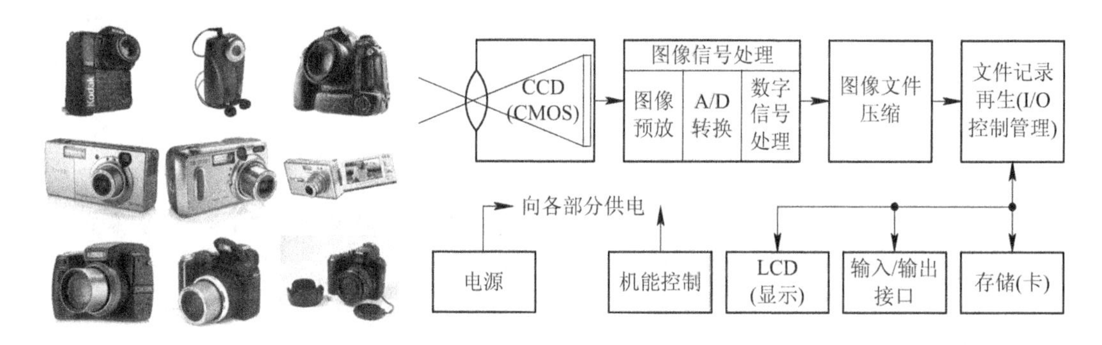

图 1.2　数码相机的图片及组成框图

从图 1.2 所示的框图中可以看出，数码相机包含的大部分电路为数字电路，如 A/D 转换器、数字信号处理电路、图像文件压缩电路、文件记录再生电路等都是数字电路。

随着数码产品(如数字电视、数字摄像机、IP 电话等)的使用越来越普遍，人们对数字信号的处理越来越频繁，数字电路的应用也越来越普遍，学习、研究数字信号和数字电路构成的数字系统势在必行。

1.1　数字电路的基本概念

1.1.1　数字信号和数字电路

数字电路的基本概念

电子电路中的信号分为两类，一类在时间和数值上都是连续的，称为模拟信号，如图 1.3(a)所示，如温度、速度、压力信号、220 V 交流电信号、语音信号等。用计量仪器测量出的某一时刻的模拟信号的瞬时值或有效值均具有明确的物理意义。传输和处理模拟信号的电路称为模拟电路，如放大器、滤波器、混频器等。在模拟电路中，晶体管一般工作在线性区，要求不失真地传输和处理模拟信号。另一类信号在时间和数值上都是不连续的，是离散的，称为数字信号。在电路中，数字信号常常表现为突变的电压和电流，其数值大小和每次增减变化均为某个最小数量单位的整数倍，而小于该最小数量单位的数值则没有任何意义，如图1.3(b)所示，有时又把这种突变的数字信号称为脉冲信号。传输和处理数字信号的电路称为数字电路。数字钟、电子计算机、数码产品等都是由数字电路组成的。数字电路中的晶体管一般工作在开关状态(饱和区和截止区)，放大状态为中间过渡状态。

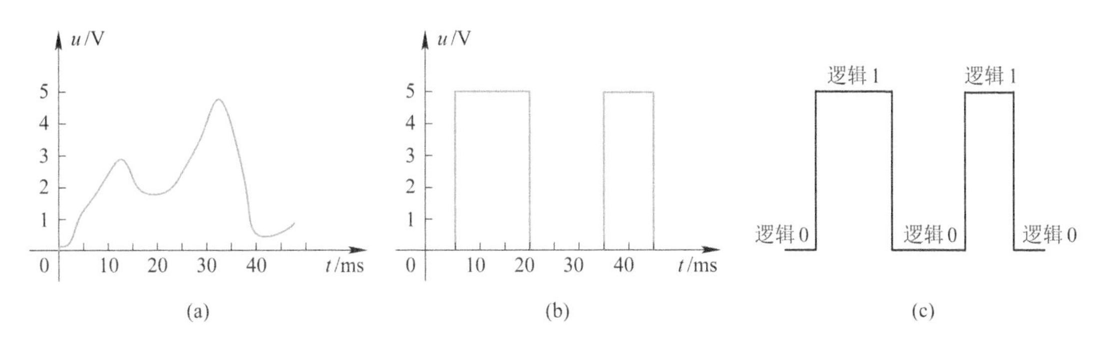

图1.3 模拟信号和数字信号

1.1.2 逻辑与逻辑电平

什么是逻辑？逻辑是从日常生活中抽象出来的对立状态。如开关的开与合、灯亮与灯灭、车停与车行等，在数字电路中分别用“0”和“1”表示两种不同的逻辑状态。我们可以用“1”表示灯亮，用“0”表示灯灭；用“0”表示车停，用“1”表示车行等。

数字电路中通常用电压的低和高表示逻辑状态的“0”和“1”。例如，在一个电源电压为+5 V的电路中，用+5 V表示状态“1”，用0 V表示状态“0”。+5 V称为逻辑高电平，0 V称为逻辑低电平。在电源电压为+15 V的数字电路中，用+15 V表示逻辑状态“1”，用0 V表示逻辑状态“0”，这里逻辑高电平是+15 V，逻辑低电平是0 V。用逻辑高电平表示逻辑“1”，用逻辑低电平表示逻辑“0”，这种表示方法称为正逻辑体制；反之，称为负逻辑体制。本书中若无特殊说明，皆用正逻辑体制。采用正逻辑体制时，图1.3(b)所示的数字电压信号就可以表示为图1.3(c)所示的数字信号逻辑波形。

1.1.3 数字信号的主要参数

一个理想的周期性数字信号，可用以下几个参数来描绘，如图1.4所示。

U_m——信号幅度，数字电路中的逻辑高电平的数值，单位为V。

T——信号周期，信号的重复时间，单位为秒(s)、毫秒(ms)、微秒(μs)、纳秒(ns)。

t_W——脉冲宽度，逻辑高电平的持续时间。

q——占空比，逻辑高电平占周期的百分比，$q=\frac{t_W}{T}\times 100\%$。

实际上，数字信号不可能为图1.4(a)所示的理想波形。图1.4(b)是非理想数字信号的波形。从图1.4中可以看出：信号的上升和下降是有一定时间的，而不是突变的。我们把信号从幅度的10%上升到90%所需的时间称为脉冲信号的上升时间t_r，把信号从幅度的90%下降到10%所需的时间称为脉冲的下降时间t_f。脉冲宽度t_W定义为信号从幅度的50%上升至最大值后，再下降到50%所需的时间，其单位与周期T一致。

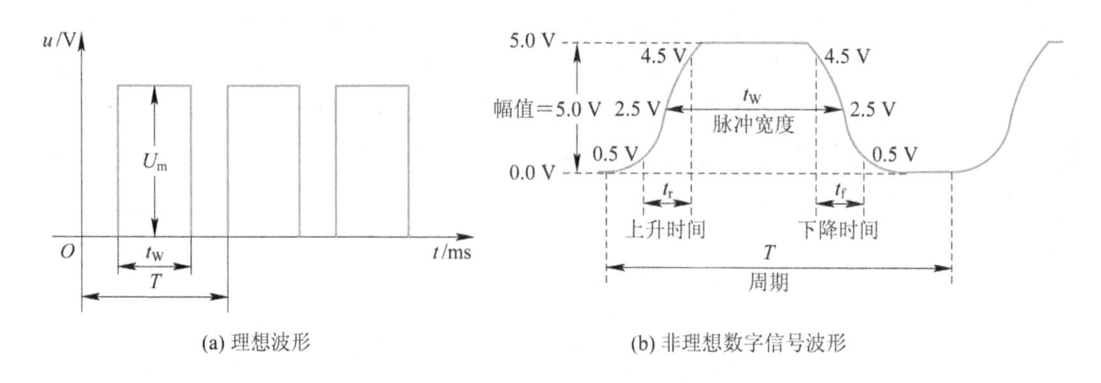

(a) 理想波形　　(b) 非理想数字信号波形

图 1.4 数字信号的主要参数

1.1.4 数字电路的特点

数字电路在结构、工作状态、研究内容和分析方法上与模拟电路不同。它具有如下特点：

(1) 数字电路在稳态时，电路中的半导体器件工作在饱和或截止状态。因为在饱和和截止时对应于外部电路的特点为电流的有无、电压的高低，所以在数字电路中晶体管一般工作在开关状态。

(2) 数字电路的单元电路比较简单，对元件的精度要求不高，只要求器件可靠地表示出 1 和 0 两种状态。因此，数字电路便于集成化、系列化生产，产品使用方便，可靠性高，成本低廉。

(3) 因为数字电路中只有 0、1 两种状态，所以便于长期存储，便于用计算机处理。由于数字电路加工和处理的都是二进制信息，不易受到外界的干扰，因而其抗干扰能力强。而模拟系统的各元件其电平是连续变化的，且都有一定的温度系数，易受温度、噪声、电磁感应等的影响。

(4) 数字电路的精度高。模拟系统的精度由元器件决定，由于大部分模拟元器件的精度很难达到 10^{-3}，并且参数随着温度的变化而变化，稳定性差，而数字系统只要 14 位就可以达到 10^{-4}的精度，因此，在高精度系统中有时只能采用数字系统。

(5) 在数字电路中重点研究的是输出信号和输入信号之间的逻辑关系，以确定电路的逻辑功能。因此，数字电路的研究分为两个部分：一是对电路的逻辑功能进行分析，称为逻辑分析；二是根据逻辑功能要求设计出满足功能要求的电路，称为逻辑设计。

(6) 由于数字电路有它自身的特点，所以其分析方法和模拟电路有所不同。在数字电路中描述电路逻辑功能的方法有逻辑表达式、真值表、卡诺图、特征方程、状态转移图、时序图等。

1.2 数制和码制

数制即计数体制，即表示数的规则。用数码的特定组合表示特定信息的过程称为编码。码制即编码体制，表示事物的规则。它是一种将信息转换为特定编码形式的过程。

1.2.1　数制

数制和码制

数制是指多位数码中各位的构成方式以及从低位到高位的进位规则，是描述数值大小的方法。

数字电路中常用的数制有十进制(Decimal)、二进制(Binary)、八进制(Octal)、十六进制(Hexadecimal)。十进制数可以表示为$(N)_{10}$或$(N)_D$，其他进制的数依次可以表示为(N_2)或$(N)_B$、$(N)_8$或$(N)_O$、$(N)_{16}$或$(N)_H$。

1. 十进制

十进制是我们日常生活中最常用的计数体制，共用0～9十个数码计数，并遵循“逢十进一，借一当十”的原则。通常将计数数码的个数称为基数，因此十进制计数体制的基数是10。十进制数的数码所在的位置不同，它所表示的值就不同。例如：

$$2023=2\times 10^3+0\times 10^2+2\times 10^1+3\times 10^0$$

式中，10^3、10^2、10^1、10^0称为每个数位上的权或权值。上式称为十进制数的权展开式。因此，十进制数N可表示为

$$\begin{aligned}(N)_{10} &= a_{n-1}\times 10^{n-1}+a_{n-2}\times 10^{n-2}+\cdots+a_0\times 10^0+a_{-1}\times 10^{-1}+\cdots+a_{-m}\times 10^{-m}\\ &=\sum_{i=-m}^{n-1}(a_i\times 10^i)\end{aligned}\tag{1.1}$$

式中，a为各位上的数码；n为整数的位数；m为小数的位数。

例如：$(56.78)_{10}=5\times 10^1+6\times 10^0+7\times 10^{-1}+8\times 10^{-2}$。

实际上，对于任意R进制数N，都可以写出如下权展开式：

$$(N)_R=\sum_{i=-m}^{n-1}(a_i\times R^i)\tag{1.2}$$

式中，a为各位上的数码；R为基数；n为整数的位数；m为小数的位数；R^i为各位上的权值。

2. 二进制

二进制是在数字电路中应用最广泛的数制。它只有0和1两个数码，它的基数是2。各位数的权值是2的幂。因此，任意一个二进制数N可以表示为

$$\begin{aligned}(N)_2 &= a_{n-1}\times 2^{n-1}+a_{n-2}\times 2^{n-2}+\cdots+a_0\times 2^0+a_{-1}\times 2^{-1}+\cdots+a_{-m}\times 2^{-m}\\ &=\sum_{i=-m}^{n-1}(a_i\times 2^i)\end{aligned}\tag{1.3}$$

式中，a_i只有0、1两位数码；2^i为各位的权值；n为整数的位数；m为小数的位数。例如：

$$(1101011.11)_2=1\times 2^6+1\times 2^5+0\times 2^4+1\times 2^3+0\times 2^2+1\times 2^1+1\times 2^0+1\times 2^{-1}+1\times 2^{-2}$$

【例1.1】　将二进制数110.01转换为十进制数。

解　将二进制数按位权展开，求各位数值之和，可得

$$(110.01)_2=(1\times 2^2+1\times 2^1+0\times 2^0+0\times 2^{-1}+1\times 2^{-2})_{10}=(6.25)_{10}$$

3. 八进制和十六进制

虽然二进制在计算机中普遍使用，但是由于其和十进制相比在表示一个数时所用的位数较多，所以在数字电路中又常用八进制和十六进制。

八进制是用0～7八个数码计数的，它的基数是8，它各位上的权值是8^i，它遵循"逢八进一，借一当八"的进借位原则。八进制数N的权展开式为

$$(N)_8 = \sum_{i=n-1}^{-m}(a_i \times 8^i) \tag{1.4}$$

同理，十六进制的基数是16，它是用0、1、2、3、4、5、6、7、8、9、A、B、C、D、E、F这十六个数码来表示的，它遵循"逢十六进一，借一当十六"的进借位原则。十六进制数N的权展开式为

$$(N)_{16} = \sum_{i=-m}^{n-1}(a_i \times 16^i) \tag{1.5}$$

因此，要把一个非十进制数转换为十进制数，只要将权展开式按位相加即可。

【例1.2】　将一个八进制数$(17.5)_8$转换为十进制数。

解　$(17.5)_8=(1\times8^1+7\times8^0+5\times8^{-1})_{10}=(15.625)_{10}$。

【例1.3】　将一个十六进制数$(9D.C)_{16}$转换为十进制数。

解　$(9D.C)_{16}=(9\times16^1+13\times16^0+12\times16^{-1})_{10}=(157.75)_{10}$。

注：本例中小数点的保留位数应根据实际要求而定。一般情况下保留两位小数。

同一个十进制数，用二进制数表示时，由于位数较多，因此书写和阅读都很费劲，而八进制数和十六进制数就简短得多。因此，在软件编程时，都习惯于用十六进制数或八进制数。表1.1为常用数制特点对照表，表1.2为常用数制对照表。

表1.1　常用数制特点对照表

数制	基数	数码	计数规则	一般表达式
十进制	10	0～9	逢十进一	$(N)_{10}=\sum_{i=-m}^{n-1}(a_i\times10^i)$
二进制	2	0、1	逢二进一	$(N)_2=\sum_{i=-m}^{n-1}(a_i\times2^i)$
八进制	8	0～7	逢八进一	$(N)_8=\sum_{i=-m}^{n-1}(a_i\times8^i)$
十六进制	16	0～9、A、B、C、D、E、F	逢十六进一	$(N)_{16}=\sum_{i=-m}^{n-1}(a_i\times16^i)$

表1.2　常用数制对照表

十进制	二进制	八进制	十六进制	十进制	二进制	八进制	十六进制
0	0000	0	0	8	1000	10	8
1	0001	1	1	9	1001	11	9
2	0010	2	2	10	1010	12	A
3	0011	3	3	11	1011	13	B
4	0100	4	4	12	1100	14	C
5	0101	5	5	13	1101	15	D
6	0110	6	6	14	1110	16	E
7	0111	7	7	15	1111	17	F

4. 数制转换

数制之间的转换主要分为两种：一是十进制数和非十进制数之间的转换；二是 2^n 进制数之间的转换。

1）十进制数和非十进制数之间的转换

（1）非十进制数转换为十进制数。

如前所述，非十进制数转换为十进制数，只要将非十进制数按权展开式展开，并将其数值相加即可。例如：

$$(1001.01)_2=(1\times2^3+1\times2^0+1\times2^{-2})_{10}=(9.25)_{10}$$

$$(11.25)_8=(1\times8^1+1\times8^0+2\times8^{-1}+5\times8^{-2})_{10}\approx(9.33)_{10}$$

$$(3E.F)_{16}=(3\times16^1+14\times16^0+15\times16^{-1})_{10}=(62.9375)_{10}$$

（2）十进制数转换为非十进制数。

十进制数转换为非十进制数分为两部分进行，即整数部分和小数部分。

整数部分转换采用除基取余法：此方法是用十进制数除以待转换数制的基数，第一次所得的余数为待转换数制的最低位，把得到的商再除以该基数，所得余数为次低位，以此类推，直到商为 0 时，所得余数为该数的最高位。

例如，将十进制数 25.25 转换为二进制数、八进制数、十六进制数。

首先转换整数部分：

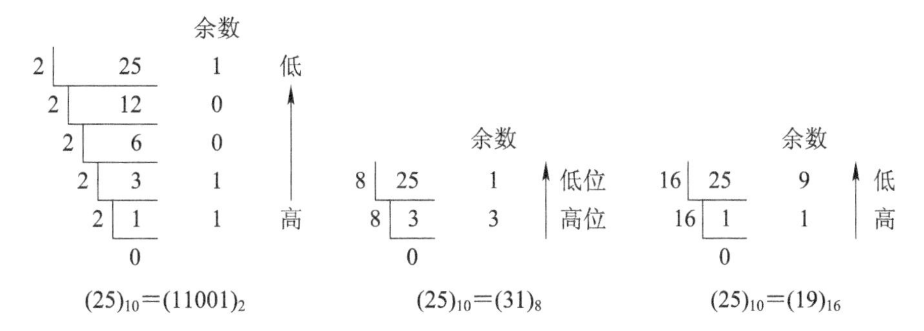

小数部分转换采用乘基取整法：此方法就是用待转换的十进制数的小数部分乘以待转换数制的基数，将第一次乘积的整数部分作为最高位，再将乘积的小数部分继续乘以该基数，乘积的整数部分为次高位，以此类推，直到乘积为 0 或达到所要求的精度为止。

0.25　整数
× 2
0.5　0　高位
0.5
× 2
1.0　1　低位

$(0.25)_{10}=(0.01)_2$

0.25　整数
× 8
2.00　2

$(0.25)_{10}=(0.2)_8$

0.25　整数
× 16
4.00　4

$(0.25)_{10}=(0.4)$

因此，$(25.25)_{10}=(11001.01)_2$，$(25.25)_{10}=(31.2)_8$，$(25.25)_{10}=(19.4)_{16}$。

【例 1.4】 将一个十进制数$(0.437)_{10}$转换为八进制数(保留到小数点后 4 位)。

解　小数部分转换采用“乘基取整法”。

	整数	
0.437		
× 8		
3.496	3	高位
0.496		↓
× 8		↓
3.968	3	↓
0.968		↓
× 8		↓
7.744	7	↓
0.744		↓
× 8		↓
5.952	5	低位

由此可得，$(0.437)_{10}=(0.3375)_8$。

2) 2^n 进制数之间的转换

(1) 二进制数与八进制数之间的转换：可以用一位八进制数表示三位二进制数。它们之间的转换较为简单，例如：

$$(31.25)_8=(\underline{011}\ \underline{001}.\underline{010}\ \underline{101})_2=(11001.010101)_2$$

$$(1010010110.01001)_2=(\underline{001}\ \underline{010}\ \underline{010}\ \underline{110}.\underline{010}\ \underline{010})_2=(1226.22)_8$$

(2) 二进制数与十六进制数之间的转换：同理，一位十六进制数可以表示四位二进制数。它们之间的转换如下：

$$(\mathrm{AD.B4})_{16}=(\underline{1010}\ \underline{1101}.\underline{1011}\ \underline{0100})_2=(10101101.101101)_2$$

$$(1010010101.10001)_2=(\underline{0010}\ \underline{1001}\ \underline{0101}.\underline{1000}\ \underline{1000})_2=(295.88)_{16}$$

1.2.2　码制

码制是指多位数码按照一定的规则排列来表示不同信息的方法。例如，参赛运动员身上贴的号码牌、汽车的车牌号、邮政编码等，这些数字编号并不表示数量的大小，而是为了便于识别运动员、车辆、地区的信息。

数字电路中常用的码制有 BCD 码、循环码、格雷码、奇偶校验码、ASCII 码等。

1. BCD 码

在数字系统中，由 0、1 组成的二进制码，不仅可以表示数值的大小，还可以表示特定的信息。这种具有特定信号的二进制数码称为二进制代码。用四位二进制数码表示一位十进制数(0～9)，这样的数码称为二-十进制代码(Binary Coded Decimal)，简称 BCD 码。常见的 BCD 码见表 1.3。

表1.3　常见BCD码

十进制数	8421码	2421码	5421码	余3码
0	0000	0000	0000	0011
1	0001	0001	0001	0100
2	0010	0010	0010	0101
3	0011	0011	0011	0110
4	0100	0100	0100	0111
5	0101	1011	1000	1000
6	0110	1100	1001	1001
7	0111	1101	1010	1010
8	1000	1110	1011	1011
9	1001	1111	1100	1100

BCD码分为有权码和无权码。所谓有权码，即每一位都有固定数值的码。8421码、2421码和5421码是有权码，而余3码是无权码。8421码是最常用的BCD码，如果没有特殊说明，通常提到的BCD码就是指8421码。它从高位到低位固定位置上的权值依次为8、4、2、1，它属于恒权码。它的书写格式是：每4位数码为一组，每组数码之间空半格，每组数码中的0不能省略。例如：

$$(59.28)_{10}=(0101\ 1001.\ 0010\ 1000)_{8421BCD}$$

需要特别注意不要混淆"十进制数与二进制数的转换"和"用BCD码来表示十进制数"这两个不同的概念。例如：

$$(13)_D=(1101)_B \qquad (转换)$$

$$(13)_D=(0001\ 0011)_{BCD} \qquad (编码)$$

通常，编码比转换需要的二进制数位更多。

2421码也是恒权码。从高位到低位的权值依次为2、4、2、1。它的编码特点是0和9、1和8、2和7、3和6、4和5互为反码。

5421码也是恒权码。从高位到低位的权值依次为5、4、2、1。

余3码表示的二进制数正好比它所代表的十进制数大3，所以称为余3码。0和9、1和8、2和7、3和6、4和5也互为反码。余3码属于无权码。

2. 格雷码

格雷码(Gray Code)的特点是：每两组相邻代码之间只有一位不同，其余位数均相同。格雷码是无权码。格雷码也有很多代码形式，其中最常用的一种是循环码。表1.4为4位循环码的编码表。

循环码中不仅相邻的两组代码只有1位不同，首尾两组代码(0和15)也只有1位不同，构成一个循环，故称为循环码。另外，代码1和14、2和13、3和12、4和11、5和10等中间对称的两个代码也只有1位不同。

格雷码的这种"相邻性"使它在传输过程中引起的误差较小。若相邻两个数的对应码组有两个以上不同的码元，例如8421码的0111(7)和1000(8)，则从一个数过渡到相邻数时会瞬间出现许多其他码组，有可能造成逻辑上的差错。而格雷码中，0100(7)和1100(8)仅有一位码元不同，在过渡过程中不会瞬间出现其他码组，有效避免了瞬间模糊状态，因此它是错误最小化的代码，获得了广泛应用。格雷码主要用于角度编码。

表1.4 4位循环码的编码表

十进制数	循环码	十进制数	循环码
0	0000	8	1100
1	0001	9	1101
2	0011	10	1111
3	0010	11	1110
4	0110	12	1010
5	0111	13	1011
6	0101	14	1001
7	0100	15	1000

3. 奇偶校验码

二进制信息在传送过程中可能会出现错误。为了发现和校正错误，提高设备的抗干扰能力，代码必须具有发现并校正错误的能力，具有这种能力的代码称为误差检验码。最常采用的误差检验码是奇偶校验码(Parity Check Code)。它由两部分组成：一部分是需要传送的信息本身，是一组位数不限的二进制代码；另一部分是奇偶校验位，只有一位，数值为0或1，增加奇偶校验位后，使得整个代码中1的个数为奇数或偶数，1的个数为奇数的称为奇校验，1的个数为偶数的称为偶校验。表1.5所示为8421码的奇偶校验码。如果奇校验码在传送过程中多一个1或少一个1，则会出现偶数个1，这样奇校验电路就可发现传送过程中的错误。同样，偶校验码在传送过程中出现的错误也会很容易被发现。

表1.5 8421码的奇偶校验码

十进制数	8421码	奇校验位	偶校验位
0	0000	1	0
1	0001	0	1
2	0010	0	1
3	0011	1	0
4	0100	0	1
5	0101	1	0
6	0110	1	0
7	0111	0	1
8	1000	0	1
9	1001	1	0

4. ASCII码

ASCII码(American Standard Code for Information Interchange)是美国信息交换标准代码，是为了实现计算机应用中的人机通信，对所用到的十进制数码、字母和专用符号等用特定的二进制代码来表示的一种编码。

ASCII码是一组7位二进制代码，可组成 $2^7=128$ 种状态来表示128个字符，部分字符的ASCII码如表1.6所示。

表1.6　部分字符的ASCII码

字符	ASCII码	字符	ASCII码	字符	ASCII码
空格	010 0000	4	011 0100	K	100 1011
.	010 1110	5	011 0101	L	100 1100
(	010 1000	6	011 0110	M	100 1101
+	010 1011	7	011 0111	N	100 1110
$	010 0100	8	011 1000	O	100 1111
*	010 1010	9	011 1001	P	101 0000
)	010 1001	A	100 0001	Q	101 0001
—	010 1101	B	100 0010	R	101 0010
/	010 1111	C	100 0011	S	101 0011
,	010 1100	D	100 0100	T	101 0100
′	010 0111	E	100 0101	U	101 0101
=	011 1101	F	100 0110	V	101 0110
0	011 0000	G	100 0111	W	101 0111
1	011 0001	H	100 1000	X	101 1000
2	011 0010	I	100 1001	Y	101 1001
3	011 0011	J	100 1010	Z	101 1010

表1.6中包括数字，大、小写英文字母，标点符号以及控制字符。

不同的编码有不同的编码规则和用途：二-十进制码用4位二进制数来表示1位十进制数中的0～9这10个数码；格雷码常用于模拟量的转换，当模拟量发生微小变化时，格雷码仅仅改变1位，更加可靠，且容易检错；ASCII码是美国信息交换标准码，普遍用于计算机的键盘指令输入和数据输入等。在实际使用中，应根据编码规则进行解读，明确编码的专业标准，强化标准意识，遵守职业伦理操守和职业道德。

1.3　二进制的算术运算

1.3.1　二进制数的运算规则

算术运算

二进制运算遵循“逢二进一，借一当二”的进借位原则。

二进制数的运算规则如下：

加法：0＋0＝0，0＋1＝1，1＋0＝1，1＋1＝[1]0。

两个1相加后为2，而二进制数只有0和1，所以逢2进1，本位和为0，向高位进1。

减法：0－0＝0，1－1＝0，1－0＝1，0－1＝[1]0－1＝1。

本位被减数不够减时向高位借位，[1]表示向高位借1当2，再进行减法运算。

乘法：0×0＝0，0×1＝0，1×0＝0，1×1＝1。

乘法与十进制数的四则运算一样，表示多个加数进行相加。

除法：0÷1＝0，1÷1＝1。

二进制数的除法计算方法：从被除数的高位开始减去除数，够减时商为1，不够减时商为0。从高位向低位依次减下去，就可以得到所求的商。

【例1.5】　将二进制数11001与101分别进行加、减、乘、除运算。

解　(1) 加法：

```
加数        11001
加数   +      101
进位数          1
       ----------
和          11110
```

(2) 减法：

```
借位数          1
被减数      11001
减数   -      101
       ----------
差          10100
```

(3) 乘法：

```
乘数        11001
乘数   ×      101
       ----------
            11001
           00000
          11001
       ----------
积        1111101
```

(4) 除法

```
                101      商
除数  101 / 11001      被除数
            101
            -----
              101
              101
            -----
                0      余数
```

1.3.2　原码、反码与补码

在计算机中，数的正和负是用数码表示的，通常采用的方法是在二进制数的最高位前面加一个符号位来表示，正数的符号位用“0”表示，负数的符号位用“1”表示，符号位后面的数码表示数的绝对值。计算机在存储一个数字时并不是直接存储该数字对应的二进制数字，而是存储该数字对应二进制数字的补码，所以我们需要了解一下原码、反码和补码。

1. 原码

原码的第一位表示符号，其余位表示数值，分成正数和负数两类。

正数：[0]＋对应的二进制数。例如，75的二进制数为1001011，原码为01001011。

负数：[1]＋对应的二进制数的绝对值。例如，－75的二进制数为－1001011，原码为11001011。

2. 反码

反码也分成正数和负数两类。

正数：和原码相同。例如，75 的反码为 01001011。

负数：在原码的基础上，符号位不变，其余各位取反。例如，−75 的反码为 10110100。

3. 补码

补码也分成正数和负数两类。

正数：补码是原码本身。例如，75 的补码为 01001011。

负数：补码是在原码的基础上，符号位不变，其余各位取反后加 1(即在反码的最低位加 1)。例如，−75 的反码为 10110101。

在计算机系统中，数值一律采用补码来表示和存储。原因在于：使用补码时，可以将符号位和数值域统一处理；同时，加法和减法也可以统一处理，即利用补码可将二进制数的减法运算用加法来实现。

补码运算规则：补码＋补码＝补码；补码的补码＝原码。

【例 1.6】 利用补码分别计算 25−5 和 5−25。

解　首先将 25 和 −5 转换为二进制数 11001、−00101，将 5 和 −25 转换为二进制数 00101、−11001；再将其转换为补码 011001、111011、000101、100111。

将补码相加：

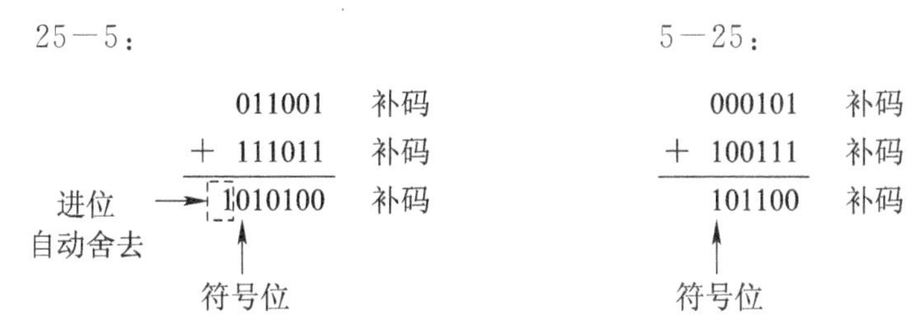

25−5 求得结果中进位自动舍去，符号位为 0，说明结果为正数。由于正数的原码、反码和补码相同(三码合一)，因此得到 25−5 的二进制结果为 010100，运算结果为＋20。

5−25 求得结果中的符号位为 1，说明结果为负数，利用补码的补码＝原码可求得原码。符号位不变，数值部分取反后加 1，求得原码为 110100，运算结果为−20。

(1) 数字信号在时间和数值上是不连续的，是离散的。在数字电路中，数字信号通常是突变的电压或电流信号。一个理想的周期性数字信号通常用如下几个参数表示：幅值 U_m、脉冲宽度 t_W、周期 T、占空比 q。

(2) 数字电路中的晶体管一般工作在开关状态。数字电路的特点是：基本电路简单，易于大规模集成、大规模及规范性生产；抗干扰能力强，精度高；便于长期存储；保密性好；通用性好。

(3) 逻辑是日常生活中抽象出来的两种对立的状态，通常用“0”和“1”表示。数字电路中用逻辑高电平表示逻辑“1”，用逻辑低电平表示逻辑“0”，称为正逻辑体制。

(4) 数字电路中，常用的计数制有十进制、二进制、八进制、十六进制，它们之间是可以相互转换的。

(5) 二进制是以 2 为基数的计数体制，它的进位规则是逢二进一，各位的权值都是 2 的幂。二进制数转化为十进制数的方法是：写出二进制数的权展开式，各位加权系数的和便为二进制数对应的十进制数。八进制数和十六进制数分别是以 8 和 16 为基数的计数体制，其进位规则和转化为十进制数的方法与二进制数的基本相同。

(6) 十进制数转化为二进制数、八进制数和十六进制数的方法是：整数部分采用连续“除基取余法”，小数部分采用连续“乘积取整法”。

(7) 二进制代码不仅可以表示数值，还可以表示符号及文字。BCD 码是用 4 位二进制代码代表 1 位十进制数的编码，有多种形式。8421 码是数字电路中最常用的有权码。另外，还有格雷码、奇偶校验码、ASCII 码等几种常见的通用代码。

(8) 二进制数的运算遵循“逢二进一，借一当二”的进借位原则。

(9) 数字系统中，二进制数的正、负需要通过符号位来表示，符号位位于最高位，正数用 0 表示，负数用 1 表示。二进制数的表示方法有原码、反码和补码。原码为原数值直接在最高位加符号位。正数的原码、反码和补码相同。负数的反码为符号位加上原数值后取反；负数的补码为反码加 1。在求反码和补码时，符号位始终不变。

(10) 数字系统中的基本运算为加法运算。补码是实现运算统一的重要工具。利用补码可将二进制数的减法运算用加法来实现。运算规则为：补码＋补码＝补码。运算时进位自动舍去，符号位结果为 0 时可直接得到原数的原码，符号位结果为 1 时需要对补码再进行补码运算才可得到原码。

思考与练习

一、填空题

1. 模拟信号在时间和幅值上都是(　　　)，数字信号在时间和幅值上都是(　　　)。

2. 上升时间是指波形从幅值的(　　)%上升到(　　)%所经历的时间，下降时间是指波形从幅值的(　　)%下降到(　　)%所经历的时间。

3. 正弦波信号属于(　　)(模拟/数字)信号，三角波信号属于(　　)(模拟/数字)信号。

4. 方波信号在时间和幅值上是(　　　)(离散/连续)的，语音信号在时间和幅值上是(　　)(离散/连续)的。

5. 在数字电路中，常用的计数制除十进制外，还有(　　)、(　　)、(　　)。

6. 二进制数是以(　　)为基数的计数体制，十六进制数是以(　　)为基数的计数体制。

7. 二进制数只有(　　)和(　　)两个数码，加法运算的进位规则为(　　)。

8. 数字 1011B 中数码 0 的权是(　　)，数字 345.2H 中数码 2 的权是(　　)。

9. 十进制数转换为二进制数的方法是：整数部分用(　　)法，小数部分用(　　)法。十进制数 23.75 对应的二进制数为(　　)。

10. $(43.5)_H=(\qquad)_D=(\qquad\qquad)_B$。

11. $(AA.B)_H=(\qquad)_D=(\qquad\qquad)_B$。

12. $(101)_D$ ＝(　　　　)$_H$＝(　　　　　　　)$_B$。

13. $(25.2)_D$ ＝(　　　　)$_H$＝(　　　　　　　)$_B$。

14. $(1111.11)_B$ ＝(　　　　)$_D$＝(　　　)$_H$。

15. $(1010.01)_B$＝(　　　　)$_D$＝(　　　)$_H$。

16. 常用的 BCD 码有(　　　)、(　　　)、(　　　)等。

17. 8421 码是最常用的 BCD 码，它采用(　　　)位二进制数来表示(　　　)位十进制数，符合通常人们的习惯。

18. 8421 码是一种常用的 BCD 码，该码从左到右各位对应的权值分别为(　　　)。

19. 格雷码属于(　　　)(有权码/无权码)，我们通常又把格雷码称为(　　　)码。

20. 格雷码的特点是任意两个相邻的码组之间有(　　　)位数不同，因此其被称为(　　　)码。

21. 常用的有权码有(　　　)码和(　　　)码。

22. 常用的无权码有(　　　)码和(　　　)码。

23. $(12)_D$＝(　　　　)$_H$＝(　　　　　　　)$_{8421BCD}$。

24. $(32.5)_D$＝(　　　　)$_H$＝(　　　　　　　)$_{8421BCD}$。

25. $(11.01)_B$＝(　　　　)$_D$＝(　　　　　　　)$_{8421BCD}$。

26. $(110.11)_B$＝(　　　　)$_D$＝(　　　　　　　)$_{8421BCD}$。

27. $(1001\ 0101)_{8421BCD}$＝(　　　)$_B$＝(　　　　)$_D$。

28. $(0001.1000)_{8421BCD}$＝(　　　)$_B$＝(　　　　)$_D$。

29. $(26.5)_{10}$＝(　　)$_2$＝(　　　)$_{16}$＝(　　　　　　)$_{8421BCD}$。

30. $(46.5)_{10}$＝(　　)$_2$＝(　　　)$_{16}$＝(　　　　　　)$_{8421BCD}$。

31. $(25)_{10}$＝(　　)$_2$＝(　　　)$_{16}$＝(　　　　　　)$_{8421BCD}$。

32. 增加奇偶校验位后，使得整个代码中 1 的个数为奇数或偶数，1 的个数为奇数的称为(　　　)，1 的个数为偶数的称为(　　　)。

33. ASCII 码对所用到的十进制数码、字母和标点符号等用特定的(　　　)来表示。

34. 负数的补码和反码的关系为(　　　)。

35. －35 的二进制数是(　　　)，原码是(　　　)，补码是(　　　)，反码是(　　　)。

二、选择题(选择正确的答案填入括号内)

1. 在二进制计数系统中，每个变量的取值为(　　　)。

A. 0 和 1　　B. 0～7　　C. 0～10　　D. 0～F

2. 二进制数的权值为(　　　)。

A. 10 的幂　　B. 2 的幂　　C. 8 的幂　　D. 16 的幂

3. 十进制数 386 的 8421 码为(　　　)。

A. 0011 0111 0110　　B. 0011 1000 0110

C. 1000 1000 0110　　D. 0100 1000 0110

4. 在下列数中，不是余 3 码的是(　　　)。

A. 1011　　B. 0111　　C. 0010　　D. 1001

5. 十进制数的权值为(　　　)。

A. 2 的幂　　B. 8 的幂　　C. 16 的幂　　D. 10 的幂

6. 二进制数－1010 的补码为(　　)

A. 11010　　B. 00101　　C. 10101　　D. 10110

三、练习题

1. 将下列二进制数转换成十进制数。

(1) $(100001)_2$　　(2) $(11001.011)_2$　　(3) $(0.01101)_2$

2. 将下列十进制数转换成二进制数(要求二进制数保留到小数点后 5 位)。

(1) $(75)_{10}$　　(2) $(45.378)_{10}$　　(3) $(0.742)_{10}$

3. 将下列十六进制数转换成二进制数、八进制数和十进制数。

(1) $(45C)_{16}$　　(2) $(6DE.C8)_{16}$　　(3) $(8FE.FD)_{16}$

4. 将下列二进制数转换成八进制数和十六进制数。

(1) $(11001011.101)_2$　　(2) $(11110010.1011)_2$　　(3) $(1100011.011)_2$

5. 将下列十进制数转换成 8421 码。

(1) $(74)_{10}$　　(2) $(45.36)_{10}$　　(3) $(136.45)_{10}$

6. 将下列 8421 码转换成十进制数。

(1) $(111000)_{8421BCD}$　　(2) $(10010011)_{8421BCD}$　　(3) $(1011001)_{8421BCD}$

7. 用二进制数的补码计算下列各式。

(1) 1010＋0011　　(2) 1101－1011　　(3) －0011－1010

第2章 数字逻辑代数基础

本章导引

在客观世界中，事物的发展和变化通常是有一定因果关系的。例如，电灯的亮与灭取决于电源是否接通，如果电源接通，电灯就会亮，否则就灭。在这里，电源是否接通是因，电灯亮与不亮是果，这种事件产生的条件和结果之间的因果关系一般称为逻辑关系。反映和处理逻辑关系的数学工具就是逻辑代数。数字电路的输出信号与输入信号之间的关系就是逻辑关系，因此数字电路的工作状态可以用逻辑代数来描述，如开关的通与断、电平的高与低、三极管的导通与截止等。逻辑代数是按照一定的逻辑规律进行运算的，表示的是逻辑关系，不是数量关系，这是它与普通代数在本质上的区别。本章将重点介绍逻辑代数中的基本运算、公式、定理和规则，逻辑函数的概念以及公式法和卡诺图法两种化简方法，并通过实例介绍用 Multisim 化简逻辑函数。本章的数字逻辑代数的基本知识，是学习和研究数字电路及其构成的数字系统的坚实基础。

知识点睛

通过本章的学习，读者可达到如下目的：

(1) 掌握逻辑代数基本运算(与、或、非)及复合逻辑运算(与非、或非、与或非、异或、同或)等复合逻辑运算。

(2) 掌握逻辑函数的几种表达方式：真值表、逻辑函数表达式、逻辑电路图和波形图。

(3) 了解逻辑函数的基本定律和规则。

(4) 能运用逻辑函数的基本定律和规则，求逻辑函数的反演式，对逻辑函数进行转换和化简。

应用举例

在我们的日常生活和工作中，经常会遇到需要表决的情况。例如，有一个表决会议，有三位评委，若有两个评委同意通过，且主评委必须同意，最终结果才为通过，否则为不通过。现需设计一个表决电路，每个评委面前有“赞同”和“反对”按钮，三个评委分别按下按钮后，系统会自动发出一个最终表决通过与否的信号。

为了解决这个问题，就需要引入逻辑变量，以表示事件的不同逻辑状态。不论是因还是果，都用二进制数码来表示不同的逻辑状态，它们之间按照指定的因果关系进行推理运算。虽然每个变量的取值只有两种可能，表示两种不同的逻辑状态，但是我们可以用多变量不同的组合状态表示事件的多种逻辑状态来处理复杂的逻辑问题。

2.1 逻辑代数中的基本运算

逻辑代数又称布尔代数，它是19世纪英国数学家布尔(George Boole，1815—1864)提出的。逻辑代数在被发明后很久都不受重视，一些数学家曾轻蔑地说它是没有数学意义的，在哲学上也属于稀奇古怪的东西。直到1938年，一位年仅22岁的美国年轻人克劳德·艾尔伍德·香农(美国数学家、信息论创始人)在《继电器与开关电路的符号分析》一书中，将布尔代数与开关电路联系起来。布尔代数从发明到现在差不多经历了一个世纪。如今，布尔代数已被广泛应用于开关电路和数字逻辑电路的分析和设计中，所以又被称为开关代数或逻辑代数。逻辑代数是分析和设计逻辑电路的理论基础。

逻辑运算

1815年，布尔出生于英国。

1847年，他出版了《逻辑的数学分析》(*The Mathematical Analysis of Logic*)。

1849年，他出版了著作《思维规律的研究》(*An Investigation of The Laws of Thought*)，他用代数方法研究逻辑问题，把一些简单的逻辑思维数学化，建立了逻辑代数(后称为布尔代数)。同年，他被爱尔兰科克皇后学院(爱尔兰国立科克大学)聘为数学教授。

逻辑代数和普通代数一样，也是用大写字母A、B、…代表变量，但逻辑代数中变量的取值只有两种："0"和"1"。只是，这里的"0"和"1"已不表示数值的大小，而是表示客观事件两种对立的逻辑状态，如开关的"开"和"关"、事件的"是"和"非"、电流的"有"和"无"、灯的"亮"和"灭"等。表2.1所示为逻辑代数与普通代数的对照表。

表2.1 逻辑代数与普通代数对照表

	逻辑代数	普通代数
变量	只有0和1两种取值，不表示数量的大小，代表对立或矛盾的两种逻辑状态，如电平的高低、指示灯的亮灭、开关的通断等二值信息	取值具有多样性，如十进制的0～9，表示数值的大小
运算	与、或、非等	+、−、×、÷、…

逻辑系统中的电路种类繁多，功能各异，但它们的逻辑关系都可以用最基本的逻辑运算综合而成。将事件的条件作为输入信号，结果作为输出信号，条件和结果的状态分别用"1"和"0"来表示，它们之间可以按照一定的规则来进行推理运算，称为逻辑运算。三种最基本的逻辑运算是与运算、或运算、非运算。

2.1.1　基本逻辑运算

1. “与”逻辑

只有决定某一事件发生的所有条件都具备时，这一事件才会发生，这种因果逻辑关系称为“与”逻辑(Logic Multiplication)。例如，图 2.1 中的开关 A 和 B 同时闭合时，灯 F 才会亮。因此，灯 F 和开关 A、B 之间的关系称为“与”逻辑，写作：

$$F = A \cdot B \tag{2.1}$$

式(2.1)称为逻辑表达式，读作“F 等于 A 与 B”。“与”逻辑关系又称为逻辑乘，遵循“有 0 出 0，全 1 出 1”的运算规则。

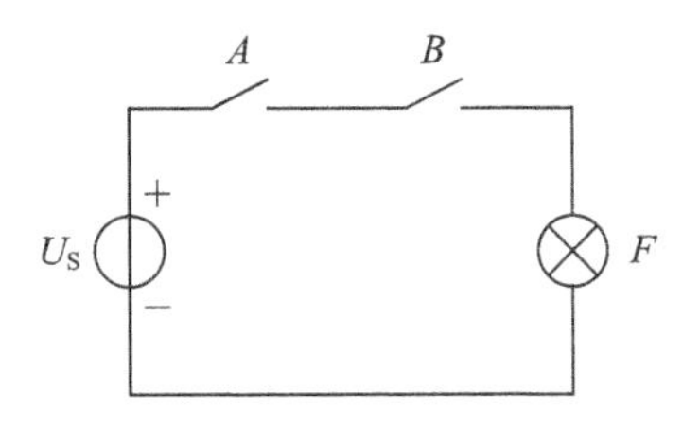

图 2.1　串联开关电路

假设开关断开为“0”状态，开关闭合为“1”状态，灯亮为“1”状态，灯灭为“0”状态，电路实现的功能如表 2.2 所示，我们也可以将灯 F 和开关 A、B 的关系用表 2.3 描述，这个表称为真值表。

表 2.2　电路功能表

开关 A	开关 B	灯 F
断	断	灭
断	合	灭
合	断	灭
合	合	亮

表 2.3　与运算的真值表

A	B	F
0	0	0
0	1	0
1	0	0
1	1	1

“与”逻辑的运算规则如下：

$$0 \cdot 0=0, \quad 0 \cdot 1=0, \quad 1 \cdot 0=0, \quad 1 \cdot 1=1$$

实现“与”逻辑功能的电路称为“与门”。门电路是数字电路的基本逻辑单元，是实现基本逻辑运算和组合逻辑运算的基本电路。在电子电路中，用电位的高低来表示双值逻辑的 1 和 0，习惯上称为高电平和低电平。一般采用正逻辑体制，即逻辑 1 表示高电平，逻辑 0 表示低电平。利用半导体二极管的单向导电性与三极管在饱和区和截止区呈现的开关特性，可以实现高低电平信号输出。

如图 2.2 所示，设二极管在理想状态下工作，正向导通相当于开关闭合，反向截止相当于开关断开。A、B 为电路的输入，F 为电路的输出。任意一个输入端为低电平(逻辑 0)的时候，所对应的二极管工作在正向导通状态，此时电路输出被钳制在低电平(逻辑 0)，只有当输入端全部接入高电平(逻辑 1)时，所有二极管都处于反向截止的工作状态，此时电路输出才为高电平(逻辑 1)。此电路实现了“有 0 出 0，全 1 出 1”的“与”逻辑功能，其真值表与表 2.3 所示的真值表一致。2 输入与门的波形图如图 2.3 所示。与门的逻辑符号如图 2.4 所示。

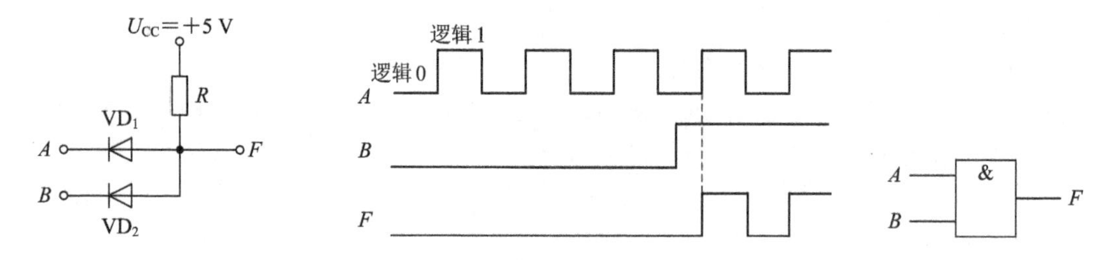

图 2.2　二极管与门电路　　图 2.3　2 输入与门的波形图　　图 2.4　与门的逻辑符号

多输入与运算可以表示为

$$F = A \cdot B \cdot C \tag{2.2}$$

如图 2.5 所示，若与门有多个输入，则选取其中一个输入端作为控制端，用 EN 表示，称为使能端(Enable 端)。根据与门的逻辑功能可知，当 EN 端为低电平时，门电路输出被钳制在低电平，此时电路输出与其余输入端的信号完全无关，电路功能被封锁。当 EN 端为高电平时，电路输出取决于其余输入端的信号，电路功能被打开。控制端 EN 也被称为高电平有效的使能端子。其真值表如表 2.4 所示。

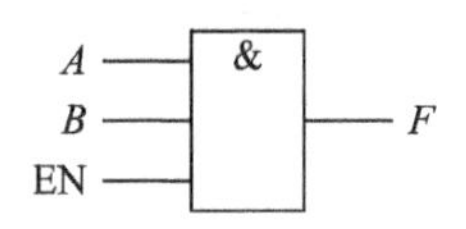

图 2.5　带使能端的与门

表 2.4　真　值　表

EN	F	说　明
0	0	低电平封锁
1	$A \cdot B$	高电平有效

2. “或”逻辑

决定某一事件发生的所有条件中，只要有一个或一个以上条件具备，这一事件就会发生，这种因果逻辑关系称为“或”逻辑(Logic Addition)。例如，图 2.6 中的开关 A 和 B 只要有一个合上或两个同时合上，灯 F 就会亮。因此灯 F 和开关 A、B 之间的关系称为“或”逻辑，逻辑表达式为

$$F = A + B \tag{2.3}$$

读作“F 等于 A 或 B”。“或”逻辑关系又称为逻辑加，即遵循“有 1 出 1，全 0 出 0”的运算原则。表 2.5 是“或”运算的真值表。

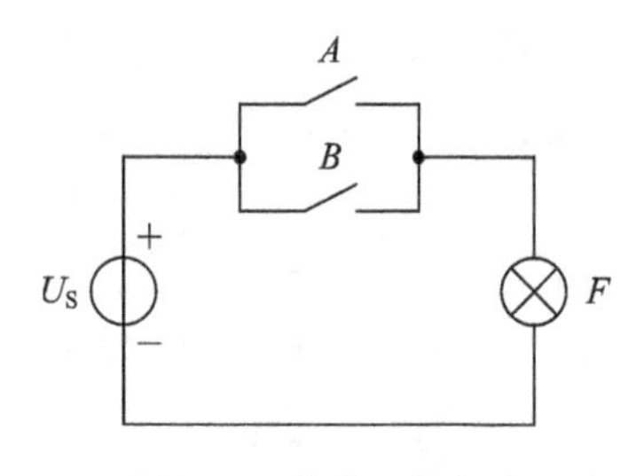

图 2.6　并联开关电路

表 2.5　或运算的真值表

A	B	F
0	0	0
0	1	1
1	0	1
1	1	1

“或”逻辑的运算规则如下：

$$0+0=0, \quad 0+1=1, \quad 1+0=1, \quad 1+1=1$$

实现“或”逻辑功能的电路称为“或门”。如图 2.7 所示的电路，当任意输入端输入高电平时，它所对应的二极管处于正向导通状态，电路的输出被钳制在高电平，只有当输入端全部输入低电平的时候，所有的二极管处于反向截止状态，电路输出为低电平，此电路实现了“有 1 出 1，全 0 出 0”的逻辑功能。2 输入或门的波形图如图 2.8 所示。或门的逻辑符号见图 2.9。

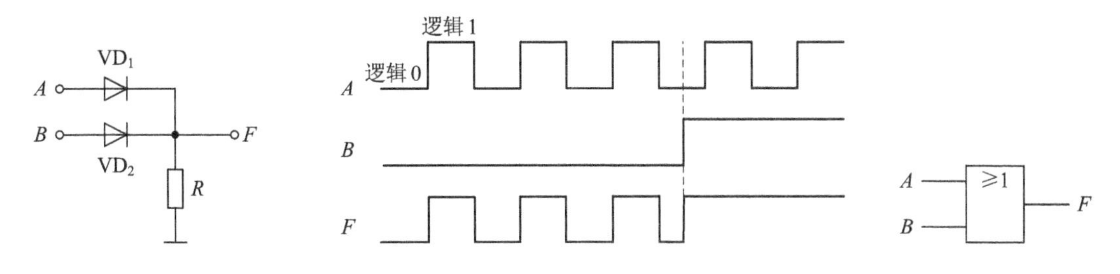

图 2.7　二极管或门电路　　图 2.8　2 输入或门的波形图　　2.9　或门的逻辑符号

多输入或运算可以表示为

$$F=A+B+C \tag{2.4}$$

类比与门，当或门有多个输入时，如图 2.10 所示，选取其中一个输入端$\overline{\mathrm{EN}}$作为控制端。根据或门的逻辑功能可知，当控制端$\overline{\mathrm{EN}}$为低电平时，电路输出取决于其余输入端的信号，电路功能被打开。控制端也被称作低电平有效的使能端子，一般用反变量形式$\overline{\mathrm{EN}}$来表示。当$\overline{\mathrm{EN}}$端为高电平时，门电路的输出被钳制在高电平，此时电路的输出端与其余输入端的信号完全无关，电路功能被封锁，其真值表如表 2.6 所示。

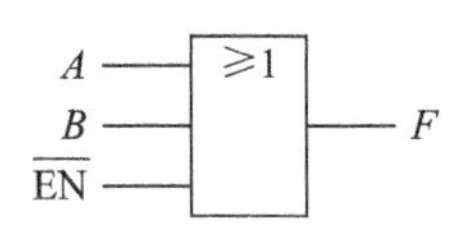

图 2.10　带使能端的或门

表 2.6　真　值　表

$\overline{\mathrm{EN}}$	F	说　明
0	$A+B$	低电平有效
1	1	高电平封锁

3. “非”逻辑

非运算的输出和输入总是相反的。当决定某一事件的条件具备时，事情反而不会发生。这种因果逻辑关系称为“非”逻辑(Logic Negation)。例如，当图 2.11 中的开关 A 合上时，灯 F 反而不亮，因此灯 F 和开关 A 的关系称为“非”逻辑，逻辑表达式为

$$F=\overline{A} \tag{2.5}$$

读作“F 等于 A 非”。非运算的真值表如表 2.7 所示。

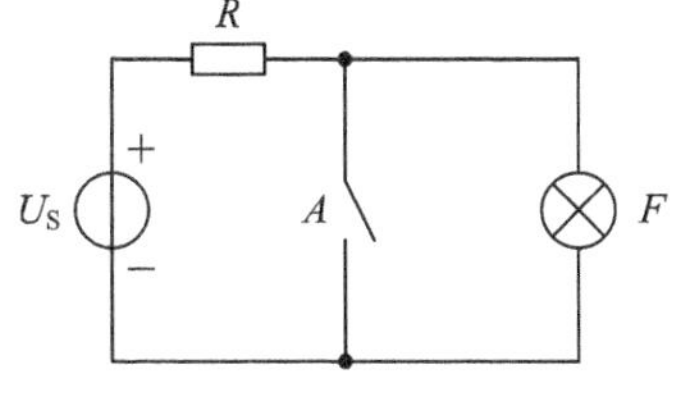

图 2.11　开关与电灯并联电路

表 2.7　“非”运算的真值表

A	F
0	1
1	0

“非”逻辑的运算规则如下：

$$\overline{0}=1,\qquad \overline{1}=0$$

实现“非”逻辑功能的电路称为“非门”，又称为反相器。图 2.12 所示为由双极型晶体管构成的开关电路，当输入 u_I 接高电平，且晶体管处于饱和工作状态时，集电极 C 和发射极 E 之间相当于开关闭合，输出 u_O 为低电平；当输入 u_I 接低电平，晶体管处于截止状态时，集电极 C 和发射极 E 之间相当于开关断开，由电路的输出回路 KVL 方程 $u_O=U_{CC}-i_C R_C$ 可知，输出 u_O 为 U_{CC} 高电平。此电路实现了取“非”逻辑功能。晶体管的输入输出关系如表 2.8 所示。非门的逻辑符号见图 2.13，其中的小圆圈表示取非。非门的波形图如图 2.14 所示。

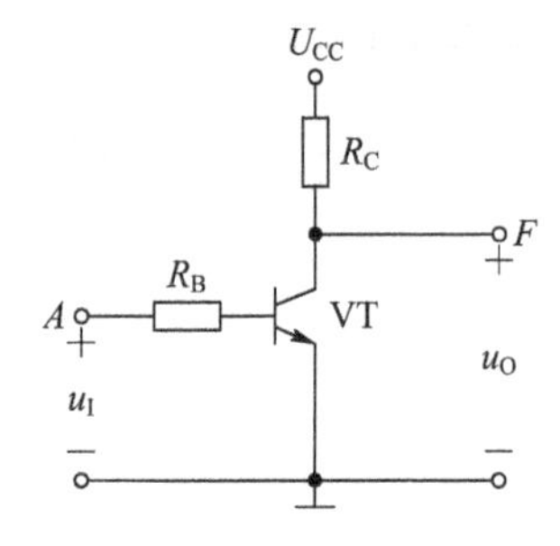

图 2.12　晶体管非门电路

表 2.8　晶体管的输入输出关系

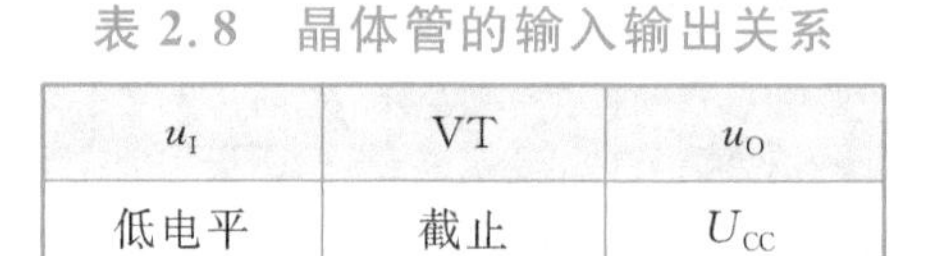

u_I	VT	u_O
低电平	截止	U_{CC}
高电平	饱和	0 V

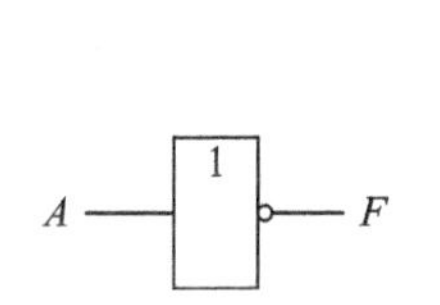

图 2.13　非门的逻辑符号

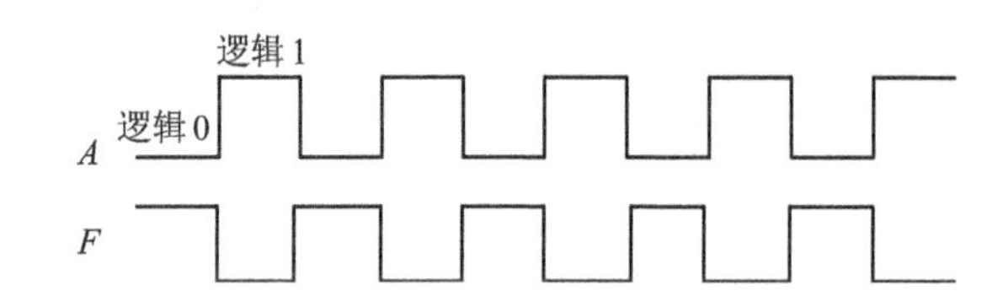

图 2.14　非门的波形图

2.1.2　复合逻辑运算

2.1.1 节介绍的与、或、非三种逻辑运算是数字电路中最基本的逻辑运算，由这些运算可以组成各种逻辑运算。

1. 与非运算

与非运算是由与运算和非运算组合而成的，逻辑表达式为

$$F=\overline{A\cdot B}\tag{2.6}$$

与非门的逻辑符号见图 2.15，功能真值表见表 2.9。与非门的逻辑功能是：“有 0 出 1，全 1 出 0”。

2. 或非运算

或非运算是由或运算和非运算组合而成的，逻辑表达式为

$$F=\overline{A+B}\tag{2.7}$$

或非门的逻辑符号见图 2.16，功能真值表见表 2.10。或非门的逻辑功能是：“有 1 出 0，全 0 出 1”。

3. 与或非运算

与或非运算是由与、或、非三种运算组合而成的，逻辑表达式为

$$F = \overline{AB + CD} \tag{2.8}$$

与或非门的逻辑符号见图 2.17，其功能真值表请同学们试着自己列出。

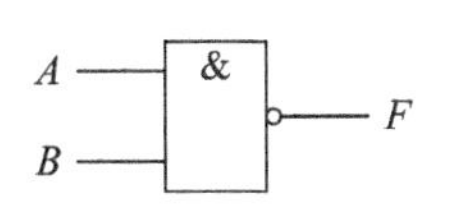

图 2.15 与非门的逻辑符号

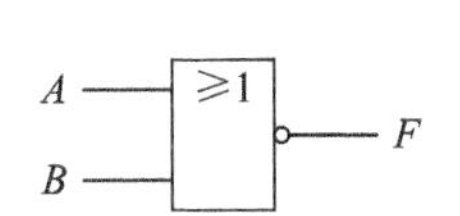

图 2.16 或非门的逻辑符号

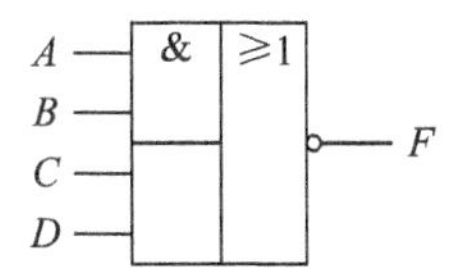

图 2.17 与或非门的逻辑符号

表 2.9 与非逻辑真值表

A	B	F
0	0	1
0	1	1
1	0	1
1	1	0

表 2.10 或非逻辑真值表

A	B	F
0	0	1
0	1	0
1	0	0
1	1	0

4. 同或和异或运算

异或运算的逻辑表达式：

$$F = A\overline{B} + \overline{A}B = A \oplus B \tag{2.9}$$

异或门的逻辑符号见图 2.18，其功能真值表见表 2.11。异或的运算规则是：当两个输入相同时，输出为 0；当两个输入不同时，输出为 1。

同或运算的逻辑表达式：

$$F = AB + \overline{A}\,\overline{B} = A \odot B \tag{2.10}$$

同或门的逻辑符号见图 2.19，其功能真值表见表 2.12。同或的运算规则是：当两个输入相同时，输出为 1；当两个输入不同时，输出为 0。

同或和异或互为反函数，因此在电路中，若只有异或门而没有同或门，则只要在异或门后加一级非门，就可以实现同或门的功能。

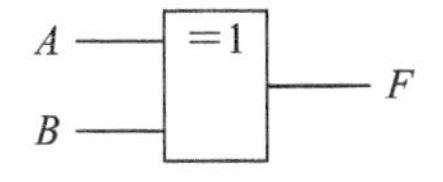

图 2.18 异或门的逻辑符号

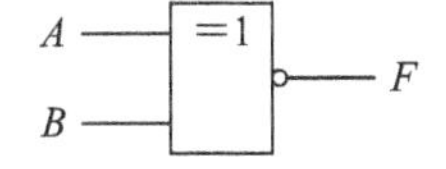

图 2.19 同或门的逻辑符号

表 2.11 异或逻辑真值表

A	B	F
0	0	0
0	1	1
1	0	1
1	1	0

表 2.12 同或逻辑真值表

A	B	F
0	0	1
0	1	0
1	0	0
1	1	1

2.2　逻辑代数的公式、定律和规则

逻辑代数有自己的运算规则和定理，用于对表达式进行处理，以便我们对逻辑电路进行设计、化简、变换、分析。前面介绍了与、或、非三种基本运算及其运算规则，它们是数字逻辑的基础。下面将介绍逻辑代数的公式、定律和规则。

2.2.1　逻辑代数的常用公式

逻辑运算规律

1. 逻辑常量运算公式

对常量进行逻辑运算时，应遵循如表2.13所示的公式。

表2.13　逻辑常量运算公式

与运算	或运算	非运算
$0\cdot 0=0$	$0+0=0$	$\overline{1}=0$ $\overline{0}=1$
$0\cdot 1=0$	$0+1=1$	
$1\cdot 0=0$	$1+0=1$	
$1\cdot 1=1$	$1+1=1$	

2. 逻辑常量、变量运算公式

在进行常量与变量间的逻辑运算时，应遵循如表2.14所示的公式。

表2.14　逻辑常量、变量运算公式

与运算	或运算	非运算
$A\cdot 0=0$	$A+0=A$	$\overline{\overline{A}}=A$
$A\cdot 1=A$	$A+1=1$	
$A\cdot A=A$	$A+A=A$	
$A\cdot\overline{A}=0$	$A+\overline{A}=1$	

2.2.2　逻辑代数的基本定律

1. 与普通代数相似的规律

在进行逻辑常量、变量的运算时，规律见表2.15。

表2.15　逻辑常量、变量运算公式

交换律	$A+B=B+A$
	$A\cdot B=B\cdot A$
结合律	$A+B+C=(A+B)+C=A+(B+C)$
	$A\cdot B\cdot C=(A\cdot B)\cdot C=A\cdot(B\cdot C)$
分配律	$A\cdot(B+C)=A\cdot B+A\cdot C$
	$A+B\cdot C=(A+B)\cdot(A+C)$

分配律证明：

$$
\begin{aligned}
(A+B)\cdot(A+C) &= A\cdot A + A\cdot C + B\cdot A + B\cdot C \\
&= A\cdot(1+C+B) + B\cdot C \\
&= A + B\cdot C
\end{aligned} \qquad (2.11)
$$

此外，分配律还可以用真值表证明，如表2.16所示。

表2.16　证明 $A+B\cdot C=(A+B)\cdot(A+C)$ 的真值表

A　B　C	$B\cdot C$	$A+B\cdot C$	$A+B$	$A+C$	$(A+B)(A+C)$
0　0　0	0	0	0	0	0
0　0　1	0	0	0	1	0
0　1　0	0	0	1	0	0
0　1　1	1	1	1	1	1
1　0　0	0	1	1	1	1
1　0　1	0	1	1	1	1
1　1　0	0	1	1	1	1
1　1　1	1	1	1	1	1

2. 吸收律

吸收律可以利用基本公式推导出来，是逻辑函数化简中常用的基本定律，见表2.17。

表2.17　逻辑常量、变量运算公式

吸　收　律	证　　明
① $AB+A\overline{B}=A$	$AB+A\overline{B}=A(B+\overline{B})=A\cdot 1=A$
② $A+AB=A$	$A+AB=A(1+B)=A$
③ $A+\overline{A}B=A+B$	$A+\overline{A}B=(A+\overline{A})(A+B)=A+B$
④ $AB+\overline{A}C+BC=AB+\overline{A}C$	$AB+\overline{A}C+BC=AB+\overline{A}C+BC(A+\overline{A})$ $=AB+ABC+\overline{A}C+\overline{A}BC$ $=AB+\overline{A}C$

④式的推广：$AB+\overline{A}C+BCDE=AB+\overline{A}C$（请同学们自己证明）。

3. 反演律

反演律又称为摩根定律，其有以下两种形式：① $\overline{A+B}=\overline{A}\cdot\overline{B}$；② $\overline{A\cdot B}=\overline{A}+\overline{B}$。可用真值表证明摩根定律，见表2.18和表2.19。

表2.18　证明 $\overline{A+B}=\overline{A}\cdot\overline{B}$ 的真值表

A	B	$\overline{A+B}$	$\overline{A}\cdot\overline{B}$
0	0	$\overline{0+0}=1$	$\overline{0}\cdot\overline{0}=1$
0	1	$\overline{0+1}=0$	$\overline{0}\cdot\overline{1}=0$
1	0	$\overline{1+0}=0$	$\overline{1}\cdot\overline{0}=0$
1	1	$\overline{1+1}=0$	$\overline{1}\cdot\overline{1}=0$

表2.19　证明 $\overline{A\cdot B}=\overline{A}+\overline{B}$ 的真值表

A	B	$\overline{A\cdot B}$	$\overline{A}+\overline{B}$
0	0	$\overline{0\cdot 0}=1$	$\overline{0}+\overline{0}=1$
0	1	$\overline{0\cdot 1}=1$	$\overline{0}\cdot\overline{1}=1$
1	0	$\overline{1\cdot 0}=0$	$\overline{1}+\overline{0}=1$
1	1	$\overline{1\cdot 1}=0$	$\overline{1}+\overline{1}=0$

常用的逻辑代数公式总结如表 2.20 所示。

表 2.20　逻辑代数常用公式总结表

序号	公式 a	公式 b	名称
1	$A\cdot 0=0$	$A+1=1$	
2	$A\cdot 1=A$	$A+0=A$	同一律
3	$A\cdot A=A$	$A+A=A$	重叠律
4	$A\cdot \overline{A}=0$	$A+\overline{A}=1$	互补律
5	$A\cdot B=B\cdot A$	$A+B=B+A$	交换律
6	$(A\cdot B)\cdot C=A\cdot (B\cdot C)$	$(A+B)+C=A+(B+C)$	结合律
7	$A\cdot (B+C)=A\cdot B+A\cdot C$	$A+B\cdot C=(A+B)\cdot (A+C)$	分配律
8	$\overline{A\cdot B}=\overline{A}+\overline{B}$	$\overline{A+B}=\overline{A}\cdot \overline{B}$	反演律
9	$A\cdot B+A\cdot \overline{B}=A$	$A+A\cdot B=A$	吸收律
10	$A\cdot B+\overline{A}\cdot C+B\cdot C=A\cdot B+\overline{A\cdot C}$	$A+\overline{A}\cdot B=A+B$	吸收律
11	$\overline{\overline{A}}=A$		还原律

2.2.3　逻辑代数的基本规则

1. 代入规则

代入规则的基本内容是：对于任何一个逻辑等式，以某个逻辑变量或逻辑函数同时取代等式两端任何一个逻辑变量后，等式依然成立。

用代入规则证明摩根定律的推广式：

$$\overline{A+B+C+\cdots}=\overline{A}\cdot\overline{B}\cdot\overline{C}\cdot\cdots \tag{2.12}$$

$$\overline{A\cdot B\cdot C\cdot\cdots}=\overline{A}+\overline{B}+\overline{C}+\cdots \tag{2.13}$$

证明　(1) 根据摩根定律得

$$\overline{A+B}=\overline{A}\cdot\overline{B}$$

根据代入规则，将 B 用 $B+C$ 代入，则

$$\overline{A+B+C}=\overline{A}\cdot\overline{B+C}=\overline{A}\cdot\overline{B}\cdot\overline{C} \tag{2.14}$$

可推广为

$$\overline{A+B+C+\cdots}=\overline{A}\cdot\overline{B}\cdot\overline{C}\cdot\cdots \tag{2.15}$$

(2) 根据摩根定律得

$$\overline{A\cdot B}=\overline{A}+\overline{B}$$

根据代入规则，将 B 用 $B\cdot C$ 代入，则

$$\overline{ABC}=\overline{A}\cdot\overline{BC}=\overline{A}+\overline{B}+\overline{C} \tag{2.16}$$

可推广为

$$\overline{A\cdot B\cdot C\cdot\cdots}=\overline{A}+\overline{B}+\overline{C}+\cdots \tag{2.17}$$

2. 反演规则(求 $\overline{F}$)

已知一函数 F，如果将函数的原变量变为反变量，反变量变为原变量，与运算变为或运

算，或运算变为与运算，0 变为 1，1 变为 0，则所得函数为原函数的反函数 $\overline{F}$。

【例 2.1】　使用反演规则求函数 $F=A\overline{B}+\overline{(A+C)B}+\overline{C}\overline{D}$ 的反函数 $\overline{F}$。

解法 1：

$$\overline{F}=(\overline{A}+B)\overline{\overline{A}\overline{C}+\overline{B}}(C+D)$$

式中，$\overline{(A+C)B}$公共的非号保留不变，将$(A+C)B$ 看作函数，按反演规则变换。

解法 2：

$$\overline{F}=(\overline{A}+B)(A+C)B(C+D)$$

式中，将$(A+C)B$ 看作整体变量，运算时去掉非号即可。

注意：运算过程中需注意运算优先级，括号内的优先运算，然后进行与运算，最后进行或运算。

3. 对偶规则(求 F')

已知一函数 F，如果将函数的与运算变为或运算，或运算变为与运算，0 变为 1，1 变为 0，则所得函数为原函数的对偶函数 F'。要注意只变换运算符和常量，变量不需要变换。

对偶规则的基本内容：如果两个逻辑函数表达式相等，那么它们的对偶式也一定相等。

【例 2.2】　使用对偶规则求函数 $F=A\overline{\overline{C+AD}\overline{B}}+\overline{A}B$ 的对偶式 F'。

解

$$F'=A+\overline{\overline{CA}+D+\overline{B}}\cdot(\overline{A}+B)$$

在运用反演规则和对偶规则的过程中，需要注意两点：一是遵守“先括号，然后乘，最后加”的运算优先次序；二是公共的非号(两个及两个以上变量共有的非号)在变换后保留不变。

2.3　逻辑函数

2.3.1　逻辑函数的表示方法

逻辑函数描述的是输出变量和输入变量的关系。如果将表示事件条件的变量作为输入，将表示运算结果的变量作为输出，那么当输入变量的取值确定后，输出值便随之确定。在组合逻辑电路中常用的逻辑函数的表示方法有：真值表、逻辑表达式、逻辑电路图、波形图、卡诺图、硬件描述语言等。

【例 2.3】　有一投票表决电路，其中 A、B、C 三个评委各掌握一个开关，若两个评委同意通过，且其中 A 评委必须同意，则最终结果才为通过，否则为不通过。试列出真值表，写出逻辑表达式，画出逻辑电路图和波形图。

解　先假设三名评委 A、B、C 为输入变量，若同意通过则开关闭合，用逻辑 1 表示；若不同意通过则开关断开，用逻辑 0 表示。最终结果用灯 F 表示，灯亮用逻辑 1 表示，表明通过；灯不亮用逻辑 0 表示，表明不通过。其电路模型如图 2.20 所示。

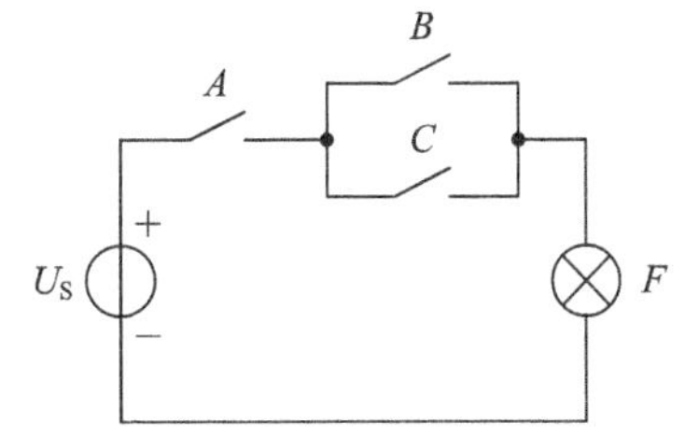

图 2.20　投票表决电路模型

1. 真值表

当逻辑函数有 n 个变量时，有 2^n 个不同的变量取值组合，将其列成表格，即为真值表。在列真值表时，变量取值的组合一般按 n 位二进制数递增的方式列出。

列真值表的步骤如下：

(1) 根据电路模型，先列出电路功能表。

(2) 进行逻辑抽象，列出真值表。

对于例 2.3，根据题意，列出电路功能表和真值表，如表 2.21 和表 2.22 所示。

表 2.21　投票表决电路功能表

开关 A	开关 B	开关 C	灯 F
断	断	断	灭
断	断	合	灭
断	合	断	灭
断	合	合	灭
合	断	断	灭
合	断	合	亮
合	合	断	亮
合	合	合	亮

表 2.22　投票表决电路真值表

A	B	C	F
0	0	0	0
0	0	1	0
0	1	0	0
0	1	1	0
1	0	0	0
1	0	1	1
1	1	0	1
1	1	1	1

真值表具有以下特点：

(1) 真值表具有唯一性；

(2) 包含所有的取值组合；

(3) 直观、明了，可直接看出逻辑函数值和变量取值之间的关系。

2. 逻辑表达式

把输入和输出之间的关系写成与、或、非等运算的组合式，就形成了逻辑表达式。根据图 2.20 所示的电路模型，列出逻辑表达式：

$$F = AB + AC \tag{2.18}$$

根据真值表，写出标准的与或表达式，方法如下：

(1) 把任意一组变量取值中的 1 代以原变量，0 代以反变量，由此得到一组变量的与组合，如 A、B、C 三个变量的取值为 101 时，代换后得到的变量与组合为 $A\bar{B}C$。

(2) 把逻辑函数值为 1 所对应的变量的与组合相加，便得到逻辑表达式，这种形式的逻辑表达式称为标准的与或逻辑式。

根据上述方法，列出逻辑表达式：

$$F = A\bar{B}C + AB\bar{C} + ABC \tag{2.19}$$

比较式(2.18)和式(2.19)，从表面上看它们是不相同的，但是根据两式列出的真值表是相同的，这说明两式是相等的，式(2.18)是式(2.19)的最简式。

3. 逻辑电路图

逻辑电路图是用基本逻辑门和复合逻辑门的逻辑符号组成的对应于某一逻辑功能的电路图。图 2.21 就是根据式(2.18)画出的投票表决电路的逻辑电路图。

4. 波形图

波形图是由输入变量的所有可能取值组合的高、低电平及其对应的输出函数值的高、低电平所构成的图形。将真值表中输入变量和函数的对应值，按照时间顺序依次用高、低电平表示就得到波形图。图 2.22 所示就是投票表决电路波形图。

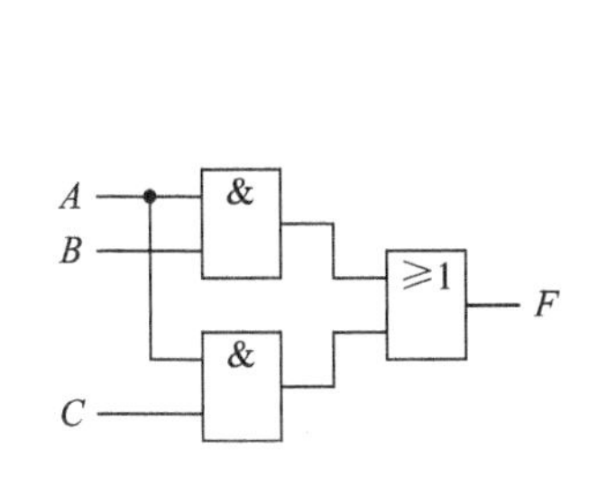

图 2.21 投票表决逻辑电路图

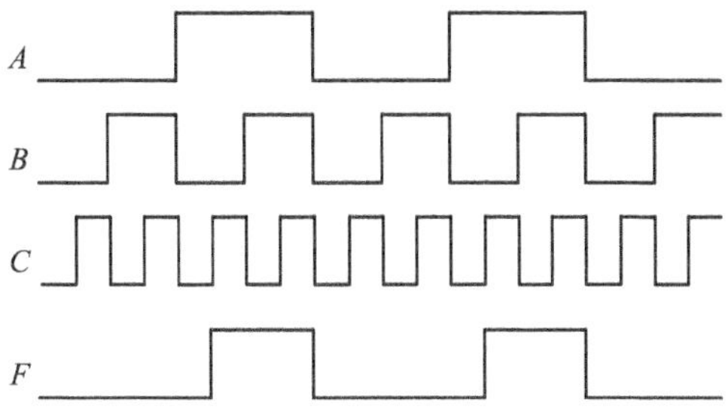

图 2.22 投票表决电路波形图

2.3.2 逻辑函数的表达式

逻辑函数的表达式可以分为一般表达式和标准表达式两类。

一般表达式又可以分为与或表达式、或与表达式和混合表达式：

$$F(A, B, C) = A\overline{B}C + B\overline{C} + AC \tag{2.20}$$

$$F(A, B, C) = (A + B + C)(\overline{A} + C)\overline{C} \tag{2.21}$$

$$F(A, B, C) = (\overline{A} + B\overline{C})B + \overline{A}C \tag{2.22}$$

式(2.20)是典型的与或表达式，式(2.21)是典型的或与表达式，式(2.22)则具有混合表达式的特点。

标准表达式可以分为最小项表达式和最大项表达式，其中最小项表达式的应用最广泛。

1. 最小项表达式

最小项表达式是由若干个最小项构成的与或表达式，即每一个与项都是最小项。

最小项的定义：在 n 个变量的逻辑函数中，如果一个与项包含该逻辑函数的全部 n 个变量，且每个变量以原变量或反变量的形式仅出现一次，则称该与项为最小项(Minterm)。

例如，3 个变量 A，B，C 所包含的最小项有 $\overline{A}\overline{B}\overline{C}$、$\overline{A}\overline{B}C$、$\overline{A}B\overline{C}$、$\overline{A}BC$、$A\overline{B}\overline{C}$、$A\overline{B}C$、$AB\overline{C}$、$ABC$，共 8 个。对于 n 个变量的函数，最小项的个数共有 2^n 个。函数的最小项表达式既可包含部分最小项，也可包含全部最小项。函数 $F(A, B, C)=AB\overline{C}+A\overline{B}C+\overline{A}B\overline{C}$ 是最小项表达式，而函数 $G(A, B, C)=A\overline{B}C+\overline{A}B$ 则不是最小项表达式。

为了方便使用，通常将最小项记作 m_i。i 可以通过以下方式确定，将最小项中的原变量记作“1”，反变量记作“0”，把每个最小项表示成一个二进制数，这个数所对应的十进制数就是 i 的值。例如，最小项 $\overline{A}B\overline{C}$ 可表示为“010”，因此可记作 m_2。3 个变量函数的最小项对应关系如表2.23所示。

表2.23　3变量函数的最小项对应关系表

最小项	最小项编号
$\overline{A}\overline{B}\overline{C}$	m_0
$\overline{A}\overline{B}C$	m_1
$\overline{A}B\overline{C}$	m_2
$\overline{A}BC$	m_3
$A\overline{B}\overline{C}$	m_4
$A\overline{B}C$	m_5
$AB\overline{C}$	m_6
ABC	m_7

因此，最小项表达式 $F(A, B, C)=\overline{A}B\overline{C}+\overline{A}BC+A\overline{B}\overline{C}+ABC$ 也可以表示成 $F(A, B, C)=m_2+m_3+m_4+m_7$，或记为 $F(A, B, C)=\sum m(2, 3, 4, 7)$，其中，$\sum$ 为累加运算。表2.24所示为3变量函数的最小项的真值表，4个变量 A，B，C，D 的最小项有多少个？

表2.24　3变量函数的最小项的真值表

A	B	C	$\overline{A}\overline{B}\overline{C}$ m_0	$\overline{A}\overline{B}C$ m_1	$\overline{A}B\overline{C}$ m_2	$\overline{A}BC$ m_3	$A\overline{B}\overline{C}$ m_4	$A\overline{B}C$ m_5	$AB\overline{C}$ m_6	ABC m_7
0	0	0	1	0	0	0	0	0	0	0
0	0	1	0	1	0	0	0	0	0	0
0	1	0	0	0	1	0	0	0	0	0
0	1	1	0	0	0	1	0	0	0	0
1	0	0	0	0	0	0	1	0	0	0
1	0	1	0	0	0	0	0	1	0	0
1	1	0	0	0	0	0	0	0	1	0
1	1	1	0	0	0	0	0	0	0	1

最小项的重要性质如下：

(1) 对于任意一个最小项，只有一组变量取值使其值为"1"，即取值为"1"的概率最小，最小项由此得名。

(2) 任意两个最小项 m_i 和 $m_j(i\neq j)$，其逻辑"与"为"0"。

(3) n 个变量的全部最小项之和恒等于"1"。

(4) 某一个最小项若不包含在原函数 F 中，则必包含在反函数 $\overline{F}$ 中。

(5) 具有相邻性的两个最小项之和可以合并成一项，并消去一个变量。所谓相邻性，是指两个最小项只有一个因子不同。如果 ABC 和 $A\overline{B}C$ 具有相邻性，则 $ABC+A\overline{B}C=AC(B+\overline{B})=AC$，消去变量 B。

【例 2.4】 将 $F(A, B, C)=AB+\overline{A}C$ 化为最小项表达式。

解　$F(A, B, C)=AB(C+\overline{C})+\overline{A}(B+\overline{B})C=ABC+AB\overline{C}+\overline{A}BC+\overline{A}\overline{B}C$

$$=m_7+m_6+m_3+m_1=\sum m(7, 6, 3, 1)$$

2. 最大项表达式

最大项表达式是由若干个最大项构成的或与表达式，即每一个或项都是最大项。

最大项的定义：在 n 个变量的逻辑函数中，如果一个或项包含该逻辑函数的全部 n 个变量，且每个变量以原变量或反变量的形式仅出现一次，则称该或项为最大项(Maxterm)。

例如，3 个变量 A，B，C 所包含的最大项有 $A+B+C$，$A+B+\overline{C}$，$A+\overline{B}+C$，$A+\overline{B}+\overline{C}$，$\overline{A}+B+C$，$\overline{A}+B+\overline{C}$，$\overline{A}+\overline{B}+C$，$\overline{A}+\overline{B}+\overline{C}$，共 8 个。例如，逻辑函数表达式 $F(A, B, C)=(A+B+C)(A+B+\overline{C})(A+\overline{B}+\overline{C})$ 是最大项表达式。与最小项一样，对于 n 个变量的函数，最大项的个数共有 2^n 个。函数的最大项表达式既可包含部分最大项，也可包含全部最大项。

同样，最大项可以用 M_i 表示，如将最大项中原变量用“0”表示，反变量用“1”表示，则构成的二进制数所对应的十进制数为 i 的取值。例如，最大项 $A+\overline{B}+\overline{C}$ 可表示为 M_3。3 变量函数的最大项对应关系如表 2.25 所示。

表 2.25　3 变量函数的最大项对应关系表

最大项	最大项编号	最大项	最大项编号
$A+B+C$	M_0	$\overline{A}+B+C$	M_4
$A+B+\overline{C}$	M_1	$\overline{A}+B+\overline{C}$	M_5
$A+\overline{B}+C$	M_2	$\overline{A}+\overline{B}+C$	M_6
$A+\overline{B}+\overline{C}$	M_3	$\overline{A}+\overline{B}+\overline{C}$	M_7

同样，最大项表达式可以用累乘符号“$\prod$”来表示，如逻辑函数可表示为 $F(A, B, C)=(A+\overline{B}+C)(\overline{A}+B+C)(\overline{A}+B+\overline{C})=M_2\cdot M_4\cdot M_5=\prod M(2, 4, 5)$。表 2.26 所示为 3 变量函数的最大项的真值表。

表 2.26　3 变量函数的最大项的真值表

A	B	C	$A+B+C$ M_0	$A+B+\overline{C}$ M_1	$A+\overline{B}+C$ M_2	$A+\overline{B}+\overline{C}$ M_3	$\overline{A}+B+C$ M_4	$\overline{A}+B+\overline{C}$ M_5	$\overline{A}+\overline{B}+C$ M_6	$\overline{A}+\overline{B}+\overline{C}$ M_7
0	0	0	0	1	1	1	1	1	1	1
0	0	1	1	0	1	1	1	1	1	1
0	1	0	1	1	0	1	1	1	1	1
0	1	1	1	1	1	0	1	1	1	1
1	0	0	1	1	1	1	0	1	1	1
1	0	1	1	1	1	1	1	0	1	1
1	1	0	1	1	1	1	1	1	0	1
1	1	1	1	1	1	1	1	1	1	0

最大项的主要性质如下：

(1) 对于任意一个最大项，只有一组变量取值，使其值为“0”，其余情况均为“1”，即取值为“1”的概率最大，最大项由此得名。

(2) 任意两个最大项 M_i 和 $M_j(i \neq j)$，其逻辑“或”恒为“1”。

(3) n 个变量的全部最大项之积恒为 0。

(4) 某一个最大项若不包括在原函数 F 中，则必包含在反函数 $\bar{F}$ 中。

(5) 若两个最大项只有一个变量不同，则这两个最大项具有相邻性。具有相邻性的两个最大项之积可以消去一个变量。

3. 最小项与最大项的关系

(1) 当变量数相同时，下标编号相同的最小项和最大项为互补关系，即

$$m_i = \overline{M_i} \quad 或 \quad \overline{m_i} = M_i$$

例如：

$$m_4 = A\bar{B}\bar{C} = \overline{\overline{A\bar{B}\bar{C}}} = \overline{\bar{A}+B+C} = \overline{M_4}$$

$$M_4 = \bar{A}+B+C = \overline{\overline{\bar{A}+B+C}} = \overline{A\bar{B}\bar{C}} = \overline{m_4}$$

(2) $\sum m_i$ 和 $\prod M_i$ 互为互补式，即

$$\overline{\sum m_i} = \prod M_i \text{ 或者 } \overline{\prod M_i} = \sum m_i$$

例如：

$$\begin{aligned} F &= \bar{A}BC + A\bar{B}C + AB\bar{C} + ABC \\ &= \sum m(3,5,6,7) \\ \bar{F} &= \overline{\sum m(3,5,6,7)} \\ &= \sum m(0,1,2,4) \\ &= \bar{A}\bar{B}\bar{C} + \bar{A}\bar{B}C + \bar{A}B\bar{C} + A\bar{B}\bar{C} \\ &= \overline{\overline{\bar{A}\bar{B}\bar{C} + \bar{A}\bar{B}C + \bar{A}B\bar{C} + A\bar{B}\bar{C}}} \end{aligned}$$

即

$$\begin{aligned} F &= \overline{\bar{A}\bar{B}\bar{C}} \cdot \overline{\bar{A}\bar{B}C} \cdot \overline{\bar{A}B\bar{C}} \cdot \overline{A\bar{B}\bar{C}} \\ &= (A+B+C)(A+B+\bar{C})(A+\bar{B}+C)(\bar{A}+B+C) \\ &= M_0 \cdot M_1 \cdot M_2 \cdot M_4 \\ &= \prod M(0,1,2,4) \end{aligned}$$

以上关系也可以表述为：逻辑函数 F 的最大项表达式中最大项的编号就是逻辑函数 F 的最小项表达式中缺少的编号，反之亦然。

2.4 逻辑函数的化简

通过学习逻辑函数的概念和不同表示方法，我们发现真值表具有唯一性，而表达式和逻辑电路具有多样性，即对同一个逻辑函数，可以写成不同的逻辑表达式，其复杂程度往往相差甚远。逻辑表达式越简单，它所表示的逻辑关系就越明显，同时其功能越有利于用最少的电子器件来实现。因此，通常需要采用一定的手段来得到逻辑函数的最简形式，这

就是逻辑函数化简。

逻辑函数化简

逻辑函数的最简形式是指函数式中所包含的乘积项个数最少(使用的与门个数少)且每个乘积项里的因子最少(与门的输入端个数少)的表达形式。常用的化简方法有公式法、卡诺图法、Q-M(Quine-McCluskey，奎恩-麦克拉斯基化简法)方法。其中，卡诺图法化简更易掌握，其使用更为便捷。

2.4.1　公式法化简

所谓公式法化简，就是运用逻辑代数中的基本定律、公式以及运算规则进行化简。此方法没有固定的步骤，尽管这些手工化简方法可以被自动化设计技术所取代，但是掌握这些方法后，对于选择计算机辅助设计工具中的一些控制选项，并理解计算机化简时所做的处理是有很大帮助的，这就是学习此方法的目的。常用的方法有以下几种。

1. 吸收法

利用公式 $A+AB=A$，消去多余的乘积项。例如

$$\begin{aligned} F &= \overline{B} + A\overline{B}\overline{C} + \overline{B+C} \\ &= \overline{B} + \overline{B+C} \\ &= \overline{B} + \overline{B}\,\overline{C} \\ &= \overline{B} \end{aligned}$$

2. 消去法

利用 $A+\overline{A}B=A+B$，消去多余的变量。例如

$$\begin{aligned} F &= A\overline{C}+\overline{B}\overline{C}+B(\overline{A}+C) \\ &= A\overline{C}+\overline{B}\overline{C}+B\,\overline{A\overline{C}} \\ &= A\overline{C}+B+\overline{B}\overline{C} \\ &= A\overline{C}+B+\overline{C} \\ &= \overline{C}+B \end{aligned}$$

3. 并项法

利用 $A+\overline{A}=1$，两项合并消去一个变量。例如

$$\begin{aligned} F &= \overline{A}\overline{B}C+\overline{A}BC+A\overline{B}C+ABC+\overline{C} \\ &= (\overline{A}\overline{B}+AB)C+(\overline{A}B+A\overline{B})C+\overline{C} \\ &= ((\overline{A}\overline{B}+AB)+\overline{(\overline{A}\overline{B}+AB)})C+\overline{C} \\ &= C+\overline{C}=1 \end{aligned}$$

4. 配项法

为了便于化简，表达式中某项可乘以 $A+\overline{A}$，增加必要的乘积项，再用并项法、吸收法等方法化简，或在表达式中加上 $A\cdot\overline{A}$ 再进行化简。例如

$$\begin{aligned} F &= A\overline{B} + B\overline{C} + \overline{B}C + \overline{A}B \\ &= A\overline{B}(C+\overline{C}) + B\overline{C}(A+\overline{A}) + \overline{B}C + \overline{A}B \\ &= A\overline{B}C + A\overline{B}\overline{C} + AB\overline{C} + \overline{A}B\overline{C} + \overline{B}C + \overline{A}B \end{aligned}$$

$$= \bar{B}C(1+A) + A\bar{C}(\bar{B}+B) + \bar{A}B(1+\bar{C})$$
$$= \bar{A}B + A\bar{C} + \bar{B}C$$

从上面的例子可知，公式法化简要求熟练掌握逻辑代数公式和定律以及化简技巧，因此通常采用下面介绍的卡诺图法对逻辑函数进行化简。

2.4.2 卡诺图法化简

卡诺图法相对公式法更为简便直观、容易掌握，在数字逻辑电路设计中得到了广泛应用。卡诺图是由小方格构成的一种特定图形，其中各小方格对应着最小项，并且要求将逻辑上相邻的最小项在几何位置上也相邻地排列起来。

1. 卡诺图的表示方法

卡诺图(Karnaugh Map)是由美国贝尔实验室的毛瑞斯·卡诺(Maurice Karnaugh)在1953年发明的。卡诺图是一种矩阵式真值表，因此两个变量的卡诺图由4(2^2)个方格构成，三个变量由8(2^3)个方格构成，四个变量由16(2^4)个方格构成，四个以上变量的卡诺图通常不予讨论。

卡诺图中的每个方格对应一组输入变量，相邻方格所对应的变量组合只有一个变量发生变化，因此输入变量不能按照二进制数的顺序排列，而应按照循环码的顺序排列。

n 个变量的卡诺图有 2^n 个方格，每个方格对应一个最小项。卡诺图具有以下性质：

(1) 每个变量与反变量将卡诺图等分为两个部分，并且各自占的方格个数相同；

(2) 卡诺图中两个相邻的方格所代表的最小项只有1个变量相异。

(3) 相邻除了指位置相邻外，还包括首尾相邻，如图2.23(c)中 m_1 和 m_3 属于位置相邻，而 m_2 和 m_{10}，m_0 和 m_2 属于首尾相邻。

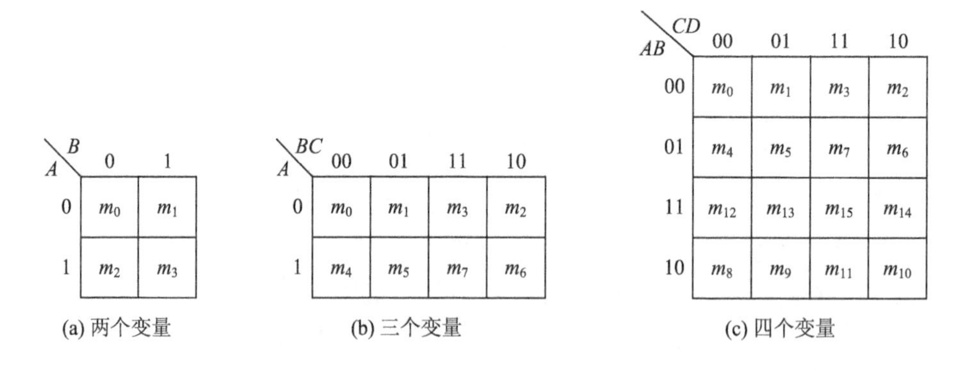

(a) 两个变量　(b) 三个变量　(c) 四个变量

图 2.23 两个变量、三个变量和四个变量的卡诺图

2. 卡诺图的填入

所谓卡诺图的填入，是指将已知逻辑表达式用卡诺图表示。卡诺图的填入按照逻辑函数表达式的特点可以分为3种情况。

1) 最小项表达式的填入

卡诺图中的每个方格都对应一个最小项，因此只要将构成函数的每个最小项相应的方格填1，其余的方格填0即可，如图2.24(a)所示。

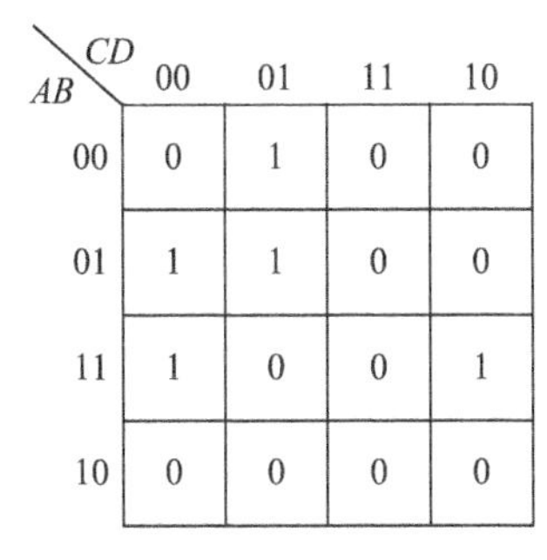

(a) $F(A, B, C, D)=\sum(1, 4, 5, 12, 14)$

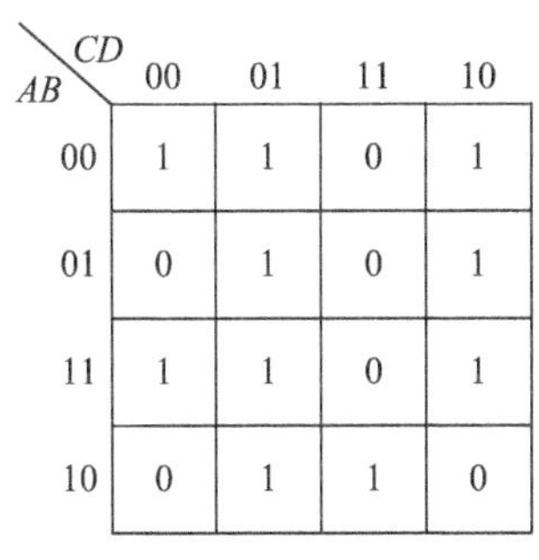

(b) $F(A, B, C, D)=\prod(3, 4, 7, 8, 10, 15)$

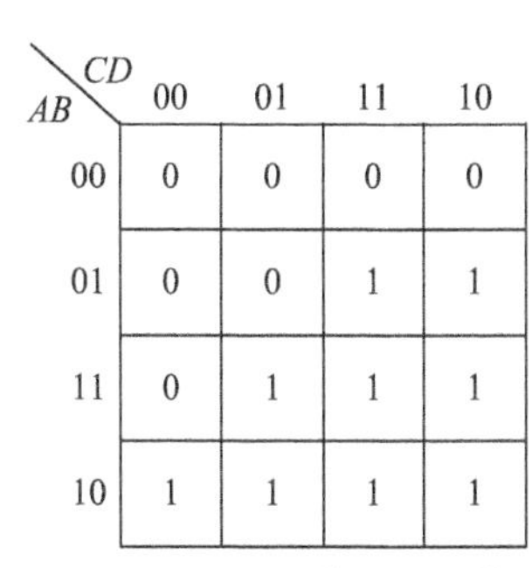

(c) $F(A, B, C, D)=A\overline{B}+BC+A\overline{C}D$

图 2.24　卡诺图填入的 3 种情况

2）最大项表达式的填入

根据最大项与最小项之间的转换关系，只需要将表达式中最大项的下标对应的方格填入 0，其余的方格填入 1 即可，如图 2.24(b)所示。

3）非标准表达式的填入

如果是与或表达式，将每个与项中的原变量用 1 表示，反变量用 0 表示，在卡诺图中找出交叉的方格填 1，每个与项都填完后，其余的方格填入 0，如图 2.24(c)所示；如果是或与表达式，则找出使各或项为 0 的变量组合对应的方格填 0，每个或项都填完后，其余的方格填 1。

3. 卡诺图的化简依据

卡诺图化简的依据是相邻最小项可以合并成一项，并消去 1 个发生变化的变量。由于在卡诺图上位置相邻与逻辑相邻是一致的，因而从卡诺图上能直观地找出那些具有相邻性的最小项并将其合并化简。

在卡诺图化简过程中，如果有 2^i 个相邻项，则可以合并成一项，并且消去 i 个变量（$i=0, 1, 2, \cdots$），只剩下公共因子。

4. 卡诺图的化简步骤

用卡诺图化简逻辑函数的步骤如下：

(1) 将函数填入卡诺图。

(2) 找出相邻的最小项，并将这些最小项按 2^i 为一组构成一个矩形，选择最小项时应遵循以下原则：

① 每个相邻最小项构成的矩形应包含尽可能多的最小项，保证化简后每个与项包含的变量个数最少。

② 相邻最小项构成的矩形个数尽可能少，保证化简后的与项个数最少。

③ 选择的相邻最小项的矩形应包含所有构成函数的最小项，并且每个相邻最小项构成的矩形中至少有 1 个最小项没有被选择过。

(3) 写出最简的函数表达式。

【例 2.5】 化简函数 $F(A, B, C, D)=\overline{A}B+\overline{C}D+A\overline{C}\overline{D}$。

解　(1) 将函数填入卡诺图，如图 2.25(a)所示。

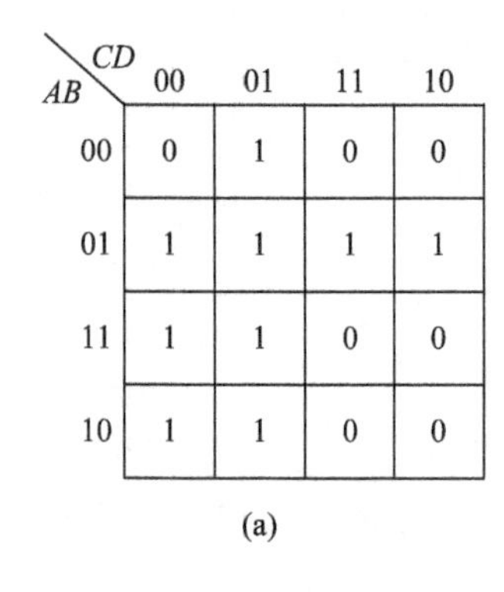

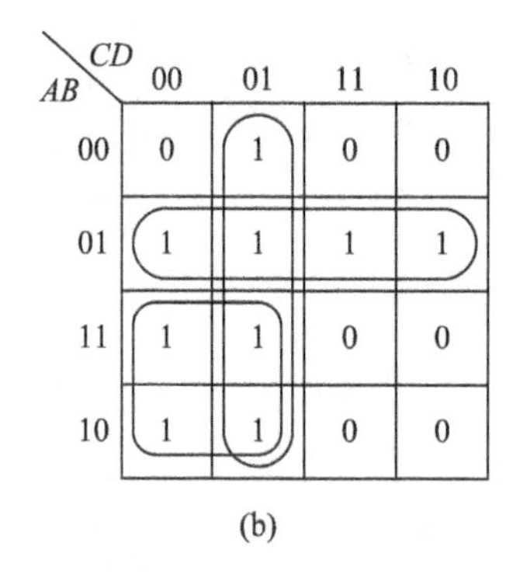

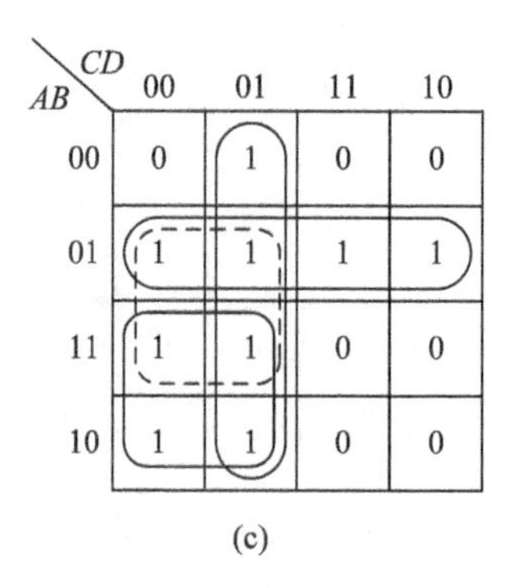

图 2.25　例 2.5 卡诺图化简

(2) 化简卡诺图，如图 2.25(b)所示。找到卡诺图中的 1 方格，将相邻的 2^i 个 1 构成矩形，图中最多有 4 个 1 方格相邻，分别将它们用矩形框起来，共可以构成 3 个矩形。检查是否将每个 1 方格都框起来了，并保证每个矩形中至少有 1 个 1 方格是没有被其他矩形框过的。图 2.25(c)中虚线矩形中所有的 1 方格都被其他矩形框过了，因此是多余的。

选中的相邻的 1 方格对应的最小项分别是 m_1、m_5、m_{13}、m_9、m_4、m_5、m_7、m_6、m_8、m_9、m_{12}、m_{13}，消去两个变量后为 $\overline{C}D$、$\overline{A}B$、$A\overline{C}$。

(3) 写出最简表达式：

$$F(A,B,C,D)=\overline{A}B+A\overline{C}+\overline{C}D$$

【例 2.6】 化简函数 $F(A,B,C,D)=\sum m(2,3,5,7,8,10,12,13)$。

解　(1) 将函数填入卡诺图，如图 2.26 所示。

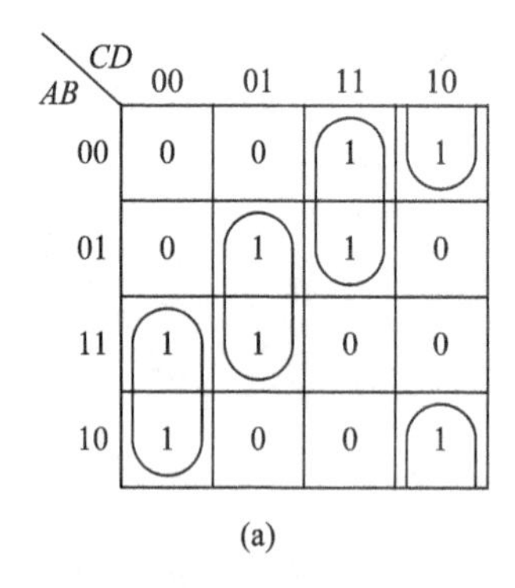

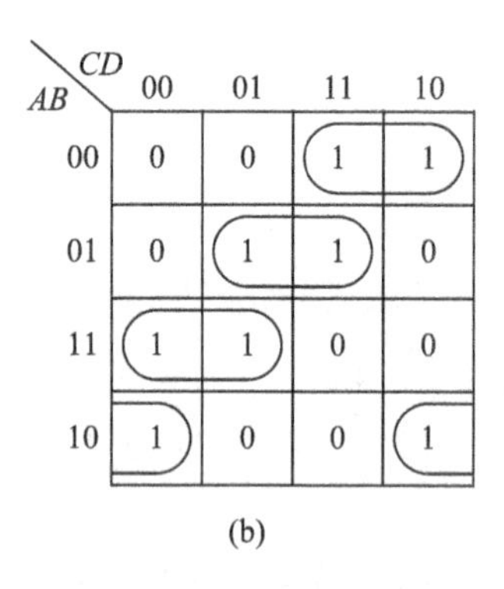

图 2.26　例 2.6 卡诺图化简

(2) 按照图 2.26 所示的两种化简方法，得到的最简表达式如下：

$$F(A,B,C,D)=\overline{A}CD+B\overline{C}D+A\overline{C}\overline{D}+\overline{B}C\overline{D}$$

$$F(A,B,C,D)=\overline{A}\overline{B}C+\overline{A}BD+AB\overline{C}+A\overline{B}\overline{D}$$

由此可见，两者都是最简表达式，因此卡诺图的化简不是唯一的。

图 2.27 所示是几种较为特别的卡诺图化简情况。卡诺图具有循环邻接特性，同一行最左与最右方格为相邻最小项，同一列最上与最下方格为相邻最小项。

图 2.27(a)可化简为 $F=\overline{B}\overline{D}$，图 2.27(b)可化简为 $F=B\overline{D}+\overline{B}D$，图 2.27(c)可化简为 $F=\overline{B}+\overline{D}$。

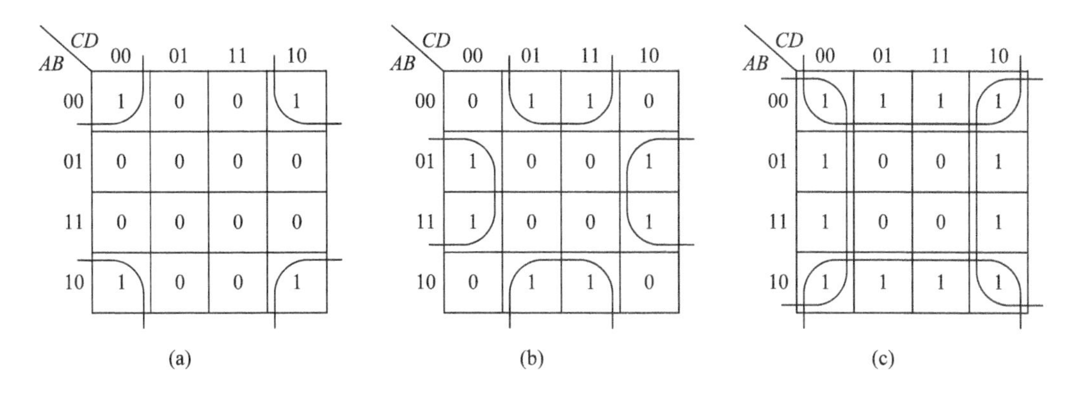

图 2.27 较为特别的卡诺图化简情况

5. 无关项的卡诺图的化简

在处理具体的逻辑问题时，有时会遇到两种特殊情况：一种情况是在输入变量的所有组合中某些变量组合是不可能出现的，这些不能输入的变量组合称为约束项。例如，输入变量为 8421 码的逻辑函数问题中，输入变量的取值范围是 0000～1001，而变量组合 1010～1111 不可能出现，因此 1010～1111 这 6 种情况对应的最小项属于约束项。另外一种情况是：输入变量的某些取值下函数值是 1 或 0，对逻辑函数的结果不产生影响。这些变量组合对应的最小项称为任意项。

约束项和任意项统称为无关项，在表达式中可以用“d”来表示，在卡诺图中通常用×或∅表示。无关项既可以看作 1，也可被看作 0，不影响逻辑函数的结果，具体取什么值，应以使函数尽量得到简化来定。

【例 2.7】 化简逻辑函数 $F(A, B, C, D)=\sum m(1, 3)$，约束条件为

$$\sum d(4, 6, 9, 11, 12, 14)=0$$

解 本题的卡诺图如图 2.28 所示。由约束条件可知，因为 $m_4 m_6 m_9 m_{11} m_{12} m_{14}$ 的取值对函数值无影响，所以 $m_4 m_6 m_9 m_{11} m_{12} m_{14}$ 既可以当作“0”处理，也可以当作“1”处理。

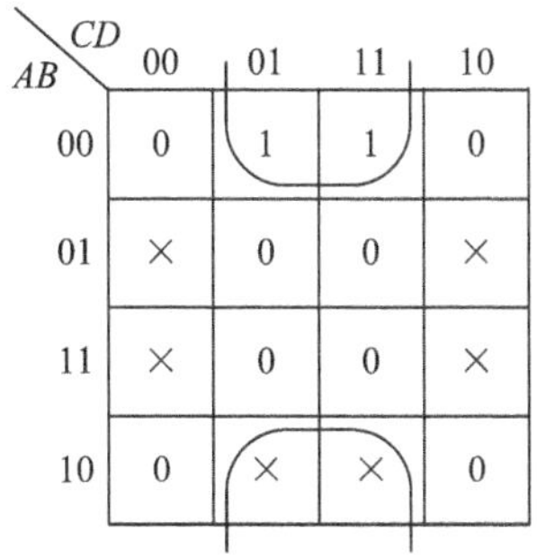

AB \ CD	00	01	11	10
00	0	1	1	0
01	×	0	0	×
11	×	0	0	×
10	0	×	×	0

图 2.28 例 2.6 卡诺图化简

本题中，为了使 1 方格能够构成最大相邻矩形，将无关项 m_9、m_{11} 看作 1，将其余的四个无关项 m_4、m_6、m_{12}、m_{14} 看作 0。化简结果如下：

$$F(A, B, C, D)=\overline{B}D$$

【例 2.8】 化简逻辑函数 $F(A, B, C, D)=\sum m(4, 6, 12, 14)+\sum d(0, 7, 8, 15)$。

解　本题的卡诺图如图 2.29 所示。

AB \ CD	00	01	11	10
00	×	0	0	0
01	1	0	×	1
11	1	0	×	1
10	×	0	0	0

(a)

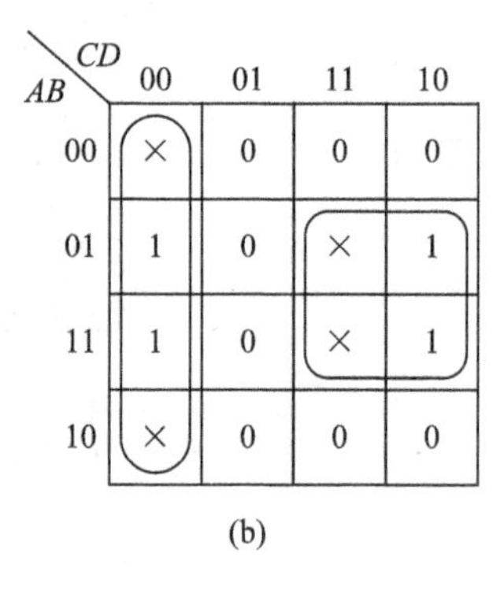

图 2.29　例 2.8 卡诺图化简

本题中可能出现图 2.29 所示的两种化简方法。图 2.29(b)中使用了无关项进行化简，但构成的矩形个数比图 2.29(a)中的多，因此图 2.29(a)的化简是最简的。化简结果如下：

$$F(A, B, C, D)=B\overline{D}$$

由例 2.7 和例 2.8 可以看出，当无关项有助于化简时，可将其看作 1；当无助于化简时，可将其看作 0。

【例 2.9】 十字路口的交通信号灯，设红、绿、黄灯分别用 A、B、C 来表示，灯亮用 1 表示，灭用 0 表示，停车时用 1 表示，通车时用 0 表示。写出交通信号灯的逻辑表达式，并用卡诺图法进行化简。

解　交通信号灯在实际工作中，一次最多只允许一个灯亮，若灯全灭，则允许车辆在安全前提下通行。该问题的逻辑关系可以用表 2.27 所示的真值表来描述。

表 2.27　例 2.9 真值表

A	B	C	F
0	0	0	0
0	0	1	1
0	1	0	0
0	1	1	×
1	0	0	1
1	0	1	×
1	1	0	×
1	1	1	×

由其真值表可以写出逻辑表达式：

$$F(A, B, C)=\overline{A}\overline{B}C+A\overline{B}\overline{C}$$

对于最小项 $\overline{A}BC$、$A\overline{B}C$、$AB\overline{C}$、ABC，不允许有变量取值，这 4 项为该逻辑函数的约

束项，上式也可以写为

$$F(A, B, C)=\sum m(1, 4)+\sum d(3, 5, 6, 7)$$

图 2.30 为利用无关项进行化简的卡诺图，化简结果为

$$F(A, B, C)=A+C$$

显然，利用无关项得到的结果要简单得多，其相应的逻辑电路也更简单，并且结果的实际意义也明确得多。在实际生活中，只要看到红灯或者黄灯亮，就要停车了。需要注意的是，这种含有约束项的逻辑函数必须遵守其约束条件，否则就可能出现错误。例如，对于本例来说，如果 $A=B=1$，即红灯和绿灯都亮，就会引起交通混乱。

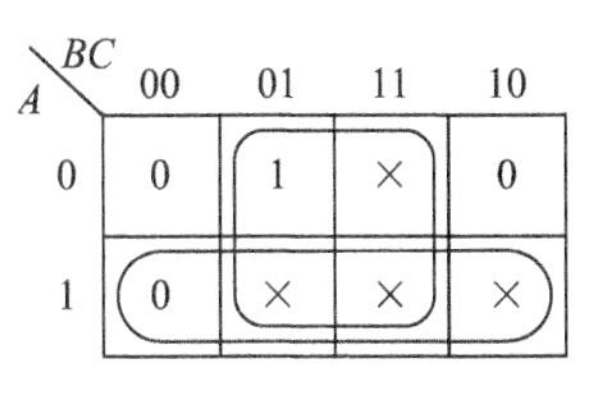

图 2.30　例 2.9 卡诺图

2.5　技能拓展

用 Multisim 进行逻辑函数仿真化简。

1. 任务要求

用 Multisim 或同类软件化简函数 $F=ABC+AB\overline{C}+A\overline{B}C+\overline{A}BC$。

2. 逻辑函数化简

Multisim 软件是一款 EDA 仿真软件，利用它可以对模拟电路、数字电路等进行仿真验证。我们可以利用 Multisim 进行逻辑函数化简。

3. 化简步骤

(1) 打开 Multisim 或其他同类软件。

(2) 鼠标左键点击 Instruments(仪表)中的 Logic Converter(逻辑变换器)，并将其拖至工作区域，如图 2.31 所示。

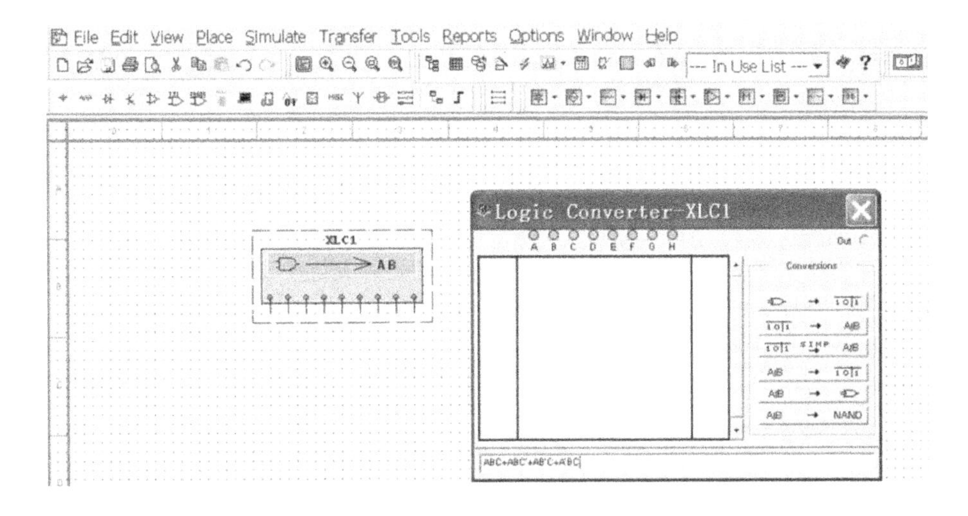

图 2.31　利用 Multisim 化简

(3) 在 Logic Converter 中输入待化简的函数式，式中的非号用“′”代替，如图 2.31 所示。

(4) 鼠标点击 A|B → 1O|1(由逻辑表达式产生真值表)，如图 2.32 所示。

(5) 鼠标点击 1O|1 SIMP→ A|B(由真值表产生最简逻辑表达式)得到最简逻辑表达式，$F=AC+AB+BC$，见图 2.32。

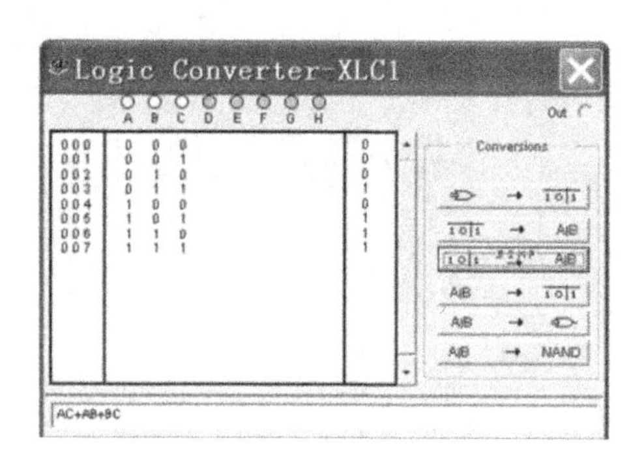

图 2.32　Multisim 化简结果

知识小结

(1) 数字逻辑代数是研究数字电路的基础。逻辑代数中最基本的运算是与、或、非，复合逻辑运算有与非、或非、与或非、异或等。

(2) 逻辑函数描述输出变量和输入变量之间的关系。数字电路中常用的逻辑函数描述方式有真值表、函数表达式、逻辑电路图、波形图、卡诺图等，它们之间是可以互相转换的。

(3) 数字逻辑代数中的基本定律有交换律、结合律、分配律、吸收律、反演律，常用规则有代入规则、反演规则、对偶规则。

(4) 可利用逻辑代数中的常用公式、基本定律和规则对逻辑函数进行变换和化简。一般可以将逻辑函数化简为与或表达式，也可以通过逻辑函数的变换将其变换为与非-与非式。

(5) 除了采用公式法对逻辑函数进行化简外，更为常见的是采用卡诺图法对逻辑函数化简，该方法更为直观，也更为简便。本章详细介绍了卡诺图法化简的步骤和带有无关项的卡诺图的化简。

(6) 随着 EDA 技术的发展，很多工作不再需要采用传统的手工方式来完成，采用 Multisim 软件能非常简单地完成对多变量逻辑函数的化简工作。

思考与练习

一、填空题

1. 逻辑代数又称为(　　)代数。最基本的逻辑关系有(　　)、(　　)、(　　)三种。常用的几种逻辑运算为(　　)、(　　)、(　　)、(　　)、(　　)。

2. 只有当决定一件事情的所有条件全部具备时，这件事情才会发生，此逻辑关系称为(　　)。

3. 或非运算实现的逻辑功能是(　　)。

4. 当两个输入相同时，输出为 0，当两个输入不同时，输出为 1，这是(　　)运算。

5. 逻辑代数中与普通代数相似的定律有(　　)、(　　)、(　　)。摩根定律又称为(　　)。

6. 逻辑代数的三个重要规则是(　　)、(　　)、(　　)。

7. 逻辑函数 $F=\ B+D$ 的反函数 =(　　　　)。

8. 逻辑函数 $F=A(B+C)\cdot 1$ 的对偶函数是(　　　　)。

9. 逻辑函数 $F=\overline{AB}+\overline{C\,\overline{\overline{D+EF}}}$的对偶函数是(　　　　)。

10. 逻辑函数 $F=\overline{AB}+\overline{C\,\overline{\overline{D+EF}}}$的反函数是(　　　　)。

11. 逻辑函数 $F=\overline{(A+\overline{B})+CD}$的反函数是(　　　　)。

12. 逻辑函数的常用表示方法有(　　)、(　　)、(　　)、(　　)、(　　)。

13. 当逻辑函数有 3 个变量时，其真值表共有(　　)个不同的变量取值组合。

14. 任意两个不同的最小项的乘积为(　　)，全部最小项之和恒等于(　　)。

15. 任意两个不同的最大项之和恒为(　　)，全部最大项之积恒为(　　)。

16. 逻辑函数 $F(A, B, C)=AB+AC$ 展开为最小项表达式，为(　　　　)。

17. 利用吸收法化简逻辑函数 $F=A\overline{B}+A\overline{B}C\overline{D}(E+\overline{F})$，为(　　)。

18. 利用消去法化简逻辑函数 $F=AB+\overline{A}C+\overline{B}C$，为(　　)。

19. 利用并项法化简逻辑函数 $F=ABC+\overline{A}BC+B\overline{C}$，为(　　)。

20. 利用配项法化简逻辑函数 $F=ABC+\overline{A}BC+AB\overline{C}+A\overline{B}C$，为(　　)(提示：利用公式 $A+A=A$)。

21. 用卡诺图合并相邻最小项时，最小项的个数必须是(　　)个。

22. 4 变量卡诺图由(　　)个小方格组成。

23. 化简逻辑函数的主要方法有(　　)、(　　)。

二、选择题(选择正确的答案填入括号内)

1. 与 $A+BC$ 相等的是(　　)。

A. $A+B$　　B. $A+C$　　C. $(A+B)(A+C)$　　D. $B+C$

2. 逻辑函数 $F=A+BD+CDE+D=$(　　)。

A. A　　B. $A+D$　　C. D　　D. $A+BD$

3. 一个输入为 A、B 的两输入端与非门，为保证输出低电平，要求输入为(　　)。

A. $A=1, B=0$　　B. $A=0, B=1$

C. $A=0, B=0$　　D. $A=1, B=1$

4. 要使输入为 A、B 的两输入或门输出低电平，要求输入为(　　)。

A. $A=1, B=0$　　B. $A=0, B=1$

C. $A=0, B=0$　　D. $A=1, B=1$

5. n 个变量的逻辑函数的全部最大项有(　　)。

A. n 个　　B. $2n$ 个

C. 2^n 个　　D. $2n-1$ 个

6. 逻辑函数 $F=\overline{\overline{AB}\cdot\overline{CD}}$ 需用(　　)来实现。

A. 两个与非门　　B. 三个与非门

C. 两个或非门　　D. 三个或非门

三、练习题

1. 写出下列函数的反函数。

(1) $F=(\overline{A}+B)(\overline{C}+D+\overline{E})$　　(2) $F=A+\overline{B+\overline{C}+\overline{D+\overline{E}}}$

2. 写出下列函数的对偶函数。

(1) $F=A\overline{B}+C\overline{D}E$　　(2) $F=A\,\overline{B\overline{C}\,\overline{D\overline{E}}}$

3. 已知某函数的真值表如表2.28，试列出逻辑表达式并化简为与非-与非表达式，用二输入与非门实现，并画出逻辑电路图。

表 2.28　真值表

A	B	C	F
0	0	0	0
0	0	1	1
0	1	0	1
0	1	1	0
1	0	0	0
1	0	1	1
1	1	0	1
1	1	1	0

4. 已知某逻辑函数的逻辑关系如图2.33所示，试列出 F_1、F_2 的真值表并分别写出 F_1、F_2 的最简逻辑表达式。

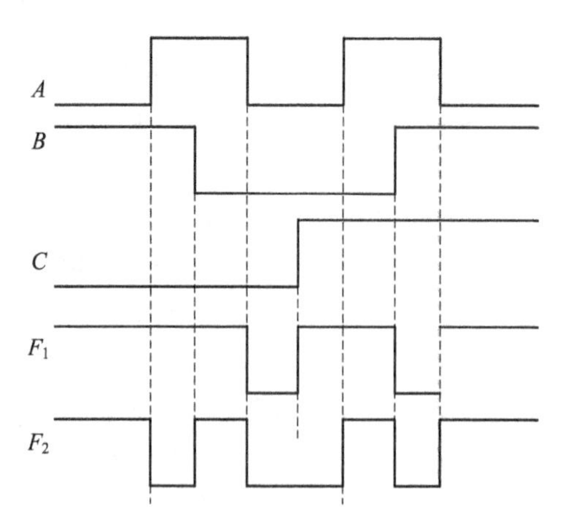

图 2.33　输入/输出波形图

5. 将逻辑函数 $F=AB+AC+BC$ 变换为最小项表达式。

6. 用公式法化简以下逻辑函数。

(1) $F=A\overline{B}+AC+ADE+\overline{C}D$(提示：利用公式 $AB+\overline{A}C+BC=AB+\overline{A}C$)。

(2) $F=A+\overline{\overline{B}+\overline{CD}}+\overline{\overline{AD}\,\overline{B}}$(提示：利用反演律及公式 $A+AB=A$)。

(3) $F=ABC+A\overline{B}+A\overline{C}$(提示：利用反演律及公式 $A+\overline{A}=1$)。

(4) $F=AB+A\overline{C}+\overline{B}C+B\overline{C}+ADEF$(提示：利用反演律及公式 $A+AB=A$、$A+\overline{A}B=A+B$)。

(5) $F=A\overline{B}+C+\overline{A}\overline{C}D+B\overline{C}D$(提示：利用反演律及公式 $A+\overline{A}B=A+B$)。

7. 用卡诺图化简以下逻辑函数。

(1) $F(A, B, C)=\sum m(0, 2, 4, 6, 7)$。

(2) $F(A, B, C, D)=\sum m(0, 1, 2, 4, 6, 7, 8, 9, 13, 15)$。

(3) $F(A, B, C)=\overline{A}\,\overline{B}\,\overline{C}+\overline{A}\,\overline{B}C+\overline{A}B\overline{C}+A\overline{B}C$。

(4) $F(A, B, C, D)=\overline{A}\,\overline{C}\,\overline{D}+\overline{A}\,\overline{C}D+\overline{A}BCD+A\overline{B}\,\overline{C}\,\overline{D}$。

(5) $F(A, B, C, D)=\prod M(1, 2, 4, 9, 11)$。

(6) $F(A, B, C, D)=\sum m(0, 2, 6, 8, 9, 10, 11, 14)$。

(7) $F(A, B, C, D)=\sum m(0, 1, 5, 8, 12, 15)+\sum d(3, 7, 11, 10)$。

(8) $F(A, B, C, D)=\prod M(0, 1, 4, 5, 10, 11, 12)\cdot\prod D(3, 8, 14)$。

第3章　集成逻辑门电路

本章导引

随着数字电子技术的发展，分立元件构成的数字电路已经很少使用了，取而代之的是数字集成电路。所谓数字集成电路，是指将元器件和连线集成于同一半导体芯片上而制成的数字逻辑电路或系统。数字集成电路主要包括TTL门电路和CMOS门电路，是国家重点发展的技术之一。目前，集成芯片产业链的话语权基本被国外大企业所垄断，中国每年进口超过3000亿美元的集成电路，中国芯片厂商广泛使用国外制造的芯片设计工具和专利以及一些欧美国家的制造技术。近年来美国针对中兴和华为的“卡脖子”事件，让我们认识到该产业面临着全球性挑战，同时也看到了在某些领域我国的科技水平与世界先进水平之间的差距并不是很大，如双极型工艺集成电路设计和制造技术，这是我国科技工作者在学术上追求自主创新、在技术上追求工匠精神、不断努力的结果。门电路是数字电路的基本逻辑单元。逻辑门电路是指能完成一些最基本逻辑功能的电路。本章将重点介绍TTL和CMOS集成门电路的内部结构、简单工作原理、输入特性和输出特性及其他电气特性，旨在使读者掌握集成门电路的电气特点和使用方法。

知识点睛

通过本章的学习，读者可达到如下目的：

(1) 了解TTL和CMOS集成门电路的内部结构和基本工作原理。

(2) 掌握TTL与非门的输入特性和输出负载特性。

(3) 掌握TTL OC门、三态门的特性和使用方法。

(4) 掌握CMOS电路的外部电气特性。

(5) 掌握COMS OD门、三态门的特性和使用方法。

应用举例

在各种知识抢答节目中，当主持人说完题目后，抢答者迅速按下抢答器的按键进行抢答，显示器上会立刻显示出第一个抢答者的号码，如“5”，这意味着5号抢答者可以优先答题。图3.1所示为8人抢答器的电路板。

该电路为中规模集成电路，其由数码管LC5011、显示译码器CD4511(CMOS门电路)、优先编码器74LS147、八输入与非门74LS30、二输入或门74LS32、74LS373锁存器等构成，这些都是TTL或CMOS集成门电路。

数字集成电路的分类方式有很多种。

图 3.1　8 人抢答器的电路板

按电路逻辑功能不同，数字集成电路可分为组合逻辑电路和时序逻辑电路。

按集成电路的规模不同，数字集成电路又可分为小规模集成电路(Small-Scale Integration，SSI)、中规模集成电路(Middle-Scale Integration，MSI)、大规模集成电路(Large-Scale Integration，LSI)和超大规模集成电路(Very-Large-Scale Integration，VLSI)。具体分类见表 3.1。

表 3.1　集成电路分类表

集成电路分类	集成度	电路规模与范围
小规模集成电路 SSI	1～10 门/片 或 10～100 个元件/片	逻辑单元电路，包括逻辑门电路、集成触发器
中规模集成电路 MSI	10～100 门/片 或 100～1000 个元件/片	逻辑部件，包括编码器、译码器、数据选择器、计数器、寄存器、比较器等
大规模集成电路 LSI	100～1000 门/片或 1000～100 000 个元件/片	数字逻辑系统，包括中央控制器、存储器、各种接口电路
超大规模集成电路 VLSI	大于 1000 门/片或 大于 10 万个元件/片	高集成度的数字逻辑系统，如 CPLD、FPGA、各种型号的单片机系统等

按电路所用器件不同，数字集成电路又可分为单极性电路和双极性电路。最常用的单极性电路是 CMOS(Complementary Symmetry Metal Oxide Semiconductor，互补金属氧化物半导体)电路，最常用的双极性电路是 TTL(Transistor-Transistor-Logic，晶体管逻辑)电路。

数字集成电路的封装形式有很多种，小规模和中规模集成电路主要有双列直插式和贴片式，如图 3.2 所示。

一般双列直插式集成门电路，其管脚号的分布规律几乎是一样的，即将集成块的缺口朝左，从左下脚起，逆时针旋转，依次为 1 脚，2 脚，3 脚，…，如图 3.3 所示。

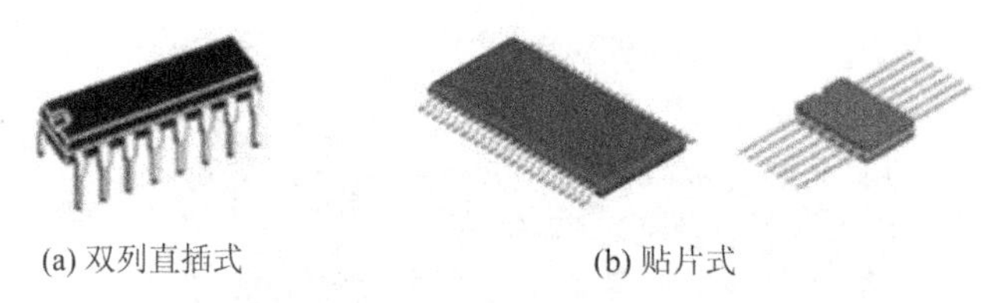

图 3.2 数字集成门电路的实物图

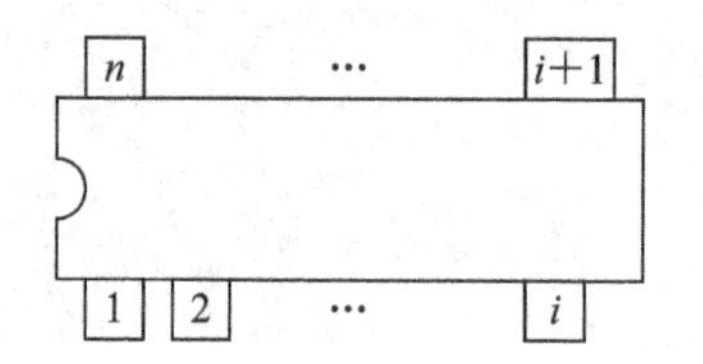

图 3.3 数字集成电路的管脚排布规律

3.1 TTL 集成门电路

3.1.1 TTL 与非门的电路结构

TTL 门电路的工作原理

与非门是 TTL 门电路中结构最典型的一种。图 3.4 中给出了 TTL 与非门的典型电路，它由三部分组成：VT_1、R_1 组成的输入级，VT_2、R_2、R_3 组成的中间级，VT_3、VT_4、R_4 和 VD 组成的输出级。设输入信号的高、低电平分别为 $U_{IH}=3.4$ V，$U_{IL}=0.2$ V。PN 结的伏安特性可以用折线化的等效电路来代替，并假设开启电压 U_{ON} 为 0.7 V。

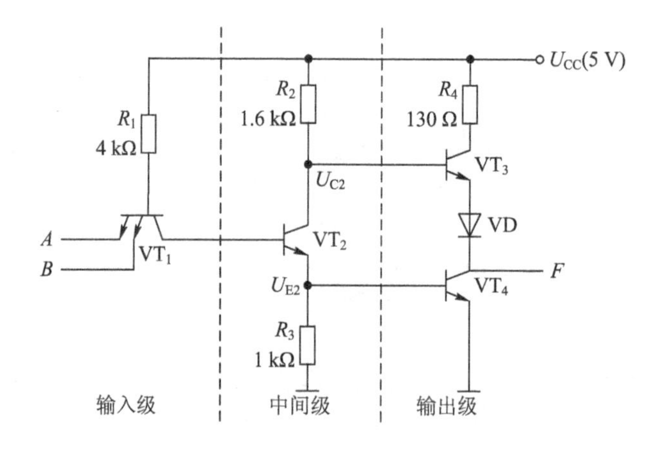

图 3.4 TTL 与非门的典型电路

由图 3.4 可见，当 $U_A=U_B=U_{IH}$ 时，如果不考虑 VT_2 的存在，则 VT_1 的基极电位 $U_{B1}=U_{IH}+U_{ON}=4.1$ V。显然，在存在 VT_2 和 VT_4 的情况下，VT_2 和 VT_4 的发射结必然导通。而一旦 VT_2 和 VT_4 导通后，VT_1 的基极电位 U_{B1} 就钳定在 2.1 V，所以 U_{B1} 在实际上不可能等于 4.1 V，只能是 2.1 V 左右。VT_2 的导通使 U_{C2} 降低而 U_{E2} 升高，导致 VT_3 截止、VT_4 导通，输出 F 变为低电平 U_{OL}。

当输入信号至少有一个为低电平时，三极管 VT_1 的发射结正偏导通，从而使 VT_1 的基极电位被钳定在 $U_{B1}=U_{IL}+U_{ON}=0.9$ V。因此，VT_2 的发射结不会导通。由于 VT_1 的集电极回路电阻是 R_2 和 VT_2 的集电结反向电阻之和，阻值非常大，因而 VT_1 工作在深度饱和状态，使 $U_{CE(sat)}\approx 0$。这时 VT_1 的集电极电流极小，在定量计算时可省略不计。VT_2 截止后 U_{C2} 为高电平，而 U_{E2} 为低电平，从而使 VT_3 导通，VT_4 截止，输出 F 为高电平 U_{OH}。

可见，输出和输入之间为与非的逻辑关系，即

$$F=\overline{AB}$$

输出级的特点是在稳定状态下 VT_3 和 VT_4 总是一个导通，而另一个截止，这就有效地降低了输出级的静态功耗并提高了驱动负载的能力。此外，为了确保 VT_4 饱和导通时 VT_3 可靠地截止，又在 VT_4 的发射极串接了二极管 VD。

3.1.2　TTL 与非门的电压传输特性

TTL 门电压的传输特性

如果把图 3.4 所示的与非门的输出电压随输入电压的变化用曲线描绘出来，就得到了如图 3.5 所示的电压传输特性。

在曲线的 AB 段，因为 $U_I<0.6$ V，所以 $U_{B1}<1.3$ V，VT_2 和 VT_4 截止，而 VT_3 导通，故输出为高电平，$U_{OH}=U_{CC}-U_{R2}-U_{BE3}-U_D\approx 3.4$ V，我们把这一段称为特性曲线的截止区。

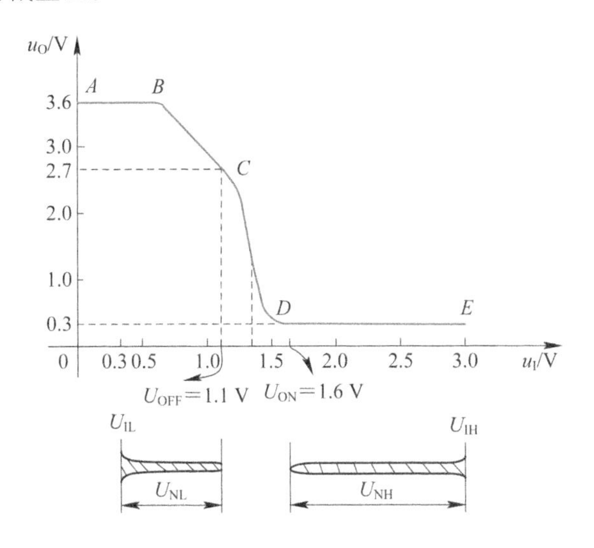

图 3.5　TTL 与非门的电压传输特性

在 BC 段，由于 $U_I>0.7$ V 但低于 1.3 V，因此 VT_2 导通，而 VT_4 依旧截止。这时 VT_2 工作在放大区，随着 U_I 的升高，U_{C2} 和 U_F 线性地下降。这一段称为特性曲线的线性区。

当输入电压上升到 1.4 V 左右时，U_{B1} 约为 2.1 V，这时 VT_2 和 VT_4 将同时导通，VT_3 截止，输出电位急剧下降为低电平，这就是转折区 CD 段的工作情况。转折区中点对应的输入电压称为阈值电压或门槛电压，用 U_{TH} 表示。

此后，U_I 继续升高时 U_O 不再变化，进入特性曲线的 DE 段。DE 段称为特性曲线的饱和区。

1. 关门电平、开门电平、阈值电平

由 TTL 与非门电路的电压传输特性曲线不仅可以知道输出电压，还可以得到下面几个重要的参数：

(1) 关门电平 U_{OFF}。保证输出为额定高电平(3 V)的 90%所对应的输入低电平的最大值，称为关门电平，用 U_{OFF} 表示。由图 3.5 可得，$U_{OFF}\approx1.1$ V。显然，当 $u_I<1.1$ V 时，与非门关闭，输出为高电平。

(2) 开门电平 U_{ON}。保证输出为额定低电平(0.3 V)所对应的输入高电平的最小值，称为开门电平，用 U_{ON} 表示。由图 3.5 可得，$U_{ON}\approx1.6$ V。显然，当 $u_I>1.6$ V 时，与非门打开，输出为低电平。

(3) 阈值电压 U_{TH}。从图 3.5 所示的电压传输特性曲线中可以看出，输出 2.7 V 对应的 u_I 为 U_{OFF}，输出 0.3 V 对应的 u_I 为 U_{ON}，则阈值电压 $U_{TH}=\frac{1}{2}(U_{OFF}+U_{ON})=1.5$ V。由于 U_{OFF} 与 U_{ON} 的实际值差别不大，因此近似认为 $U_{TH}\approx U_{OFF}\approx U_{ON}$。一般又称 U_{TH} 为门槛电压，它是与非门中的一个重要参数，是与非门状态转换的关键值，其是电路截止和导通的分界，也是决定输出高低电平的分界。

2. 输入端噪声容限 U_N

从图 3.5 所示的电压传输特性曲线中可以看出，当输入信号偏离正常的低电平(0.3 V)而升高时，输出的高电平并不会立即改变；同样，当输入信号偏离正常的高电平(3 V)而降低时，输出的低电平也不会立即改变。因此，允许输入的高、低电平信号都有一个波动范围。在保证输出高、低电平基本不变(或者说变化的大小不超过允许限度)的前提下，输入电平的允许波动范围称为输入端噪声容限。噪声容限又称为抗干扰能力，它表示门电路在输入电压上允许叠加多大的噪声电压仍能正常工作。

输入低电平噪声容限是指输出为额定高电平的 90%时，允许输入低电平上叠加的噪声电压值，用 U_{NL} 表示，由图 3.5 可得

$$U_{NL}=U_{OFF}-U_{IL}=1.1\ \text{V}-0.3\ \text{V}=0.8\ \text{V} \tag{3.1}$$

U_{NL} 越大，表明与非门输入低电平时，抗正向干扰的能力越强。

输入高电平噪声容限是指输出为额定低电平时，允许输入高电平上叠加的噪声电压值，用 U_{NH} 表示，由图 3.5 可得

$$U_{NH}=U_{IH}-U_{ON}=3\ \text{V}-1.6\ \text{V}=1.4\ \text{V} \tag{3.2}$$

U_{NH} 越大，表明与非门输入低电平时，抗负向干扰的能力越强。

3.1.3 TTL 与非门的静态输入特性和输出特性

TTL 与非门的输入负载特性

研究门电路的输入端和输出端的伏安特性，即输入特性和输出特性，有利于正确处理门电路和其他电路之间的连接问题。在下面的分析中仅仅考虑输入信号是高电平还是低电平，而不考虑介于高低电平之间的情况。

1. 输入特性

在图 3.4 所示的 TTL 与非门电路中，可以将输入端等效为如图 3.6 所示的形式。当输入为低电平(0.2 V)时，电流从 VT_1 的发射极流出，我们把这个电流称为输入低电平电流

I_{IL}，其大小为

$$I_{IL}=\frac{U_{CC}-U_{BE1}-U_{IL}}{R_1}\approx -1\ \text{mA} \tag{3.3}$$

这里的参考方向为流进 VT_1 发射结。同时把 $U_I=0$ 时的输入电流称为输入短路电流 I_{IS}。显然，I_{IS}的数值比 I_{IL}的数值要略大一些。在作近似分析计算时，经常用手册上给出的 I_{IS}近似代替 I_{IL}。

当输入为高电平(3.4 V)时，VT_1 管的 $U_{BC}>0$、$U_{BE}<0$，即发射结反偏，集电结正偏。我们把这种状态称为倒置状态。由于 BJT(Bipolar Junction Transistor，双极性晶体管)在倒置状态下电流放大系数极小，因而导致输入高电平电流 I_{IH}也很小。74 系列门电路每个输入端的 I_{IH}小于 40 μA。

根据图 3.6 所示的等效电路可以画出如图 3.7 所示的输入电流随输入电压变化的曲线——输入特性曲线。

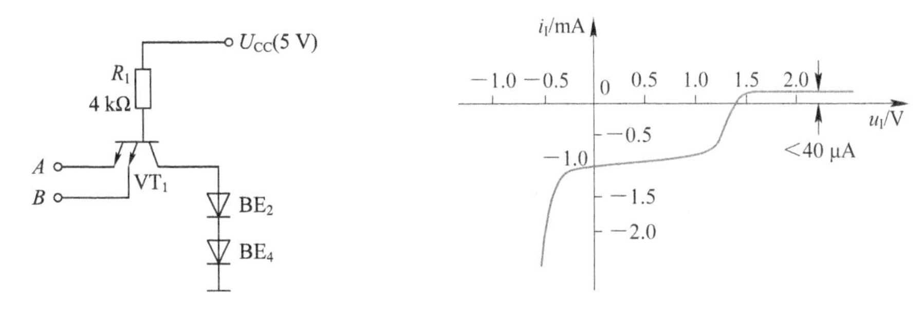

图 3.6　TTL 与非门输入端等效电路　　　图 3.7　输入特性曲线

2. 输入负载特性

输入电压 u_I 随输入端对地外接电阻 R_I 变化的曲线，称为输入负载特性。

在实际应用中，经常会遇到输入端通过电阻接地的情况，如图 3.8(a)所示。当 R_I 大小变化时，往往会影响与非门的工作状态。例如，当 $R_I=0$ 时，$u_I=0$，输出 u_O 为高电平；当 $u_I=\infty$，即输入端悬空时，相当于输入高电平，这时输出 u_O 为低电平。因此，对与非门输入端对地外接电阻 R_I 的大小有一定的要求。

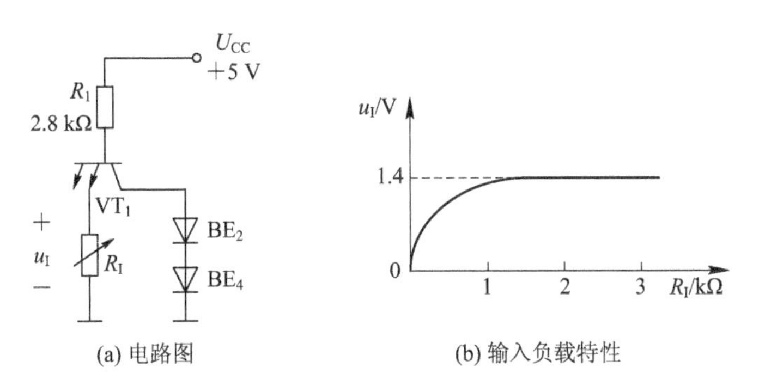

(a) 电路图　　(b) 输入负载特性

图 3.8　TTL 与非门的输入负载特性

当 R_I 由小逐渐增大时，R_I 上的电压 u_I 随之增大。当 R_I 增大到使 $u_I=1.4$ V 时，VT_1 的基极电压被钳在 2.1 V 上，VT_2 和 VT_4 同时导通，输出 u_O 为低电平 u_{OL}，此后 u_{OL}不再随 R_I 增加而升高。u_I 随 R_I 变化的曲线如图 3.8(b)所示。

(1) 关门电阻 R_{OFF}。为保证与非门关闭，使 u_I 上升到 U_{OFF} 值时所对应的 R_I 值称为关门电阻，用 R_{OFF} 表示。只要 $R_I < R_{OFF}$，与非门便处于关闭状态。

(2) 开门电阻 R_{ON}。为保证与非门开通，使 u_I 上升到 U_{ON} 值时所对应的 R_I 值称为开门电阻，用 R_{ON} 表示。只要 $R_I > R_{ON}$，与非门便处于开通状态。通常 $R_{ON} > R_{OFF}$。

应当指出：对于不同的 TTL 门电路，开门电阻 R_{ON} 和关门电阻 R_{OFF} 的值是不同的。

【例 3.1】 图 3.9 所示的 TTL 与非门的关门电阻 R_{OFF} = 680 Ω，开门电阻 R_{ON} = 2 kΩ，写出输出 Y_1、Y_2 和 Y_3 的逻辑表达式。

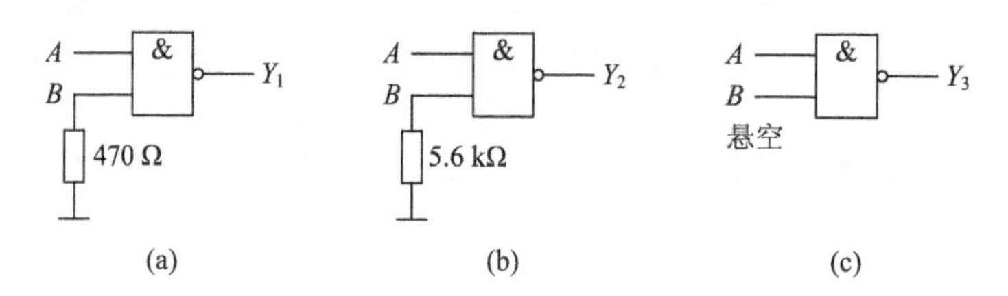

图 3.9　例 3.1 的电路

解　在图 3.9(a)中，输入端 B 端所接电阻为 470 Ω，小于 R_{OFF}(680 Ω)，相当于输入端接低电平 0，因此 $Y_1 = \overline{A \cdot B} = \overline{A \cdot 0} = 1$。

在图 3.9(b)中，输入端 B 端所接电阻为 5.6 kΩ，大于 R_{ON}(2 kΩ)，相当于输入端接高电平 1，因此 $Y_2 = \overline{A \cdot B} = \overline{A \cdot 1} = \overline{A}$。

在图 3.9(c)中，输入端 B 端悬空，也可以认为其电阻为无穷大，相当于在输入端接高电平 1，因此 $Y_3 = \overline{A \cdot B} = \overline{A \cdot 1} = \overline{A}$。

3. 输出特性

前面已经讲过，当 $U_F = U_{OH}$ 时，图 3.4 所示电路中的 VT_3、VD 导通，VT_4 截止，输出端的电路就可以等效为如图 3.10 所示的形式。由于负载电流方向是从输出端流向负载，因此称此时的负载电流为拉电流。

由图 3.10 可见，VT_3 工作在射极输出状态，电路的输出电阻很小，在负载电流较小的范围内，负载电流的变化对 U_{OH} 的影响很小。

随着负载电流 i_L 的绝对值的增大，R_4 上的压降也随之增大，最终使 VT_3 的集电结正偏，VT_3 进入饱和状态。这时 VT_3 失去射极跟随功能，$U_{OH}(U_F)$ 随 i_L 的绝对值的增大几乎呈线性下降。图 3.11 给出了 74 系列门电路在输出为高电平时的输出特性曲线。

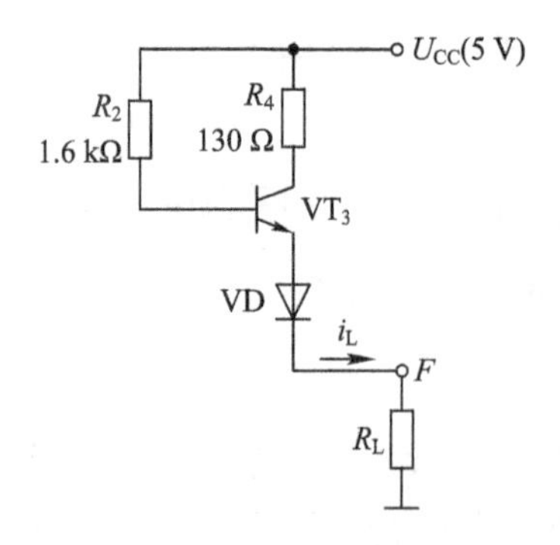

图 3.10　TTL 与非门高电平输出等效电路

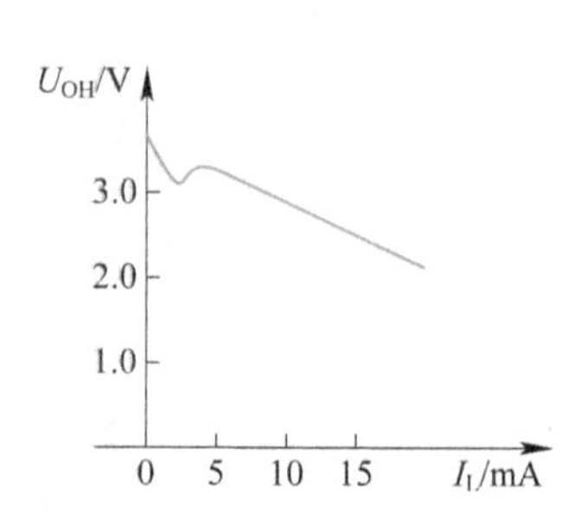

图 3.11　TTL 与非门高电平输出特性曲线

74系列门电路规定：输出为高电平时，最大负载电流不能超过0.4 mA。如果$U_{CC}=5$ V，$U_{OH}=2.4$ V，那么$I_{OH}=0.4$ mA时门电路内部消耗的功率已达到1 mW。

当输出为低电平时，门电路输出级的VT_3、VD截止，VT_4导通，输出端的电路就可以等效为如图3.12所示的形式。由于负载的电流方向是从负载流向输出端，因此称此时的负载电流为灌电流。由于VT_4管饱和导通时c和e之间的内阻很小(通常在10 Ω以内)，因此负载电流i_L增大时输出的低电平仅略有增大，如图3.13所示。

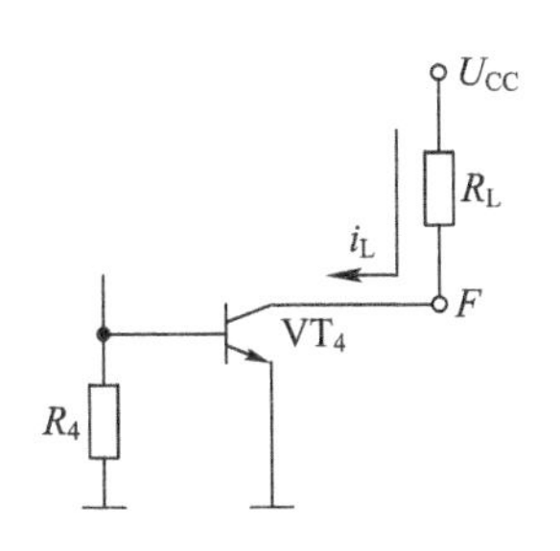

图3.12　TTL与非门低电平输出等效电路

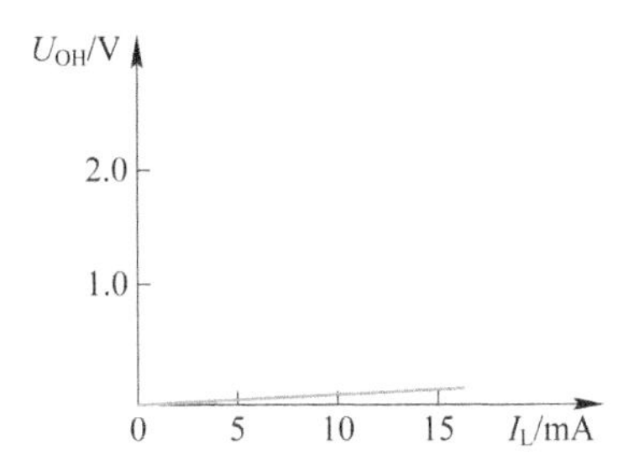

图3.13　TTL与非门低电平输出特性曲线

TTL与非门的输出端接上负载后，此负载可能是灌电流负载，也可能是拉电流负载，如图3.14所示。那么TTL与非门究竟能驱动多少负载呢？这就是下面将要介绍的门电路的带载能力——扇出系数N_O，它是指门电路输出端所能驱动同类门的最大个数。如果门G的输出高电平电流为I_{OH}，输出低电平电流为I_{OL}，每个非门的输入高电平电流为I_{IH}，输入低电平电流为I_{IL}，则门G输出高电平时的扇出系数N_{OH}为

$$N_{OH}=\frac{I_{OH}}{I_{IH}} \tag{3.4}$$

门G输出低电平时的扇出系数N_{OL}为

$$N_{OL}=\frac{I_{OL}}{I_{IL}} \tag{3.5}$$

如果$N_{OH}\neq N_{OL}$，则$N_O=\min(N_{OH}, N_{OL})$。

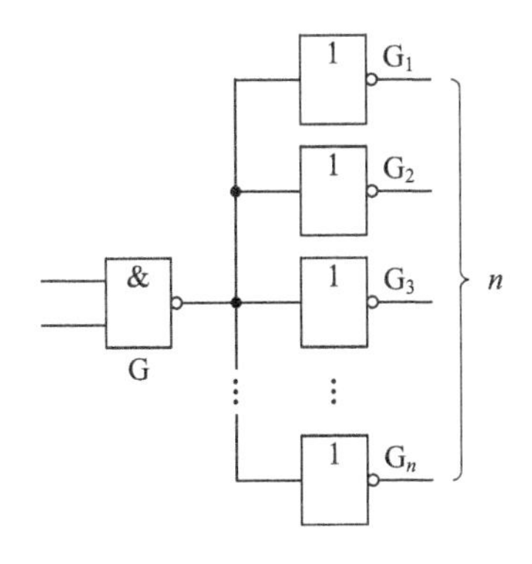

图3.14　TTL与非门驱动n个TTL非门

3.1.4　常用小规模集成门电路

图3.15所示为几种小规模74系列组合逻辑电路(双列直插封装形式)的内部结构图及

管脚分布图。

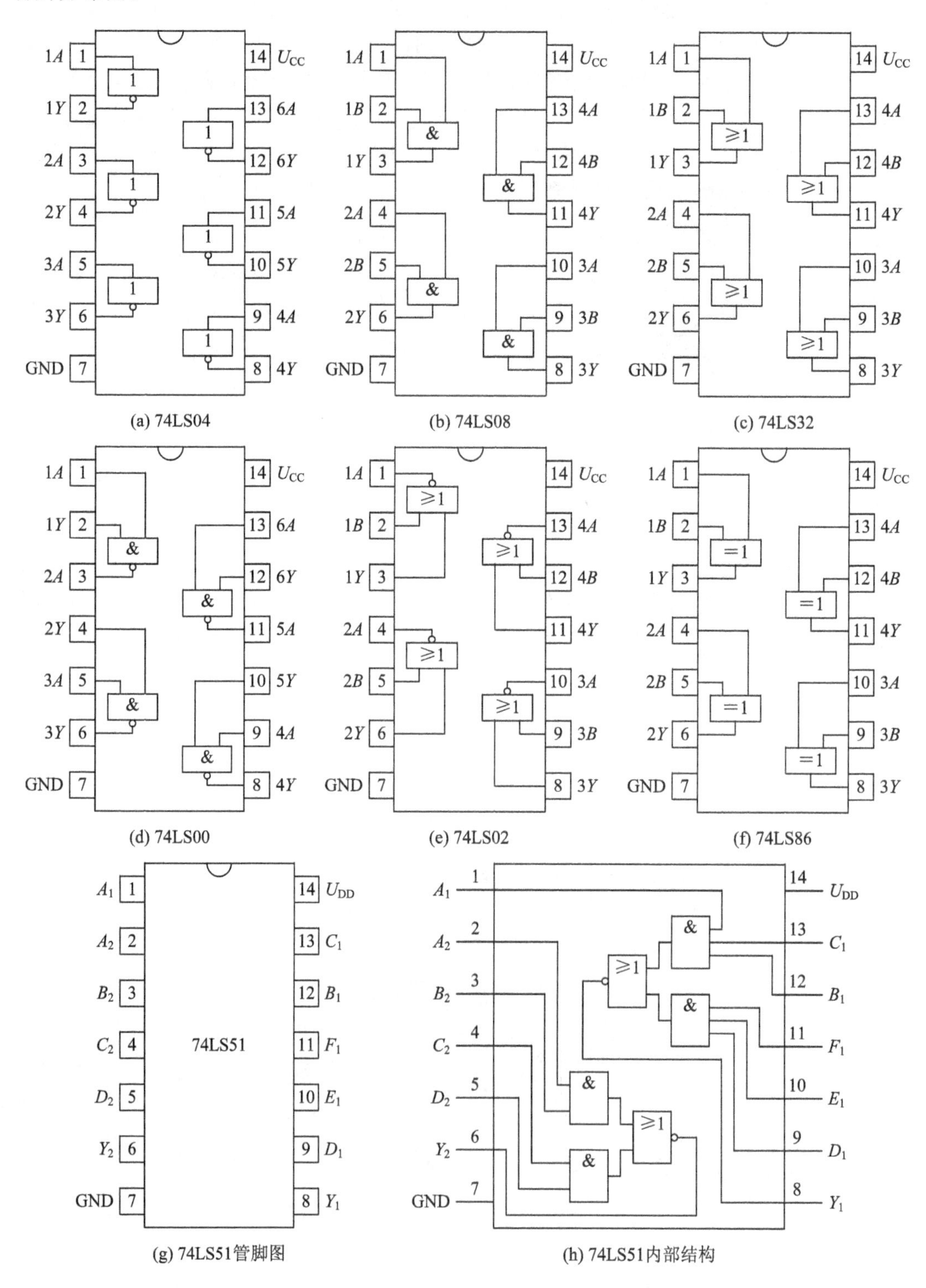

(a) 74LS04　(b) 74LS08　(c) 74LS32

(d) 74LS00　(e) 74LS02　(f) 74LS86

(g) 74LS51管脚图　(h) 74LS51内部结构

图 3.15　常用小规模集成电路的内部结构和管脚分布图

图 3.15 所示集成电路的逻辑功能如下：

集成电路 74LS04 非门的管脚排列见图 3.15(a)，它共有 14 个管脚，其中第 14 脚为 U_{CC}，第 7 脚为 GND，一片 74LS04 含有 6 个非门；集成电路 74LS08 二输入与门的管脚排列见图 3.15(b)；集成电路 74LS32 二输入或门的管脚排列见图 3.15(c)；集成电路 74LS00 二输入与非门的管脚排列见图 3.15(d)；集成电路 74LS02 二输入或非门的管脚排列见图 3.15(e)；集成电路 74LS86 异或门的管脚排列见图 3.15(f)；集成电路 74LS51 内含有两个与或非门，内部结构见图 3.15(h)，管脚排列见图 3.15(g)。

3.1.5　特殊 TTL 门电路

1. 集电极开路的门电路简介

在实际应用中，为了实现与逻辑，常常需要把几个门的输出端并联使用，称为线与。提高工作速度之后的 TTL 与非门虽然具有一定的优点，但不能进行线与，这是由 TTL 门电路的输出结构所决定的。

从图 3.16 中可以看到，如果将两个 TTL 与非门的输出端直接用线连接起来，其中一个门输出高电平，另一个门输出低电平，则必然有很大的负载电流同时流过两个门的输出级。这个电流的数值会远远超过正常的工作电流，可能使门电路损坏。此外，图 3.16 所示电路不能驱动较大电流、较高电压的负载。为了克服这样的缺点，人们通过研究将图 3.16 中输出级 VT_4 的集电极开路，做成集电极开路的门电路(Open Collector Logical Gate Circuit)，简称 OC 门，如图 3.17 所示。

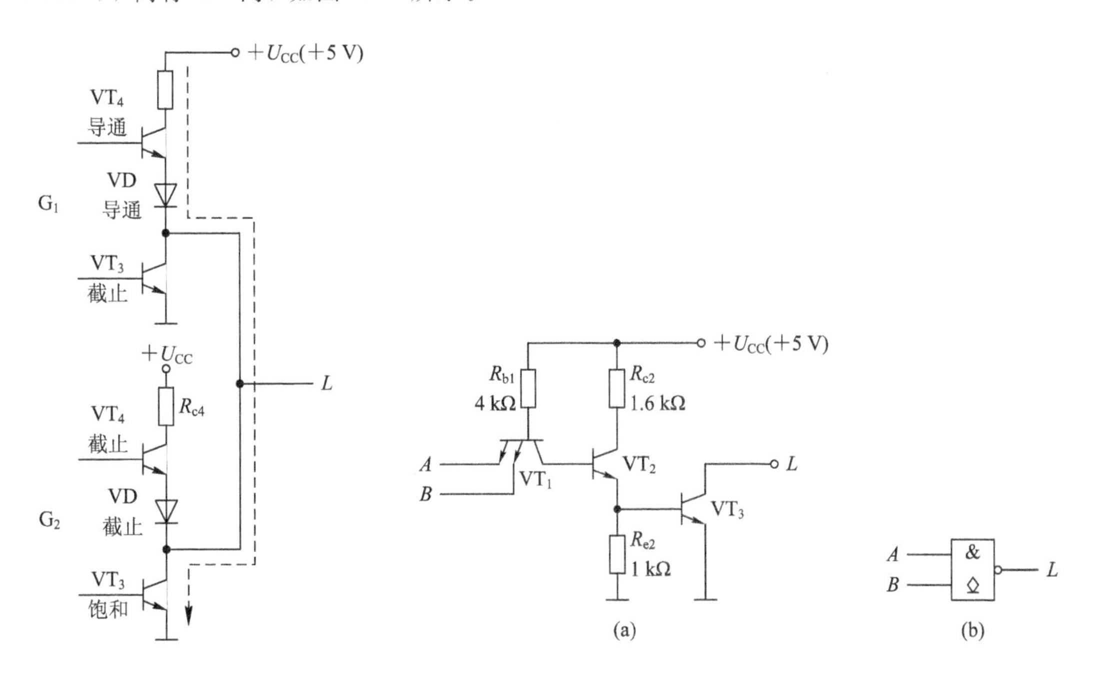

图 3.16　普通 TTL 门电路输出端并联使用

图 3.17　集电极开路与非门的电路和图形符号

下面介绍 OC 门的几个主要应用。

1) 实现线与

将两个 OC 门并联实现线与，如图 3.18 所示。通过分析得到 $F_1=\overline{AB}$，$F_2=\overline{CD}$，只要

F_1、F_2 中有一个为低电平，F 就为低电平，只有 F_1、F_2 同时为高电平，F 才为高电平，这样 $F=F_1 \cdot F_2=\overline{AB} \cdot \overline{CD}$。

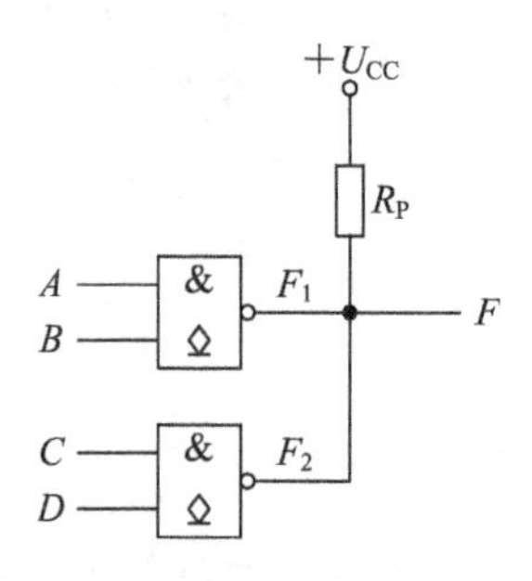

图 3.18 OC 门实现线与

在使用 OC 门进行线与时，外接上拉电阻 R 的选择非常重要。这里介绍一种计算外接上拉电阻的方法。假设有 n 个 OC 门的输出端并联，后面连接 m 个普通的 TTL 与非门作为负载，则 R 的选择按以下两种情况来考虑。

(1) 当所有的 OC 门同时截止时，输出 U_O 应为高电平，如图 3.19(a)所示。为了保证高电平不低于规定值，R 值不能取得太大。因此，当 R 为最大时要保证输出电压 $U_{OH(min)}$，由

$$U_{CC}-U_{OH(min)}=(mI_{IH}+nI_{OH})R_{max}$$

得到：

$$R_{max}=\frac{U_{CC}-U_{OH(min)}}{mI_{IH}+nI_{OH}} \tag{3.6}$$

式中，$U_{OH(min)}$ 为 OC 门输出高电平的下限值；I_{IH} 为负载门的每个输入端的输入高电平电流；m 为负载门输入端的个数(不是负载门的个数)；I_{OH} 为 OC 门输出级三极管截止时的漏电流；n 为 OC 门输出端的个数。有时 OC 门输出级三极管截止时的漏电流很小，为了计算方便，可以近似认为没有电流流入 OC 门。

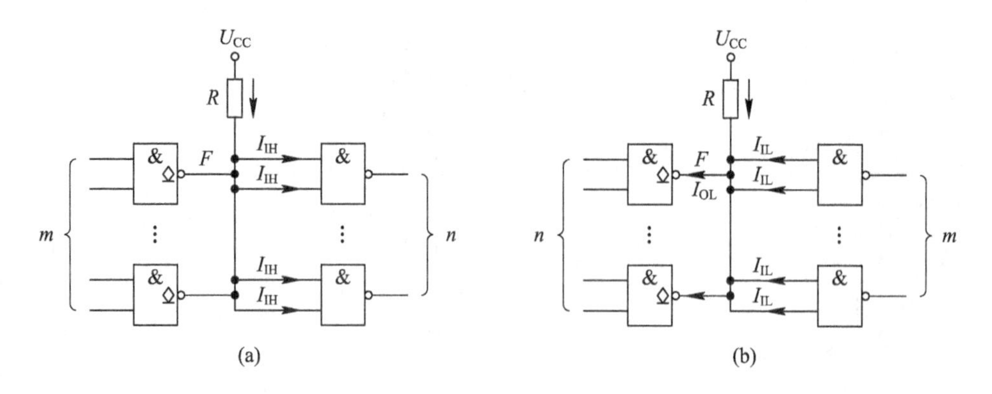

图 3.19 外接上拉电阻 R 的选择

(2) 当 OC 门中至少有一个输出为低电平时，输出 F 为低电平。考虑最坏情况，即只有一个 OC 门输出低电平，电流的实际流向如图 3.19(b)所示，这时 R 不能太小。因此当 R 为最小时，要保证输出电压 $U_{OL(max)}$，由

$$I_{OL(max)} = \frac{U_{CC} - U_{OL(max)}}{R_{min}} + mI_{IL}$$

得到：

$$R_{min} = \frac{U_{CC} - U_{OL(max)}}{I_{OL(max)} - mI_{IL}} \tag{3.7}$$

式中，$U_{OL(max)}$为 OC 门输出低电平的上限值；$I_{OL(max)}$为 OC 门输出低电平时的最大灌电流；I_{IL}为负载门的输入低电平电流；m 为负载门输入端的个数。

根据式(3.6)和式(3.7)可以得到，$R_{min}<R<R_{max}$。一般 R 应选 1 kΩ 左右的电阻。

2）实现电平的转换

当线与的 OC 门的输出 F_1、F_2 都为高电平时，$U_{OH}=U_{CC}$，因为 U_{CC}的电压值可以与门电路本身的电源电压不同，所以只要根据要求选择 U_{CC}就可以得到所需要的高电平值。在数字系统中，系统接口的电平转换通常用 OC 门来完成。如图 3.20 所示，把上拉电阻接到 10 V 的 U_{CC}电源上，这样在 OC 门输入普通的 TTL 电平，而输出高电平可以变为 10 V。

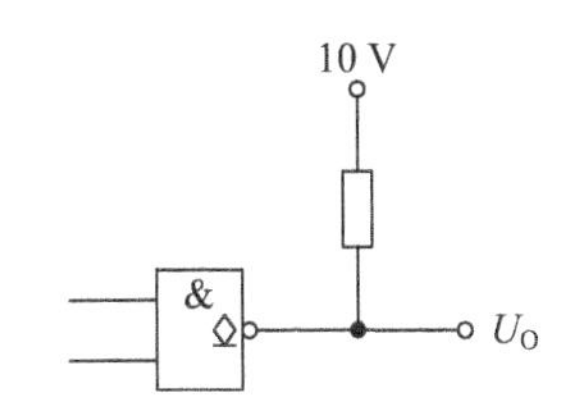

图 3.20 OC 门实现电平转换

3）作为驱动器

因为 OC 门输出低电平时灌电流较大，所以可以用 OC 门来驱动发光二极管、指示灯、继电器、脉冲变压器等。图 3.21 所示为 OC 门驱动发光二极管的电路。

7406 是一款 TTL 类型的 OC 门，其输出低电平电流 I_{OL}(灌电流)为 30 mA。图 3.22 所示为 7406 的管脚图和内部结构图。

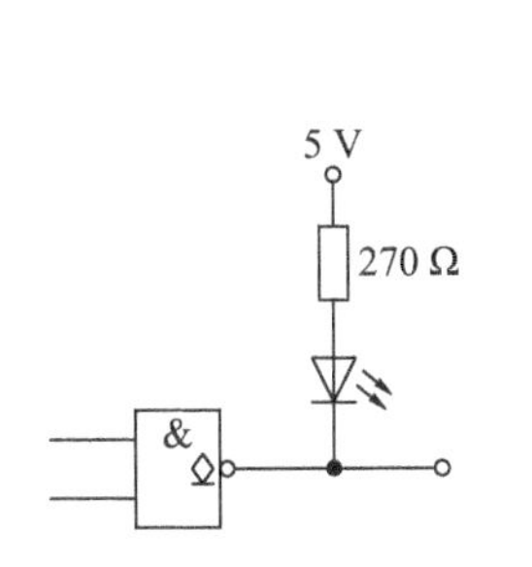

3.21 OC 门驱动发光二极管的电路

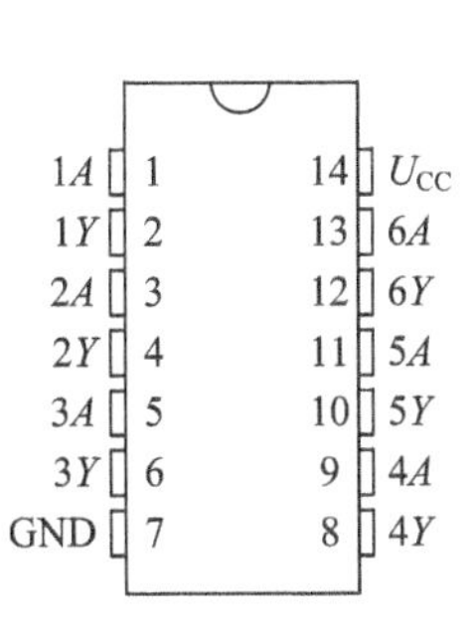

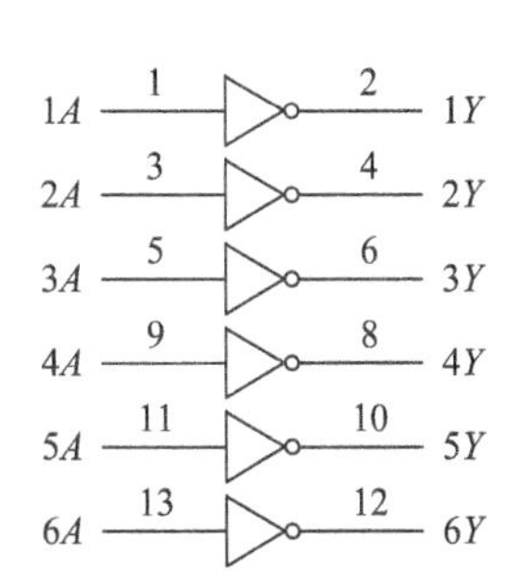

图 3.22 OC 门电路 7406 的管脚图和内部结构图

一片 7406 中含有 6 个具有非门逻辑的 OC 门，由于灌电流较大，因此常用作驱动器。

【例 3.2】 图 3.23 所示电路中有 $n=4$ 个 OC 门驱动和 $m=5$ 个 2 输入端的 TTL 与非门。OC 门输出高电平时，VT_4 管截止，反向截止电流 $I_{OH}=50$ μA，饱和导通时，VT_4 管允许流过的最大输出低电平电流 $I_{OL(max)}=16$ mA。负载与非门输入低电平时，短路电流 $I_{IL}=-1$ mA；输入高电平时，一个输入端的反向漏电流 $I_{IH}=40$ μA。电源电压 $U_{CC}=5$ V，OC 门的输出高电平下限值 $U_{OH(min)}=2.4$ V，低电平上限值 $U_{OL(min)}=0.4$ V，试求 OC 门负载电阻 R_L 的选择范围。

解 计算负载电阻的原则是：外接 R_L后，OC 门输出的高电平应大于其下限值 $U_{OH(min)}$(2.4 V)，输出的低电平应小于其上限值 $U_{OH(min)}$(0.4 V)。

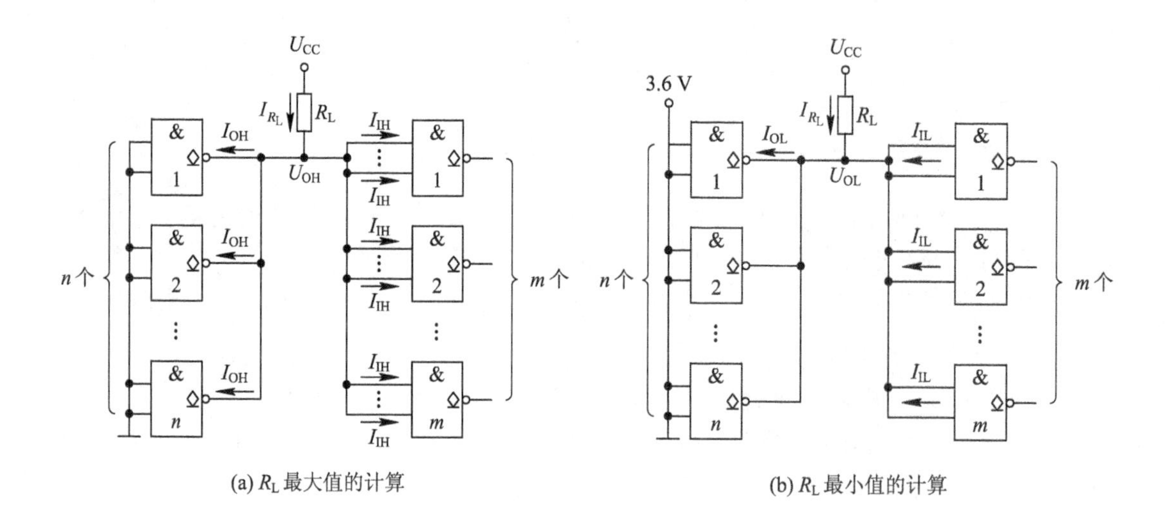

(a) R_L 最大值的计算

(b) R_L 最小值的计算

图 3.23 例 3.2 OC 门外接负载电阻的计算

(1) 输出高电平时，求最大负载 $R_{L(max)}$。

如图 3.23(a)所示，当电阻 R_L 逐渐增大时，OC 门的输出电压 U_{OH} 逐渐减小，为了保证输出逻辑正确，必须保证 U_{OH} 大于 $U_{OH(min)}$，由此可求得 R_L 的最大值 $R_{L(max)}$：

$$R_{L(max)}=\frac{U_{CC}-U_{OH(min)}}{I_{R_L}}=\frac{U_{CC}-U_{OH(min)}}{nI_{OH}+m\times 2I_{IH}} \tag{3.8}$$

将 $U_{OH(min)}=2.4\ V$、$I_{OH}=50\ \mu A$、$I_{IH}=40\ \mu A$、$n=4$、$m=5$ 代入式(3.8)中计算后得

$$R_{L(max)}=\frac{5-2.4}{4\times 0.05\times 10^{-3}+5\times 2\times 0.04\times 10^{-3}}\ \Omega$$

$$\approx 4.33\ k\Omega$$

为了使输出高电平 U_{OH} 大于 $U_{OH(min)}=2.4\ V$，实际负载电阻 R_L 的值应该小于 4.33 kΩ。

(2) 输出低电平时，求最小负载 $R_{L(min)}$。

如图 3.23(b)所示，应根据一个 OC 门导通输出的低电平 $U_{OL(min)}$ 来计算 $R_{L(min)}$。OC 门的灌电流 I_{OL} 增大到超过其极限值 $I_{OL(max)}$ 时，U_{OL} 将不再保持低电平，由此可以求出 $R_{L(min)}$ 的值：

$$R_{L(min)}=\frac{U_{CC}-U_{OL(max)}}{I_{OL(max)}-mI_{IL}} \tag{3.9}$$

将 $U_{OL(max)}=0.4\ V$、$I_{OL}=16\ mA$、$I_{IL}=|-1|\ mA$、$m=5$ 代入式(3.9)中计算后得

$$R_{L(min)}=\frac{5-0.4}{16\times 10^{-3}-5\times 1\times 10^{-3}}\ \Omega$$

$$\approx 418\ \Omega$$

为保证 OC 门输出的低电平 U_{OL} 小于 $U_{OL(max)}=0.4\ V$，实际上负载电阻 R_L 的值应该大于 418 Ω。

根据以上计算，R_L 的选择范围为

$$418\ \Omega < R_L < 4.33\ k\Omega$$

2. 三态输出门电路简介

在普通门电路的基础上附加一些控制电路就可以构成三态输出门(Three-State Output Gate，TS 门，简称三态门)。图 3.24 给出了三态门的电路结构及图形符号。

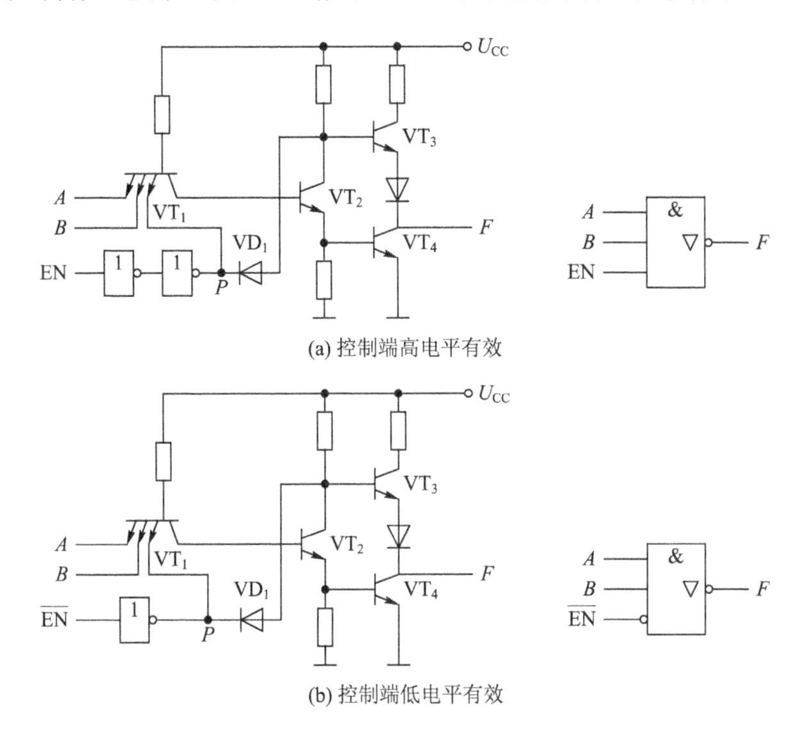

(a) 控制端高电平有效

(b) 控制端低电平有效

图 3.24　三态输出门的电路结构及图形符号

图 3.24(a)所示电路的控制端 EN 为高电平(EN=1)时，P 点为高电平，二极管 VD_1 截止，电路的工作状态与普通的与非门没有什么区别，即 $F=\overline{AB}$。而当 EN 为低电平(EN=0)时，P 点为低电平，二极管 VD_1 导通，VT_4 截止，VT_3 的基极电位被钳定在 0.7 V 左右，从而使 VT_3 截止。由于 VT_3、VT_4 同时截止，因此输出端 F 呈现高阻状态。这样输出端就有三种可能出现的状态，即高阻、低电平和高电平，因此将这种门电路称作三态输出门。

图 3.24(a)所示电路的控制端 EN 为高电平(EN=1)时，电路处于正常的与非工作状态，所以称控制端高电平有效；而当图 3.24(b)所示电路的控制端$\overline{EN}$为低电平($\overline{EN}$=0)时，电路处于正常的与非工作状态，所以称控制端低电平有效。

在一些复杂的数字系统(如微型计算机)中，为了减少各个单元电路之间的连线数目，希望在同一条线上分时传递若干门电路的输出信号。这时可采取如图 3.25 所示的连接方式。图中，G_1～G_n 均为三态与非门。只要在工作时控制各个门的 EN 端轮流等于 1，而且任何时刻仅有一个为 1，就可以把各个门的输出信号轮流送到公共的传输线——总线上而互不干扰，这种连接方式称为总线结构。

三态门还常做成单输入/单输出的总线驱动器，并且输入/输出有同相和反相两种类型。

利用三态门还可以实现数据的双向传输。如图 3.26 所示，当 EN=1 时，G_1 工作，G_2 为高阻状态，数据 D_O 经反相后送到总线上；当 EN=0 时，G_2 工作，G_1 为高阻状态，数据 D_O 经 G_2 反相后由 $\overline{D}_1$ 送出。

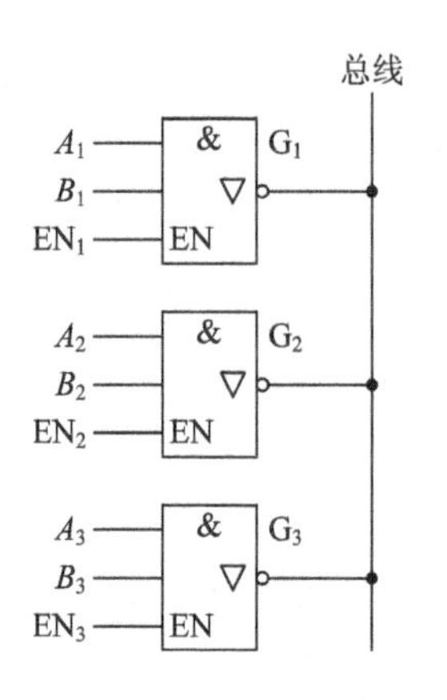

图 3.25 用三态门接成的总线结构

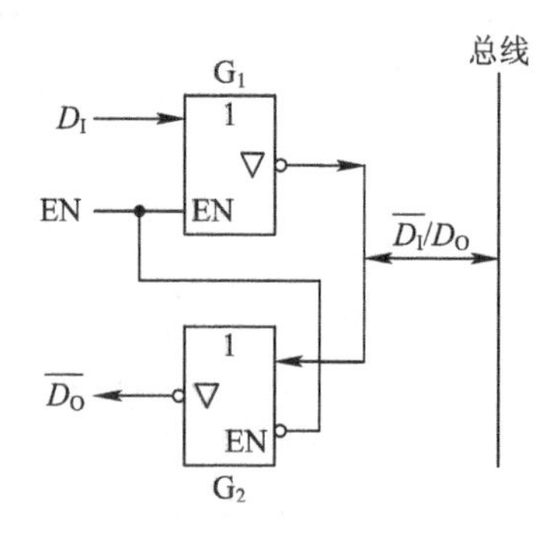

图 3.26 用三态门实现数据双向传输

3.2 CMOS 集成门电路

CMOS 门电路

CMOS(Complementary Metal Oxide Semiconductor，互补金属氧化物半导体)逻辑电路是以金属氧化物半导体场效应管为基础的集成电路。由于场效应晶体管中只有一种载流子的运动，因此 CMOS 集成门电路又被称为单极型电路。

单极型 CMOS 集成电路具有工艺简单、成本低、占用芯片面积小且集成度高、工作电源电压范围宽且输出电压摆幅大、输入阻抗高、易于电路相连、抗干扰能力强、温度稳定性好和功耗低等一系列优点，因此得到了广泛的应用。

3.2.1 CMOS 门电路

下面介绍一些 CMOS 集成门电路。

1. CMOS 非门电路

CMOS 非门电路如图 3.27 所示，它是由一个 NMOS(N-Metal-Oxide-Semiconductor，N 型金属氧化物半导体)和一个 PMOS(P-Metal-Oxide-Semiconductor，P 型金属氧化物半导体)晶体管复合而成的逻辑电路。其中，VT_1 为驱动管，属于增强型 NMOS 晶体管；VT_2 是负载管，属于增强型 PMOS 晶体管。VT_1 的开启电压为 U_{T1}，VT_2 的开启电压为 U_{T2}，CMOS 电路的电源要求为 $U_{DD}>U_{T1}+|U_{T2}|$。

图 3.27(b)给出了 CMOS 非门的电压传输特性曲线，通常可将该曲线分为 5 个部分。

(1) AB 段：$u_I \approx 0$ V，$u_I<U_{TN}$(低电平)，所以 VT_1 截止。因为 $U_{DD}>U_{T1}+|U_{T2}|$，所以 VT_1 导通，但流过 MOS 管的电流 i_D 近似为 0，门电路的输出 u_O 为高电平，$u_O=U_{DD}$。

(2) BC 段：$U_{TN}<u_I<\frac{1}{2}U_{DD}$，$VT_2$ 仍然导通，但由于 $|U_{GS2}|$ 有所下降，所以其导通电阻升高，此时 VT_1 开始导通。由于 U_{GS1} 较小，所以导通电阻较大，VT_1 和 VT_2 都有较小电流流通，u_O 开始下降。

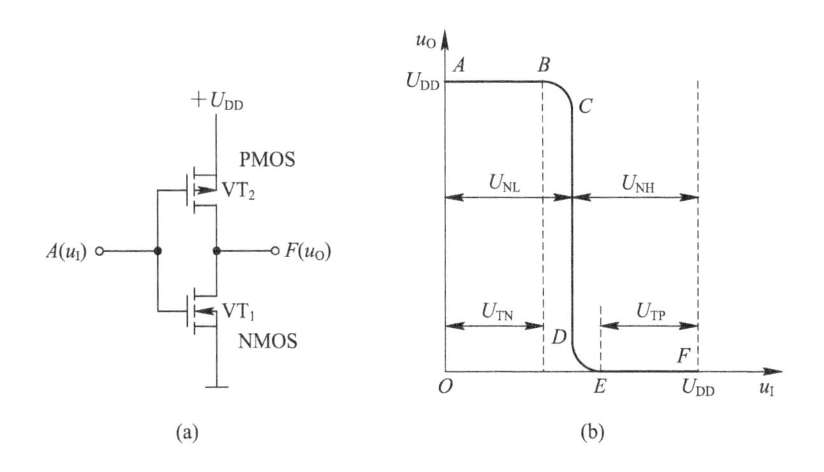

图 3.27　CMOS 非门电路

(3) CD 段：$u_I \approx \frac{1}{2}U_{DD}$，$VT_1$ 和 VT_2 同时饱和导通，导通电流很大，因此 u_I 有很小变化时 u_O 的变化十分明显，这段通常被称为转折区。

(4) DE 段：$u_I > \frac{1}{2}U_{DD}$，VT_1 的栅-源电压继续增大，漏-源电压迅速下降；VT_2 的栅-源极电压的绝对值变小，漏-源电压增大，u_O 减小。当$|U_{GS2}| < |U_{T2}|$时，VT_2 截止，$u_O \approx 0$。

(5) EF 段：$u_I \leqslant V_{DD}$，VT_1 截止，VT_2 导通，VT_2 的漏-源电压等于 0，$u_O \approx 0$。

可以看出，当 $u_I \approx 0$ 时，输出 $u_O = U_{DD}$，F 为高电平；当 u_I 为高电平时，输出 $u_O \approx 0$ V。

2. CMOS 与非门电路

CMOS 与非门电路如图 3.28 所示。VT_1 和 VT_2 的连接如同一个 CMOS 非门，VT_3 和 VT_4 的连接也与一个 CMOS 非门相同，两个驱动管 VT_1 和 VT_3 串联，两个负载管 VT_2 和 VT_4 并联，所以只有当输入端 A 和 B 同时为高电平时，VT_1 和 VT_3 都导通，VT_2 和 VT_4 都截止，输出 F 才为低电平。

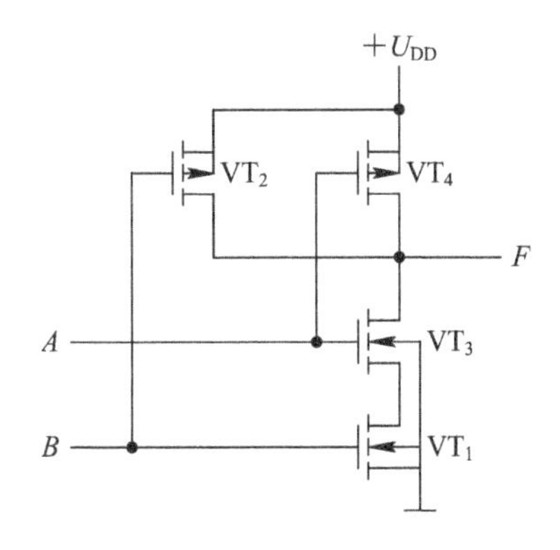

图 3.28　CMOS 与非门

当输入端 A、B 中有一个为低电平时，VT_1 和 VT_3 至少有一个截止，VT_2 和 VT_4 至少有一个导通，输出 F 为高电平。从上述分析可以看出，该电路实现了与非逻辑。

3. CMOS 或非门电路

图 3.29 所示是CMOS或非门电路。VT_1 和 VT_2 为驱动管，VT_3 和 VT_4 为负载管。输入端 A、B 中只要有一个是高电平，VT_1 和 VT_2 中至少有一个导通，输出 F 就为低电平；只有输入端 A、B 同时为高电平时，VT_1 和 VT_2 截止，VT_3 和 VT_4 导通，输出 F 为高电平。因此，$F=\overline{A+B}$。

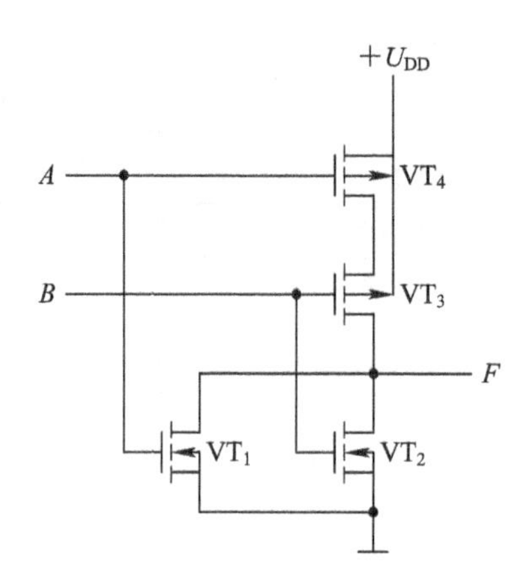

图 3.29 CMOS 或非门

3.2.2 其他类型的 CMOS 门电路

1. CMOS 传输门和模拟开关电路

CMOS传输门(Transmission Gate，TG)是CMOS逻辑电路的一种基本单元电路，它是一种传输信号的可控开关电路，其电路和逻辑符号如图 3.30 所示。

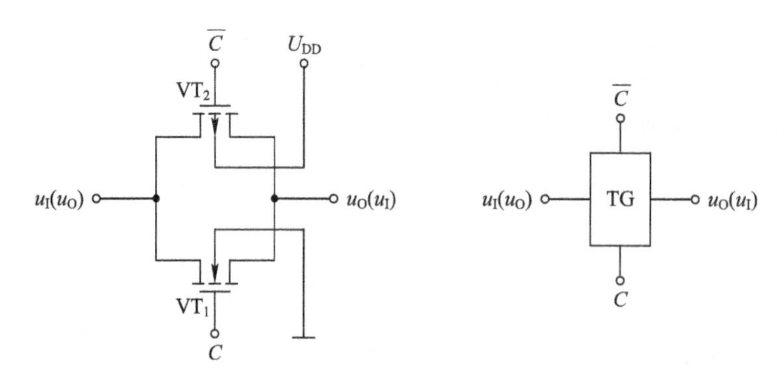

图 3.30 CMOS 传输门电路

从图 3.30 中可以看出，CMOS传输门电路利用结构上完全对称的 NMOS 和 PMOS 晶体管按闭环互补形式连接而成。设电源电压 $U_{DD}=10$ V，VT_1 和 VT_2 的开启电压 $U_T=3$ V，当控制端 C 为低电平(设 $C=0$ V，$\overline{C}=10$ V)时，输入 u_I 在 0～10 V 范围内，VT_1 和 VT_2 的 U_{GS} 都小于 U_T，因此它们都截止，输出呈高阻状态。当控制端 C 为高电平(设 $C=10$ V，$\overline{C}=0$ V)时，输入 u_I 在 0～7 V 范围内，VT_1 的 U_{GS} 大于 U_T，处于导通状态，输出 $u_O=u_I$；输入 u_I 在 3～10 V 范围内，VT_2 的 U_{GS} 大于 U_T，VT_2 处于导通状态，输出 $u_O=u_I$。总之，

当 C 为低电平时，传输门处于断开状态；当 C 为高电平时，传输门处于导通状态。其开关作用对于数字信号和模拟信号都是有效的。另外，由于 CMOS 管的漏极和源极可以互换，所以传输门的输入端和输出端可以互换。

CMOS 传输门和非门可以构成如图 3.31 所示的电路。由于这种电路的输入和输出之间可以调换，而且在导通时输入与输出之间的电路不受输入电压的影响，所以通常称这种电路为模拟开关电路。由图可见：当 $C=1$ 时，模拟开关的输入与输出之间导通，输入电压等于输出电压；当 $C=0$ 时，模拟开关截止，输入与输出之间断开。这种电路广泛应用于用数字信号控制模拟信号接通和断开的场合。

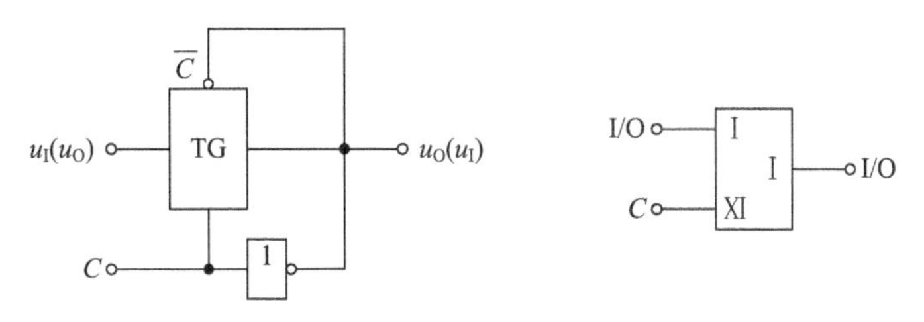

图 3.31　CMOS 模拟开关电路

2. CMOS 的 OD 门

CMOS 中同样有一类与 TTL 电路中的 OC 门类似的门，即 OD(Open Drain，漏极开路)门，它与 OC 门一样可以实现“线与”的功能，一般用于带动电流较大的负载，如继电器、发光二极管等。图 3.32 所示为漏极开路的与非门 40107 的内部结构。

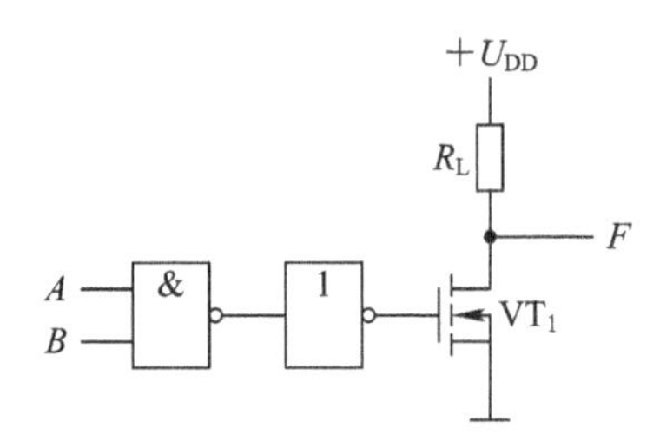

图 3.32　CMOS 漏极开路门

3. CMOS 三态门

CMOS 三态门和 TTL 三态门的功能是一致的。由于 CMOS 的特殊性，CMOS 三态门的电路结构相当简单，并有多种结构形式。图 3.33 所示电路是用 CMOS 模拟开关实现的三态门电路。

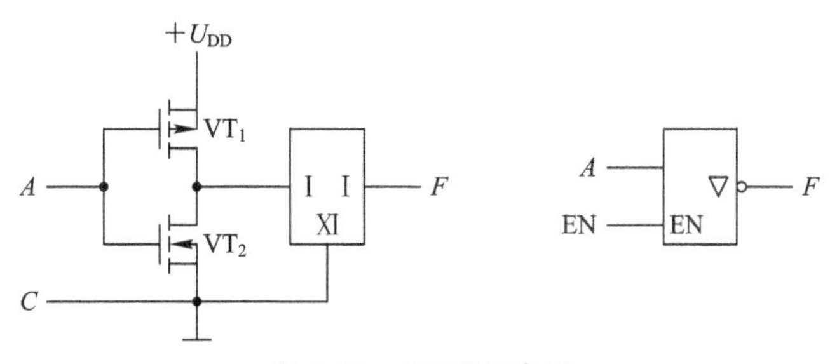

图 3.33　CMOS 三态门

3.3 TTL 和 CMOS 集成电路的性能特点比较

TTL 和 CMOS 电路的结构、原理及制造工艺均有较大区别，因此其电路特点也有较大的差别。表 3.2 列出了国产 TTL 和各种 CMOS 电路的四个主要参数。下面分别从表中所列的四个参数来介绍 TTL 和 CMOS 集成电路的性能特点。

表 3.2 国产 TTL 和 CMOS 电路的主要参数

电路规格	速度 t_{pd}	功耗 P	抗干扰能力 U_N	扇出系数 N_O
中速 TTL	≈50 ns	30 mW	≈0.7 V	≥8
高速 TTL	≈20 ns	40 mW	≈1 V	≥8
超高速 TTL	≈10 ns	50 mW	≈1 V	≥8
ECL	>5 ns	80 mW	≈0.3 V	≥10
PMOS	>1 μs	<5 mW	≈3 V	≥10
NMOS	≈500 ns	1 mW	≈1 V	≥10
CMOS	≈200 ns	<1 μW	≈2 V	≥15

1. 功耗

CMOS 是互补对称型结构，工作时总是一个管子处于截止状态，一个管子处于导通状态，而 MOS 管的截止电阻大至 500 MΩ，所以电路的静态功耗几乎为零。但实际上，由于存在硅表面和 PN 结的漏电流，量值为数百 nA，因此尚有数微瓦量级的静态功耗，但是和 TTL 电路相比要低多了。低功耗是 CMOS 电路的一个突出优点。

2. 抗干扰能力

抗干扰能力又称噪声容限，它表示电路保持稳定工作并抗拒外来干扰和本身噪声的能力，可用图 3.34 中的电压传输曲线来说明。

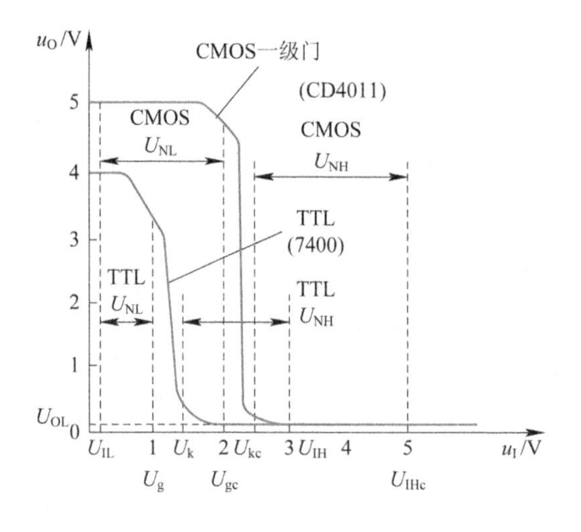

图 3.34 TTL 和 CMOS 两种电路的电压传输特性曲线

电压传输特性曲线是指输出电压随着输入电压变化的情况。

图 3.34 中共有两条特性曲线，其中内侧是 TTL(7400)的电压传输特性曲线，外侧是 CMOS(CD4011)的电压传输特性曲线。这两个电路所加的电源电压均为 +5 V。从图 3.34 中可以看出：

(1) 输出摆幅，指输出电平的摆动幅度。TTL 电路的输出摆幅为 0～3.6 V，而 CMOS 电路的输出摆幅为 0～5 V，CMOS 电路的输出摆幅比 TTL 电路的大。实际上，TTL 的输出低电平在 0.3～0.8 V 之间、高电平在 2～3.6 V 之间；而 CMOS 电路的输出低电平为 $U_{SS}+0.1$ V 左右，输出高电平为 $U_{DD}-0.1$ V 左右，如 $U_{DD}=5$ V，$U_{SS}=0$ V，则 CMOS 电路的输出低电平为 0.1 V 左右，高电平为 4.9 V 左右。

(2) 阈值电平，即使输出由高电平翻转到低电平的输入电平值。图 3.34 中 TTL 电路的阈值电平为 1.4 V，CMOS 电路的阈值电平 $U_{DD}=2.5$ V。

(3) 噪声容限，图 3.34 中的 U_{NL} 称为低电平噪声容限，只要叠加于输入低电平上的干扰不大于 U_{NL}，则输出就可保持高电平。显然，U_{NL} 越大，下限抗干扰能力越强。图中的 U_{NH} 称为高电平噪声容限，只要叠加于输入高电平上的负脉冲的干扰幅值不大于 U_{NH}，输出就可保持低电平。显然，U_{NH} 越大，上限抗干扰能力越强。

从图 3.34 可以看出，CMOS 的电压传输特性曲线比 TTL 的电压传输特性曲线陡，其输入、输出电压范围比 TTL 电路的大，因此其抗干扰能力较强。

3. 工作速度

电路的工作速度一般用平均传输延时 t_{pd} 来表示。它表示输出信号比输入信号在时间上落后了多少，也就是信号经过一级门电路所用的时间。一般来说，传输时间越短越好。表 3.2 所示的 t_{pd} 是在环境温度为 25℃、供电电压为 5 V 的条件下对与非门电路的测试值。从表中可以看出，CMOS 比 PMOS、NMOS 的速度快得多，但比 TTL 电路的速度慢。因此，电路工作速度的提高是要付出功耗上的代价的。

4. 扇出系数

在数字系统中，门电路是要带负载的。一个门电路驱动负载的能力是有限的。在 TTL 电路中，用以下几个参数衡量门电路驱动负载的能力。

(1) 输入低电平电流 I_{IL}(输入短路电流 I_{IS})。它是输入低电平时流出输入端的电流，它流入(或灌入)前级门电路的输出端。标准 TTL 74 系列产品规定的最大值为 1.6 mA。

(2) 输入高电平电流 I_{IH}。它是输入高电平时流入输入端的电流，一般是前级门输出端输出(或拉出)的电流。标准 TTL 74 系列产品规定的最大值为 40 μA。

(3) 输出低电平电流 I_{OL}(灌电流)。它是输出低电平时，能够流入输出端的电流，用于衡量门电路带灌电流负载的能力。标准 TTL 74 系列产品规定的最大值为 16 mA。

(4) 输出高电平电流 I_{OH}(拉电流)。它是输出高电平时，流出输出端的电流，衡量门电路带拉电流负载的能力。标准 TTL 74 系列产品规定的最大值为 0.4 mA。

从以上参数可知，TTL 逻辑门电路带灌电流的能力大于带拉电流的能力。电路的输出电流越大，表明其带负载能力越强。

(5) 扇出系数。它表示带同类门的能力。

当输出高电平时，拉电流负载的扇出系数 N_{OH} 的表示式为

$$N_{OH}=\frac{I_{OH}}{I_{IH}}$$

当输出低电平时，其灌电流负载的扇出系数 N_{OL} 的表示式为

$$N_{OL}=\frac{I_{OL}}{I_{IL}}$$

对于标准 TTL(如 7400)电路：

$$N_{OH}=\frac{I_{OH}}{I_{IH}}=\frac{0.4\ \text{mA}}{40\ \mu\text{A}}=10$$

$$N_{OL}=\frac{I_{OL}}{I_{IL}}=\frac{16\ \text{mA}}{1.6\ \text{mA}}=10$$

因 CMOS 电路有极高的输入阻抗(即 I_{IH} 和 I_{IL} 都很小)，故其扇出系数很大，一般额定扇出系数可达 50。但必须指出的是，扇出系数是指驱动 CMOS 电路的个数，就灌电流负载能力和拉电流负载能力而言，CMOS 电路远远低于 TTL 电路。

3.4　TTL 与 CMOS 集成逻辑门电路系列

3.4.1　TTL 集成逻辑门电路系列

表 3.3 所示为 TTL 主要产品系列及型号，其中速度最快的是 STTL，即肖特基 TTL 电路，其平均速度是 3 ns，是标准 TTL 的十分之一。功耗最低是 LSTTL，其功耗不到标准 TTL 的十分之一。速度与功耗积最低的是 ALSTTL。ALSTTL 的工作频率为 100 MHz，其可以用于较高工作频率的场合。TTL 与其他 TTL 双极型电路(如 RTL 电阻-晶体管逻辑门电路、DTL 二极管-晶体管逻辑门电路)相比，性价比很高。因此，TTL 基本取代了其他双极型门电路，只有在超高速环路电路中仍然使用射极耦合逻辑(Emitter Coupled Logic，ECL)。

表 3.3　TTL 主要产品系列

系列	子系列	名　称	国际型号	部分型号
TTL	TTL	通用标准 TTL	CT54/74	T1000
	HTTL	高速 TTL	CT54H/74H	T2000
	STTL	肖特基 TTL	CT54S/74S	T3000
	LSTTL	低功耗肖特基 TTL	CT54LS/74LS	T4000
	ALSTTL	先进低功耗 TTL	CT54ALS/74ALS	

3.4.2　CMOS 集成逻辑门电路系列

1. 基本 CMOS——4000 系列

早期的 CMOS 集成逻辑门产品其工作电源电压范围为 3~18 V，由于具有功耗低、噪

声容限大、扇出系数大等优点，因此已得到普遍使用；其缺点是工作速度较低，平均传输延迟时间为几十纳秒，最高工作频率小于 5 MHz。

2. 高速 CMOS——HC(HCT)系列

该系列电路主要从制造工艺上作了改进，其工作速度大大提高，平均传输延迟时间小于 10 ns，最高工作频率可达 50 MHz。HC 系列的电源电压范围为 2～6 V。HCT 系列的主要特点是与 TTL 器件电压兼容，它的电源电压范围为 4.5～5.5 V，HCT 系列输入电压参数为 $U_{IH(min)}=2.0$ V，$U_{IL(max)}=0.8$ V，与 TTL 完全相同。另外，74HC/HCT 系列与 74LS 系列的产品，产品型号的最后 3 位数字相同，两种器件的逻辑功能、外形尺寸、管脚排列顺序也完全相同，这样就为 CMOS 产品代替 TTL 产品提供了方便。

3. 先进 CMOS——AC(ACT)系列

该系列电路的工作频率得到了进一步提高，同时也保持了 CMOS 超低功耗的特点。其中，ACT 系列与 TTL 器件电压相兼容，电源电压范围为 4.5～5.5 V。AC 系列的电源电压范围为 1.5～5.5 V。AC(ACT)系列的逻辑功能、管脚排列顺序等都与同型号的 HC(HCT)系列完全相同。

3.5　TTL 和 CMOS 集成门电路使用注意事项

1. TTL 集成门电路使用注意事项

(1) TTL 集成门电路的电源电压范围为 5×(1±10%) V，不得超出此电压范围使用，不能将电源与接地端错接，否则将会因为电流过大而损坏器件。

(2) 电路的各输入端不能直接与高于+5.5 V 和低于−0.5 V 的低内阻电源连接，因为低内阻电源能提供较大电流，会导致器件过热而烧坏。

(3) 除三态门电路和集电极开路的电路外，输出端不允许并联使用。OC 门输出并联使用实现线与功能时，应在其输出端加一个预先计算好的上拉负载电阻到 U_{CC} 上。

(4) 输出端不允许与电源或地短路，可能会损坏器件。

(5) 在电源接通时，不允许移动或插入集成电路，因为电流的冲击可能会造成集成电路永久性损坏。

(6) 多余的输入端最好不要悬空。虽然悬空相当于高电平，并不影响 TTL 门电路的逻辑功能，但悬空容易受干扰，有时会造成电路的误动作，这在时序电路中表现得更为明显。因此，多余输入端一般不采用悬空接法，而是根据需要另行解决。例如，与门、与非门的多余输入端可直接接到 U_{CC} 上；也可将不用的输入端通过一个公用电阻(几千欧)连到 U_{CC} 上；或将多余的输入端和使用端并联。或门和或非门等器件的所有不用的输入端接地，或与使用端并联。

2. CMOS 集成门电路使用注意事项

CMOS 集成门电路由于输入电阻很高，因此极易接受静电电荷。为了防止产生静电击穿，生产 CMOS 时，在输入端都要加上标准保护电路，但这并不能保证电路绝对安全，因此在使用 CMOS 集成门电路时，必须采取以下预防措施：

(1) 存放CMOS集成门电路时要屏蔽保护，一般放在金属容器中，也可以用金属箔将管脚短路。

(2) CMOS集成门电路可以在很宽的电源电压范围内提供正常的逻辑功能，但电源的上限电压(即使是瞬态电压)不得超过电路允许的极限值，电源的下限电压(即使是瞬态电压)不得低于系统工作所必需的电源电压的最低值U_{min}，更不得低于U_{SS}。

(3) 焊接CMOS集成门电路时，一般用20 W内热式电烙铁，而且电烙铁要有良好的接地，也可以利用电烙铁断电后的余热快速焊接。禁止在电路通电的情况下进行焊接。

(4) 为了防止输入端保护二极管因正向偏置而引起损坏，输入电压必须处在U_{DD}和U_{SS}之间，即$U_{SS}<u_I<U_{DD}$。

(5) 调试CMOS电路时，如果信号电源和电路板用两组电源，则在刚开机时应先接通电路板电源，后开信号源电源。关机时则应先关信号源电源，后断电路板电源，即在CMOS本身还没有接通电源的情况下，不允许有信号输入。

(6) 多余输入端绝对不能悬空。悬空不但容易受外界噪声干扰，而且输入电位不稳定，破坏了电路正常的逻辑关系，也消耗了不少功率。因此，应根据电路的逻辑功能需要分情况加以处理。例如，与门和与非门的多余输入端应接U_{DD}或高电平，或门和或非门的多余输入端应接U_{SS}或低电平，当电路的工作速度不高、不需要特别考虑功耗时，也可以将多余的输入端和使用端并联。

以上所说的多余输入端包括没有被使用但已接通电源的CMOS电路的所有输入端。例如，一片集成电路上有4个与门，电路中只用其中的一个，其他三个门的所有输入端必须按多余输入端处理。

(7) 输入端连接长线时，由于分布电容和分布电感的影响，容易构成LC振荡，可能使输入保护二极管损坏，因此必须在输入端串接一个10～20 kΩ的保护电阻，如图3.35所示。

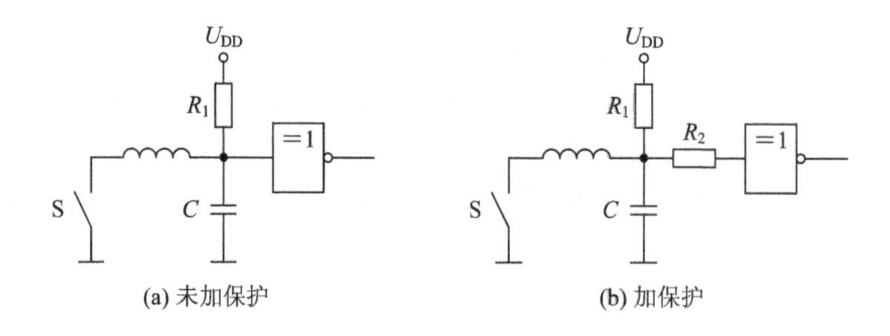

图3.35 输入长线保护电路

3.6 TTL门电路与CMOS门电路接口

数字电路或数字系统的设计中，由于工作速度或功耗等方面的要求，需要多种逻辑器件混合使用，如TTL门电路和CMOS门电路混合使用，因而需要考虑TTL门电路与CMOS门电路的接口问题。

由于 TTL 门电路和 CMOS 门电路电压和电流参数各不相同，因此它们的连接需要考虑下面三个条件：

(1) 驱动门必须对负载门提供灌电流最大值。

(2) 驱动门必须对负载门提供足够大的拉电流最大值。

(3) 驱动门的输出电压必须处在负载门所要求的输入电压范围内。

也就是说，驱动门和负载门必须同时满足以下条件：

驱动门　负载门

$$U_{OH(min)} \geqslant U_{IH(min)} \tag{3.10}$$

$$U_{OL(max)} \leqslant U_{IL(max)} \tag{3.11}$$

$$I_{OH(max)} \geqslant N_{OH} I_{IH(max)} \tag{3.12}$$

$$I_{OL(max)} \geqslant N_{OL} I_{IL(max)} \tag{3.13}$$

下面分别就 TTL 门电路驱动 CMOS 门电路和 CMOS 门电路驱动 TTL 门电路两种情况的接口问题进行分析。为了便于比较，表 3.4 中列出了 TTL 门电路和 CMOS 门电路的技术参数。

表 3.4　参　数　表

参数名称		TTL			CMOS
		74 系列	74LS 系列	74ALS 系列	74HC 系列
输入和输出电流	$I_{IH(max)}$/mA	0.04	0.02	0.02	0.001
	$I_{IL(max)}$/mA	1.6	0.4	0.1	0.001
	$I_{OH(max)}$/mA	0.4	0.4	0.4	4
	$I_{OL(max)}$/mA	16	8	8	4
输入和输出电压	$U_{IH(min)}$/V	2.0	2.0	2.0	3.5
	$U_{IL(max)}$/V	0.8	0.8	0.8	1.0
	$U_{OH(min)}$/V	2.4	2.4	2.7	4.9
	$U_{OL(max)}$/V	0.4	0.5	0.4	0.1
电源电压	U_{CC}或U_{DD}/V	5	5	5	5

1. 用 TTL 门电路驱动 CMOS 门电路

由表 3.4 可知，用 TTL 门电路的 74 系列、74LS 系列、74ALS 系列门电路驱动 CMOS 门电路的 74HC 系列门电路时，均可以满足式(3.11)～式(3.12)，但达不到式(3.10)的规定。因此，必须设法将 TTL 门电路的输出电压提升到 3.5 V 以上。可以采取以下几种办法实现。

(1) 在 TTL 门电路的输出端与电源之间接入提升电阻 R，如图 3.36 所示。当 TTL 门电路输出高电平时，输出级的 VT_4 管截止，故有 $R=\dfrac{U_{DD}-U_{OH}}{I_O+N_{OH}I_{IH}}$。其中，$I_O$ 为 TTL 电路输出级 VT_4 截止时的漏电流。因为 I_O 和 I_{IH}的数值都很小，所以接入电阻 R 后，TTL 门电路的输出高电平 $U_{OH}\approx U_{DD}$。此办法仅适用 $U_{DD}\approx U_{CC}$的情况。

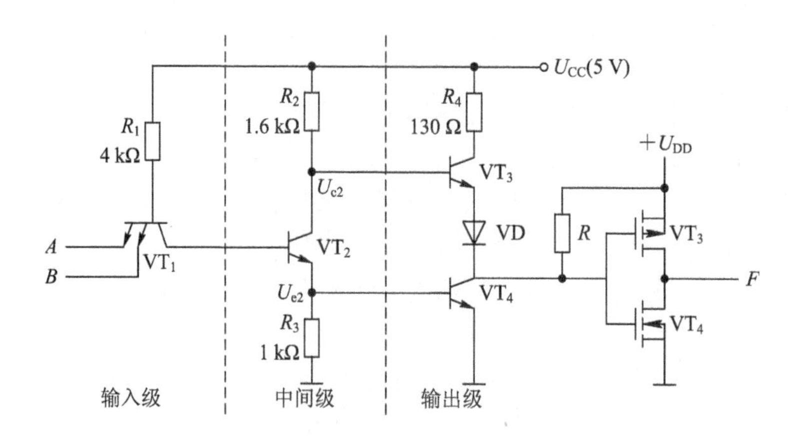

图 3.36 $U_{DD} \approx U_{CC}$时的接口电路

(2) 当$U_{DD} \gg U_{CC}$时，TTL门电路输出端承受的电压可能超过耐压极限。因而不能用上述办法，这时可在TTL门电路的输出端增加一级OC门，如图3.37所示。OC门的输出高电平值$U_{OH} \approx U_{DD}$。

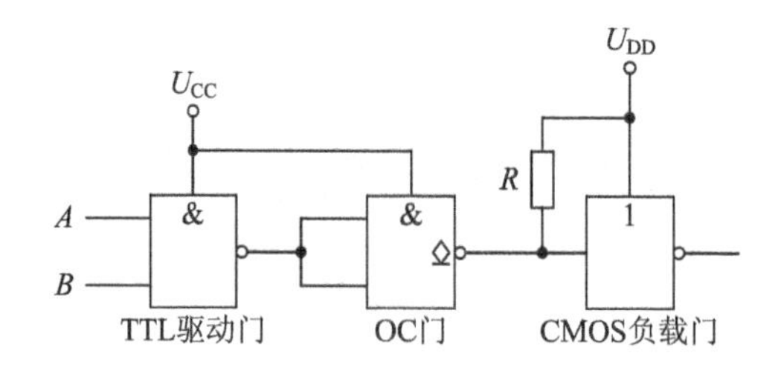

图 3.37 $U_{DD} \gg U_{CC}$时的接口电路

2. 用CMOS门电路驱动TTL门电路

用CMOS门电路的74HC系列、74HCT系列门电路驱动TTL门电路的74系列、74LS系列、74ALS系列门电路时，由表3.4可知，电流、电压皆可满足式(3.10)～(3.13)。故可将CMOS门电路的输出与TTL门电路的74系列、74LS系列、74ALS系列门电路的输入直接相接。

(1) 数字集成电路按规模的不同可分为小规模集成电路(SSI)、中规模集成电路(MSI)、大规模集成电路(LSI)和超大规模集成电路(VLSI)。

(2) TTL和CMOS集成门电路是较常用的两种集成门电路，它们内部结构不同，外部特性也有较大差异，在功耗、抗干扰能力、工作速度、负载特性(包括扇出系数)等方面都存在较大差异。应当正确合理地选择TTL或CMOS门电路，并根据其各自的特性正确使用，以免影响电路的性能和造成器件损坏。TTL主要产品有74系列、74LS系列、74ALS系列。CMOS主要产品有CD4000系列、74HC系列、74HCT系列等。

(3) OC门是TTL集电极开路门，具有线与、电平转换、驱动等应用。三态门的输出有三种状态，分别是1状态、0状态和高阻态，利用高阻态可以将其输出挂于总线上。

(4) CMOS 也有特殊的门电路，如 OD 门、COMS 三态门、传输门和模拟开关等。OD 门和三态门的应用同 TTL OC 门和三态门，在逻辑功能上 OD 门和 OC 门及 TTL 三态门与 CMOS 三态门几乎一样。

(5) CMOS 门电路具有功耗低、输入电阻大、抗干扰能力强、电源电压范围宽等特点。

思考与练习

一、判断题(正确打的√，错误的打×)

1. 将 2 输入与非门作非门使用，则另一个输入端可以接高电平或将两个输入端并接使用。 ( )

2. 将 2 输入或非门作非门使用，则另一个输入端可以接高电平或将两个输入端并接使用。 ( )

3. 在数字电路中，所谓门电路，就是指实现一些基本逻辑功能的电路。 ( )

4. 相对分立元件门电路而言，集成电路具有体积小、耗电省、可靠性高等优点。 ( )

5. 集成电路一般分为数字集成电路、模拟集成电路和数/模混合集成电路三大类。 ( )

6. 数字集成电路从制造工艺角度可分为双极型晶体管集成电路和单极型晶体管集成电路两大类。 ( )

7. TTL 门电路因其输入和输出都采用晶体管而得名。 ( )

8. 在数字电路中，通常所说的高、低电平指的都是某个具体的值。 ( )

9. TTL 门电路中输入高电压是一个电压范围，而输出则为一个具体的值。 ( )

10. TTL 门电路的抗干扰能力较强，因此输入端夹杂的噪声信号大小没有限制。 ( )

11. TTL 门电路的输入端噪声容限是指输入电平的允许波动范围。 ( )

12. 通常在讨论 TTL 门电路的输入端噪声容限时，都是指输入高电平时的电压允许范围。 ( )

13. TTL 门电路的输入端噪声容限通常包括输入高电平和低电平时的噪声容限。 ( )

14. 当两级 TTL 门电路级连时，前一级的输出高电平电压的最小值必须比后一级的输入高电平电压的最小值高，才能保证电路的逻辑状态稳定。 ( )

15. 对于 TTL 门电路来说，如果输入端悬空，则代表输入低电平。 ( )

16. 对于 TTL 门电路来说，输入端不能悬空，若悬空，则输入状态不定。 ( )

17. 某 2 输入 TTL 与非门，其两个输入端并接后通过电阻接地，则输出一定为 0。 ( )

18. TTL 异或门其两个输入端并接后经由同一电阻接地，则输出一定为 0。 ( )

19. TTL 门电路的输入端如果通过一个 10 kΩ 的电阻接地，则此输入端可看作输入高电平。 ( )

20. 在讨论 TTL 门电路的输出特性时，主要指输入电压和输出电压之间的关系。 (　　)

21. TTL 门电路的输出特性曲线是指输出电压与负载电流之间的关系。 (　　)

22. TTL 门电路带灌电流负载时，其输出端的输出状态为高电平。 (　　)

23. TTL 门电路输出低电平时，我们通常称其所带负载为拉电流负载。 (　　)

24. 当 TTL 门电路带拉电流负载时，负载电流从输出端流向负载。 (　　)

25. 当 TTL 门电路输出为高电平时，负载电流从负载流向输出端，这种负载称为拉电流负载。 (　　)

26. TTL 门电路的输出电压与所带负载的数量无关。 (　　)

27. TTL 门电路的输出电压通常随所带负载数量的增加而变大。 (　　)

28. TTL 门电路只有当输出为低电平时，输出电压才会随负载电流的增加而增加。 (　　)

29. 所谓扇出系数，就是指 TTL 门电路带同类型门电路的个数。 (　　)

30. TTL 门电路的扇出系数通常包括拉电流扇出系数和灌电流扇出系数。 (　　)

31. 当灌电流扇出系数大于拉电流扇出系数时，通常通过灌电流扇出系数来确定带负载的个数。 (　　)

32. 在灌电流扇出系数和拉电流扇出系数中，通常我们取较小的那个来确定带负载的个数。 (　　)

33. 灌电流扇出系数通常是指低电平输出电流与低电平输入电流的比值。 (　　)

34. OC 门即集电极开路门，是一种特别的 CMOS 门电路。 (　　)

35. 为了使 OC 门正常工作，需要将输出端接电阻并接地。 (　　)

36. TTL 与非门电路可以将输出端并联，从而实现线与的功能。 (　　)

37. 当普通 TTL 门电路的输出端并联在一起时，可能造成器件损坏。 (　　)

38. 如果 OC 门的输出端不接上拉电阻，则无法输出逻辑 1，却能输出逻辑 0。 (　　)

39. 所谓三态门，是指输出高、低电平之外，还有高阻输出。 (　　)

40. 三态门由于除了高、低电平两个状态之外还有高阻状态，因此可以用于总线结构。 (　　)

41. 三态门为高阻状态时，输出电压为 0，因此高阻状态和逻辑 0 完全一样。 (　　)

42. CMOS 逻辑电路是以金属氧化物半导体效应管为基础的集成电路。 (　　)

43. 由于场效应晶体管中只有一种载流子的运动，所以 CMOS 逻辑电路属单极型电路。 (　　)

44. TTL 门及 CMOS 门带同类门的能力较强，TTL 可以带几百个 TTL 负载，而 CMOS 则至少可以带 8 个 CMOS 负载。 (　　)

45. 除 OC 门、三态门外的普通门电路其输出端不能并联使用。 (　　)

46. TTL 门电路通常分为 54 和 74 系列，54 系列的工作温度范围为 0～70℃，而 74 系列的则为 −55～125℃。 (　　)

47. TTL、ECL 和 CMOS 三种系列门电路中，静态功耗最小的是 ECL 门电路。 (　　)

48. CMOS 传输门的导通电阻很小，而截止电阻很大，因此传输门电路近似于一种理

想的开关。（　）

二、填空题

1. 集电极开路门的英文缩写为（　　）门，工作时必须外加（　　）和（　　）。

2. OC 门称为（　　）门，多个 OC 门的输出端并联到一起可实现（　　）功能。

3. 集成逻辑门电路主要有（　　）门电路和（　　）门电路。

4. TTL 门电路的输入端悬空代表输入为（　　）电平，如果输入端通过一个 10 Ω 的电阻接地，则对于 TTL 门电路而言输入为（　　）电平。

5. 如果门电路的参数为 $U_{OH(min)}=2.4$ V，$U_{OI(max)}=0.4$ V，$U_{IH(min)}=2.0$ V，$U_{IImax}=0.8$ V，则噪声容限 $U_{NH}=$（　　）V，$U_{UL}=$（　　）V。

6. 若某型门电路的典型参数为 I_{OL}、I_{IL}、I_{OH} 和 I_{IH}，则此门电路的扇出系数 $N_{OL}=$（　　），$N_{OH}=$（　　）。

7. 三态门的输出包括（　　）、（　　）和（　　）三种情况。

8. 用 2 输入与非门构成一个非门，可将两个输入端（　　）或将其中一个输入端（　　）。

9. 所谓门电路，就是实现一些基本逻辑功能的电路。最基本的逻辑电路包括（　　）、（　　）和（　　）。

10. 数字集成电路从制造工艺角度可分为（　　）集成电路和（　　）集成电路两大类。

11. TTL 门电路指晶体管-晶体管逻辑门电路，因为其电路的（　　）和（　　）都采用晶体管而得名。

12. 标准的 TTL 与非门电路通常可以分为三个部分，它们是（　　）、（　　）和（　　）。

13. TTL 门电路中，在保证输出高、低电平（在允许的变化范围内）基本不变的条件下，输入电平的允许波动范围称为输入端（　　）。

14. TTL 门电路中，为了保证输出状态稳定，通常前一级的输出高电平电压的最小值必须比后一级的输入高电平电压的最小值（　　）；同时，前一级的输出低电平电压的最大值必须比后一级输入端低电平电压的最大值（　　）。

15. TTL 门电路中，已知最大输出低电平电压 $U_{OL(max)}$、最大输入低电平电压 $U_{IL(max)}$、最小输出高电平电压 $U_{OH(min)}$、最小输入高电平电压 $U_{IH(min)}$，则输入高电平时的噪声容限是（　　），输入低电平时的噪声容限是（　　）。

16. 74 系列逻辑门电路的标准参数为 $U_{OH(min)}=2.4$ V，$U_{OL(max)}=0.4$ V，$U_{IH(min)}=2.0$ V，$U_{IL(max)}=0.8$ V，故可得到 74 系列的噪声容限 $U_{NH}=$（　　），$U_{NL}=$（　　）。

17. TTL 门电路输入端悬空代表逻辑（　　）（1/0/不确定）；CMOS 门电路输入端悬空代表逻辑（　　）（1/0/不确定）。

18. 如果 2 输入 TTL 与非门的两输入端中的一端接地，另一端悬空，则输出为（　　）电平；如果两输入端均通过 10 kΩ 电阻接地，则输出为（　　）电平。

19. 如果 2 输入 TTL 或门电路的两输入端中的一端接地，另一端悬空，则输出为（　　）电平；若两端都通过 10 Ω 电阻接地，则输出为（　　）电平。

20. 通常负载特性曲线分为两种情况讨论：（　　），即输出低电平时的特性；（　　），即输出高电平时的特性。

21. TTL 与非门的输出接上负载后，其负载可以分为（　　）负载和拉电流负载。这里的负载能力专指输出端所能驱动同类门的最大能力，称为(　　)。

22. 拉电流负载增大会使与非门的输出电平(　　)(下降/上升)，当负载达到一定大小时，输出电压就不能保证(　　)(大于/小于)最小输出高电平。也就是说，输出接拉电流负载是有所限制的。

23. 灌电流负载增大会使与非门的输出电平(　　)(下降/上升)，当负载达到一定时，输出电压就不能保证(　　)(大于/小于)最小输出高电平。也就是说，输出接拉电流负载是有所限制的。

24. 标准 TTL 的典型参数为 $I_{OL}=16$ mA，$I_{IL}=-1.6$ mA，$I_{OH}=0.4$ mA，$I_{IH}=0.04$ mA，由此可知 $N_{OH}=$(　　)，$N_{OL}=$(　　)，则该电路的扇出系数为(　　)。

25. 普通 TTL 与非门(　　)(允许/不允许)两个或两个以上门电路的输出连接在一起，而 OC 门电路则(　　)(允许/不允许)将若干门的输出连接在一起，从而形成(　　)。

26. 三态门又称为 TSL 门，包括(　　)、(　　)和(　　)。

27. OC 门是一种特别的 TTL 门，其主要应用有(　　)、(　　)和(　　)。

28. 在数字系统中，系统的接口部分常常需要电平的转换，通常可以用 OC 门来实现，只需根据需要选择(　　)电阻即可。

29. OC 门输出低电平时(　　)较大，则可用 OC 门来驱动发光二极管、指示灯、继电器或脉冲变压器等。

30. 在一些复杂的数字系统中，为了减少各个单元电路之间连线的数目，希望在同一条线上分时传递若干个门电路的输出信号，使用(　　)就可以把各个门的输出信号轮流送到公共的传输线上，这种连接方式称为(　　)结构。

31. 输入端不能直接与高于(　　)和低于(　　)的低内阻电源连接，否则将损坏芯片。

32. TTL 电路的输入端悬空等效于接(　　)，但在实际应用中，不用的输入端悬空易(　　)，因此不用的输入端要妥善处理。

33. 输出端(　　)(允许/不允许)直接接到 5 V 电源或接地端，否则会损坏电路，但可以通过(　　)与电源相连。

34. 在电源接通时，(　　)(可以/不可以)插拔集成电路，因为电流的冲击可能会造成其永久性损坏。

35. TTL 门电路中多余的输入端如果悬空则等效于(　　)，CMOS 门电路中多余的输入端(　　)(允许/不允许)悬空，否则输出端状态(　　)(确定/不确定)。

36. TTL 门电路带同类型门电路的个数(　　)(大于/小于)CMOS 门电路；而 TTL 门电路的静态功耗(　　)(大于/小于)CMOS 门电路的。

37. TTL 门电路输出端接普通负载时应保证其输出电流小于(　　)和(　　)，否则其输出电压得不到保证，严重时可能烧坏器件。

38. 为保护器件不被击穿，在测试器件时，应先(　　)(开电源/加信号)后(　　)(开电源/加信号)，关机时则正好相反。

39. 传输门的导通电阻很(　　)(高/低)，相当于开关(　　)(合上/断开)；截止电阻很(　　)(高/低)，相当于开关(　　)(合上/断开)，因此传输门电路近似于一种理想的开关。

40. 图 3.38 所示的 TTL 门电路输出 F_a=(　　)，F_b(　　)，F_c=(　　)，F_d=(　　)，F_e=(　　)。

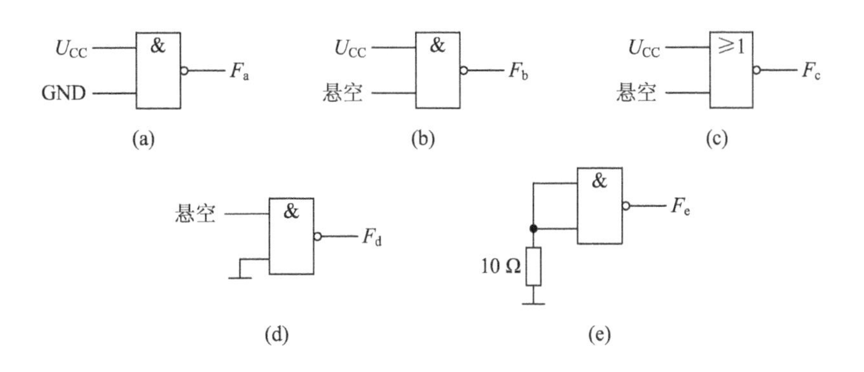

图 3.38　TTL 门电路

三、练习题

1. 分析图 3.39 所示电路的逻辑关系，并填写真值表，写出逻辑表达式。

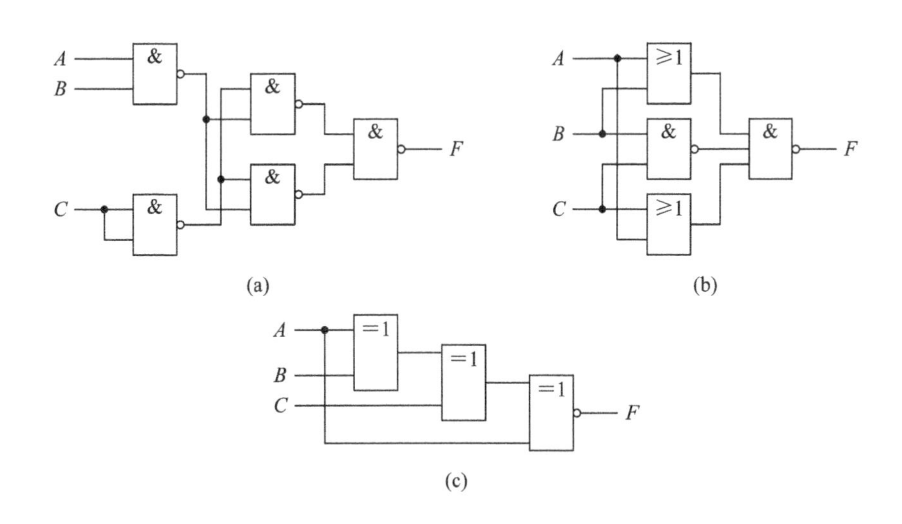

图 3.39　组合逻辑电路

2. 请用与门、或门、非门实现下列函数。要求：使用数个具体芯片实现并仿真验证，写出具体步骤，包括卡诺图和具体电路图。

(1) $f(A, B, C) = \sum m(1, 3, 4, 6)$；

(2) $f(A, B, C, D) = \sum m(2, 4, 6, 8, 10, 12, 14)$；

(3) $f(A, B, C, D) = \sum m(0, 5, 10, 13) + \sum d(2, 8, 11, 14, 15)$；

(4) $f(A, B, C) = \prod M(0, 1, 4)$；

(5) $f(A, B, C) = ABCD$。

3. 请用简单门电路设计一个电路，当三个输入信号中有一个或三个输入信号为高电平时，输出为高电平，为其他输入时输出为低电平。要求写出具体步骤，包括卡诺图和具体电路图。

4. 请使用 Multisim 搭建电路仿真，验证 OC 门 74LS03 的逻辑功能。

(1) 如果不加上拉电阻和电源，改变输入 A、B 的值，则输出 $F=$(　　　)；

(2) 增加上拉电阻和电源后，输出 F 随输入 A、B 的值的改变而(　　　)(改变/不改变)，填写真值表。根据真值表可知，74LS03 是一个(　　　)门。

5. 使用一个 OC 门 74LS03 实现函数$(A, B, C)=\overline{AB}\cdot\overline{C}$，并仿真验证。

(1) 为保证 OC 门 74LS03 正常工作，必须要加(　　)和(　　)。

(2) 正确连接电路，并完成真值表。

6. 如图 3.40 所示，使用数字电路综合测试设备和数字式万用表测试 74LS125，并完成下列填空。

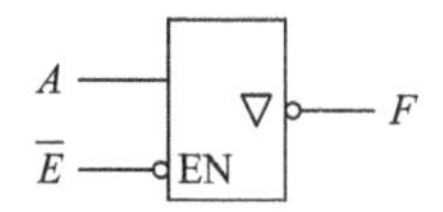

图 3.40　第 6 题图

(1) 在控制端 $\overline{E}=0$ 的情况下，当 $A=0$ 时，$F=$(　　)；当 $A=1$ 时，$F=$(　　)；

(2) 在控制端 $\overline{E}=1$ 的情况下，改变输入 A 的电压值，输出 F(　　)(变化/不变)，此状态被称为(　　)。

7. 如图 3.41 所示，由 74LS125 和 74LS04 构成电路图，请根据输入波形画出输出波形。

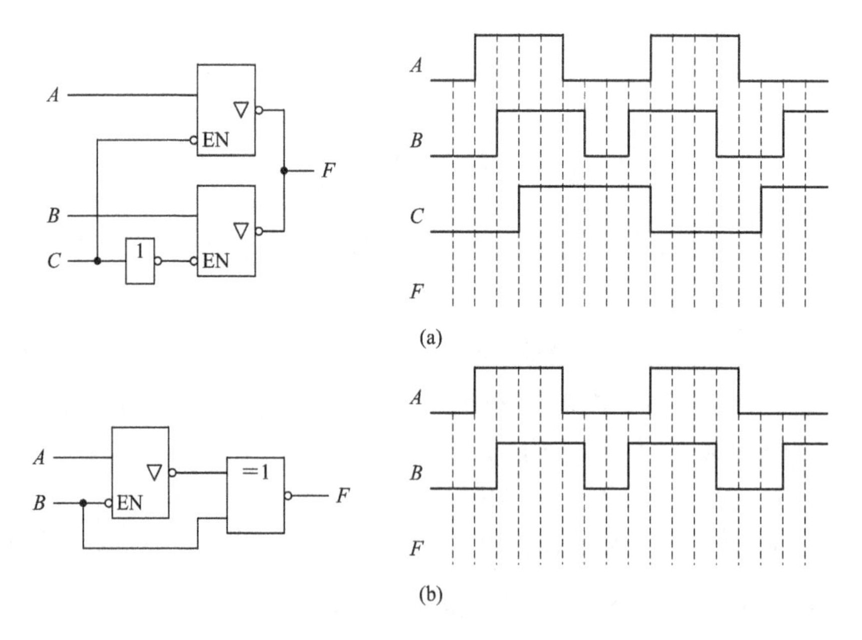

图 3.41　第 7 题图

8. 已知各逻辑电路如图 3.42(a)所示，试写出 F_1、F_2、F_3 的逻辑表达式，并根据图 3.42(b)中 A、B、C 的图形画出对应的输出波形。(电路中的门电路是 TTL 集成门电路)

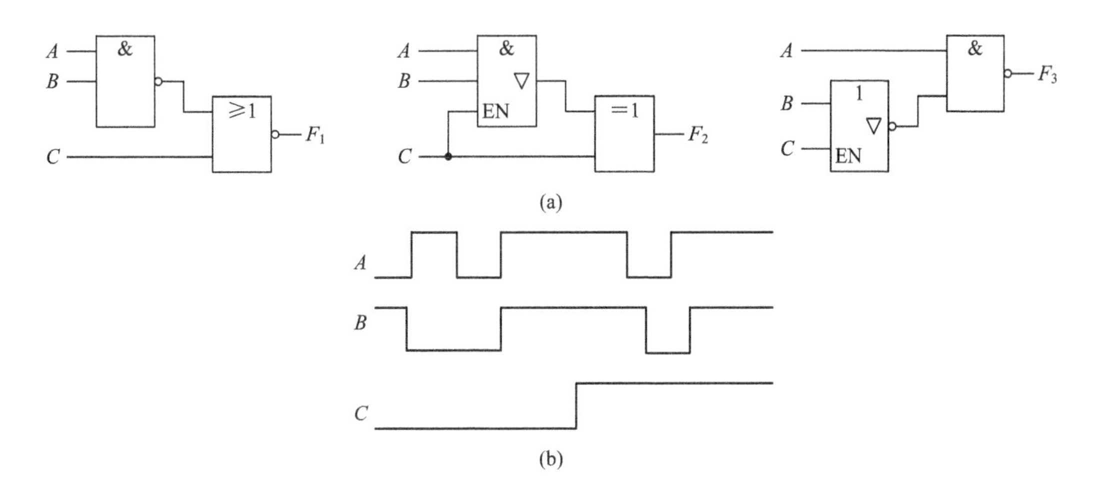

图 3.42　第 8 题图

9. 由 TTL 与非门、或非门和三态门组成的电路如图 3.43(a)所示，A、B、EN 的波形如图 3.43(b)所示，试画出 F_1、F_2 的波形图。

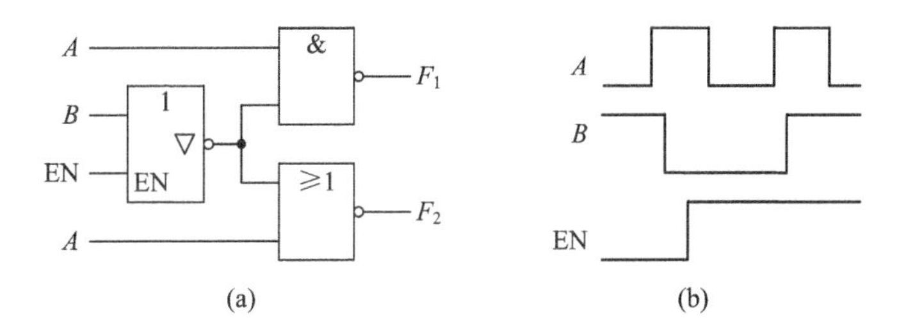

图 3.43　第 9 题图

10. 分别写出图 3.44(a)和(b)的逻辑表达式。

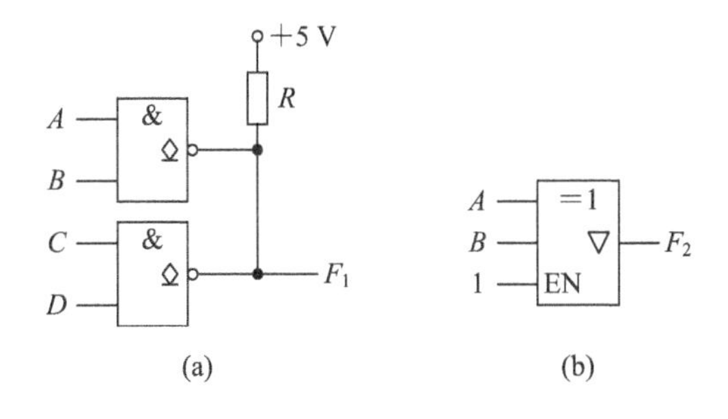

图 3.44　第 10 题图

第4章　组合逻辑电路

本章导引

学习数字逻辑电路，一方面要学习如何对已知的数字电路进行分析，分析其功能是什么；另一方面要学习如何设计一个能实现具有一定逻辑功能的数字电路。

按照电路结构的不同，把数字电路分为组合逻辑电路和时序逻辑电路。组合逻辑电路的特点是：输出状态只与当前的输入状态有关，而与电路原来的状态无关；只要输入状态有所改变，输出状态就随之发生改变(无记忆功能)；在组合逻辑电路中，每一个逻辑器件实现一个功能，只有所有功能加在一起，才能实现一套完整的逻辑功能。

本章重点介绍由小规模电路构成的组合逻辑电路的分析和设计方法、中规模集成组合逻辑电路的功能和使用方法。时序逻辑电路的分析和设计方法将在后面的各章中详述。

知识点睛

通过本章的学习，读者可达到如下目的：

(1) 掌握组合逻辑电路的特点。

(2) 掌握由小规模集成电路构成的组合逻辑电路的分析和设计方法。

(3) 掌握加法器、比较器、显示译码器、变量译码器、优先编码器、数据选择器等中规模集成逻辑电路的逻辑功能和使用方法。

应用举例

在实际生活中，人们经常会遇到投票表决的情况。一般情况下，根据少数服从多数的原则得出表决结果，有时关键人物具有一票否决权。

例如，某挑战比赛中有3个裁判，一个是主裁判 A，两个是副裁判 B 和 C。挑战者挑战成功的裁决由每个裁判按一下自己面前的按钮来决定，按下按钮表示挑战成功，否则表示挑战失败。只有两个以上裁判(其中必须有主裁判)判明成功时，表示挑战成功的灯才亮。

表决器是由基本门电路构成的具有逻辑关系的组合逻辑电路。该电路实现的功能是用3个按键开关表示3个裁判的控制按键，按下按钮表示该裁判认为挑战成功，不按下按钮则表示该裁判认为挑战失败。

如图4.1所示，裁判按下按键时表示“1”，未按下则表示“0”。当主裁判按下控制键，且副裁判中至少有一人也按下控制键时，表示该挑战者本轮挑战成功。

数字电路一般分为组合逻辑电路和时序逻辑电路。本章学习组合逻辑电路的分析和设计方法。

组合逻辑电路是由与门、或门、非门等电路构成的逻辑电路。它的特点是任意时刻的

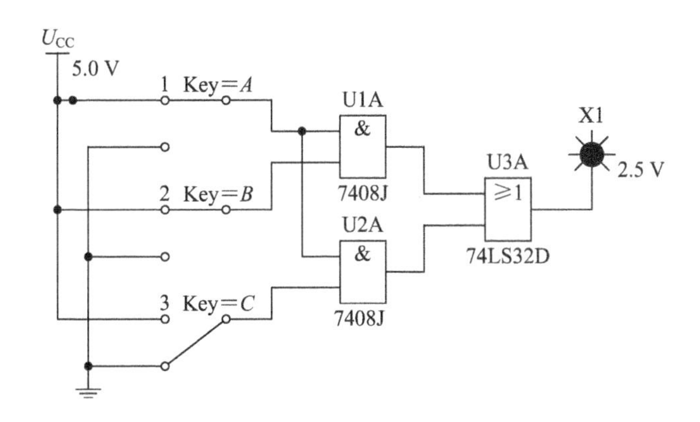

图 4.1　组合逻辑电路的框图

输出状态只与该时刻的输入状态有关，而与电路原来的状态无关。只要输入状态有改变，则输出状态也随之发生改变，电路无记忆功能。

图 4.2 所示是组合逻辑电路的框图。

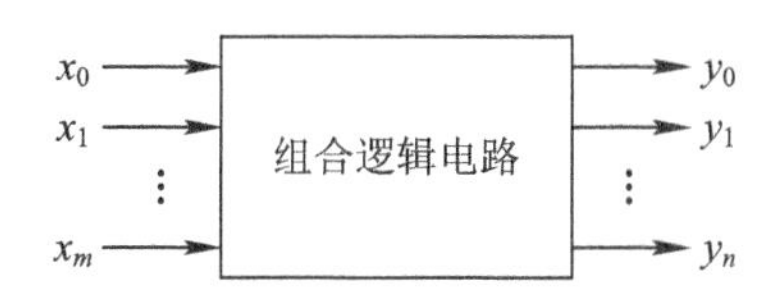

图 4.2　组合逻辑电路的框图

根据输出，组合逻辑电路可以分为单输出组合逻辑电路和多输出组合逻辑电路。

任意一个多输入多输出的组合逻辑电路都可以用图 4.2 表示。图中，x_0，x_1，…，x_m 为输入变量，y_0，y_1，…，y_n 为输出变量，输出与输入之间的逻辑关系(逻辑功能)用一组逻辑函数表示：

$$\begin{cases} y_0 = f_1(x_0, x_1, \cdots, x_m) \\ y_1 = f_2(x_0, x_1, \cdots, x_m) \\ \quad \vdots \\ y_n = f_n(x_0, x_1, \cdots, x_m) \end{cases}$$

4.1　小规模集成电路构成的组合逻辑电路的分析与设计

4.1.1　组合逻辑电路的分析

组合逻辑电路分析

组合逻辑电路的分析，就是分析一个给定的组合逻辑电路，找出电路的输出与输入之间的关系。

通常采用的分析步骤如图 4.3 所示，从电路的输入到输出逐级写出逻辑函数式，最后得到表示输出与输入之间关系的逻辑表达式。其间可通过代数法化简和卡诺图化简或仿真软件化简，对函数式进行化简和变换，以便逻辑关系简单明了。为了使电路的逻辑关系更加直观，有时还要列出真值表。

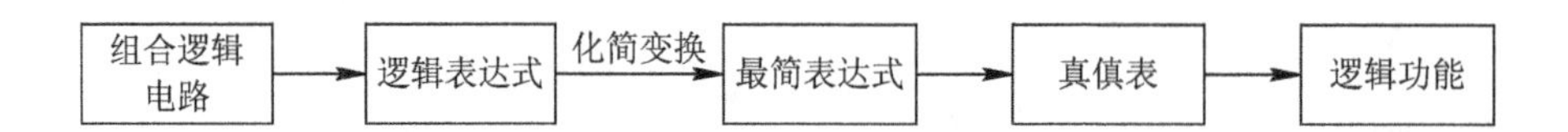

图 4.3　组合逻辑电路的分析步骤

下面通过具体的实例讲解组合逻辑电路的分析步骤。

【例 4.1】　分析如图 4.4(a)所示电路的逻辑功能。

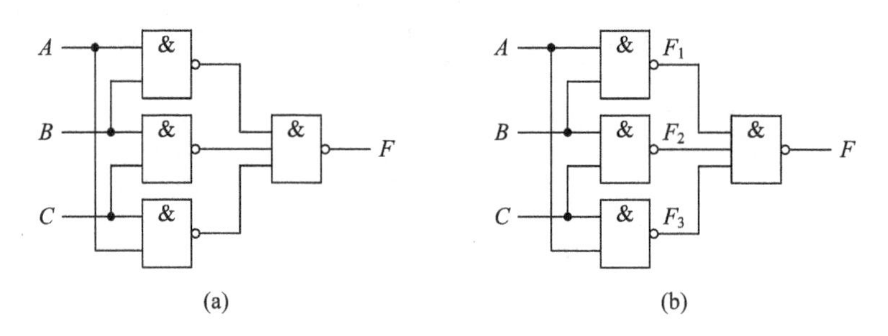

图 4.4　例 4.1 图

解　(1) 逐级在门电路的输出端标出符号，如图 4.4(b)所示的 F_1，F_2，F_3。

(2) 逐级写出逻辑表达式：$F_1=\overline{AB}$，$F_2=\overline{BC}$，$F_3=\overline{AC}$。

(3) 写出输出 F 的表达式：$F=\overline{F_1 \cdot F_2 \cdot F_3}=\overline{\overline{AB} \cdot \overline{BC} \cdot \overline{AC}}=AB+BC+AC$。

(4) 列出功能真值表，见表 4.1。

表 4.1　例 4.1 真值表

A	B	C	F_1	F_2	F_3	F
0	0	0	1	1	1	0
0	0	1	1	1	1	0
0	1	0	1	1	1	0
0	1	1	1	0	1	1
1	0	0	1	1	1	0
1	0	1	1	1	0	1
1	1	0	0	1	1	1
1	1	1	0	0	0	1

(5) 判断逻辑功能。

从表 4.1 中可以看出，在该电路中，当 3 个输入变量 A、B、C 中至少有两个输入为 1 时，输出 F 为 1；否则，输出 F 为 0。该电路为 3 人表决器电路，当 3 人中有 2 人或 2 人以上同意通过某一决议时，决议才能生效。

【例 4.2】　分析图 4.5 所示电路的逻辑功能。

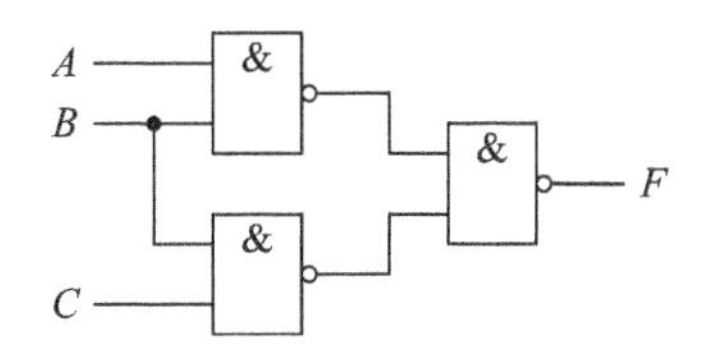

图 4.5　例 4.2 图

解　(1) 由于该电路比较简单，因此可以直接写出输出变量 F 与输入变量 A、B、C 之间的关系表达式：$F=\overline{\overline{AB}\cdot\overline{BC}}$。

(2) 列出功能真值表，见表 4.2。

表 4.2　例 4.2 真值表

A	B	C	F
0	0	0	0
0	0	1	0
0	1	0	0
0	1	1	1
1	0	0	0
1	0	1	0
1	1	0	1
1	1	1	1

(3) 从真值表可以看出，在该电路中，当 3 个输入变量 A、B、C 中只有 B 输入为 1 且 A、C 中至少有一个输入为 1 时，输出 F 为 1；否则，输出 F 为 0。本电路实现 3 人表决且有 1 人具有 1 票否决权。

【例 4.3】　分析图 4.6 所示电路的逻辑功能。

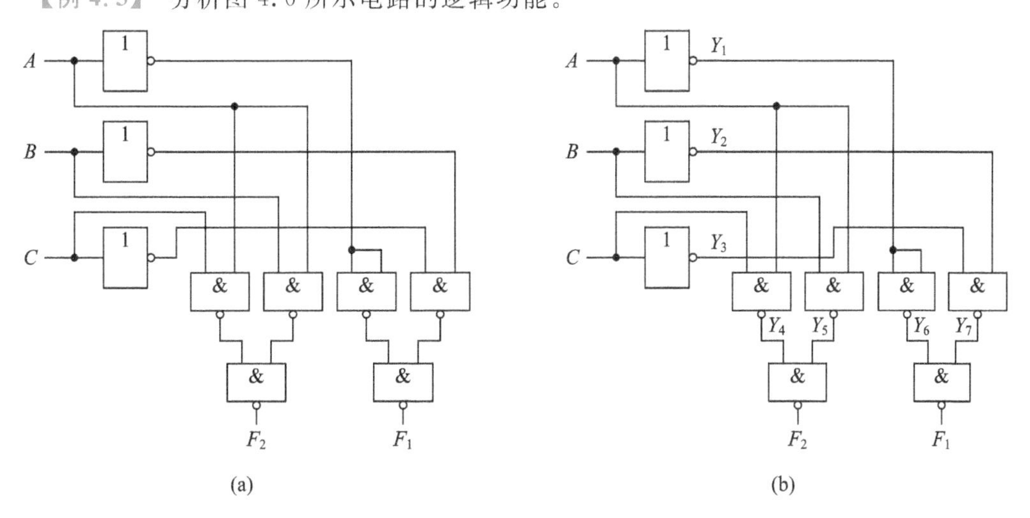

图 4.6　例 4.3 图

解　(1) 逐级在门电路的输出端标出符号，如图 4.6(b)所示。

(2) 逐级写出逻辑表达式：

$$Y_1=\overline{A},\ Y_2=\overline{B},\ Y_3=\overline{C},\ Y_4=\overline{AC},\ Y_5=\overline{AB}$$

则
$$F_2=\overline{Y_4\cdot Y_5}=\overline{\overline{AB}\cdot\overline{AC}}=AB+AC$$

$$Y_6=\overline{Y_1}=\overline{\overline{A}}=A,\ Y_7=\overline{Y_2\cdot Y_3}=\overline{\overline{B}\cdot\overline{C}}$$

则
$$F_1=\overline{Y_6\cdot Y_7}=\overline{A\cdot\overline{\overline{B}\cdot\overline{C}}}=\overline{A\cdot(B+C)}=\overline{AB+AC}$$

所以

$$F_2=AB+AC,\ F_1=\overline{AB+AC}$$

(3) 列出功能真值表，见表 4.3。

表 4.3　例 4.3 真值表

A	B	C	F_2	F_1
0	0	0	0	1
0	0	1	0	1
0	1	0	0	1
0	1	1	0	1
1	0	0	0	1
1	0	1	1	0
1	1	0	1	0
1	1	1	1	0

(4) 判断逻辑功能。根据表 4.3 可以看出，本电路是 1 个检测 3 位二进制数的范围的电路。当二进制数小于等于 100 时，输出 $F_2F_1=01$；当二进制数大于 100 时，输出 $F_2F_1=10$。

4.1.2　组合逻辑电路的设计

组合逻辑电路设计

组合逻辑电路设计，就是根据给出的实际问题，求出实现这一问题的逻辑功能的最简电路。

所谓最简，就是指电路中器件的个数最少，种类最少，并且连线最少。本节主要介绍小规模电路构成的组合逻辑电路的设计方法。

组合逻辑电路的设计步骤如图 4.7 所示。

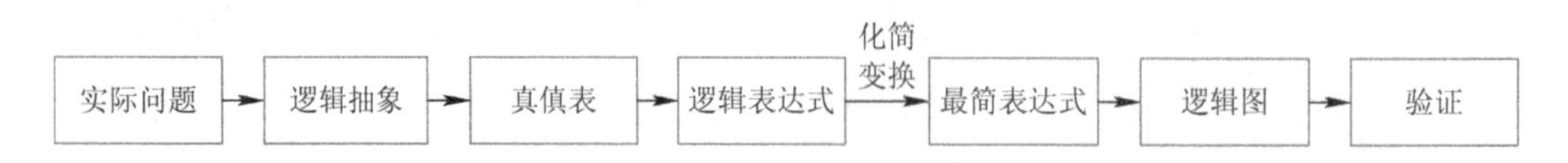

图 4.7　组合逻辑电路的设计步骤

(1) 逻辑抽象。在很多情况下，实际问题都是用一段文字来表述事物的因果关系的，这时就需要通过逻辑抽象的方法，用逻辑函数来描述这一因果关系。

逻辑抽象的过程如下：

① 分析事物的因果关系，找出输入变量和输出变量。一般把引起事物结果的原因作为输入变量，而把事物的结果作为输出变量。

② 定义变量的状态。变量的状态分别用“0”和“1”表示。这里的“0”和“1”的具体含义是由设计者自行定义的。

③ 根据给出的因果逻辑关系，列出功能真值表。至此，将一个具体的问题逻辑抽象为逻辑函数的形式，这种逻辑函数是以真值表的形式给出的。

(2) 写出逻辑表达式。根据真值表写出问题的逻辑表达式。

(3) 将逻辑函数化简和变换成适当的形式。在使用小规模集成门电路进行组合逻辑电路设计时，为获得最简单的设计结果，应将其函数化简成最简形式。如果对所用器件的种类有附加要求(如只允许用单一的与非门实现)，则还应将函数转换为与器件类型一致的形式(与非-与非形式)。

(4) 根据化简、变换后的函数画出逻辑电路图。

(5) 验证。可以通过仿真软件或者搭试具体电路来进行验证。

【例 4.4】 试用基本门电路设计一个监视交通信号灯工作状态的逻辑电路。要求每组信号灯由红、黄、绿三盏灯组成，正常情况下，每个时刻必须有一盏信号灯点亮，且只允许一盏信号灯点亮。当出现其他 5 种点亮状态时，电路发生故障，且要求发出故障告警信号，以提醒维护人员前去维修。

解 (1) 进行逻辑抽象。取红、黄、绿三盏灯的状态为输入变量，分别用 A(红灯)、B(黄灯)、C(绿灯)表示。当灯亮时，取其逻辑状态为“1”；当灯灭时，取其逻辑状态为“0”。故障信号灯为输出变量，用 F 表示，灯亮为“1”状态，灯灭为“0”状态。

根据题意可列出真值表，见表 4.4。

表 4.4　例 4.4 真值表

A	B	C	F
0	0	0	1
0	0	1	0
0	1	0	0
0	1	1	1
1	0	0	0
1	0	1	1
1	1	0	1
1	1	1	1

(2) 写出逻辑表达式并化简：

$$\begin{aligned} F &= \overline{A}\,\overline{B}\,\overline{C} + \overline{A}BC + A\overline{B}C + AB\overline{C} + ABC \\ &= \overline{A}\,\overline{B}\,\overline{C} + (\overline{A}BC + ABC) + (A\overline{B}C + ABC) + (AB\overline{C} + ABC) \\ &= \overline{A}\,\overline{B}\,\overline{C} + AB + AC + BC \end{aligned}$$

(3) 选择器件：选择小规模集成门电路实现。

(4) 可根据逻辑表达式画出逻辑电路图，如图 4.8 所示。

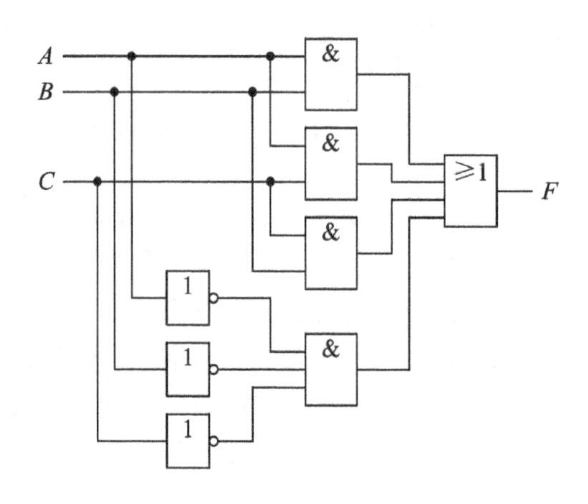

图 4.8 例 4.4 电路图

(5) 由于电路对所选器件没有特殊要求，因此电路按化简的最简形式实现，无须进行逻辑函数的变化。

(6) 验证(请同学们利用仿真软件自行验证)。在组合逻辑电路的分析和设计中，每一个组合逻辑电路都是由若干个门电路组成的。其中，每个门电路都可以实现一个单一功能，只有多个门电路的功能加在一起，才能实现特定的、完整的逻辑功能，而且实现的方案可能有多种，在选择设计方案时既要考虑设计成本、又要考虑电路的稳定性和可靠问题。

思考：

(1) 组合逻辑电路的逻辑特点和电路特点分别是什么？

(2) 构成组合逻辑电路的基本单元是什么？

(3) 组合逻辑电路的分析步骤是什么？

(4) 组合逻辑电路的设计步骤是什么？

4.2 常用中规模集成电路

4.2.1 加法器

加法器

组合逻辑电路除完成输入和输出之间的逻辑转换之外，还可以实现算数运算。在计算机中，两个二进制数之间的四则运算需要转换成加法运算，因此加法器是组合逻辑电路实现运算功能的基本组成单元。

组合逻辑电路的加法器分为半加器和全加器。半加器只实现两个一位二进制数相加，而不考虑来自低位的进位；全加器实现两个一位二进制数相加，且考虑前一位进位共三位二进制数相加的加。

【例 4.5】 用 74LS00 和 74LS86 设计半加器电路和全加器电路，功能真值表如表 4.5 和表 4.6 所示。

表 4.5　半加器真值表

A	B	C_o	S
0	0	0	0
0	1	0	1
1	0	0	1
1	1	1	0

表 4.6　全加器真值表

A	B	C_{i-1}	C_o	S
0	0	0	0	0
0	0	1	0	1
0	1	0	0	1
0	1	1	1	0
1	0	0	0	1
1	0	1	1	0
1	1	0	1	0
1	1	1	1	1

解　该数字电路是一个数值相加的电路，不必进行逻辑假设和逻辑抽象。从表 4.5 中可以看出：半加器实现两个一位二进制数 A 和 B 相加，S 为和，C_o 为进位。

从表 4.6 中可以看出：全加器就是两个一位二进制数且考虑前一位进位 C_{i-1} 共三位二进制数相加的加法器电路，其中 A 和 B 为两个一位二进制数，C_{i-1} 为前一位的进位，S 为和，C_o 为进位。

（1）设计半加器电路。

① 根据表 4.5，写出输出 C_o 和 S 的逻辑表达式：

$$C_o = AB,\ S = A\overline{B} + \overline{A}B = A \oplus B$$

② 根据题目要求，用 2 输入与非门 74LS00 和异或门 74LS86 实现，所以将 C_o 的表达式变换为与非-与非式：$C_o = AB = \overline{\overline{AB}}$。

③ 根据逻辑表达式，画出逻辑电路图，如图 4.9 所示。半加器的逻辑符号见图 4.10。

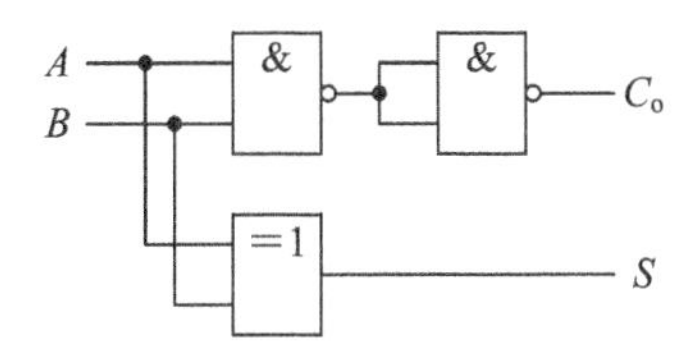

图 4.9　半加器逻辑电路图

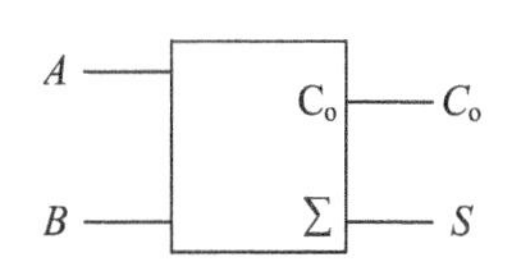

图 4.10　半加器的逻辑符号

（2）设计全加器电路。

① 根据表 4.6 列出输出 C_o 和 S 的逻辑表达式：

$$C_o = \overline{A}BC_{i-1} + A\overline{B}C_{i-1} + AB\,\overline{C_{i-1}} + ABC_{i-1}$$

$$S = \overline{A}\,\overline{B}C_{i-1} + \overline{A}B\,\overline{C_{i-1}} + A\overline{B}\ \overline{C_{i-1}} + ABC_{i-1}$$

② 根据题意，用 2 输入与非门 74LS00 和异或门 74LS86 实现全加器，所以将 C_o 和 S 的表达式化简变换为与非-与非表达式或异或表达式：

$$
\begin{aligned}
C_o &= \bar{A}BC_{i-1} + A\bar{B}C_{i-1} + AB\overline{C_{i-1}} + ABC_{i-1} \\
&= C_{i-1}(\bar{A}B + A\bar{B}) + AB(\overline{C_{i-1}} + C_{i-1}) \\
&= C_{i-1}(A \oplus B) + AB \\
&= \overline{\overline{C_{i-1}(A \oplus B)} \cdot \overline{AB}}
\end{aligned}
$$

$$
\begin{aligned}
S &= \bar{A}\bar{B}C_{i-1} + \bar{A}B\overline{C_{i-1}} + A\bar{B}\overline{C_{i-1}} + ABC_{i-1} \\
&= \bar{A}(B \oplus C_{i-1}) + A\overline{(B \oplus C_{i-1})} \\
&= A \oplus B \oplus C_{i-1}
\end{aligned}
$$

③ 根据逻辑表达式，画出逻辑电路图，如图4.11所示。

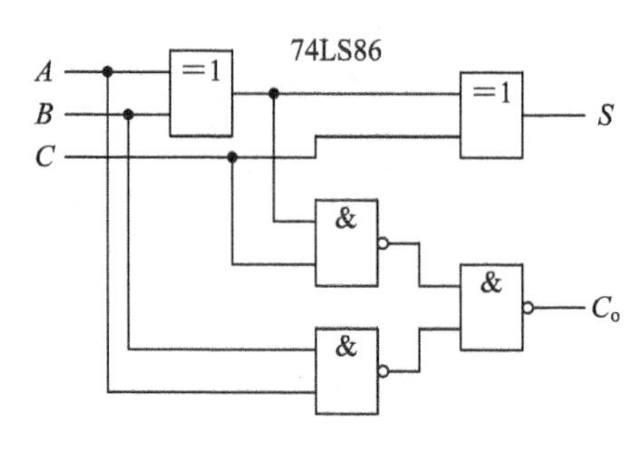

图 4.11　全加器逻辑电路图

【思维拓展】 半加器与全加器电路的应用

1. 半加器构成全加器电路

从上述的设计举例中我们可知，半加器和全加器的逻辑符号如图 4.12 所示。

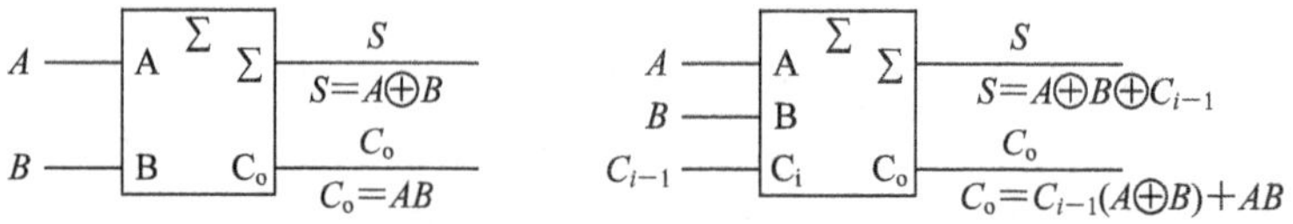

图 4.12　半加器和全加器的逻辑符号

其逻辑表达式分别如下：

半加器：$C_o = AB$，$S = A\bar{B} + \bar{A}B = A \oplus B$。

全加器：$C_o = C_{i-1}(A \oplus B) + AB$，$S = A \oplus B \oplus C_{i-1}$。

我们思考一下：用两个半加器是否可以构成一个全加器电路？答案是肯定的。用两个半加器电路完全可以构成一个全加器电路，如图 4.13 所示。

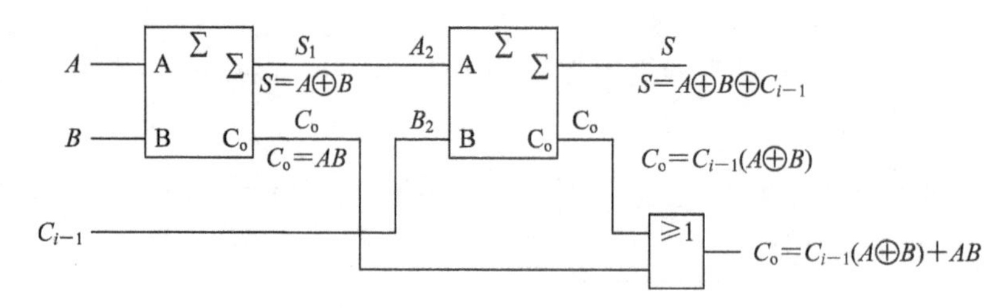

图 4.13　两个半加器构成一个全加器电路图

2. 全加器电路的应用

前面我们讲述了 1 位二进制数的加法电路(包括半加器和全加器电路)。假设现在要进行 2 位二进制数的加法计算，如 01+11=100，利用全加器设计该运算电路的过程如下：

$$
\begin{array}{r}
1\ 1 \\
+\ 0\ 1 \\
\hline
1\ 0\ 0
\end{array}
\qquad
\begin{array}{r}
A_2\ A_1 \\
+\ B_2\ B_1 \\
\hline
S_3\ S_2\ S_1
\end{array}
$$

首先来看 2 位二进制的加法过程。从算式中可以看出，做两位数的加法时，从右边(个位)开始逐渐向高位进行。在计算 A_1+B_1 时，也可以利用半加器和全加器来进行计算。之后计算 $A_2+B_2+C_{i-1}$ 时，直接使用全加器完成即可。具体的电路连接图如图 4.14 所示。图 4.15 所示为用两个全加器电路完成两位加法器电路的计算。

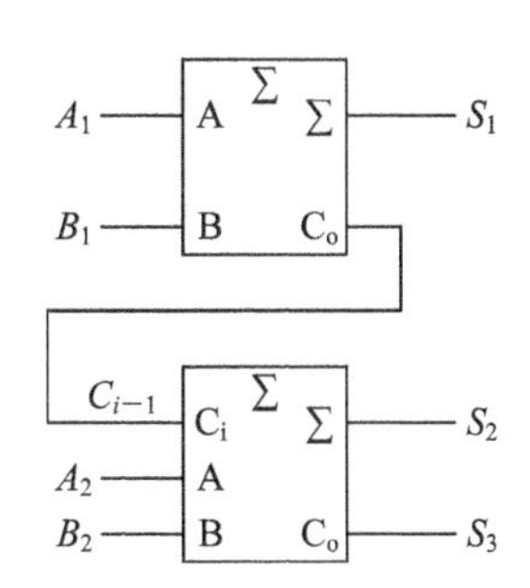

图 4.14　半加器和全加器实现二进制加法

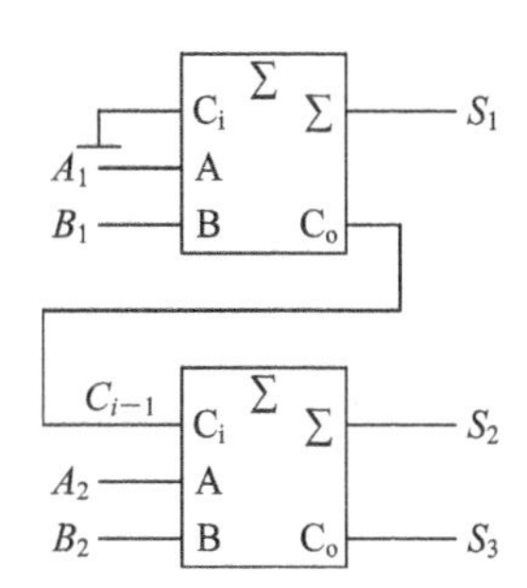

图 4.15　两个全加器实现二进制加法

3. 全加器电路构成的 4 位二进制串行加法器

图 4.16(a)所示是由 4 个全加器电路构成的 4 位二进制加法器电路，图(b)是 4 位加法器的逻辑符号，用该方法构成的加法器电路称为串行加法器电路。该电路的优点是电路简单，易于实现，但由于进位是逐步向前进位的，需等待前一个全加器的计算结果后方可得到进位信号，所以运行速度较慢。

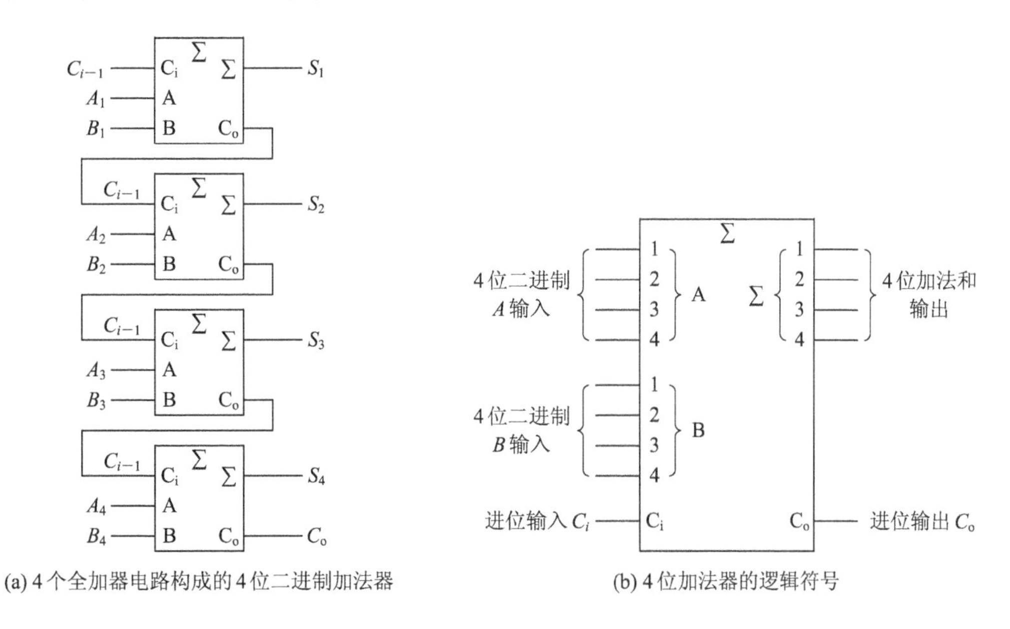

图 4.16　全加器电路构成的 4 位二进制串行加法器电路图及符号

4.2.2　译码器

译码是将特定的二进制输入信号转换成相应的输出信号。具有译码功能的逻辑电路称为译码器。译码器是一个多输入多输出电路。常用的译码器有显示译码器、二进制变量译码器、二-十进制变量译码器。

1. 显示译码器

1) LED 显示器

通过发光二极管芯片的适当连接(包括串联和并联)和适当的光学结构，可构成发光显示器的发光段或发光点。由这些发光段或发光点可以组成数码管、符号管、米字管、矩阵管等。通常把数码管、符号管、米字管共称笔画显示器，而把笔画显示器和矩阵管统称为字符显示器。

2) LED 显示器的分类

(1) 按字高分为笔画显示器和其他类型显示器。笔画显示器的字高最小为 1 mm(单片集成式多位数码管的字高一般在2～3 mm)。其他类型显示器的字高可达 12.7 mm(0.5 英寸)甚至为数百 mm。

(2) 按显示颜色可分为红、橙、黄、绿等数种。

(3) 按结构分为有反射罩式、单条七段式和单片集成式。

(4) 按各发光段电极的连接方式可分为共阳极和共阴极两种。

① 共阳极方式是指笔画显示器各段发光管的阳极(即 P 区)是公共的(通常与高电平相连)，而阴极互相隔离，如图 4.17(a)所示。当阴极接低电平时，对应的发光二极管导通发光。

② 共阴极方式是笔画显示器各段发光管的阴极(即 N 区)是公共的(通常接地)，而阳极是互相隔离的，如图 4.17(b)所示。当阳极接高电平时，对应的发光二极管导通发光。

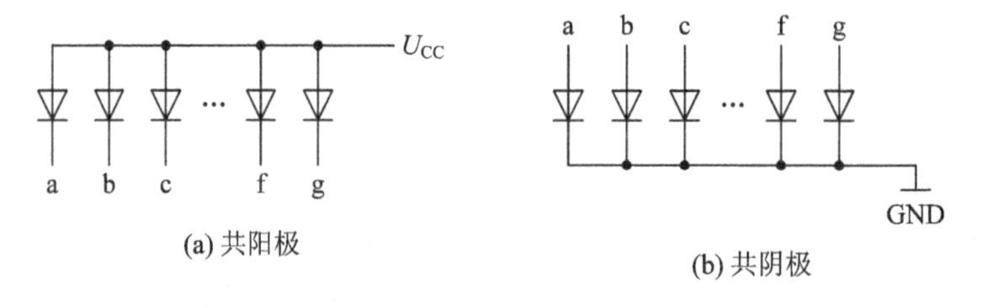

图 4.17 LED 显示器的共阳极和共阴极连接方式

3) 常用 LED 显示器

LC5011 是一种常用的共阴极 LED 数码管，可用来显示 0～9 的 1 位十进制字符。在实际使用中，为限制电流，应在阴极公共端与地线之间串接一个 100 Ω 的电阻；为保证每段笔画的亮度均匀，通常在每个输出都串接一个限流电阻。

4) 显示译码器

显示译码器的作用是将输入的二进制码转换为能控制发光二极管(LED)显示器、液晶(LCD)显示器及荧光数码管等显示器件的信号，以实现数字及符号的显示。由于 LED 点亮电流较大，因此 LED 显示译码器通常需要具有一定的电流驱动能力，LED 显示译码器通常又称为显示译码驱动器。

5) 常用显示译码器

常见的显示译码器分为两类，分别是 4000 系列 CMOS 数字电路(如 CD4511)和 74 系列 TTL 数字电路。其中，4000 系列的工作电压范围较宽，可在 3～18 V 间选择；74 系列的工作电压为(5±0.5) V。

2. 变量译码器

1) 二进制变量译码器

图 4.18 所示的译码器电路有 n 个输入和 2^n 个输出。译码器可以将输入的 n 个二进制信号转换为 2^n 个输出信号，所以二进制译码器又称为 n-2^n 译码器。每个输出都对应着一个可能的二进制输入。在通常情况下，一次只能有一个输出有效。

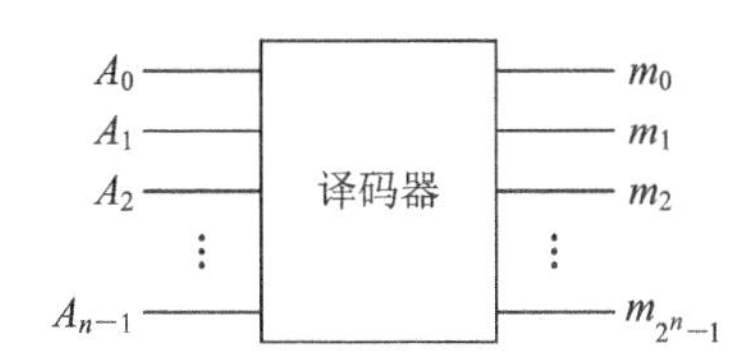

图 4.18　译码器逻辑功能示意图

图 4.19 所示是一个 2-4 译码器，它有 2 个输入和 4 个输出。每个输出都与图 4.19 所示的真值表中的输入组合相关。输出是一个特定的代码 1(高电平)或 0(低电平)。输出为高电平的管脚定义为 y_i，如图 4.19(a)所示；输出为低电平的管脚定义为 $\overline{y_i}$，如图 4.19(b)所示。

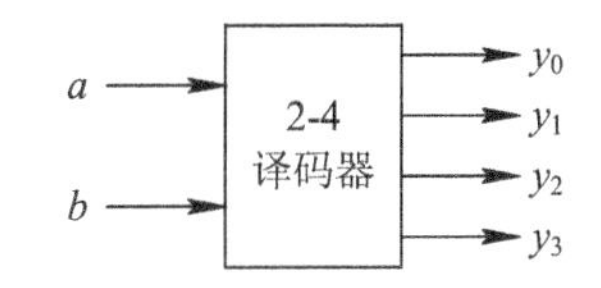

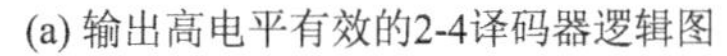

(a) 输出高电平有效的2-4译码器逻辑图

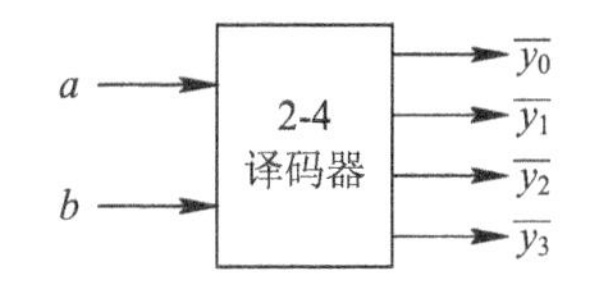

(b) 输出低电平有效的2-4译码器逻辑图

图 4.19　2-4 译码器的示意图

根据图 4.19(a)和表 4.7 可以写出输出 y_i 的逻辑方程：

$$y_0 = \bar{a} \cdot \bar{b}$$

$$y_1 = \bar{a} \cdot b$$

$$y_2 = a \cdot \bar{b}$$

$$y_3 = a \cdot b$$

注意，这些输出的逻辑方程都是输入的最小项。

根据图 4.19(b)和表 4.8 可以写出输出 $\overline{y_i}$ 的逻辑方程：

$$\overline{y_0} = \overline{\bar{a} \cdot \bar{b}} = \overline{m_0}$$

$$\overline{y_1} = \overline{\bar{a} \cdot b} = \overline{m_1}$$

$$\overline{y_2} = \overline{a \cdot \bar{b}} = \overline{m_2}$$

$$\overline{y_3} = \overline{a \cdot b} = \overline{m_3}$$

表 4.7　高电平有效的 2-4 译码器真值表

a	b	y_3	y_2	y_1	y_0
0	0	0	0	0	1
0	1	0	0	1	0
1	0	0	1	0	0
1	1	1	0	0	0

表 4.8　低电平有效的 2-4 译码器真值表

a	b	$\overline{y_3}$	$\overline{y_2}$	$\overline{y_1}$	$\overline{y_0}$
0	0	1	1	1	0
0	1	1	1	0	1
1	0	1	0	1	1
1	1	0	1	1	1

图 4.20 所示为 3-8 译码器 74LS138 的逻辑功能示意图。图中，$\overline{Y_0}\sim\overline{Y_7}$为输出端，低电平有效；$A_2$、$A_1$、$A_0$ 为 3 位二进制代码输入端；ST_A、$\overline{ST_B}$、$\overline{ST_C}$为使能端，$EN=ST_A\cdot\overline{\overline{ST_B}}\cdot\overline{\overline{ST_A}}=ST_A\cdot(\overline{\overline{ST_B}+\overline{ST_C}})$。表 4.9 所示为 74LS138 的真值表。8 个输出 $Y_0\sim Y_7$ 的逻辑方程：

$$\overline{Y_0}=\overline{\overline{A_2}\,\overline{A_1}\,\overline{A_0}}=\overline{m_0}$$
$$\overline{Y_1}=\overline{\overline{A_2}\,\overline{A_1}A_0}=\overline{m_1}$$
$$\overline{Y_2}=\overline{\overline{A_2}A_1\overline{A_0}}=\overline{m_2}$$
$$\overline{Y_3}=\overline{\overline{A_2}A_1A_0}=\overline{m_3}$$
$$\overline{Y_4}=\overline{A_2\overline{A_1}\,\overline{A_0}}=\overline{m_4}$$
$$\overline{Y_5}=\overline{A_2\overline{A_1}A_0}=\overline{m_5}$$
$$\overline{Y_6}=\overline{A_2A_1\overline{A_0}}=\overline{m_6}$$
$$\overline{Y_7}=\overline{A_2A_1A_0}=\overline{m_7}$$

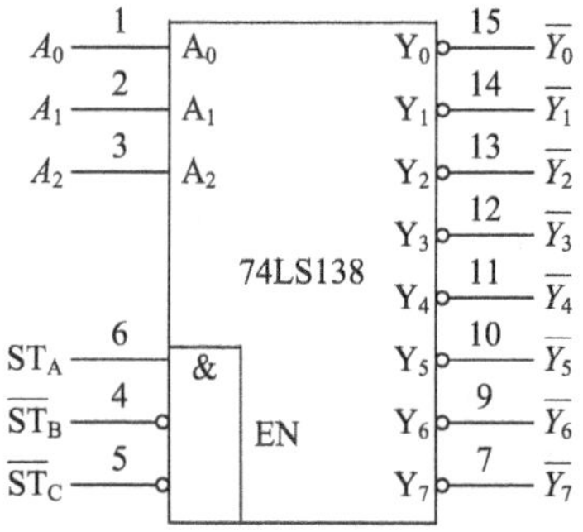

图 4.20　3-8 译码器的逻辑功能示意图

表 4.9　3-8 译码器的真值表

ST_A	$\overline{ST_B}+\overline{ST_C}$	A_2	A_1	A_0	$\overline{Y_7}$	$\overline{Y_6}$	$\overline{Y_5}$	$\overline{Y_4}$	$\overline{Y_3}$	$\overline{Y_2}$	$\overline{Y_1}$	$\overline{Y_0}$
*	1	*	*	*	1	1	1	1	1	1	1	1
0	*	*	*	*	1	1	1	1	1	1	1	1
1	0	0	0	0	1	1	1	1	1	1	1	0
1	0	0	0	1	1	1	1	1	1	1	0	1
1	0	0	1	0	1	1	1	1	1	0	1	1
1	0	0	1	1	1	1	1	1	0	1	1	1
1	0	1	0	0	1	1	1	0	1	1	1	1
1	0	1	0	1	1	1	0	1	1	1	1	1
1	0	1	1	0	1	0	1	1	1	1	1	1
1	0	1	1	1	0	1	1	1	1	1	1	1

当 EN=0，即 $ST_A=0$ 或$\overline{ST_B}=1$ 或$\overline{ST_C}=1$ 时，译码器不工作，此时输出均为高电平。

当 EN=1，即 $ST_A=1$，$\overline{ST_B}=0$ 且$\overline{ST_C}=0$ 时，译码器处于工作状态，输出信号由输入信号决定，输出低电平有效。

2）二-十进制变量译码器

二-十进制变量译码器是将十进制的 4 位二进制编码（即 BCD 编码）转换成 0～9 共 10 个十进制数，故二-十进制变量译码器有 4 个输入端、10 个输出端、二-十进制变量译码器又称为 4-10 译码器。74LS42 的管脚排列图与逻辑符号见图 4.21，其功能表见表 4.10。

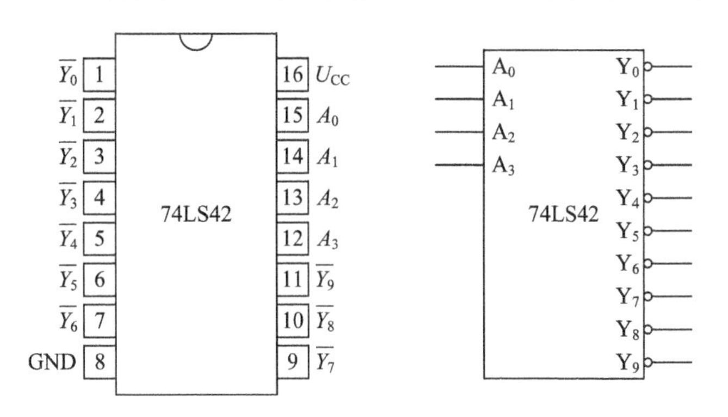

图 4.21　74LS42 的管脚排列图与逻辑符号

表 4.10　4-10 译码器 74LS42 的功能表

序号	输入				输出									
	A_3	A_2	A_1	A_0	$\overline{Y_9}$	$\overline{Y_8}$	$\overline{Y_7}$	$\overline{Y_6}$	$\overline{Y_5}$	$\overline{Y_4}$	$\overline{Y_3}$	$\overline{Y_2}$	$\overline{Y_1}$	$\overline{Y_0}$
0	0	0	0	0	1	1	1	1	1	1	1	1	1	0
1	0	0	0	1	1	1	1	1	1	1	1	1	0	1
2	0	0	1	0	1	1	1	1	1	1	1	0	1	1
3	0	0	1	1	1	1	1	1	1	1	0	1	1	1
4	0	1	0	0	1	1	1	1	1	0	1	1	1	1
5	0	1	0	1	1	1	1	1	0	1	1	1	1	1
6	0	1	1	0	1	1	1	0	1	1	1	1	1	1
7	0	1	1	1	1	1	0	1	1	1	1	1	1	1
8	1	0	0	0	1	0	1	1	1	1	1	1	1	1
9	1	0	0	1	0	1	1	1	1	1	1	1	1	1
伪码	1	0	1	0	1	1	1	1	1	1	1	1	1	1
	1	0	1	1	1	1	1	1	1	1	1	1	1	1
	1	1	0	0	1	1	1	1	1	1	1	1	1	1
	1	1	0	1	1	1	1	1	1	1	1	1	1	1
	0	1	1	0	1	1	1	1	1	1	1	1	1	1
	1	1	1	1	1	1	1	1	1	1	1	1	1	1

3) 变量译码器实现组合逻辑电路

任意组合逻辑函数都可以用标准“与或”式(即最小项之和)的形式来表示。若变量译码器的输出为高电平有效，则每个输出端对应于一个最小项；若输出为低电平有效，则每个输出端对应于一个最小项的“非”逻辑。因此，利用门电路对变量译码器的输出端进行适当运算，就可以得到所需的组合逻辑函数。

74LS138 的输出为低电平有效，也就是说 74LS138 的每个输出对应于 A_2、A_1 和 A_0 这三个输入的最小项的“非”逻辑。根据反演律，最小项之和的形式可以很容易地转换为最小项“非”之积的形式：

$$F(A_2, A_1, A_0) = \sum m(0, 2, 4, 7) = \overline{\overline{m_0 + m_2 + m_4 + m_7}} = \overline{\overline{m_0}\,\overline{m_2}\,\overline{m_4}\,\overline{m_7}}$$

因此，只需要将 74LS138 的$\overline{Y_0}$、$\overline{Y_2}$、$\overline{Y_4}$和$\overline{Y_7}$这四个输出端送入一个 4 输入与非门中，就可以在与非门的输出端上得到 $F(A_2, A_1, A_0) = \sum m(0, 2, 4, 7)$ 的组合逻辑函数。以此类推，74LS138 可以实现任意的 3 变量组合逻辑函数。

【例 4.6】 使用 74LS138 及门电路设计一个全加器。该电路有 3 个输入端，其中 A、B 为本位的输入，另一个为前一位和的进位 C_{i-1}；输出有两个，一个为输入 A、B 两数之和 S，另一个为两数之和的进位 C_o。

解 全加器的功能真值表如表 4.11 所示。

表 4.11 全加器的功能真值表

A	B	C_{i-1}	S	C_o
0	0	0	0	0
0	0	1	1	0
0	1	0	1	0
0	1	1	0	1
1	0	0	1	0
1	0	1	0	1
1	1	0	0	1
1	1	1	1	1

由功能真值表可分别写出 S 和 C_o 的最小项表达式。由于 74LS138 的输出对应于输入的最小项的“非”逻辑，因此将其转换为最小项“非”之积的形式：

$$S = \sum m(1, 2, 4, 7) = \overline{\overline{m_1 + m_2 + m_4 + m_7}} = \overline{\overline{m_1}\,\overline{m_2}\,\overline{m_4}\,\overline{m_7}}$$

$$C_o = \sum m(3, 5, 6, 7) = \overline{\overline{m_3 + m_5 + m_6 + m_7}} = \overline{\overline{m_3}\,\overline{m_5}\,\overline{m_6}\,\overline{m_7}}$$

由以上表达式可知，应用 74LS138 及 4 输入与非门 74LS20 组成全加器，电路如图 4.22 所示。

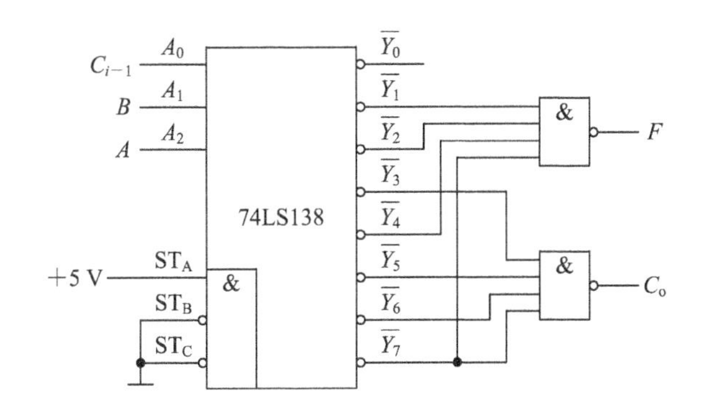

图 4.22　用 74LS138 及门电路设计全加器

4.2.3　编码器

编码器就是译码器的反向器件，它有 2^n 个输入和 n 个输出。一个特定输入的二进制代码将显示在输出管脚。根据二进制编码器输入为 $N(N\leqslant 2^n)$ 个信号，输出则为 n 个信号可以确定二进制代码的位数。常用的有二进制编码器、二-十进制编码器和优先编码器。

1. 普通编码器

编码器输出一个 n 位的二进制数字，表示 2^n 个输入中的那一个是高电平(或低电平)。假设一次只有一个输入电平有效(高电平为 1，低电平为 0)。二进制编码器根据输出的二进制位数可分为 3 位二进制编码器(8-3 编码器，表示 8 个输入端和 3 个输出端)和 4 位二进制编码器(16-4 编码器，表示 16 个输入端和 4 个输出端)。

以表 4.12 所示的 8-3 编码器的真值表为例，该表的每一行只有一个输入为 1，其余输入都为 0。假设剩下的 248 种输入的可能组合值(即有多余一个输入为 1，或输入全部为 0)都不会发生，因为它们会产生不希望的输出。

表 4.12　8-3 编码器的真值表

X_0	X_1	X_2	X_3	X_4	X_5	X_6	X_7	Y_2	Y_1	Y_0
1	0	0	0	0	0	0	0	0	0	0
0	1	0	0	0	0	0	0	0	0	1
0	0	1	0	0	0	0	0	0	1	
0	0	0	1	0	0	0	0	0	1	1
0	0	0	0	1	0	0	0	1	0	
0	0	0	0	0	1	0	0	1	0	1
0	0	0	0	0	0	1	0	1	1	0
0	0	0	0	0	0	0	1	1	1	1

根据表 4.12 可知，在同一时刻，编码器只能对这八个输入信号中的一个有效，如果输入两个或两个以上信号则会产生乱码。根据表 4.12，对输出为 1 的信号对应的输入信号进行叠加即可得到逻辑函数表达式：

$$Y_2 = X_7 + X_6 + X_5 + X_4$$
$$Y_1 = X_7 + X_6 + X_3 + X_2$$
$$Y_0 = X_7 + X_5 + X_3 + X_1$$

得到逻辑函数表达式之后，可以根据要求用门电路实现其逻辑功能。

2. 优先编码器

表 4.12 所示为编码器的真值表，假设在任何时候都只有一个输入信号为逻辑 1。编码器常用于告知哪个外部器件的信号传输到计算机，它要中断计算机接受服务。如果编码器的两个输入同时都为高电平，即同时有两个设备信号传输到计算机，则普通编码器会发生乱码，而优先编码器可以解决这一问题，它将选择优先级最高的那个设备来接受服务。

表 4.13 给出了一个 8 输入优先编码器的真值表。注意，每一行 1 左边的 0 全部用不确定值×来替代。也就是说，无论×的值是否真的为 1，都是没有关系的。因为输出的是真值表主对角线的那个 1。例如，X_4 就比 X_3(X_2、X_1 和 X_0)具有更高的优先级，则输入 X_7 的优先级最高。

表 4.13　8 输入优先编码器的真值表

X_0	X_1	X_2	X_3	X_4	X_5	X_6	X_7	Y_2	Y_1	Y_0
1	0	0	0	0	0	0	0	0	0	0
×	1	0	0	0	0	0	0	0	0	1
×	×	1	0	0	0	0	0	0	1	0
×	×	×	1	0	0	0	0	0	1	1
×	×	×	×	1	0	0	0	1	0	0
×	×	×	×	×	1	0	0	1	0	1
×	×	×	×	×	×	1	0	1	1	0
×	×	×	×	×	×	×	1	1	1	1

4.2.4　数据选择器

1. 数据选择器

在数字电路中，经常需要在多路数据中选择其中的一路进行处理或传输，这种从多路数据中选择一路送到输出总线上的组合逻辑电路称为数据选择器。而数据分配器正好和数据选择器相反，它将输入总线上的数据分配给多个数字终端中的一路进行处理。图 4.23 所示为数据选择器和数据分配器的框图。

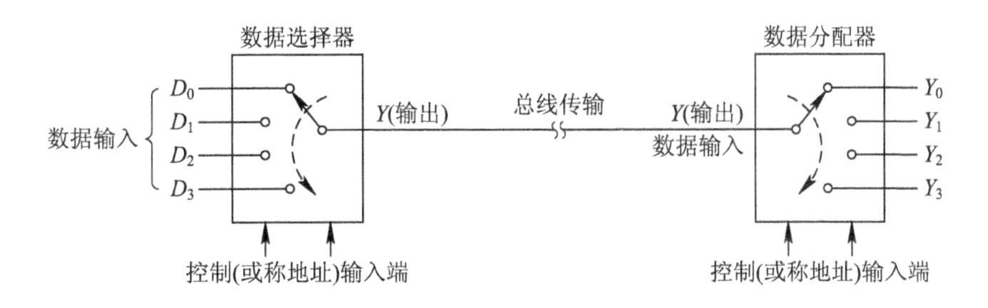

图 4.23　数据选择器和数据分配器的框图

2. 数据选择器实现组合逻辑函数功能

数据选择器通常又称为多路开关(MUX)。它有 2^n 个信号输入端、n 个控制输入端(也叫地址输入端)和 1 个输出端。数据选择器的逻辑功能是：在控制输入端的作用下，从多个输入信号(输入的数据)中选择某个输入信号传送到输出端。数据选择器有许多种。图 4.24(a)所示为八选一数据选择器 74LS151 的管脚排列图，图 4.24(b)所示为八选一数据选择器 74LS151 的逻辑符号。其功能真值表见表 4.14。

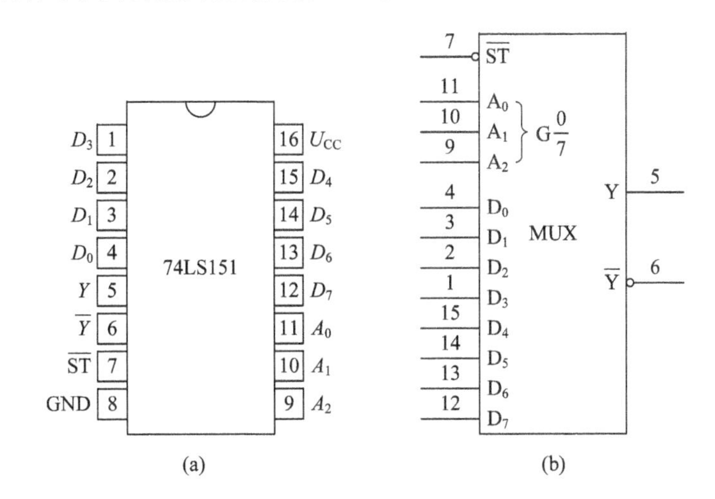

图 4.24　八选一数据选择器 74LS151 的管脚图和逻辑符号

表 4.14　八选一数据选择器 74LS151 的功能真值表

$\overline{ST}$	A_2	A_1	A_0	Y	$\overline{Y}$
1	×	×	×	0	1
0	0	0	0	D_0	$\overline{D_0}$
0	0	0	1	D_1	$\overline{D_1}$
0	0	1	0	D_2	$\overline{D_2}$
0	0	1	1	D_3	$\overline{D_3}$
0	1	0	0	D_4	$\overline{D_4}$
0	1	0	1	D_5	$\overline{D_5}$
0	1	1	0	D_6	$\overline{D_6}$
0	1	1	1	D_7	$\overline{D_7}$

图 4.24 中，$\overline{ST}$为芯片选通输入端，低电平有效；八选一数据选择器的控制输入端共有 3 位，A_2 为高位；共有 8 路数据输入，分别是 $D_0 \sim D_8$；当地址输入端 A_2、A_1、A_0 为 000 时，Y 选择 D_0 的数据输出，以此类推，当地址输入端 A_2、A_1、A_0 为 111 时，Y 选择 D_7 的数据输出。

可以看出，当电路处于正常工作状态时，输出和输入的关系如下：

$$Y = m_0 D_0 + m_1 D_1 + m_2 D_2 + m_3 D_3 + m_4 D_4 + m_5 D_5 + m_6 D_6 + m_7 D_7$$

从数据选择器的输出和输入之间的关系可以看出：数据输入与地址输入的最小项相与就是数据选择器的输出。所以，数据选择器可以实现组合逻辑函数功能。

集成数据选择器的种类很多，除了上面介绍的八选一数据选择器 74LS151 外，还有双四选一数据选择器 74LS153，另外还有 CMOS 系列的八选一数据选择器 CC4512 等。

思考：

(1) 加法器有哪几种？它们之间的区别是什么？

(2) 什么是译码器？译码器有几种？它们分别实现什么功能？

(3) 什么是编码器？编码器有几种？哪一种更有优势？为什么？

(4) 数据选择器有哪些用途？

(5) 组合逻辑电路的分析和设计步骤分别是怎样的？相互之间有怎样的关系？

(6) 什么是逻辑？什么是逻辑抽象？

(7) 组合逻辑电路的设计问题分为两大类：一类是逻辑抽象问题；另一类是数值问题。试分别举例说明。

(8) 加法器电路和全加器电路的特点是什么？分别列出其真值表，并用仿真软件仿真验证。

(9) 试分别列举日常生活中的例子(逻辑问题和数值问题)，并进行设计。

4.3　组合逻辑电路的竞争与冒险

前面在分析和设计组合逻辑电路时，是在理想条件下进行的，忽略了门电路给信号传输带来的时间延迟的影响。数字逻辑门的平均传输延迟时间通常用 t_{pd} 表示，即当输入信号发生变化时，门电路输出经 t_{pd} 后，才能发生变化。这个过渡过程可能会导致信号波形变形，因此在输出端可能产生干扰脉冲(毛刺)，影响正常工作，这种现象称为竞争冒险。

1. 产生竞争冒险的原因

在图 4.25(a)所示的电路中，逻辑表达式 $L = A\overline{A}$，在理想情况下，输出应恒等于 0。但是由于 G_1 门的延迟时间 t_{pd}，$\overline{A}$ 下降沿到达 G_2 门的时间比 A 信号上升沿晚 1 个 t_{pd}，因此，G_2 输出端出现了一个正向窄脉冲，如图 4.25(b)所示，通常称之为“1 冒险”。

同理，在图 4.26(a)所示的电路中，G_1 门的延迟时间 t_{pd} 会使 G_2 输出端出现一个负向窄脉冲，如图 4.26(b)所示，通常称之为“0 冒险”。

“0 冒险”和“1 冒险”统称冒险，是一种干扰脉冲，可能引起后级电路的错误动作。由于一个门(如 G_2)的两个互补的输入信号分别经过两条路径传输，而延迟时间不同，因此到达的时间也不同，从而产生了竞争冒险。

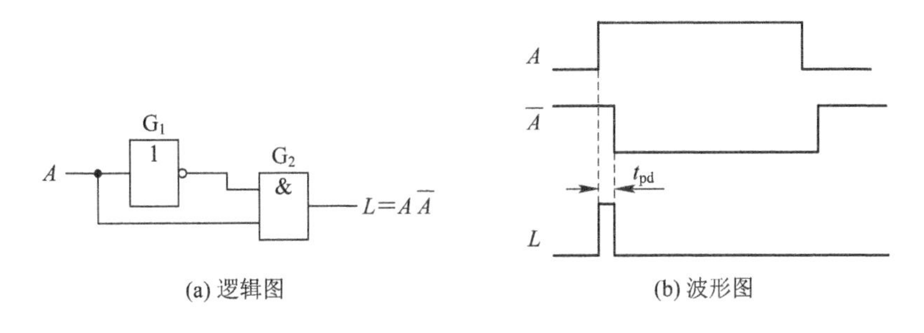

图 4.25　产生 1 冒险

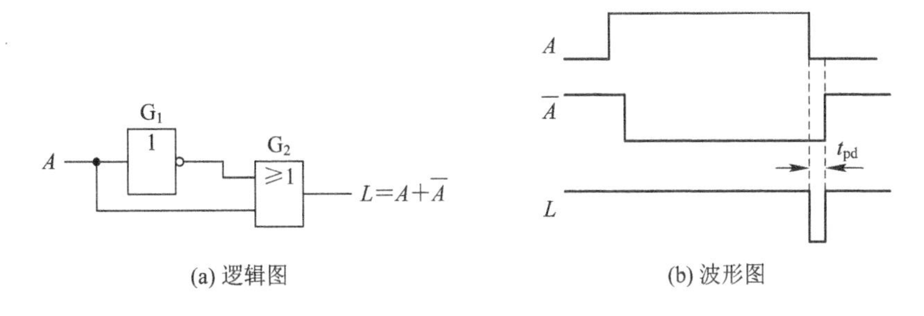

图 4.26　产生 0 冒险

2. 竞争冒险现象的判断

(1) 代数法：在逻辑函数表达式中，若某个变量同时以原变量和反变量两种形式出现，如逻辑函数在一定条件下可简化为 $Y=A+\overline{A}$ 或 $Y=A\cdot\overline{A}$，就有可能产生竞争冒险现象。例如，如果 $Y=A+\overline{A}$，则会产生 0 冒险；如果 $Y=A\cdot\overline{A}$，则会产生 1 冒险。

【例 4.7】 判断 $F=AB+C\overline{B}$ 是否可能出现竞争冒险现象。

解　$F=AB+C\overline{B}$，当 $A=C=1$ 时，$F=B+\overline{B}$。在 B 发生跳变时，可能出现 0 冒险。

(2) 卡诺图法：将函数填入卡诺图，按照函数表达式的形式圈好卡诺圈，若所有卡诺圈均相切，则可能产生竞争冒险现象。

【例 4.8】 如图 4.27 所示，用卡诺图法判断 $F=AC+B\overline{C}$ 是否可能出现竞争冒险现象。

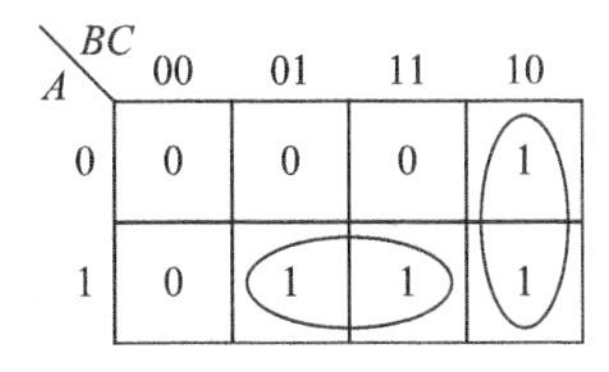

图 4.27　用卡诺图法判断竞争冒险现象

通过观察图 4.27 所示的卡诺图发现，这两个卡诺圈相切。因此，在卡诺圈相切处两值跳变时发生逻辑冒险。

3. 竞争冒险现象的消除方法

当组合逻辑电路存在冒险现象时，可以采取以下方法来消除竞争冒险现象。

(1) 修改逻辑设计，加冗余项。在例4.7的电路中存在冒险现象。我们可以采取增加冗余项的方法，根据逻辑代数定律，把函数式 $F=AB+C\bar{B}$ 变换为 $F=AB+C\bar{B}+AC$，当 $A=C=1$ 时，函数式的值恒为1，这样就消除了0冒险。这个函数增加了乘积项 AC 后，已不是"最简"，故这种乘积项称冗余项。

在图4.28所示的卡诺图中，多增加一个与之相交的卡诺圈就可以消除竞争冒险现象。

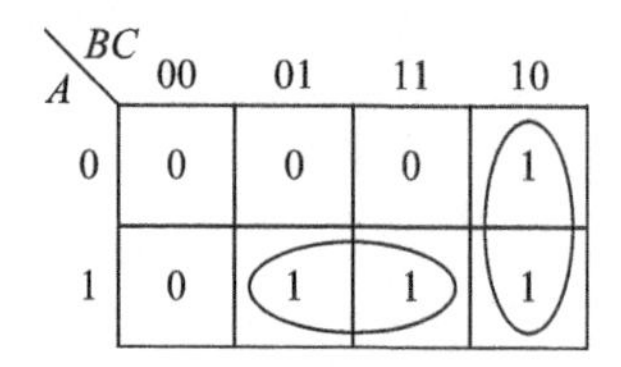

A \ BC	00	01	11	10
0	0	0	0	1
1	0	1	1	1

图4.28　例4.7卡诺图

用增加多余项的方法修改电路的逻辑设计，可以消除一些竞争冒险现象，但是这种方法的适用范围是有限的。不过通过逻辑设计，使转换信号时电路中各个门的输入端只有一个变量改变状态，则输出就不会出现过渡脉冲干扰，从而消除了竞争冒险现象。

(2) 增加选通信号。在电路中增加一个选通脉冲，接到可能产生竞争冒险现象的门电路的输入端，当输入信号转换完成，进入稳态后，才引入选通脉冲，将门打开，这样输出就不会出现冒险现象。

对于引入选通脉冲的组合电路，输出信号只有在选通脉冲 $P=1$ 期间才有效，其波形图如图4.29(b)所示。

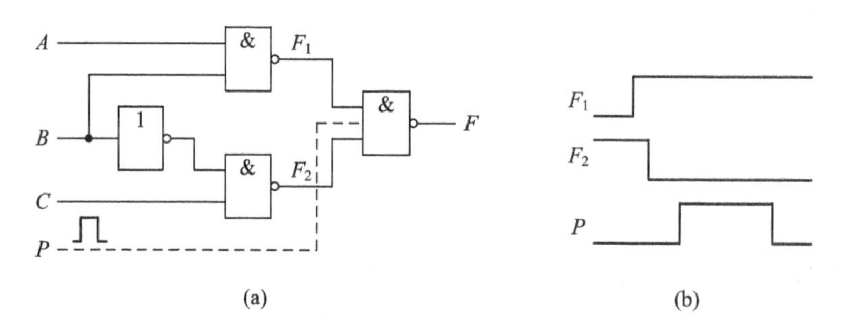

图4.29　增加选通信号消除竞争冒险现象

(3) 增加输出滤波电容。由于竞争冒险现象产生的干扰脉冲的宽度一般都很窄，因此在可能产生冒险的门电路输出端并接一个滤波电容(一般为4～20 pF)，利用电容两端的电压不能突变的特性，使输出波形上升沿和下降沿都变得比较缓慢，就可以起到消除竞争冒险现象的作用。

值得指出的是：在处理的数字信号的周期时间与竞争冒险现象的毛刺时间可比拟的情况下，才需要对竞争冒险现象进行处理，否则可以忽略，不作处理。

知识小结

(1) 组合逻辑电路在功能上的特点是：在任一时刻的输出状态只取决于同一时刻的输入状态，而与电路的原有状态没有关系。组合逻辑电路在电路结构上的特点是：组合逻辑电路全部由门电路组成，没有记忆电路。组合逻辑电路一般有多个输入信号，只有一个输出量的称为单输出组合逻辑电路，有多个输出量的称为多输出组合逻辑电路。

（2）组合逻辑电路的分析是指分析一个给定的逻辑电路，找出电路的输出与输入之间的关系。通常采用的办法是从电路的输入到输出逐级写出逻辑表达式，最后得到表示输出与输入关系的逻辑表达式。在分析过程中，可用代数法对函数式进行化简和变换，使逻辑关系简单明了。为了使电路的逻辑关系更加直观，有时还要列出其真值表。

（3）在设计组合逻辑电路时，应根据给出的实际逻辑问题，求出实现这一逻辑功能的最简电路。所谓最简，是指电路中器件的个数、种类最少，并且连线最少。组合逻辑电路设计一般有以下几个步骤：

① 进行逻辑抽象，列出功能真值表。

② 写出逻辑表达式。

③ 选择器件，将逻辑函数变换并化简为恰当的形式。

④ 根据化简和变换的结果，画出逻辑电路图。

（4）加法器分为半加器和全加器。半加器只实现两个一位二进制数相加，而不考虑来自低位的进位；全加器实现两个一位二进制数相加，考虑前一位的进位共三位二进制数的相加。

译码器是将二进制信号转换为对应的输出信号的逻辑电路。

编码器是译码器的反向器件，它将输入的信号转化为二进制代码。

从多路数据中选择其中一路送到输出总线上的组合逻辑电路称为数据选择器。

通常把门电路的两个输入信号同时向相反状态变化的现象称为竞争，把由于竞争而在输出端出现不应有的尖峰干扰信号或短脉冲信号的现象称为冒险。如果竞争与冒险产生的尖峰脉冲可能导致电路误动作，则需要采取合适的方法予以消除。

思考与练习

一、判断题（正确的打√，错误的打×）

1. 优先编码器的编码信号是相互排斥的，不允许多个编码信号同时有效。（　　）
2. 编码与译码是互逆的过程。（　　）
3. 二进制译码器相当于一个最小项发生器，用于构成组合逻辑电路。（　　）
4. 液晶显示器的优点是功耗极小，工作电压低。（　　）
5. 液晶显示器可以在完全黑暗的工作环境中使用。（　　）
6. 半导体数码显示器的工作电流大，约 10 mA，因此需要考虑其电流驱动能力问题。（　　）
7. 对于共阴接法的发光二极管数码显示器，需选用有效输出为高电平的七段显示译码器来驱动。（　　）
8. 数据选择器和数据分配器的功能正好相反，互为逆过程。（　　）
9. 用数据选择器可实现时序逻辑电路。（　　）
10. 组合逻辑电路中产生竞争冒险现象的主要原因是输入信号受到尖峰干扰。（　　）

11. 组合逻辑电路没有记忆功能。（　）

12. 二进制数 1001 和二进制代码 1001 都表示十进制数 9。（　）

13. 显示器的作用仅是显示数字。（　）

14. 译码器是一种多路输入、多路输出的逻辑部件。（　）

15. 编码是将汉字、字母、数字等按一定的规则组成代码，并赋予每个代码一定含义的过程。（　）

16. 加法器是数字电路中最基本的运算电路。（　）

17. 译码器是一种时序逻辑电路。（　）

18. 二进制变量译码器是将 n 个输入变为 $2n$ 个输出的多输出端组合逻辑电路。（　）

19. 输出低电平有效的集成二-十进制译码器 74LS42 有 4 根输入线、10 根输出线。（　）

20. 当 74LS148 的$\overline{ST}=1$时电路不工作，输出端$\overline{Y_2}\sim\overline{Y_0}$、$\overline{Y_S}$和$\overline{Y_{EX}}$同时为低电平。（　）

21. 编码器的逻辑功能就是把多输入端中某输入端上得到有效电平时的状态编成一个对应的二进制代码，其功能与译码器相反。（　）

22. 普通编码器约定在多个输入端中每个时刻可以有两个以上输入端有效。（　）

23. 在优先编码器电路中，允许同时在两个以上输入端上得到有效信号，此时仅对优先权最高的一个进行编码，而不对优先级低的请求进行编码。（　）

二、填空题

1. 半导体数码显示器的内部接法有两种形式：共(　　)接法和共(　　)接法。

2. 对于共阳接法的发光二极管数码显示器，应采用（　　）电平驱动的七段显示译码器。

3. 消除竞争冒险现象的方法有(　　)、(　　)、(　　)等。

4. 组成组合逻辑电路的基本单元电路是(　　)。

5. 加法器的功能是完成二进制数的(　　)运算。

6. 半加器只考虑加数和被加数本位相加以及向(　　)进位，不考虑与(　　)来的(　　)位相加。

7. 在半加器中，加数与被加数本位相加的逻辑功能是(　　)关系。

8. 既考虑低位进位、又考虑向高位进位的加法器是(　　)。

9. 译码器是一种(　　)(组合逻辑/时序逻辑)电路。

10. 编码是译码的(　　)过程。

11. 组合逻辑电路的输出状态仅与(　　)状态有关，而与电路(　　)状态无关。

12. 数字电路可以分为组合逻辑电路和(　　)两大类。

13. $n-2^n$ 译码器的输入代码为(　　)个，输出代码为(　　)个。

14. 分析如图 4.30 所示的组合逻辑电路，此时输出信号$\overline{Y_0}\sim\overline{Y_7}$为(　　)。

15. 设计组合逻辑电路时，如果采用或非门，则对多余输入端(　　)或和其他输入端(　　)。

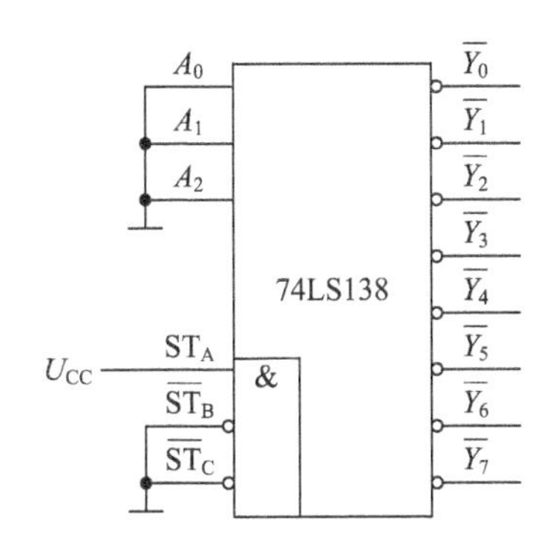

图 4.30 组合逻辑电路

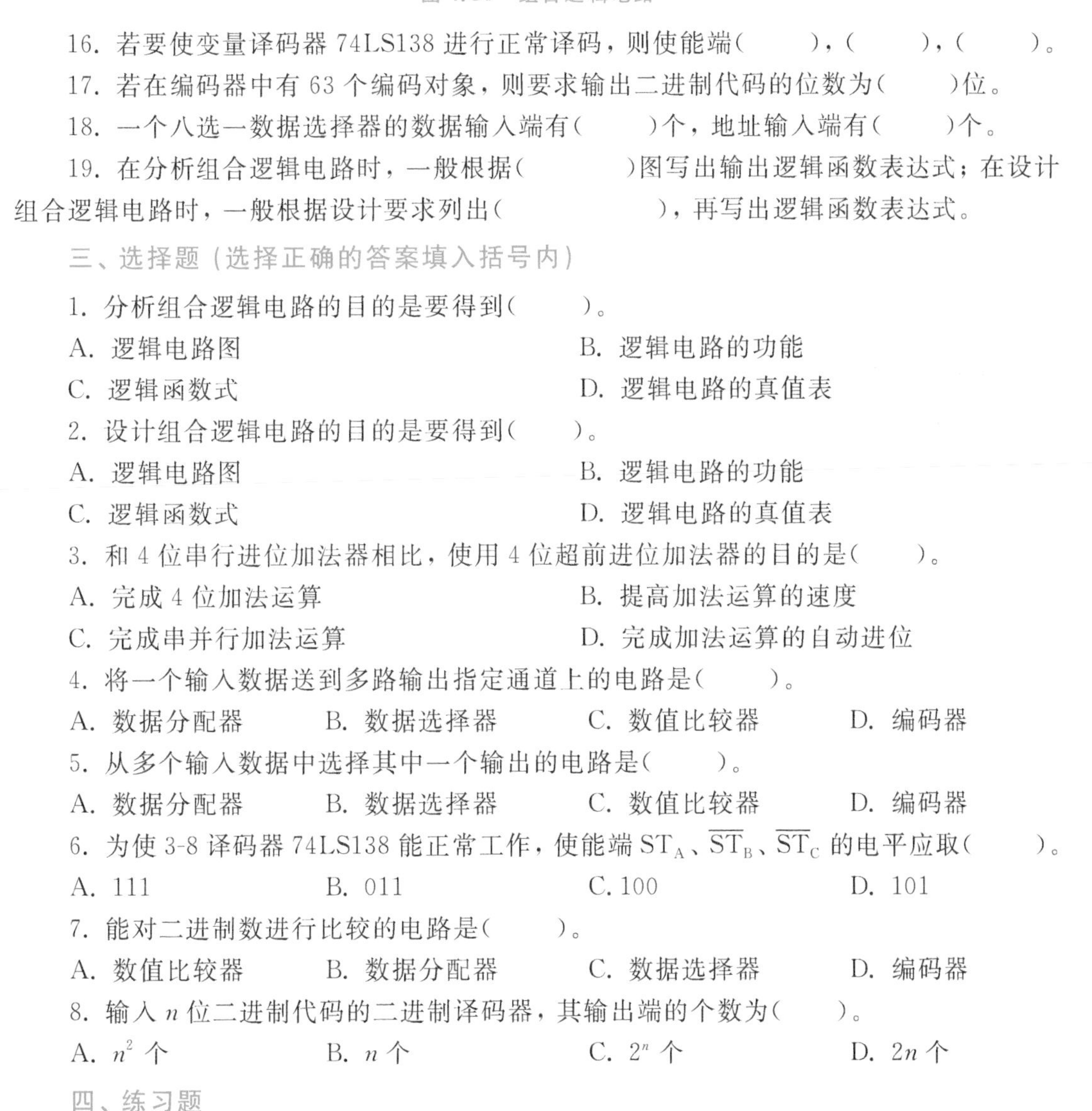

16. 若要使变量译码器74LS138进行正常译码，则使能端(　　)，(　　)，(　　)。

17. 若在编码器中有63个编码对象，则要求输出二进制代码的位数为(　　)位。

18. 一个八选一数据选择器的数据输入端有(　　)个，地址输入端有(　　)个。

19. 在分析组合逻辑电路时，一般根据(　　)图写出输出逻辑函数表达式；在设计组合逻辑电路时，一般根据设计要求列出(　　)，再写出逻辑函数表达式。

三、选择题(选择正确的答案填入括号内)

1. 分析组合逻辑电路的目的是要得到(　　)。

A. 逻辑电路图　　B. 逻辑电路的功能

C. 逻辑函数式　　D. 逻辑电路的真值表

2. 设计组合逻辑电路的目的是要得到(　　)。

A. 逻辑电路图　　B. 逻辑电路的功能

C. 逻辑函数式　　D. 逻辑电路的真值表

3. 和4位串行进位加法器相比，使用4位超前进位加法器的目的是(　　)。

A. 完成4位加法运算　　B. 提高加法运算的速度

C. 完成串并行加法运算　　D. 完成加法运算的自动进位

4. 将一个输入数据送到多路输出指定通道上的电路是(　　)。

A. 数据分配器　　B. 数据选择器　　C. 数值比较器　　D. 编码器

5. 从多个输入数据中选择其中一个输出的电路是(　　)。

A. 数据分配器　　B. 数据选择器　　C. 数值比较器　　D. 编码器

6. 为使3-8译码器74LS138能正常工作，使能端ST_A、$\overline{ST_B}$、$\overline{ST_C}$的电平应取(　　)。

A. 111　　B. 011　　C. 100　　D. 101

7. 能对二进制数进行比较的电路是(　　)。

A. 数值比较器　　B. 数据分配器　　C. 数据选择器　　D. 编码器

8. 输入n位二进制代码的二进制译码器，其输出端的个数为(　　)。

A. n^2个　　B. n个　　C. 2^n个　　D. $2n$个

四、练习题

1. 试分析如图4.31所示的组合逻辑电路的功能。

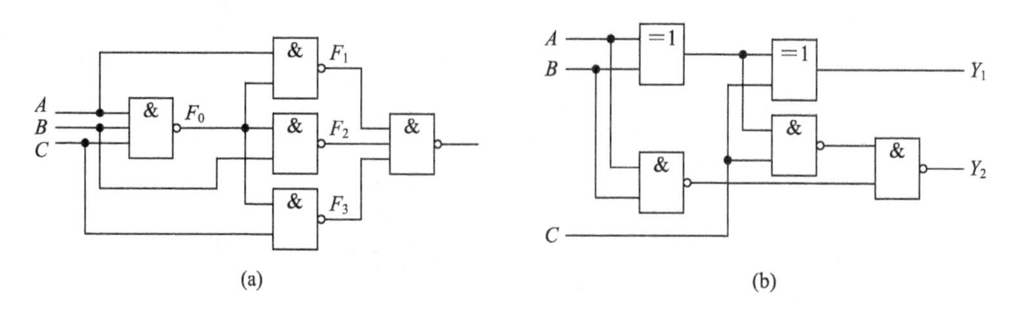

图 4.31　第 1 题图

2. 试分析如图 4.32 所示的组合逻辑电路的功能。

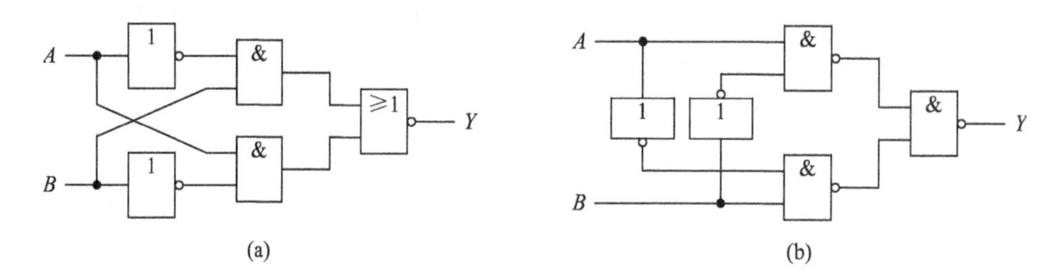

图 4.32　第 2 题图

3. 分析如图 4.33 所示电路在 $M=0$ 时实现何种功能，在 $M=1$ 时又实现什么功能。

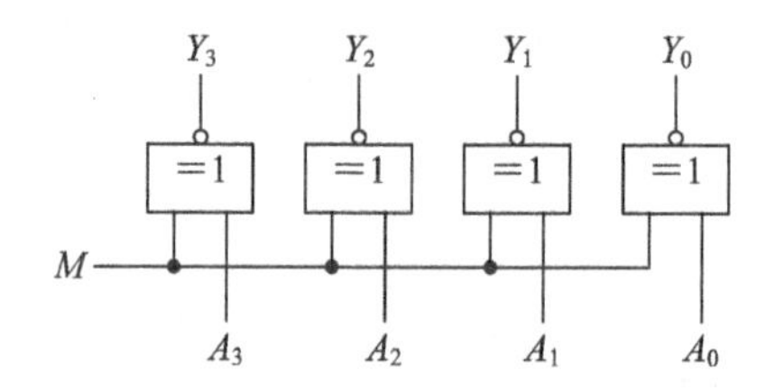

图 4.33　第 3 题图

4. 分析如图 4.34 所示电路的逻辑功能。

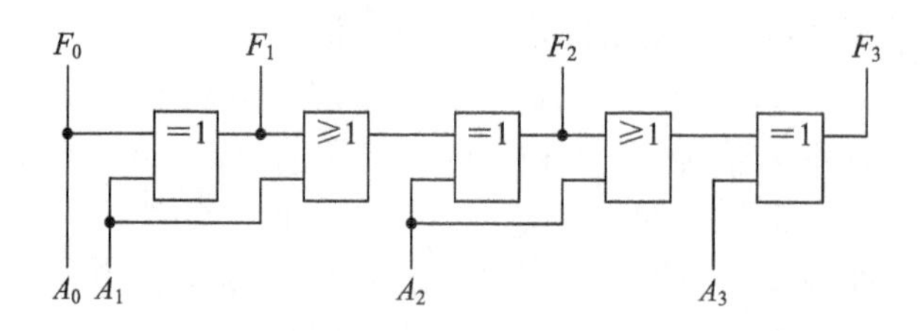

图 4.34　第 4 题图

5. 请设计一个具有可控功能的 3 位二进制加 1、减 1 转换电路，并画出电路图。K 为控制信号，当 $K=0$ 时加 1，$K=1$ 时减 1。

6. 请用简单门电路设计一个电路，当 3 个输入中有 1 个或 3 个输入为高电平时，输出为高电平，当输入为其他输入时，输出为低电平。

7. 设计一表决电路。某比赛共有 4 名裁判，多数人投票赞成运动员成绩有效，其中 1 名主裁具有 1 票否决权。

8. 写出如图 4.35 所示电路的逻辑函数表达式。

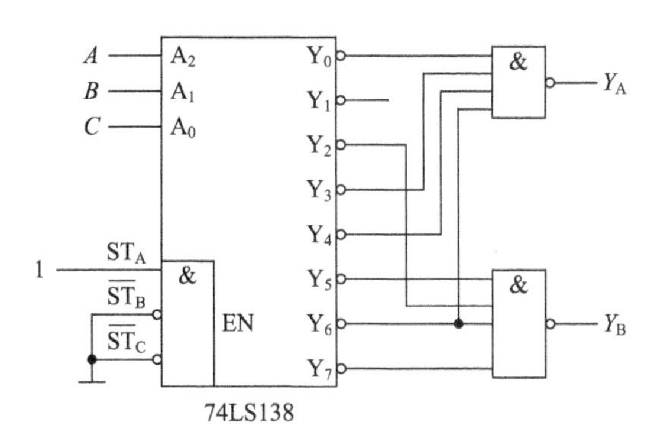

图 4.35　第 8 题图

9. 用与非门设计一个 1 位数值范围判别电路，十进制数用 8421BCD 码表示。当输入的十进制数大于等于 5 时，电路输出为 1；当输入的十进制数小于等于 4 时，输出为 0。

10. 请用 74LS138 和门电路实现下列函数：

(1) $F(A, B, C) = ABC + \overline{A}(B + C)$；

(2) $F(A, B, C) = A \oplus B \oplus C$；

(3) $F(A, B, C) = \sum m(1, 3, 5, 6)$；

(4) $F(A, B, C) = \prod M(3, 4, 5)$。

11. 用 74LS153 和门电路设计一个 3 人表决电路，当 2 人以上同意时，提案通过，否则不通过。

12. 判断下列函数是否会出现竞争冒险现象：

(1) $F(A, B, C) = A\overline{C} + BC$；

(2) $F(A, B, C) = (A + \overline{C})(B + C)$；

(3) $F(A, B, C) = AB + \overline{A}\overline{C} + \overline{B}\overline{C}$。

13. 用 74LS139 及门电路实现 4 位二进制变量译码器的逻辑功能。

五、技能题

设计并验证组合逻辑电路。

任务要求：

(1) 用 74LS00 和 74LS86 设计一个实验室设备状态测试组合电路。逻辑关系如下：某实验室有红、黄两个故障指示灯，用来表示 3 台设备的工作状态。当只有 1 台设备有故障时，黄灯亮；当 2 台设备同时产生故障时，红灯亮；只有 3 台设备都产生故障时，才会使红灯和黄灯均亮。

(2) 写出设计步骤，并画出逻辑电路图。

(3) 用仿真软件进行仿真验证。

第5章 触 发 器

本章导引

在数字系统中，除了能够进行算术运算和逻辑运算的组合逻辑电路外，还需要具有记忆功能的时序逻辑电路。组合逻辑电路由逻辑门构成，信号由输入侧向输出侧单方向传输，没有反馈。其特点是当前时刻的输入决定当前时刻的输出。时序逻辑电路在某一时刻的输出不仅由该时刻的输入所决定，而且与过去的输出状态有关，因此在组合逻辑的输入端加了反馈信号。在时序逻辑电路中有一个存储电路，该存储电路可以将输出的信号保持住并反馈到输入端。图5.1所示是时序逻辑电路的构成框图。电路中的存储电路是由延迟电路和触发器电路构成的。也就是说，触发器是时序逻辑电路的基本逻辑单元，能够存储一位二进制数码。

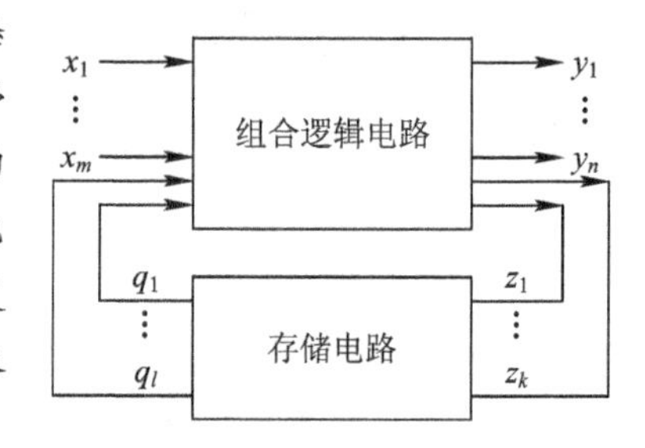

图5.1　时序电路的构成框图

能够存储一位二值信号的基本元电路称为触发器(Flip-Flop，FF)。

图5.1所示的存储电路是由触发器电路构成的。也就是说，触发器电路是构成存储电路的基本元件。触发器的基本电路由门电路引入适当的反馈构成。触发器状态的改变受外界触发信号控制，不同的结构形式有不同的触发方式。触发方式大致分为电平触发、脉冲触发和边沿触发三种。触发器的类型和种类很多，常用的分类方式大致如下：

(1) 根据逻辑功能的不同，触发器可分为基本RS触发器、D触发器、JK触发器、T触发器和T′触发器等。

(2) 根据触发方式的不同，触发器可分为电平触发器、钟控触发器和边沿触发器等。

我们常用基本RS触发器、边沿D触发器、边沿JK触发器的结构和逻辑功能。

触发器的基本特点是：具有两个稳定状态，分别表示0和1；在输入控制信号的作用下，能实现0与1两个状态之间的转换。

知识点睛

通过本章的学习，读者可达到如下目的：

(1) 掌握触发器的几种电路结构及其动作特点。

(2) 掌握基本RS触发器、边沿D触发器、边沿JK触发器的逻辑功能和描述方式。

(3) 掌握同步触发器和边沿触发器的工作原理、基本电路、逻辑功能及描述方式。

应用举例

在各种竞赛、考试等需要高效抢答的场合，传统的抢答方式可能会出现由于人工判断延时不准等问题导致的争议，而智能抢答器电路则能够精准地判断抢答顺序，消除不公平的情况。因此智能抢答器目前被广泛使用。

可以使用边沿 JK 触发器和门电路构成一个 4 人智力竞赛抢答电路(又称第 1 信号鉴别电路)。每人桌面上有一个按钮开关，分别用 4 个按钮表示。抢答器具有锁存和显示功能。当第 1 个抢答者按下按钮开关时，其对应的发光二极管发光，同时封锁后抢答者的信号通路。抢答结束后，由主持人复原电路，发光二极管熄灭，为下一次抢答作好准备。

5.1　基本 RS 触发器

基本 RS 触发器是构成其他触发器的基础，其他各种功能、各种结构的触发器都是在它的基础上发展而来的。

基本 RS 触发器

5.1.1　基本 RS 触发器基础

基本 RS 触发器的逻辑电路见图 5.2(a)，逻辑符号见图 5.2(b)。电路由两个与非门交叉连接而成，$\overline{R}$ 和 $\overline{S}$ 是两个输入端，分别称为复位端和置位端，或者称为置“0”端和置“1”端。Q 和 $\overline{Q}$ 为两个互补的输出端，在正常情况下，Q 和 $\overline{Q}$ 的状态相反，是一种互补的逻辑状态。在触发器电路中，一般规定 Q 的状态代表触发器的状态，把 $Q=1$、$\overline{Q}=0$ 的状态称为触发器的 1 状态，把 $Q=0$、$\overline{Q}=1$ 的状态称为触发器的 0 状态。

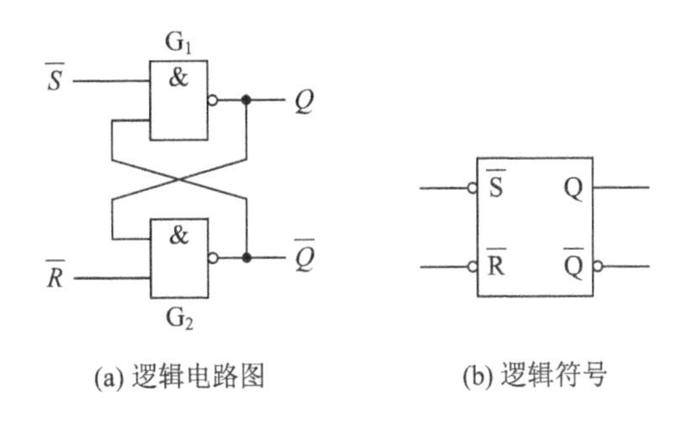

图 5.2　基本 RS 触发器

5.1.2　工作原理

通过对图 5.2(a)分析可以得出：

(1) 当 $\overline{R}=0$、$\overline{S}=1$ 时，无论触发器原来的状态如何，与非门 G_2 的输出为 1，所以 $\overline{Q}=1$，这样与非门 G_1 的输入都为高电平，其输出为低电平，即 $Q=0$。触发器输出为置 0 状态。

(2) 当 $\overline{R}=1$、$\overline{S}=0$ 时，由于电路具有对称性，因此，$Q=1$，$\overline{Q}=0$。触发器输出为置 1 状态。

(3) 当 $\overline{R}=1$、$\overline{S}=1$ 时，触发器保持原来的状态不变。当原来的状态为 0 时，$Q=0$ 反馈到 G_2 的输入端，使得 $\overline{Q}=1$。$\overline{Q}=1$ 又反馈到 G_1 的输入端，和 $\overline{S}=1$ 使得 G_1 的输出为 0，即 $Q=0$，使得触发器维持 0 状态不变。当原来触发器的状态为 1 时，同理，触发器仍然保持 1 状态不变。触发器处于保持状态。

(4) 当 $\overline{R}=0$、$\overline{S}=0$ 时，与非门 G_1 和 G_2 的输入端皆有一个为 0 电平，输出 $Q=\overline{Q}=1$，由此破坏了触发器的输出 Q 和 $\overline{Q}$ 互补的逻辑关系。通常称这样的状态为禁止状态。

从以上分析可以看出，基本 RS 触发器的输出状态随输入状态的变化而变化，是由触发器直接以电平的方式改变触发器的状态的，该方式为直接低电平触发方式。逻辑符号中，输入端靠近矩形框处的小圆圈表明它是用低电平触发的。

在触发器电路中，用 Q^n 表示触发器原来所处的状态，称为现态；用 Q^{n+1} 表示在 $\overline{R}$、$\overline{S}$ 输入信号触发后触发器的新状态，这个状态称为次态。将触发器的输入、现态、次态列在表中，即形成触发器的功能真值表，见表 5.1。

表 5.1　用与非门组成的基本 RS 触发器的功能真值表

$\overline{R}$	$\overline{S}$	Q^n	Q^{n+1}	$\overline{Q^{n+1}}$	功　能
0	0	0	1	1	禁止（逻辑混乱）
		1	1	1	
0	1	0	0	1	置 0 $Q^{n+1}=0$
		1	0	1	
1	0	0	1	0	置 1 $Q^{n+1}=1$
		1	1	0	
1	1	0	0	1	保持 $Q^{n+1}=Q^n$
		1	1	0	

根据基本 RS 触发器的功能真值表(如表 5.1 所示)，可以写出基本 RS 触发器的特征方程，它以逻辑表达式的形式表示触发信号作用下次态 Q^{n+1}、现态 Q^n 和输入信号之间的关系：

$$Q^{n+1}=\overline{\overline{S}}+\overline{R}\cdot Q^n$$
$$\overline{R}+\overline{S}=1\qquad\text{(约束条件)}\tag{5.1}$$

也就是说，$\overline{R}$ 和 $\overline{S}$ 不能同时为 0。

【例 5.1】 基本 RS 触发器的逻辑符号和输入波形如图 5.3 所示，试画出 Q、$\overline{Q}$ 端的波形。

解　初态为 0，故保持为 0，再根据表 5.1 绘制其波形图，如图 5.4 所示。

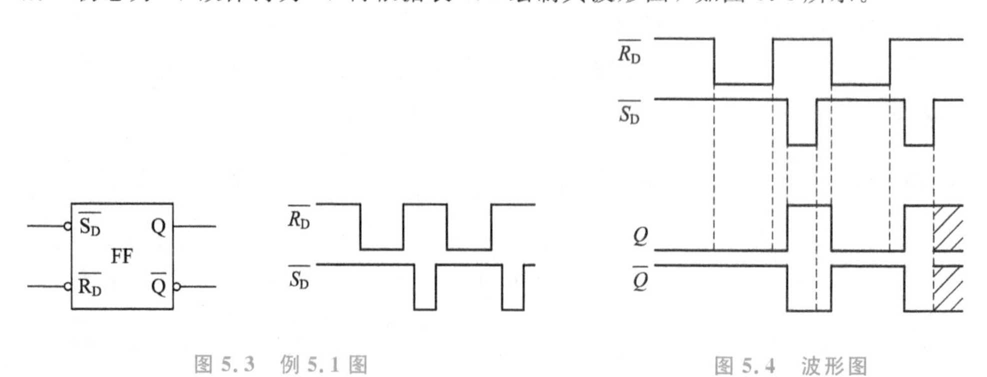

图 5.3　例 5.1 图　　　　图 5.4　波形图

【思维拓展】 基本 RS 触发器的应用——开关消抖动电路

虽然基本 RS 触发器的电路简单，但其具有广泛的用途。图 5.5(a)所示是在时序电路中广泛应用的开关消抖动电路的原理电路。

通常由机械触点实现开关的闭合与断开。由于机械触点存在弹性，因此当触点闭合时会产生反弹的问题，反映在电信号上将产生不规则的脉冲信号，如图 5.5(b)所示。

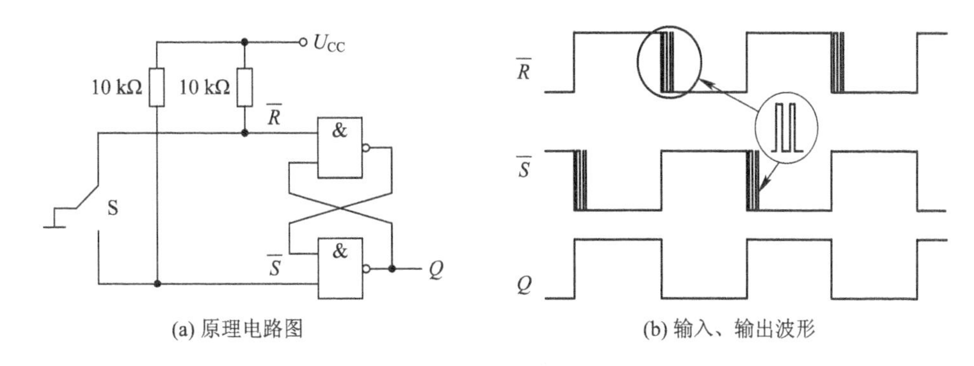

(a) 原理电路图　　(b) 输入、输出波形

图 5.5　开关消抖动电路

消抖动电路的工作原理是：当开关向下时，$\overline{R}$ 为高电平，$\overline{S}$ 通过开关触点接地，但由于机械触点存在抖动现象，因此 $\overline{S}$ 端不是一个稳定的低电平，而是一段时高时低的不规则脉冲。但在开关闭合的瞬间，$\overline{S}$ 为低电平，此时 $\overline{R}=1$，$\overline{S}=0$，触发器置“1”，输出 $Q=1$。开关的抖动使得开关可能又迅速弹起，此刻 $\overline{S}$ 立刻变为高电平，即 $\overline{R}=1$，$\overline{S}=1$，触发器保持前一时刻的输出高电平状态，即 $Q=1$。所以，尽管输入由于开关的抖动使电信号产生了不稳定的脉冲，但输出波形为稳定的无瞬时抖动的脉冲信号。

5.2　同步触发器

基本的 RS 触发器已经实现了置 0、置 1 的功能，但是在数字电路中，为了协调各部分的工作状态，常常要求电路中的触发器在同一时刻动作。由于基本 RS 触发器工作时只要输入信号有干扰脉冲存在，就有可能使输出状态置 0 或置 1，电路产生错误状态，甚至出现逻辑混乱，因此必须引入同步信号，使电路中的触发器在同步信号的作用下同时动作。同步信号也称为时钟信号(Clock Pulse，CP)。

具有时钟脉冲控制的触发器称为同步触发器，又称为钟控触发器。这类触发器中增加了一个新的输入控制信号——时钟信号输入端，一般标记为 CLK，可以提高电路的抗干扰能力，以便多个触发器协调工作。常见的同步触发器有同步 RS 触发器和同步 D 触发器等。

5.2.1　同步 RS 触发器

同步 RS 触发器

1. 同步 RS 触发器

图 5.6 是同步 RS 触发器的原理图和逻辑符号。它在基本 RS 触发器(G_1 和 G_2)的基础上增加了两个与非门(G_3 和 G_4)和一个钟控端 CP。

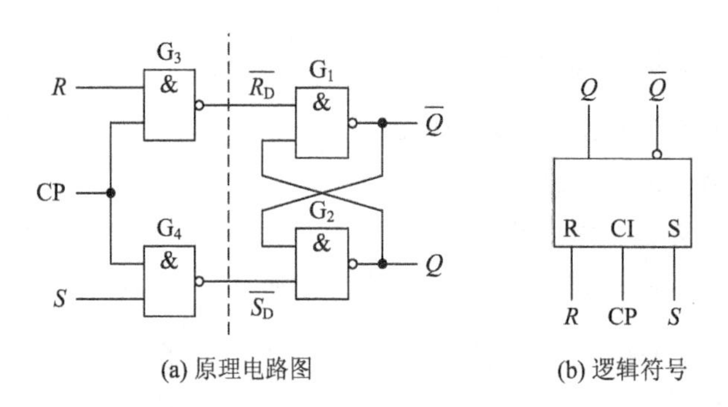

(a) 原理电路图　　(b) 逻辑符号

图 5.6　同步 RS 触发器

同步 RS 触发器共有 3 个输入端和 2 个输出端。

(1) 2 个输出端 Q 和 $\overline{Q}$ 仍满足“状态互补”的定义；

(2) 输入信号 S 为置 1 端(置位端)，R 为置 0 端(复位端)；

(3) 输入端 CP 为以脉冲形式出现的时钟信号输入端。

当 CP=0 时，无论 R、S 如何变化，输出状态总保持不变；当 CP=1 时，R、S 的变化才能反映到输出端。同步 RS 触发器的逻辑功能见表 5.2。

表 5.2　同步 RS 触发器的功能真值表

CP	R	S	Q^n	Q^{n+1}	$\overline{Q^{n+1}}$	功　能
0	×	×	0	0	1	保持
			1	1	0	
1	0	0	0	0	1	保持
			1	1	0	
1	0	1	0	1	0	置 1
			1	1	0	
1	1	0	0	0	1	清零
			1	0	1	
1	1	1	0	1	1	禁止
			1	1	1	

从表 5.2 中可以看出：当 CP 为低电平时，触发器的输出保持原来状态；当 CP 为高电平时，输出状态才可能随输入信号 R、S 发生变化。所以称此触发器为 CP 高电平有效的钟控触发器。通过上面分析可得到同步 RS 触发器的特征方程为

$$Q^{n+1} = S + \overline{R}Q^n$$
$$RS = 0 \quad (\text{约束条件}) \tag{5.2}$$

2. 带有直接清零端 $\overline{R_D}$ 和置位端 $\overline{S_D}$ 的同步 RS 触发器

图 5.7 所示电路较图 5.6 所示电路多了一个 $\overline{R_D}$ 直接清零端和 $\overline{S_D}$ 直接置位端。电路中 $\overline{R_D}$ 和 $\overline{S_D}$ 在 CP 同步信号为低电平时可直接使得触发器的输出置 0 或者置 1。一般在触发器工作之前，利用 $\overline{R_D}$ 和 $\overline{S_D}$ 直接置 0 或置 1，不用时将 $\overline{R_D}$ 和 $\overline{S_D}$ 接高电平。图 5.7(b)中，$\overline{R_D}$ 和 $\overline{S_D}$ 端

的小圆圈表明$\overline{R_D}$直接清零端和$\overline{S_D}$直接置位端低电平有效。

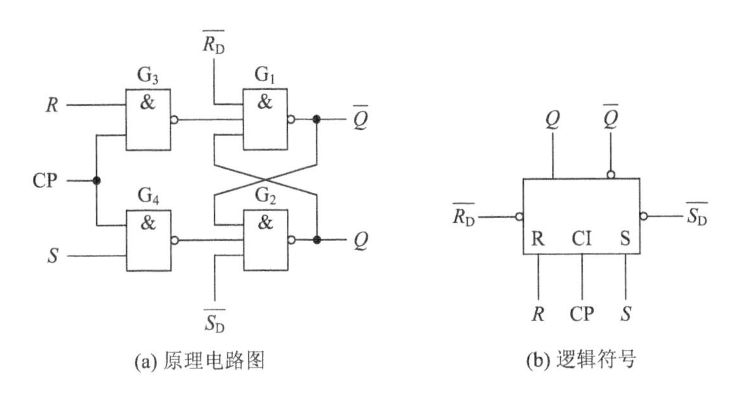

(a) 原理电路图　　(b) 逻辑符号

图 5.7　带有直接清零端和直接置位端的同步 RS 触发器

同步 RS 触发器比基本 RS 触发器多了 CP 的控制，但是要求 R、S 端不能同时为 1，因此这种触发器在某些时候会受到限制。我们在同步 RS 触发器的基础上加入非门，就去除了约束条件，5.2.2 节将做具体介绍。

5.2.2　同步 D 触发器

图 5.8(a)是同步 D 触发器的原理图，图(b)是同步 D 触发器的逻辑符号。

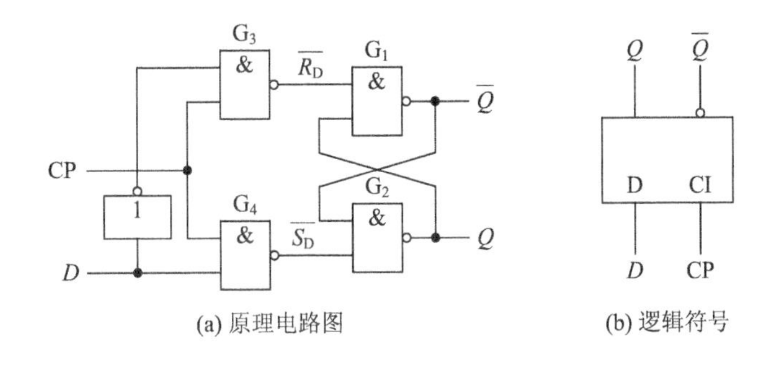

(a) 原理电路图　　(b) 逻辑符号

图 5.8　同步 D 触发器的原理图和逻辑符号

当 CP=0 时，无论 D 的状态如何，输出的状态保持不变；只有当 CP=1 时，D 的状态改变，才有可能使得输出状态改变。当 CP=1 且 D=0 时，$\overline{S_D}=1$，$\overline{R_D}=0$，所以输出为 0 状态；当 CP=1 且 D=1 时，$\overline{S_D}=0$，$\overline{R_D}=1$，所以输出为 1 状态。显然，同步 D 触发器的特征方程为

$$Q^{n+1}=D\cdot \mathrm{CP}+Q^{n}\cdot \overline{\mathrm{CP}} \tag{5.3}$$

式(5.3)表明：当 CP=0 时，输出状态保持不变；当 CP=1 时，输出状态为 D 的状态。

此类触发器的缺点是：在 CP 信号高电平期间，输入 D 的变化会随时反映到输出端上。若由于外界干扰使得输入 D 信号发生变化，则输出状态也会发生变化。这种现象称为同步 D 触发器的空翻现象。显然，这种触发器的抗干扰能力较差。

【知识拓展】 克服同步触发器的空翻现象

虽然同步D触发器克服了约束条件，但是在CP时钟有效电平期间，若输入信号发生多次变化，则触发器的状态也必然会发生多次相应变化且反映到输出端Q上。这种同步触发器的空翻现象使得触发器的抗干扰能力较差。

下面介绍克服空翻现象的主从D触发器。

图5.9(a)是主从D触发器的原理图，图(b)是主从D触发器的逻辑符号。

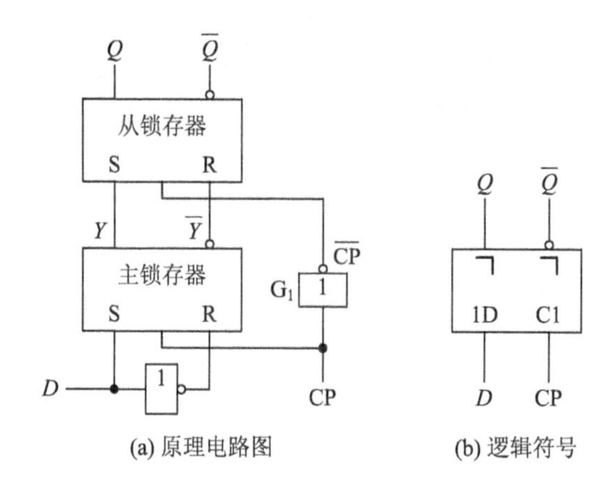

图5.9 主从D触发器的原理图和逻辑符号

图5.9(a)所示的主从触发器由主触发器和从触发器构成，主触发器或从触发器是由同步RS触发器构成的。由于同步RS触发器的同步脉冲只有在高电平时才能有效触发，因此在数字电路中又称电平触发的触发器为锁存器。

在CP=1期间，主锁存器打开，D的状态反映在主锁存器的输出端，$Y=D$（$D=0$时，$S=0$，$R=1$，输出为置0状态；$D=1$时，$S=1$，$R=0$，输出为置1状态）；从锁存器的CP信号为低电平，输出Q保持不变。

在CP=0期间，主锁存器的输出保持前一时刻的状态不变($Y=D$)；此时从锁存器的CP信号为高电平，从锁存器打开，输出Q接收输入信号的状态($Y=D$，$\overline{Y}=\overline{D}$)，输出$Q^{n+1}=D$。

从以上分析可以看出：主从D触发器的输出状态的改变是在CP信号下降沿到来时才完成的。图5.9(b)所示逻辑符号中的“¬”表示CP为高电平时主锁存器接收数据，而在CP的下降沿时输出状态才可能发生变化。

5.3 边沿D触发器

主从触发器虽然克服了同步触发器的空翻现象，但存在一次变换问题。为了克服主从触发器的一次变换问题，改进电路设计，就形成了边沿触发器。

D触发器依据触发器方式及结构的不同可分为同步D触发器、主从D触发器、边沿D触发器等。边沿D触发器根据结构的不同又可分为维持-阻塞型边沿D触发器、利用传输延时实现的边沿 D 触发器、CMOS 边沿 D 触发器等。由于边沿 D 触发器的抗干扰能力强，因此其应用最为广泛。本节重点介绍边沿 D 触发器的外部特性及集成边沿 D 触发器 74LS74 的逻辑功能。

5.3.1　边沿 D 触发器的逻辑符号

边沿 D 触发器的逻辑符号如图 5.10 所示。

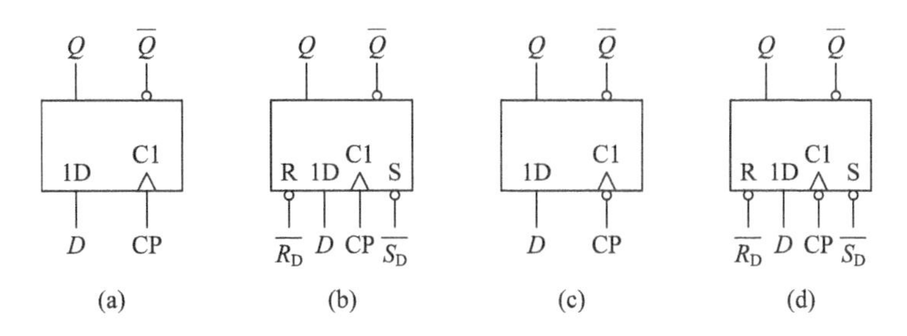

图 5.10　边沿 D 触发器的逻辑符号

图 5.10(a)所示的边沿 D 触发器有一个信号输入端 1D，一个时钟信号输入端 C1 和两个互补输出端 Q、$\overline{Q}$(当 $Q=1$ 时，$\overline{Q}=0$；当 $Q=0$ 时，$\overline{Q}=1$)。

边沿 D 触发器的输出状态不仅与输入信号 D 的当前状态及 CP 脉冲信号的有效边沿(上升沿或下降沿)有关，还与 CP 脉冲到来之前的电路状态有关。

通常把 CP 脉冲作用之前触发器的输出状态称为现态，记为 Q_n；把 CP 脉冲作用之后触发器的输出状态称为次态，记为 Q^{n+1}。

在图 5.10(a)中，其触发方式为边沿触发(用三角标志“>”表示边沿触发)，且有效触发边沿为上升沿(C1 端没有小圆圈)。也就是说，触发器的输出状态在 CP 上升沿时才会变化，而在脉冲的其余时间(下升沿时刻，高、低电平期间)内，边沿 D 触发器的输出状态均保持不变。图 5.10(c)中，有效触发边沿为下降沿(C1 端有小圆圈)，即触发器的输出状态在 CP 脉冲的下降沿才发生变化，而在脉冲的其余时间(上升沿时刻，高、低电平期间)内，边沿 D 触发器的输出状态均保持不变。如图 5.10(b)所示的边沿 D 触发器中，有效触发边沿为上升沿，它比图 5.10(a)所示的 D 触发器多了两个输入端$\overline{R_D}$和$\overline{S_D}$，分别为置 0 端(复位端)和置 1 端(置位端)。图 5.10(d)也是具有置 0 端和置 1 端的边沿 D 触发器，它的有效触发边沿为下降沿。

5.3.2　边沿 D 触发器的功能描述

1. 特征方程

将触发器的次态、现态、输入之间的关系用逻辑函数的形式表示：

$$Q^{n+1} = D \tag{5.4}$$

2. 功能真值表

将触发器的次态、现态、输入之间的关系用真值表的方式表示，如表 5.3 所示，即形成了 D 触发器的功能真值表。

表 5.3　D触发器的功能真值表

CP	D	Q^n	Q^{n+1}
×	×	×	Q^n
↑	0	0	0
↑	0	1	0
↑	1	0	1
↑	1	1	1

3. 状态转移图

图 5.11 所示是D触发器的状态转移图。图中，0 外加个圈表示 0 状态，1 外加个圈表示 1 状态，有箭头的曲线表示 CP 脉冲有效边沿到来之后状态的变化方向，箭头上方或下方是状态转换的条件。

4. 波形图

将 CP 时钟、输入信号、输出信号、现态以及次态用波形的方式表示，如图 5.12 所示。

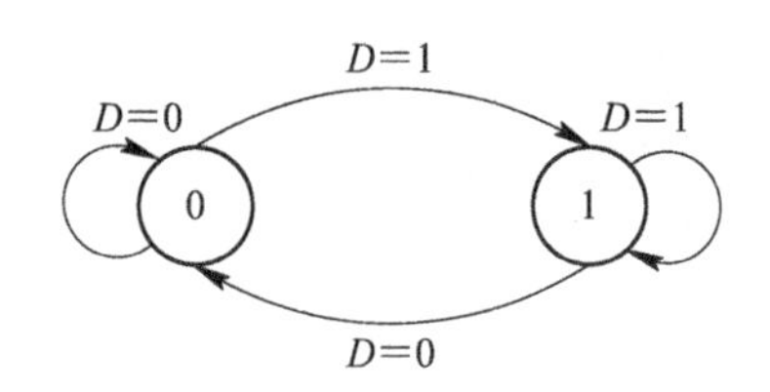

图 5.11　D触发器的状态转移图

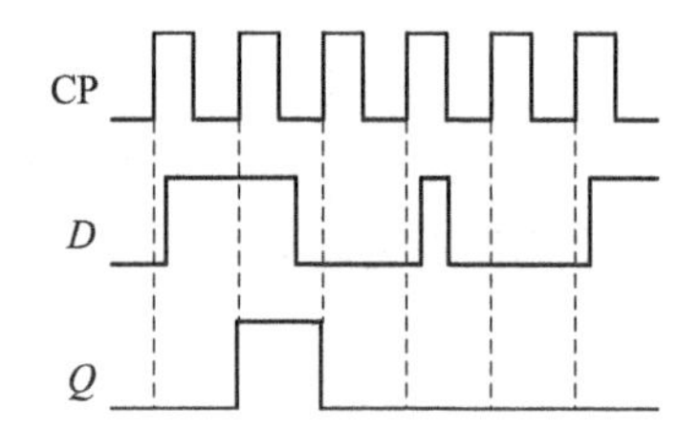

图 5.12　D触发器的波形图(时序图)

注意：设图 5.11 中触发器的初始状态为 0，CP 时钟信号上升沿有效。

以上几种方法可根据分析和设计需要选择使用。它们之间可以相互转换。

【知识拓展】　边沿D触发器的内部结构

图 5.13 所示是维持-阻塞型边沿 D 触发器的原理图。

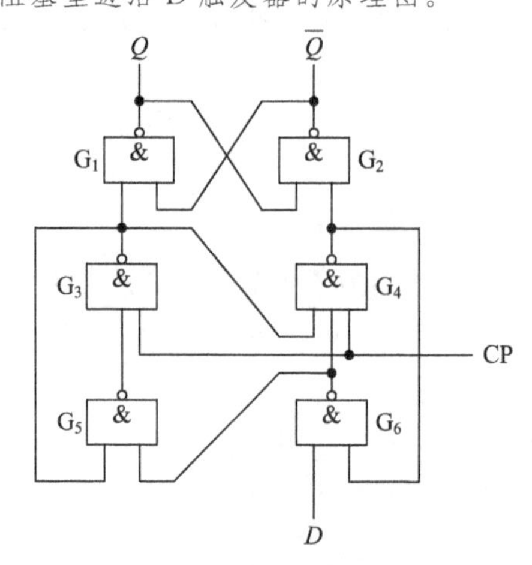

图 5.13　维持-阻塞型边沿 D 触发器的原理图

当 CP=0 时，G_3 和 G_4 的输出都为高电平，G_1 和 G_2 构成了 RS 触发器，输出 Q 保持原状态。

当 $D=0$ 时，G_6 的输出为 1，G_5 的输出为 0，$\overline{G_3}$的输出为 1。当 CP 由 0 变为 1 时，G_4 的输出为 0，输出 Q 为 0 状态；当 CP 保持为高电平时，由于 G_4 的输出 0 状态反馈到 G_6 的输入端，这时无论 D 如何变化，都不会影响到输出器的输出状态，因此这条线起保持输出状态的作用，通常称之为保持线。

当 $D=1$ 时，由于 CP=0，因此 G_3 和 G_4 的输出均为 1。当 CP 由 0 变到 1 时，G_6 的输出为 0，G_5 的输出为 1，所以 G_3 的输出为 0，G_4 的输出为 1，此时输出 Q 的状态为 1 状态，同时 G_3 的输出反馈到 G_5 的输入，阻止了在 CP 高电平期间由于 D 的变化引起的 G_3 输出的变化及输出 Q 的变化，因此 G_3 输出到 G_5 输入的反馈线为维持线。同时，G_3 的输出 0 也反馈到 G_4 的输入端，在 CP=1 期间使得 G_4 的输出始终为 1 状态，阻止了 G_4 的输出状态及输出 Q 的变化，因此这根线又称为阻塞线。这就是维持-阻塞的由来。

由以上分析可知，只有当 CP 上升沿到来时，触发器的状态才会跟随输入信号 D 的变化而变化，在 CP 脉冲信号的其他时刻，触发器均保持 Q 状态不变。其特征方程如下：

$$Q^{n+1}=D$$

常用的触发器 74LS74 是一款维持-阻塞型边沿 D 触发器，而另一款 CD4013 是 CMOS 边沿 D 触发器。

74LS74 为单输入端双 D 触发器。一个芯片中封装着两个相同的 D 触发器，每个触发器只有一个 D 端，它们都带有直接置 0 端$\overline{R_D}$和直接置 1 端$\overline{S_D}$，为低电平有效，在 CP 上升沿触发。74LS74 的逻辑符号和管脚排列分别如图 5.14(a)和(b)所示。

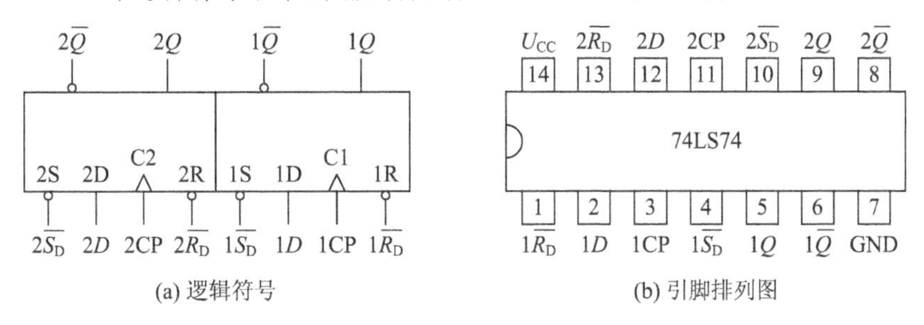

图 5.14　边沿 D 触发器 74LS74

5.4　边沿 JK 触发器

和 D 触发器一样，JK 触发器根据触发方式和结构形式的不同也有多种类型，如主从 JK 触发器、边沿 JK 触发器。边沿 JK 触发器因其可靠性高、抗干扰能力强被广泛应用于数字电路中。下面我们介绍边沿 JK 触发器的逻辑符号、功能描述。

边沿 JK 触发器

5.4.1　边沿 JK 触发器的逻辑符号

边沿 JK 触发器的逻辑符号见图 5.15(a)和(b)。边沿 JK 触发器有两个输入端，分别为 J 和 K，还有一个 CP 时钟端与两个互补输出端 Q 和 $\overline{Q}$。图 5.15(a)所示为下降沿有效的边沿 JK 触发器的逻辑符号，图 5.15(b)为上升沿有效的边沿 JK 触发器的逻辑符号。

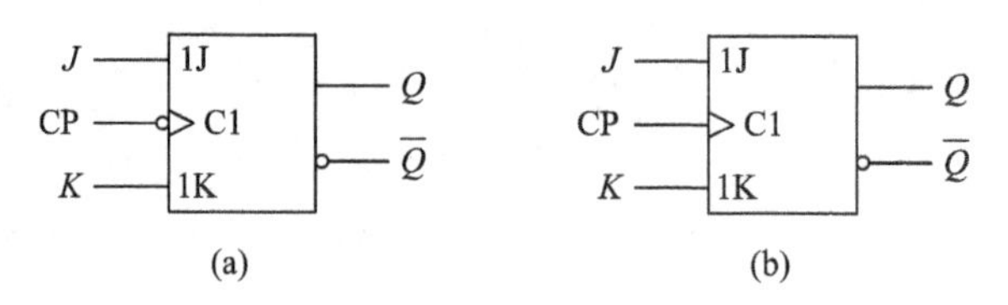

图 5.15　JK 触发器的逻辑符号

5.4.2　边沿 JK 触发器的功能描述

(1) 边沿 JK 触发器的特征方程是

$$Q^{n+1} = J\overline{Q^n} + \overline{K}Q^n \tag{5.5}$$

(2) 边沿 JK 触发器的功能真值表见表 5.4。

表 5.4　JK 触发器的功能真值表

J	K	Q^n	Q^{n+1}
0	0	0	0
0	0	1	1
0	1	0	0
0	1	1	0
1	0	0	1
1	0	1	1
1	1	0	1
1	1	1	0

(3) 边沿 JK 触发器的状态转移图见图 5.16。

(4) 边沿 JK 触发器的状态 Q 随着输入波形 J、K 在 CP 时钟作用下的变化情况如图 5.17 所示。(设初始状态为 0，在 CP 时钟下降沿触发)

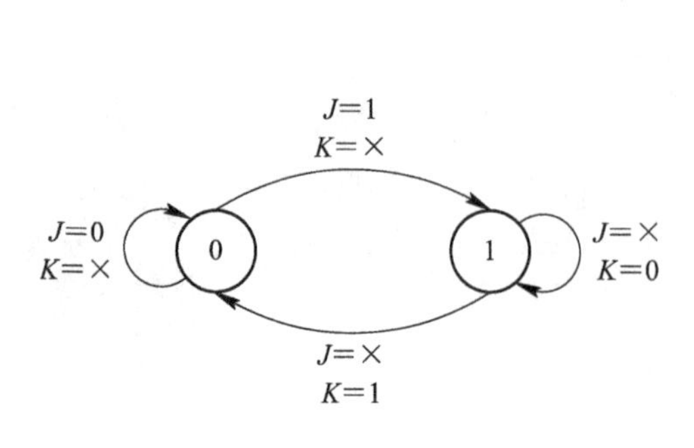

图 5.16　JK 触发器的状态转移图

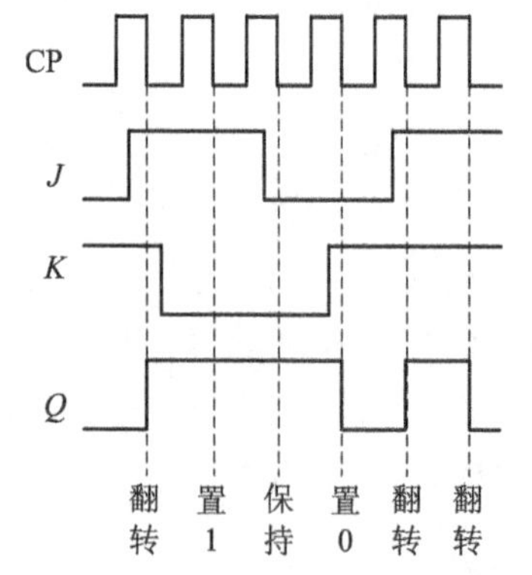

图 5.17　JK 触发器的波形图(时序图)

【例 5.2】　设下降沿触发的 JK 触发器的时钟脉冲和 J、K 信号的波形如图 5.18 所示，试画出输出端 Q 的波形。设触发器的初始状态为 0。

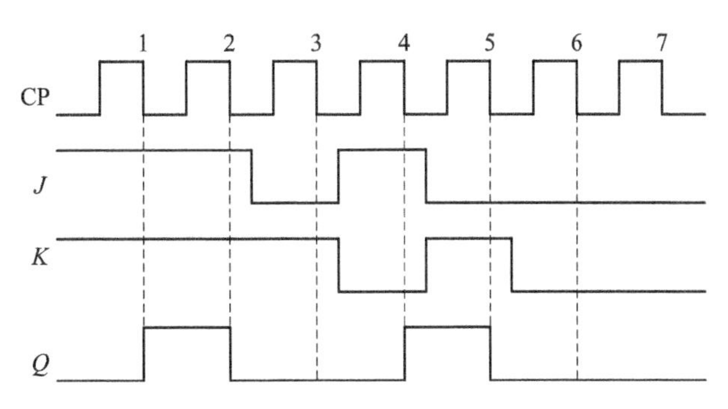

图 5.18 JK 触发器的波形图(时序图)

5.5 技能拓展

5.5.1 集成边沿 D 触发器构成二分频电路

1. 任务要求

用集成边沿 D 触发器 74LS74 构成二分频电路，并用 Multisim 或同类软件仿真验证。

2. 测试电路

测试电路参考图 5.19。

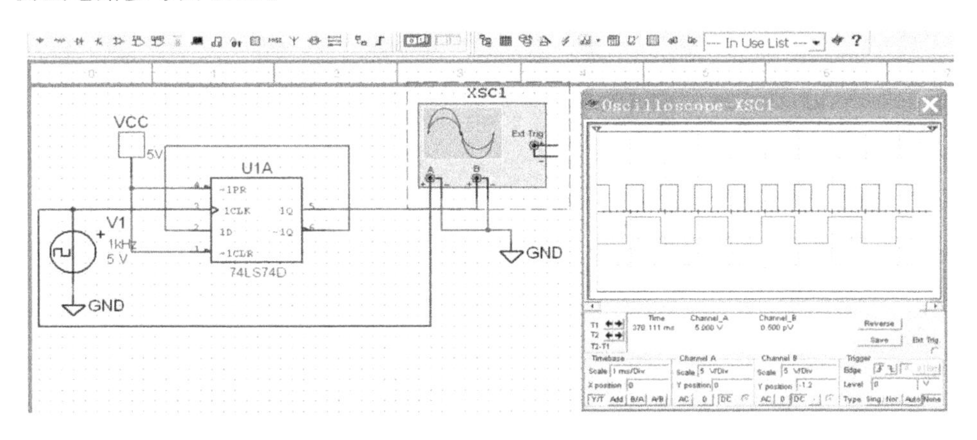

图 5.19 集成边沿 D 触发器构成二分频电路图例一

3. 测试步骤

(1) 打开 Multisim9.0 或其他同类软件。

(2) 如图 5.19、图 5.20 所示放置 74LS74、VCC、DGND 并连接，将置 1 端(～1PR)和置 0 端(～1CLR)接 VCC，再将 1D 端和～1Q 端相连。之后，在 Place/Sources/SIGNAL_VOLTAGE_SOURCES/菜单下放置 CLOCK_ SOURCES，“＋”端连接 D 触发器的 1CLK 端，另一端接地。

(3) 在 Instruments 中放置示波器 Oscilloscope，A 通道接 1CLK 信号，B 通道接 1Q 端，之后运行程序，进行仿真。

(4) 仔细观察图 5.19 中示波器上 A、B 通道的波形，它们之间的频率的关系是(　　)。

(5) 若将D触发器按图5.20连接，请画出Q_1Q_0在6个CP脉冲作用下的波形，并判断该电路实现的逻辑功能是二分频、四分频还是八分频。

(6) 若需要构成16分频电路，应如何用D触发器实现？画出电路图，并仿真验证。

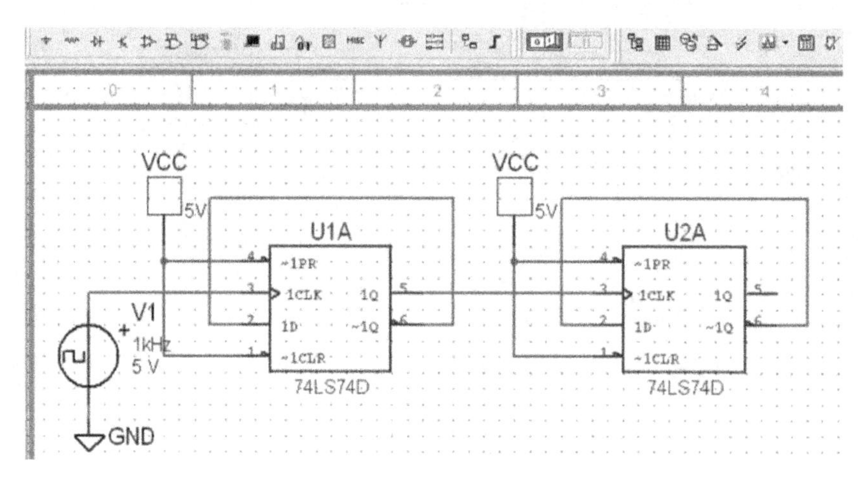

图5.20　集成边沿D触发器构成二分频电路图例二

5.5.2　集成边沿JK触发器74LS112的逻辑功能仿真测试

1. 任务要求

(1) 测试集成边沿JK触发器74LS112的逻辑功能，并构成T触发器、T′触发器。

(2) 用74LS112和非门构成D触发器。

(3) 用Multisim或同类软件仿真验证。

2. 测试电路

测试电路参见图5.21。

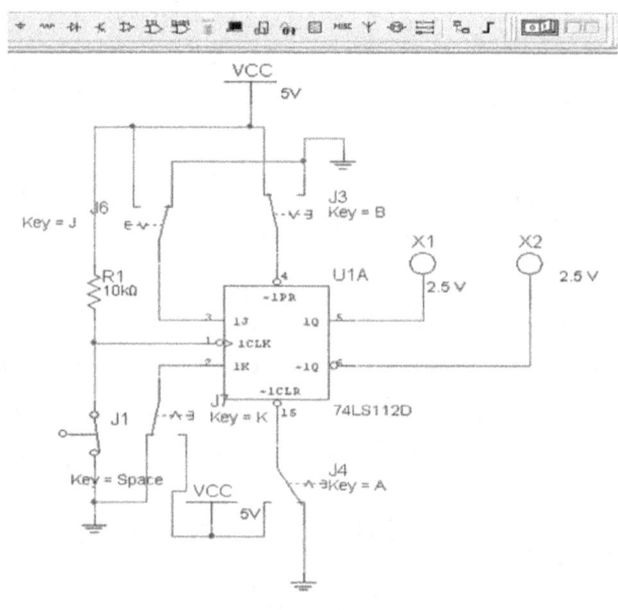

图5.21　JK触发器的功能测试

3. 器件认知

74LS112 是 TTL 集成边沿 JK 触发器，它的内部集成有两个下降沿有效的 JK 触发器，每个触发器各自有直接置 0 端、置 1 端（都是低电平有效）和时钟输入端，其管脚排布和逻辑符号见图 5.22。

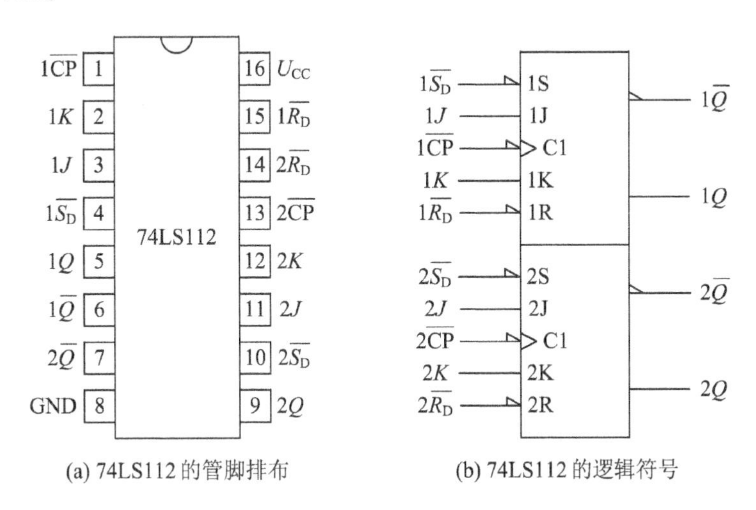

(a) 74LS112 的管脚排布　　(b) 74LS112 的逻辑符号

图 5.22　74LS112 的管脚排布及常用逻辑符号

4. 测试步骤

(1) 打开 Multisim9.0 或同类软件，按图 5.20 连接电路。

(2) 将 1 $\overline{S_D}$(~1PR)接低电平，1 $\overline{R_D}$(~1CLR)接高电平，改变 J、K、CP(分别置高电平或低电平)，观察输出端 Q 和 $\overline{Q}$ 的变化，并将观察结果记入表 5.5 中。

表 5.5　74LS112 的使能测试

$\overline{S_D}$	$\overline{R_D}$	J	K	CP	$\overline{Q}$	$\overline{Q}$
0	1	×	×	×		
1	0	×	×	×		

(3) 将 1 $\overline{R_D}$(~1CLR)接低电平，1 $\overline{S_D}$(~1PR)接高电平，改变 J、K、CP(分别置高电平或低电平)，观察输出端 Q 和 $\overline{Q}$ 的变化，并将观察结果记入表 5.6 中。

结论：

1 $\overline{R_D}$为(　　　)(清零/置数)端，(　　　)(高电平/低电平)有效。

1 $\overline{S_D}$为(　　　)(清零/置数)端，(　　　)(高电平/低电平)有效。

为了使输出为 0 状态($Q=0$，$\overline{Q}=1$)，1 $\overline{R_D}$应接(　　)(高/低)电平，1 $\overline{S_D}$应接(　　)(高/低)电平。

为了使输出为 1 状态($Q=1$，$\overline{Q}=0$)，1 $\overline{R_D}$应接(　　)(高/低)电平，1 $\overline{S_D}$应接(　　)(高/低)电平。

(4) 1 $\overline{R_D}$和 1 $\overline{S_D}$接高电平，按照表 5.6 所示的要求，测试其逻辑功能。

表 5.6　74LS112 的功能测试

J	K	CP	Q^{n+1}	
			$Q^n=0$	$Q^n=1$
0	0	0→1		
		1→0		
0	1	0→1		
		1→0		
1	0	0→1		
		1→0		
1	1	0→1		
		1→0		

结论：

当 $J=0$，$K=0$ 时，JK 触发器具有(　　　)功能(置 0/置 1/保持/翻转)；

当 $J=0$，$K=1$ 时，JK 触发器具有(　　　)功能(置 0/置 1/保持/翻转)；

当 $J=1$，$K=0$ 时，JK 触发器具有(　　　)功能(置 0/置 1/保持/翻转)；

当 $J=1$，$K=1$ 时，JK 触发器具有(　　　)功能(置 0/置 1/保持/翻转)。

JK 触发器 74LS112 是(　　　)(上升沿/下降沿)有效的触发器。

(5) 将 J 端和 K 端接在一起，就构成了 T 触发器。

当 $J=K=T=0$ 时，T 触发器的状态为(　　　)(置 0/置 1/保持/翻转)；

当 $J=K=T=1$ 时，T 触发器的状态为(　　　)(置 0/置 1/保持/翻转)。

因此，T 触发器只有两种状态，即(　　　)和(　　　)(置 0/置 1/保持/翻转)。

(6) 将 T 触发器的 T 端接于高电平，称为 T′触发器。T′触发器的特点是：每来一个有效边沿触发，则触发器的状态改变一次，因此 T′触发器可以实现二/四分频功能。

(7) 将 JK 触发器的 J 端经非门后加到 K 端，将 J 作为输入(相当于 D)，这样就构成了 D 触发器，根据表 5.7 所示要求测试 D 触发器的逻辑功能。

表 5.7　D 触发器的功能测试

D	CP	Q^{n+1}	
		$Q^n=0$	$Q^n=1$
0	0→1		
	1→0		
1	0→1		
	1→0		

结论：74LS112JK 触发器构成的 D 触发器________(上升沿/下降沿)有效。

注意：在有条件的情况下，5.5.2 节的测试请在数字电路综合测试仪上完成。

知识小结

(1) 触发器是构成时序电路极为重要的基本逻辑单元。其特点是具有两个稳定状态，在输入信号的作用下可以分别置 0、置 1。每个触发器能够存储 1 位二进制数码。

(2) 基本 RS 触发器是构成其他触发器的基础，由与非门构成的基本 RS 触发器的特征方程为 $Q^{n+1}=\overline{\overline{S_D}}+\overline{R_D}Q^n$，其约束条件是$\overline{R_D}+\overline{S_D}=1$。最常用的边沿触发器有边沿 D 触发器和边沿 JK 触发器。D 触发器的特征方程是 $Q^{n+1}=D$，JK 触发器的特征方程是 $Q^{n+1}=J\,\overline{Q^n}+\overline{K}Q^n$。

(3) 触发器功能的描述方式有特征方程、功能真值表、状态转移图、时序波形图等。

(4) D 触发器和 JK 触发器可以构成二分频电路，可以串接构成异步模四(四分频)、模八(八分频)、模十六(十六分频)等计数器。

(5) D 触发器和 JK 触发器可以实现同步计数器等时序电路的逻辑功能。

思考与练习

一、判断题(正确的打√，错误的打×)

1. 触发器的异步复位端 $\bar{R}_D$ 不受 CP 脉冲的控制。　(　　)
2. 当触发器的两个输出端 $Q=0$，$\bar{Q}=1$ 时，我们称触发器处于 0 状态。　(　　)
3. 因为触发器有 2 个稳态，所以 6 个触发器最多能存储 12 位二进制信息。　(　　)
4. 基本 RS 触发器只能由与非门电路组成，用或非门是不能实现的。　(　　)
5. 一个与非门构成的基本 RS 触发器，其约束条件是 $\bar{R}+\bar{S}=1$。　(　　)
6. 由与非门构成的基本 RS 锁存器其逻辑功能有 4 种。　(　　)
7. 触发器的输出状态变化由输入信号决定。　(　　)
8. D 触发器有两个输入端、两个输出端。　(　　)
9. 若使 D 触发器置 0，则 $D=1$。　(　　)
10. D 触发器的特性方程为 $Q^{n+1}=D$，与 Q^n 无关，所以它没有记忆功能。　(　　)
11. 触发方式为主从式或边沿式的触发器不会出现空翻现象。　(　　)
12. 主从 JK 触发器当 CP=0 时从锁存器的状态保持不变。　(　　)
13. 对边沿 JK 触发器，在 CP 为高电平期间，当 $J=K=1$ 时，状态会翻转一次。　(　　)
14. JK 触发器没有约束条件，当 $J=1$、$K=1$ 时，每输入一个时钟脉冲，触发器向相反的状态翻转一次。　(　　)
15. 主从 JK 触发器不存在空翻现象，但存在一次翻转现象。　(　　)
16. 边沿 JK 触发器存在一次翻转现象。　(　　)
17. 边沿 JK 触发器的特征方程为 $Q^{n+1}=J\,\overline{Q^n}+\overline{K}Q^n$。　(　　)

18. JK触发器具有4种逻辑功能。 (　　)

19. 对边沿JK触发器，当现态为1时，若次态为1，则一定 $K=0$，$J=1$。 (　　)

20. 对于边沿JK触发器，当现态为0时，若次态为0，则一定 $K=1$，$J=0$。 (　　)

21. JK触发器具有保持、置0、置1和翻转功能。 (　　)

22. JK触发器是一种全功能的触发器。 (　　)

23. 在JK触发器中，当 $J=0$、$K=1$ 时，触发器的输出状态为0。 (　　)

24. 主从JK触发器、边沿JK触发器的逻辑功能不完全相同。 (　　)

25. JK触发器只有 J、K 端同时为1，则一定引起状态翻转。 (　　)

26. 对于边沿JK触发器，在CP为高电平期间，当 $J=K=1$ 时，状态翻转一次。

(　　)

27. 对T触发器来说，当 $T=1$ 时触发器为保持，$T=0$ 时触发器为翻转。 (　　)

28. 只具有保持和翻转功能的触发器是T触发器。 (　　)

29. T触发器输入 $T=0$ 时，若现态 $Q^n=1$，则次态 $Q^{n+1}=0$。 (　　)

30. T触发器输入 $T=1$ 时，其特性方程可写为 $Q^{n+1}=\overline{Q^n}$。 (　　)

31. 输入一个CP脉冲其输出状态就翻转一次的触发器是T触发器。 (　　)

32. 触发器有电平触发和边沿触发方式，其输出状态由触发方式决定。 (　　)

33. 若要实现一个可暂停的一位二进制计数器，控制信号 $A=0$ 计数，$A=1$ 保持，可选用T触发器，且令 $T=A$。 (　　)

34. 边沿触发器不存在空翻现象，不存在一次翻转现象。 (　　)

35. 主从触发器不存在空翻现象，不存在一次翻转现象。 (　　)

36. 当用非门把JK触发器转化为D触发器时，$J=\overline{D}$，$K=D$。 (　　)

37. JK触发器转化为T触发器时，$J=T$，$K=\overline{T}$。 (　　)

38. JK触发器的输入端 J 和 K 相连，则JK触发器转换成了T触发器。 (　　)

39. 8个触发器可以构成能寄存8位二进制数码的寄存器。 (　　)

40. 用D触发器构成T触发器时，输入端 T 应和D触发器的输出端 Q 异或。(　　)

二、填空题

1. 按逻辑功能分，触发器有(　　)、(　　)、(　　)、(　　)等几种。

2. 触发器按照逻辑功能来分大致可分为(　　)种。

3. 触发器是构成(　　)逻辑电路的重要部分。

4. 触发器有两个互补的输出端 Q、$\overline{Q}$，定义触发器的0状态为(　　)，1状态为(　　)。可见，触发器的状态指的是(　　)端的状态。

5. 触发器的状态指的是(　　)的状态，当 $Q=1$，$\overline{Q}=0$ 时，触发器处于(　　)。

6. 触发器有2个稳态，存储4位二进制信息需(　　)个触发器。

7. 因为触发器有(　　)个稳态，所以6个触发器最多能存储(　　)二进制信息。

8. 一个由与非门构成的基本RS触发器，其约束条件是(　　)。

9. 一个基本RS触发器在正常工作时，它的约束条件是 $\overline{R}+\overline{S}=1$，则它不允许输入 $\overline{S}=$(　　)且 $\overline{R}=$(　　)的信号。

10. 与非门构成的基本 RS 锁存器其输入状态不允许同时出现 $\bar{R}$=(　　)，$\bar{S}$=(　　)。

11. 与非门构成的基本 RS 锁存器的特征方程是(　　　)，约束条件是(　　　)。

12. 由与非门构成的基本 RS 锁存器正常工作时有三种状态：$\bar{R}\bar{S}$=01，输出为(　　　)；$\bar{R}\bar{S}$=10，输出为(　　　)；$\bar{R}\bar{S}$=11，输出为(　　　)。(0 状态/1 状态/保持状态)

13. 当与非门构成的基本 RS 锁存器的 Q=1 时，$\bar{R}$ =(　　　)，$\bar{S}$=(　　　)。

14. 当与非门构成的基本 RS 锁存器的 Q=0 时，$\bar{R}$ =(　　　)，$\bar{S}$=(　　　)。

15. 锁存器和触发器的区别在于其输出状态的变化是否取决于(　　　　)。

16. (　　　)和(　　　)共同决定了触发器输出状态的变化。

17. 钟控 RS 触发器的约束条件是(　　　)。

18. 一个钟控 RS 触发器在正常工作时，不允许输入 $R=S=1$ 的信号，因此它的约束条件是(　　　)。

19. 钟控 RS 触发器是在基本 RS 锁存器的基础上加上(　　　　)构成的，其输入端 R、S(　　　)(高/低)电平有效。

20. 钟控 RS 触发器当 CP=1 时，输入状态不允许同时出现 R=(　　　)，S=(　　　)。

21. 在 D 触发器中，当 D=1 时，触发器(　　　)(置 0/置 1/保持)。

22. 若使 D 触发器置 0，则 D=(　　　)，使 D 触发器置 1，则 D=(　　　)。

23. 对于钟控 D 触发器来说，当 CP=0 时，输出状态(　　　)(置 0/置 1/保持)；当 CP=1 时，输出状态由(　　　)决定。

24. 若将 D 触发器的 D 端连在 $\bar{Q}$ 端上，经 100 个脉冲后，它的次态 $Q(t+100)=0$，则此时的现态 $Q(t)$应为(　　　)。

25. 若将 D 触发器的 D 端连在 $\bar{Q}$ 端上，经 99 个脉冲后，它的次态 $Q(t+99)=1$，则此时的现态 $Q(t)$应为(　　　)。

26. 在一个 CP 脉冲作用下，引起触发器两次或多次翻转的现象称为触发器的(　　　)，触发方式为(　　　)或(　　　)的触发器不会出现这种现象。

27. 同一 CP 脉冲下引起的触发器 2 次或多次翻转的现象称为(　　　)。

28. 边沿 JK 触发器(　　　)(会/不会)发生空翻现象。

29. 在时序逻辑电路中，存储电路每个时钟周期其输出状态(　　　)(变化 1 次/可变化多次)。

30. 主从 JK 触发器由两个钟控 RS 锁存器构成，当 CP=(　　　)(1/0/1 变 0/0 变 1)时从锁存器的状态保持不变。

31. 主从 JK 触发器的特征方程为(　　　　　)。

32. 边沿 JK 触发器当 J=1、K=1 时，一个时钟脉冲后，触发器的输出(　　　)。

33. JK 触发器具有(　　　)种逻辑功能。

34. 对于边沿 JK 触发器，当现态为 1 时，若要次态为 1，有 K=(　　　)、J=(　　　)和 K=(　　　)、J=(　　　)两种方法。

35. 设 JK 触发器的起始状态 Q=0，若令 J=1，K=0，则一个 CP 脉冲后 Q^{n+1}=(　　　)；若令 J=1，K=1，则 Q^{n+1}=(　　　)。

36. JK 触发器具有(　　)、(　　)、(　　)和(　　)功能。

37. 在 JK 触发器中，当 $J=0$、$K=1$ 时，触发器(　　)。

38. T 触发器的特性方程为(　　)。

39. T 触发器具有(　　)和(　　)功能。

40. 对 T 触发器来说，当(　　)时，触发器的输出保持原状态；当(　　)时，每输入一次脉冲，输出状态改变一次。

41. 对 T 触发器来说，当 $T=0$ 时，触发器为(　　)；当 $T=1$ 时，触发器为(　　)。

42. 当 T 触发器的输入 $T=0$ 时，若现态 $Q^n=1$，则次态 $Q^{n+1}=$(　　)。

43. 若 T 触发器的现态 $Q^n=0$，次态 $Q^{n+1}=0$，则 $T=$(　　)。

44. 边沿触发器(　　)(存在/不存在)空翻现象，(　　)(存在/不存在)一次翻转现象。

45. 当用非门把 JK 触发器转化为 D 触发器时，$J=$(　　)，$K=$(　　)。

46. JK 触发器在时钟 CP 作用下，欲使 $Q^{n+1}=\overline{Q^n}$，则必须使 $J=$( )，$K=$( )。

47. JK 触发器在时钟 CP 作用下，欲使 $Q^{n+1}=Q^n$，则必须使 $J=$( )，$K=$( )。

48. 触发方式为(　　)和(　　)的触发器不会出现空翻现象。

49. 满足特征方程 $Q^{n+1}=\overline{Q^n}$ 的触发器称为(　　)。

50. 描述触发器逻辑功能的方法有(　　)、(　　)、(　　)、(　　)等几种。

51. 触发器有(　　)个稳定状态，当 $Q=0$、$\overline{Q}=1$ 时，称为(　　)状态。

52. TTL 集成 JK 触发器正常工作时，其 $\overline{R_D}$ 和 $\overline{S_D}$ 端应接(　　)电平。

53. 若复位端 $\overline{R_D}$ 和置位端 $\overline{S_D}$ 接低电平，则 TTL 集成 JK 触发器(　　)(能/否)正常工作。

54. 基本 RS 锁存器可用与非门实现，也可用(　　)实现。

55. (　　)和(　　)可用来实现基本 RS 锁存器。

56. 触发器的触发方式有(　　)和(　　)方式。

57. 触发方式为(　　)的触发器可能会存在空翻现象。

58. 如果触发器的次态仅取决于 CP 时钟(　　)时输入信号的状态，则可以克服空翻。

59. 既克服了空翻现象、又无一次变化问题的常用集成触发器有(　　)和(　　)两种。

60. 用 D 触发器构成 T 触发器时，输入端 T 应和 D 触发器的(　　)($Q/\overline{Q}$)异或。

三、练习题

1. 基本 RS 触发器的逻辑符号和输入波形如图 5.23 所示。试画出 Q、$\overline{Q}$ 端的波形。

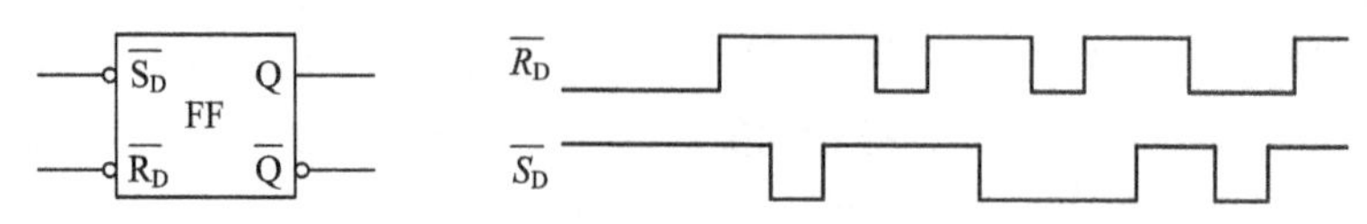

图 5.23　第 1 题图

2. 主从 JK 触发器的输入波形图如图 5.24 所示。试画出 Q 端的波形。

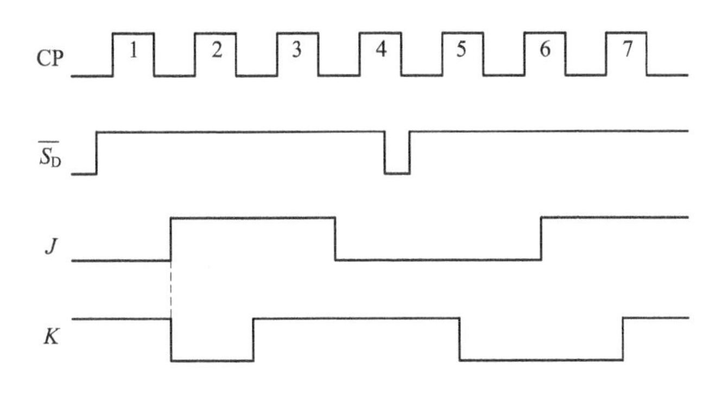

图 5.24 第 2 题图

3. JK 触发器的输入波形图如图 5.25 所示。设初始 $Q=0$，画出 Q 端的波形。

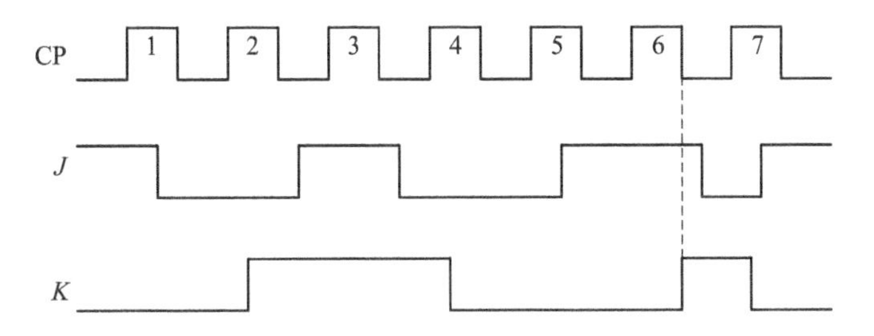

图 5.25 第 3 题图

4. 主从 JK 触发器的输入波形图如图 5.26 所示。试画出 Q 端的波形。

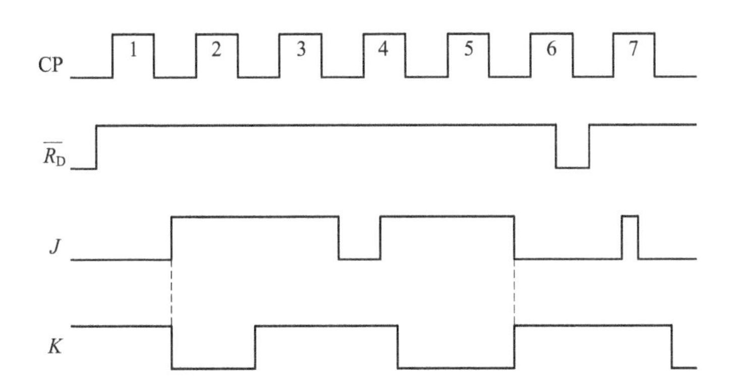

图 5.26 第 4 题图

5. D 触发器的输入波形如图 5.27 所示。试画出 Q 端的波形。

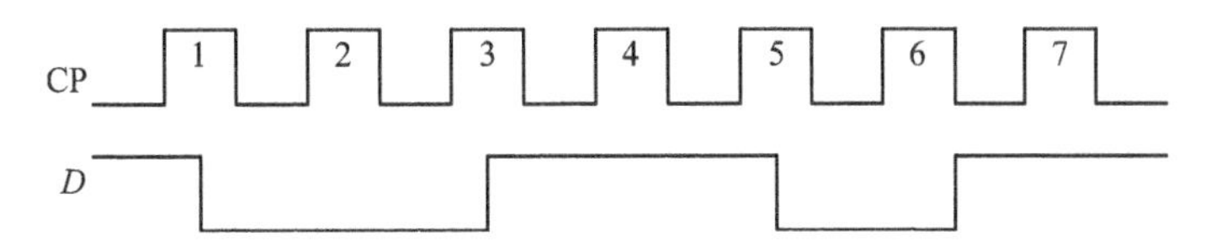

图 5.27 第 5 题图

6. 主从JK触发器的组成电路图如图5.28(a)所示。已知电路的输入波形如图5.28(b)所示。画出Q_1～Q_4端的波形。设初始$Q=0$。

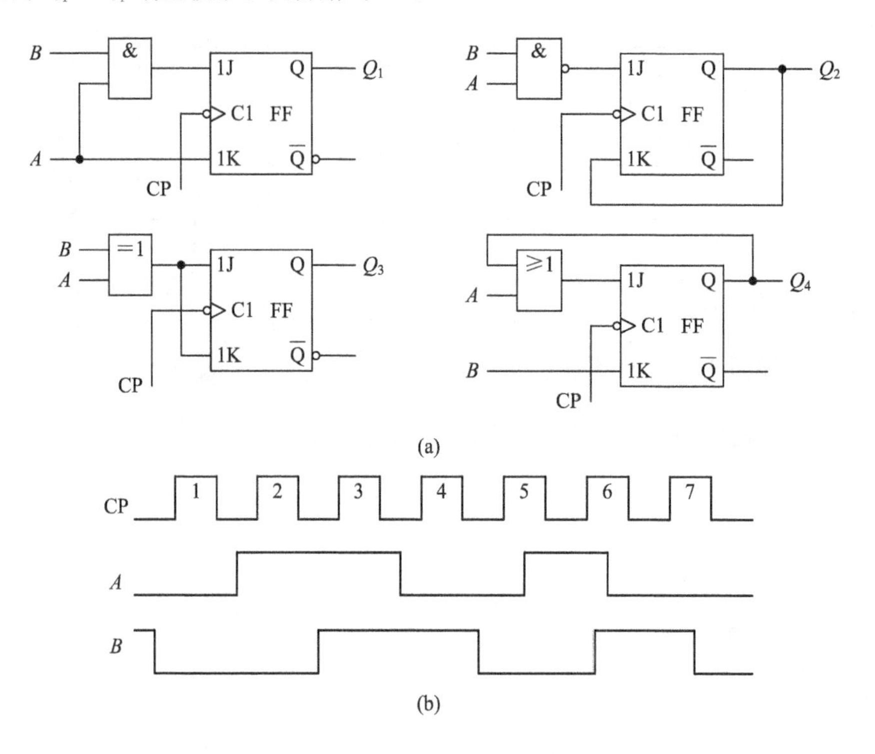

图5.28　第6题图

7. 下降沿触发的边沿JK触发器的输入波形如图5.29所示。试画出输出Q的波形。

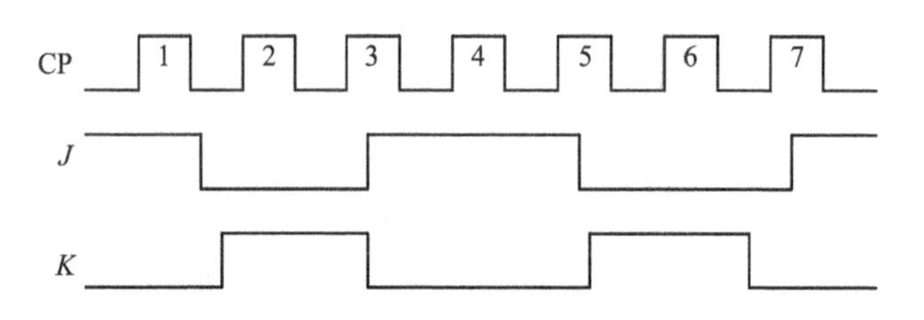

图5.29　第7题图

8. D触发器组成的电路如图5.30(a)所示，输入波形如图5.30(b)所示。画出Q_1、Q_2的波形。

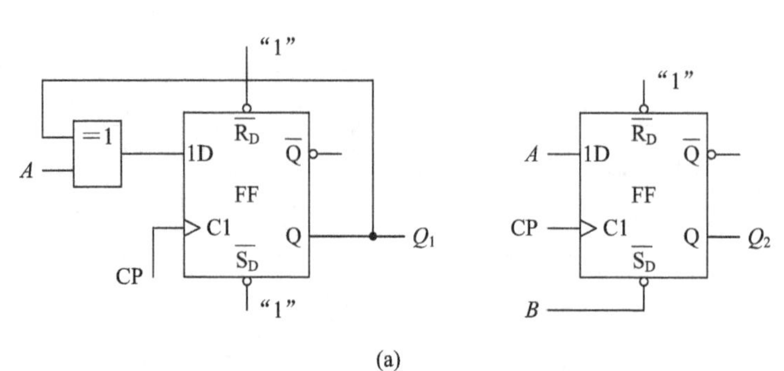

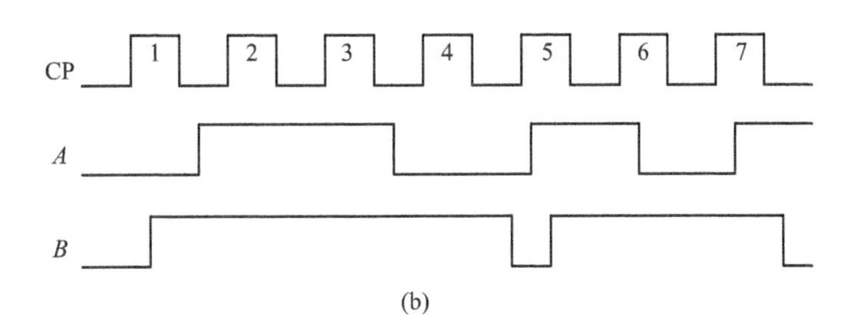

图 5.30 第 8 题图

四、技能题

1. 试用边沿 JK 触发器和门电路构成一个 4 人智力竞赛抢答电路(又称第 1 信号鉴别电路)。每人桌面上有 1 个按钮开关，当第 1 个抢答者按下按钮开关时，其对应的发光二极管发光，同时封锁后抢答者的信号通路。抢答结束后，由主持人复原电路，发光二极管熄灭，为下一次抢答做好准备。

2. 用边沿 JK 触发器和门电路构成一个能分别输出正极性脉冲和负极性脉冲的单脉冲发生器。

第6章　时序逻辑电路

本章导引

我们知道时序逻辑电路是由组合逻辑电路和存储电路构成的，时序电路的当前状态不仅和当前的输入状态有关，还与电路前一时刻的状态有关。相当于说，时序逻辑电路在结构上具有反馈的特点，在逻辑功能上具有记忆的功能。组合逻辑电路的特点是：任一时刻，电路的输出状态只取决于当前的输入信号。时序逻辑电路的特点是：任一时刻，电路的状态及输出信号不仅取决于当前的输入信号，还与电路原来的状态有关。学习数字电路，实际上就是学习数字电路的分析方法和设计方法。在组合逻辑电路部分，我们学习了组合逻辑电路的分析方法和设计方法。同样，在时序电路部分，我们也要学习时序电路的分析方法和设计方法。

根据存储电路中触发器的工作特点，时序逻辑电路可分为同步时序电路和异步时序电路。在同步时序电路中，所有触发器的CP时钟端都接在一起，电路中的触发器在同一时钟的作用下是同时动作的，而异步时序电路的触发器不是同时动作的。由于同步时序电路的触发器同时动作，因此同步时序电路的速度较异步时序电路快，应用也比异步时序电路广泛。

图6.1所示是时序逻辑电路的构成框图。图6.1中，$X(x_1, x_2, \cdots, x_m)$表示输入信号，$Y(y_1, y_2, \cdots, y_n)$表示输出信号，$Z(z_1, z_2, \cdots, z_k)$表示存储电路的输入信号(驱动信号)，$Q(q_1, q_2, \cdots, q_l)$表示存储电路的输出信号(状态信号)。

必须指出：本书只讨论同步时序电路。

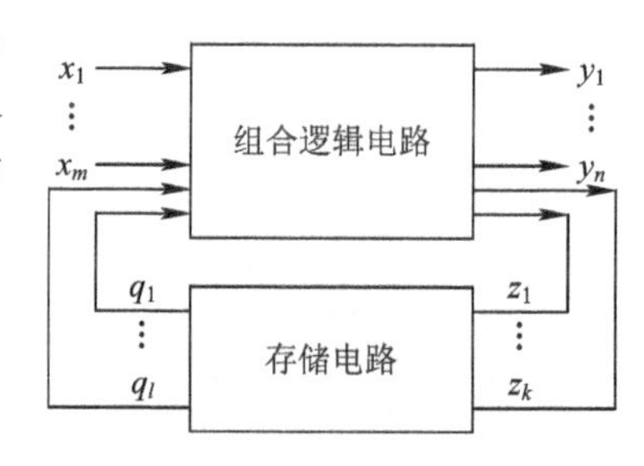

图6.1　时序逻辑电路的构成框图

知识点睛

通过本章的学习，读者可达到如下目的：

(1) 掌握时序逻辑电路的描述方式：特征方程、功能真值表、状态转移图和时序图。

(2) 掌握时序逻辑电路的特点及分析方法。

(3) 掌握集成计数器的逻辑功能及任意模数计数器的设计方法。

(4) 掌握集成移位寄存器的逻辑功能。

应用举例

数字系统中使用最多的时序逻辑电路是计数器，计数器不仅能用于对时钟脉冲进行计数，还可以用于分频，定时，产生节拍脉冲、脉冲序列，进行数的运算等。日常生活中用到的数字钟是典型的时序逻辑电路。图 6.2 所示为收音机中的时钟显示器。图 6.3 所示是学生设计和制作的数字钟电路，其中包括时钟电路、校时电路、复位电路、计数电路、显示译码电路、显示电路等。图 6.3 所示数码管共有 6 位，分别显示时、分、秒。图 6.4 所示是数字钟电路组成框图。

图 6.2　数字钟电路实物

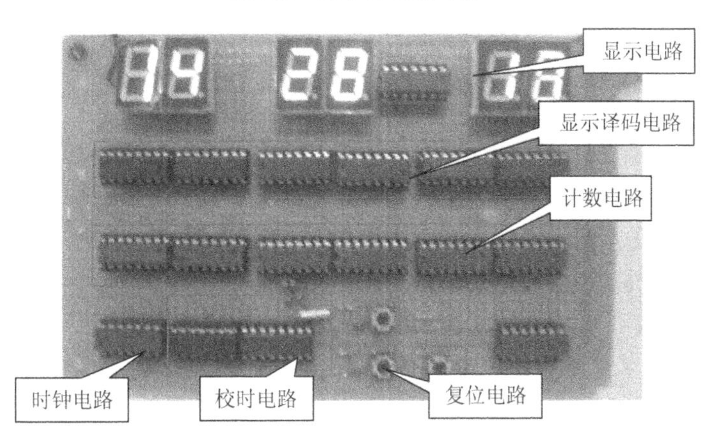

图 6.3　数字钟电路实验板

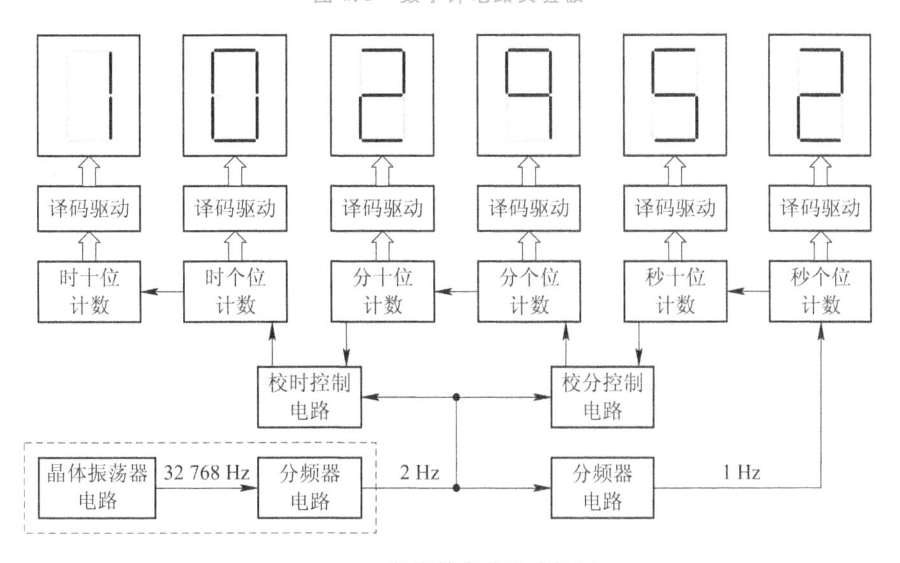

图 6.4　数字钟电路组成框图

数字钟是用加法计数器实现的，而卫星发射的倒计时、交通信号指示灯等都用到减法计数器。红绿灯的出现使交通秩序变得井然有序，也减少了交通事故的发生。不难想象，如果没有红绿交通灯，那么我们在过十字路口的时候都是提心吊胆的。

6.1　同步时序电路分析

同步时序电路分析

分析一个时序电路，就是要找出给定的时序逻辑电路的逻辑功能。具体地说，就是要找出电路的输出状态与当前状态在输入变量及时钟信号作用下的变化规律。

分析同步时序电路时，一般按以下步骤进行：

(1) 以给定的逻辑图写出每个触发器的驱动方程(输入方程)，即存储电路中每个触发器的输入信号的逻辑表达式。同时，写出电路的输出方程(没有输出信号则不写)。

(2) 把得到的驱动方程代入相应触发器的特征方程中，得到每个触发器的状态方程，从而得到由这些状态方程组成的整个时序电路的状态方程组。

(3) 根据电路的状态方程、输出方程列出电路各触发器的现态、次态、输入、输出的功能真值表。

(4) 根据功能真值表，画出状态转移图。

(5) 根据状态转移图判断电路的逻辑功能。

(6) 判断电路是否可以自启动。

下面通过具体例子来说明怎样按步骤分析一个时序电路。

【例 6.1】　说明图 6.5 所示的时序电路的功能，写出电路的驱动方程、状态和输出方程，画出电路的状态转移图，并判断电路的逻辑功能。

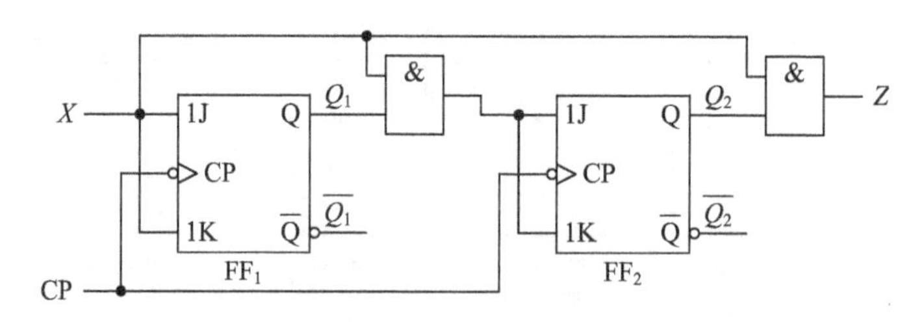

图 6.5　例 6.1 时序逻辑电路图

解　(1) 写出该电路触发器的输入方程和输出方程：

$$J_1 = X,\ K_1 = X$$

$$J_2 = XQ_1^n,\ K_2 = XQ_1^n$$

$$Z = XQ_2^n$$

(2) 由触发器的特征方程 $Q^{n+1} = J\overline{Q^n} + \overline{K}Q^n$，求出各触发器的状态方程。

$$Q_1^{n+1} = J_1\overline{Q_1^n} + \overline{K_1}Q_1^n = X\overline{Q_1^n} + \overline{X}Q_1^n = X \oplus Q_1^n$$

$$Q_2^{n+1}=J_2\overline{Q_2^n}+\overline{K_2}Q_2^n=XQ_1^n\overline{Q_2^n}+\overline{XQ_1^n}Q_2^n=(XQ_1^n)\oplus Q_2^n$$

(3) 列出电路输入、现态、次态及输出的真值表，见表 6.1。

表 6.1　例 6.1 的真值表

X	Q_2^n	Q_1^n	Q_2^{n+1}	Q_1^{n+1}	Z
0	0	0	0	0	0
0	0	1	0	1	0
0	1	0	1	0	0
0	1	1	1	1	0
1	0	0	0	1	0
1	0	1	1	0	0
1	1	0	1	1	1
1	1	1	0	0	1

(4) 画出电路的状态转移图，见图 6.6。

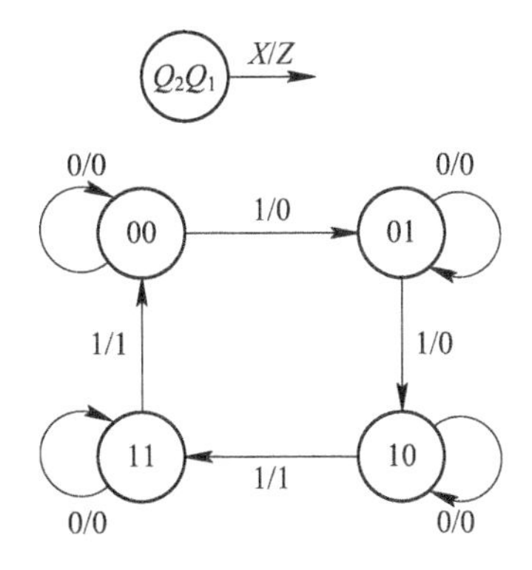

图 6.6　例 6.1 的状态转移图

(5) 写出该电路实现的逻辑功能。从图 6.6 可以看出，当 X 为 1 时，时序电路的状态 $Q_2^nQ_1^n$ 的变化为 00→01→10→11→00，实际是一个模 4 加法计数器；当 X 为 0 时，该电路保持原有状态。X 称为控制端，控制计数器进入计数状态或者保持状态。

【例 6.2】　说明图 6.7 所示时序电路的功能，写出电路的驱动方程、状态和输出方程，画出电路的状态转移图，判断电路逻辑功能，并检查电路是否具有自启动功能：

解　(1) 写出该电路触发器的输入方程、输出方程：

$$J_3=Q_2^nQ_1^n,K_3=1$$

$$J_2=K_2=Q_1^n$$

$$J_1=\overline{Q_3^n},\ K_1=1$$

$$Z=Q_3^n$$

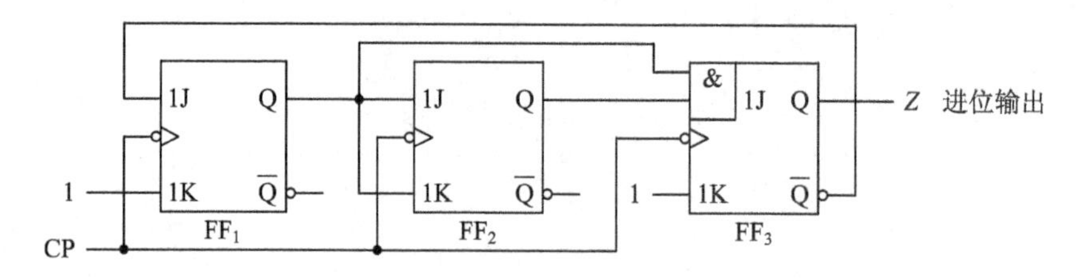

图 6.7 例 6.2 逻辑电路图

(2) 根据 JK 触发器的特征方程 $Q^{n+1}=J\overline{Q^n}+\overline{K}Q^n$，写出各触发器的次态方程：

$$Q_3^{n+1}=J_3\overline{Q_3^n}+\overline{K_3}Q_3^n=Q_2^nQ_1^n\overline{Q_3^n}$$

$$Q_2^{n+1}=J_2\overline{Q_2^n}+\overline{K_2}Q_2^n=Q_1^n\overline{Q_2^n}+\overline{Q_1^n}Q_2^n=Q_1^n\oplus Q_2^n$$

$$Q_1^{n+1}=J_1\overline{Q_1^n}+\overline{K_1}Q_1^n=\overline{Q_3^n}\,\overline{Q_1^n}$$

(3) 列出电路的现态、次态及输出的状态转移真值表，见表 6.2。

表 6.2 例 6.2 的真值表

Q_3^n	Q_2^n	Q_1^n	Q_3^{n+1}	Q_2^{n+1}	Q_1^{n+1}	Z
0	0	0	0	0	1	0
0	0	1	0	1	0	0
0	1	0	0	1	1	0
0	1	1	1	0	0	0
1	0	0	0	0	0	1
1	0	1	0	1	0	1
1	1	0	0	1	0	1
1	1	1	0	0	0	1

(4) 画出电路的状态转移图，见图 6.8。

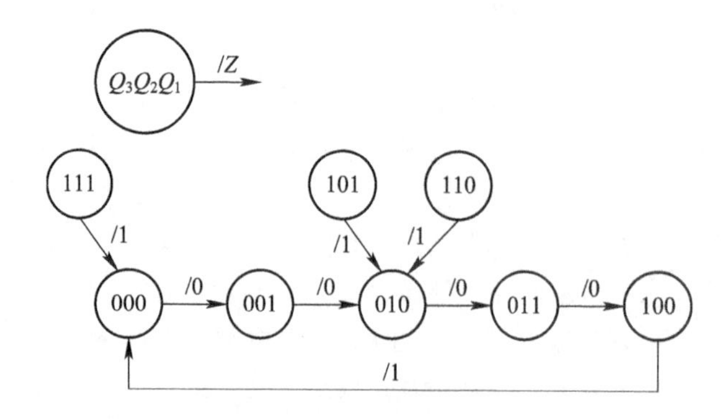

图 6.8 例 6.2 的状态转移图

(5) 从图 6.8 可以看出，该同步时序电路每接收一个脉冲，状态 $Q_3Q_2Q_1$ 的变化是 000→001→010→011→100→000，此时输出 Z 为 1，因此该电路是模 5 计数器，Z 为进位信号。

(6) 判断电路是否可以自启动。外界的某些干扰使该电路进入 101、110、111 状态时，经过 1 个脉冲后，电路回到主循环状态。若经过 1 个或若干个脉冲，电路能从其他状态进入主循环状态，则称此电路具有自启动功能。若电路进入非有效状态，而又无法回到主循环(有效)状态，则称这样的电路不具有自启动功能。这样的电路是不完善的，应该通过重新设计或其他方法加以改善。

此电路具有自启动功能，设计是合理和完善的。

6.2　同步时序电路设计

6.1 节对同步时序逻辑电路进行了分析，在实际应用中，常常要求根据实际需要设计一个符合要求的计数器或具有其他功能的时序逻辑电路。例如，要求设计一个模 6 计数器(即每计数 6 个脉冲)，则计数器回到初始状态，不断重复循环。我们列出其状态转移图，如图 6.9 所示。

同步时序电路设计

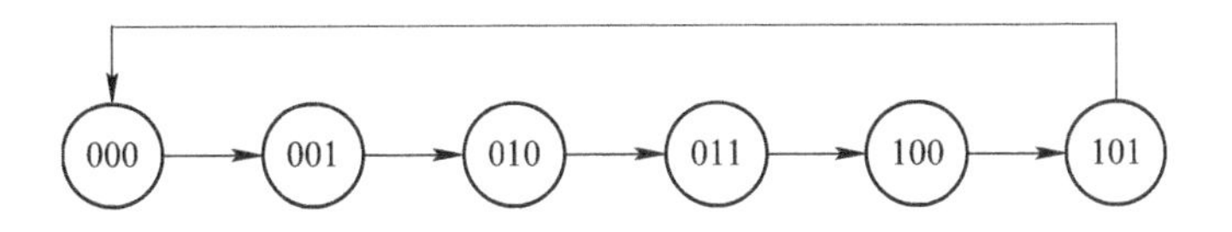

图 6.9　模 6 计数器的状态转移图

在图 6.9 中共用了 3 个触发器，每个触发器表示两种状态，3 个触发器共表示 $2^3=8$ 种状态(即 000、001、010、011、100、101、110 和 111)。其中，110 和 111 这两种状态不在状态转移图中出现，通常称这种状态为无效状态。若计数器由于某些原因进入无效状态，但经过若干个时钟后，计数器可以进入计数循环中，则称计数器可以自启动；若无法进入计数循环，则称此计数器不能自启动。在设计中，我们应尽量避免电路不能自启动。如图 6.10 所示，在经过一个或两个时钟后，电路能够进入主循环，也就是电路能够实现自启动。能够自启动的模 6 计数器的状态转移图如图 6.10 所示。

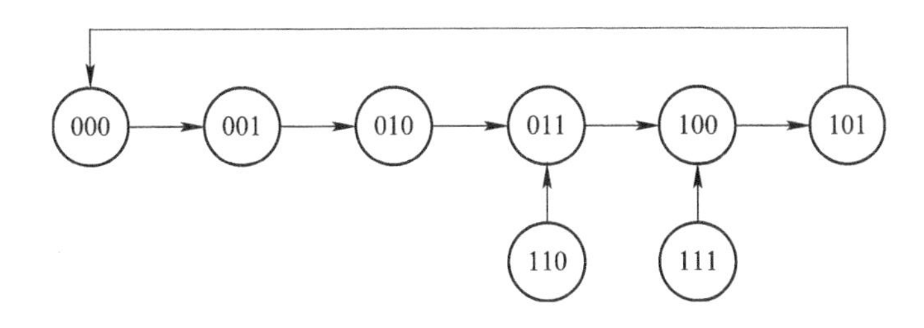

图 6.10　能够自启动的模 6 计数器的状态转移图

简单的同步时序电路的设计方法如下：

(1) 根据设计要求，画出状态转移图。

(2) 确定触发器的个数 K，先根据状态数确定所需触发器的个数。例如，给定触发器的状态数为 n，则 $2^{k-1}<n\leqslant 2^k$，k 为触发器的个数。

(3) 列出状态转移真值表。

(4) 选择触发器的类型。通常我们选用JK触发器或D触发器。根据状态图和触发器的型号列出次态方程，写出输入方程。

(5) 求出输出方程。若有些电路没有独立的输出，这一步可以省略。

(6) 根据输入方程、输出方程画出逻辑图。

(7) 检查电路能否自启动。检查电路中有些无关的状态，检验电路经过若干个脉冲后能否自启动。

【例6.3】 按照图6.11所示设计满足功能要求的同步时序电路。用JK触发器实现上述逻辑功能。

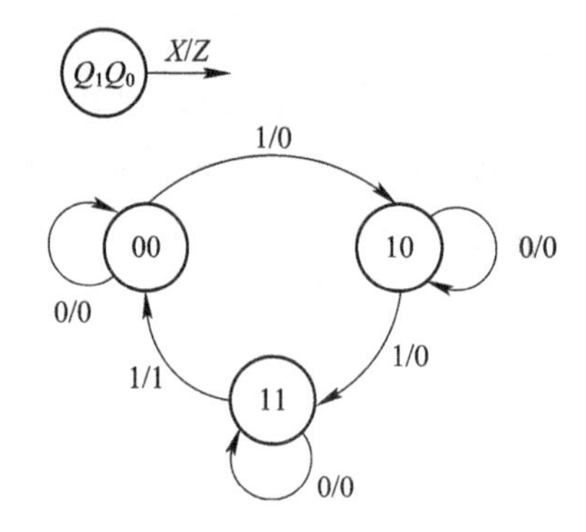

图6.11　例6.3同步时序电路的状态转移图

解　(1) 根据设计要求，画出状态转移图。由于题目已经给出状态转移图，因此这一步可以省略。

(2) 确定触发器的个数 K。根据图6.11，本时序电路共有3个有效状态，触发器的个数选取为2。用两个触发器实现此同步时序电路，触发器的状态分别为 Q_1Q_0。

(3) 列出状态转移真值表(输入、现态、次态、输出之间的关系)，见表6.3。

表6.3　图6.11同步时序电路的状态转移真值表

X	Q_1^n	Q_0^n	Q_1^{n+1}	Q_0^{n+1}	Z
0	0	0	0	0	0
0	0	1	×	×	×
0	1	0	1	0	0
0	1	1	1	1	0
1	0	0	1	0	0
1	0	1	×	×	×
1	1	0	1	1	0
1	1	1	0	0	1

在表6.3中，$Q_1^nQ_0^n=01$ 的状态是状态转移图中没有的状态，真值表中把它的次态设置为任意状态。

(4) 选择触发器。根据题意选用 JK 触发器，根据图 6.12 所示的卡诺图写出次态方程，列出输入方程：

(a) Q_1^{n+1}　　(b) Q_0^{n+1}

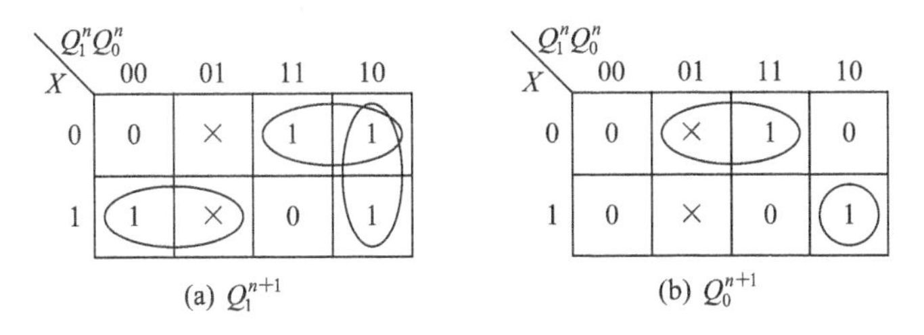

图 6.12　同步时序电路的卡诺图化简

写出状态方程：

$$Q_1^{n+1}=\overline{X}Q_1^n+X\overline{Q_1^n}+Q_1^n\overline{Q_0^n}=X\overline{Q_1^n}+(\overline{X}+\overline{Q_0^n})Q_1^n=X\overline{Q_1^n}+\overline{XQ_0^n}Q_1^n$$

$$Q_0^{n+1}=\overline{X}Q_0^n+XQ_1^n\overline{Q_0^n}$$

写出输入方程：

$$J_1=X,\ K_1=XQ_0^n,\ J_0=XQ_1^n,\ K_0=X$$

(5) 根据图 6.13 所示的卡诺图，写出输出方程：

$$Z=XQ_0^n$$

(6) 画出逻辑电路图，见图 6.14。

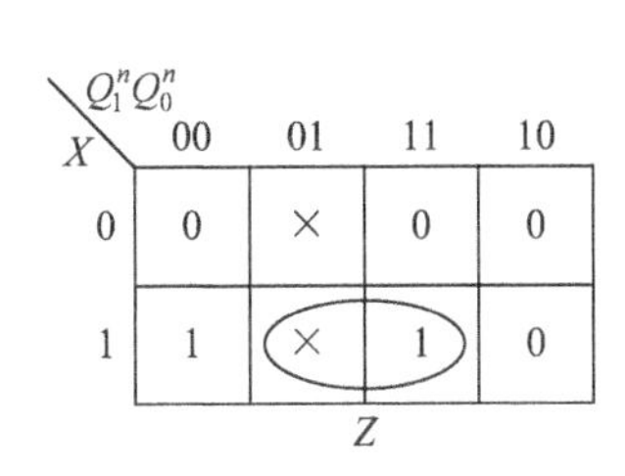

图 6.13　同步时序电路的卡诺图化简

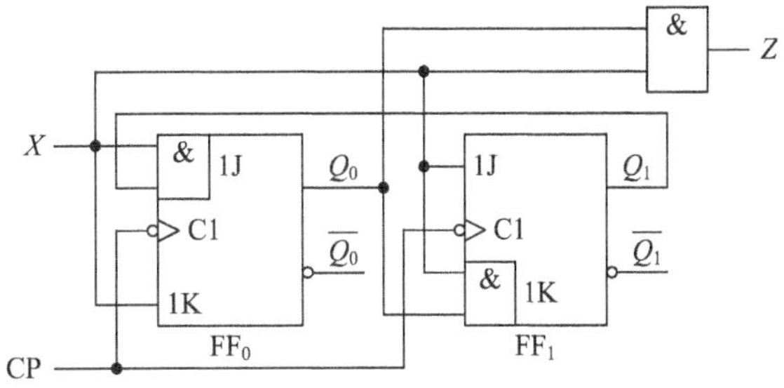

图 6.14　设计完成的同步时序电路图

(7) 根据图 6.14 重新画出状态转移图，如图 6.15 所示，检验其是否可以自启动。

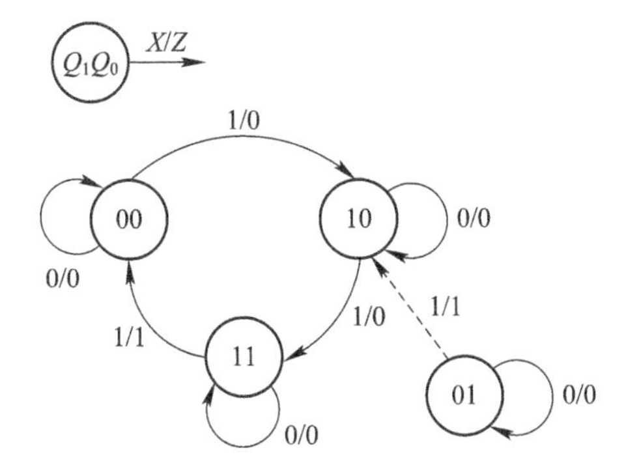

图 6.15　设计完成的同步时序电路的状态转移图

从图 6.15 可以看出，本设计具有自启动功能。设计中的 01 状态为无效状态，但经过 1

个时钟周期后，电路立刻进入主循环中。

在实际应用中会遇到这样的情况，即由于外界干扰等因素使电路进入无效状态。一旦发生这种情况，我们希望在经过1个或几个时钟周期之后电路能脱离无效状态回到主循环(即具有自启动功能)。在例6.3中所采取的方法是：假设这些无效状态的下一个状态为任意状态，设计完毕后，再验证电路是否可以自启动，若不能自启动，则必须修改原设计。这样设计的电路是否有自启动功能是具有偶然性的，如果没有则需要进行反复修改和验证。下面的例子介绍一种设计方法，这种方法在设计过程中就考虑到无效状态的下一个状态为主循环中的一个状态，这样设计的电路就一定可以自启动，这就是具有自启动功能的同步时序电路设计。

【例6.4】 设计一个同步且具有自启动功能的五进制加法计数器。

(1) 根据设计要求，确定触发器的个数。在本例中共有5个状态，$2^2<5<2^3$，所以我们取触发器的个数为3，画出状态转移图，如图6.16所示。

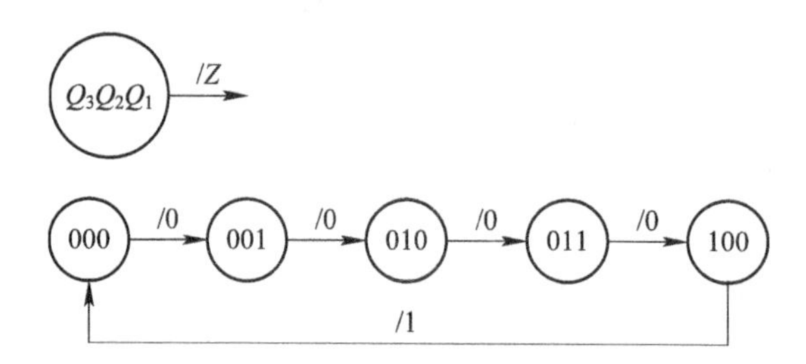

图6.16　例6.4五进制加法计数器的状态转移图

(2) 列出状态转移真值表，见表6.4。

表6.4　例6.4五进制计数器的状态真值表

Q_3^n	Q_2^n	Q_1^n	Q_3^{n+1}	Q_2^{n+1}	Q_1^{n+1}	Z
0	0	0	0	0	1	0
0	0	1	0	1	0	0
0	1	0	0	1	1	0
0	1	1	1	0	0	0
1	0	0	0	0	0	1
1	0	1	×(0)	×(1)	×(0)	×(1)
1	1	0	×(0)	×(1)	×(0)	×(1)
1	1	1	×(0)	×(0)	×(0)	×(1)

(3) 选择触发器。本设计选用JK触发器，写出次态方程，列出输入方程：

$$Q_3^{n+1}=Q_2^nQ_1^n\overline{Q_3^n},\ J_3=Q_2^nQ_1^n,\ K_3=1$$

$$Q_2^{n+1}=Q_1^n\overline{Q_2^n}+\overline{Q_1^n}Q_2^n,\ J_2=K_2=Q_1^n$$

$$Q_1^{n+1}=\overline{Q_3^n}\,\overline{Q_1^n},\ J_1=\overline{Q_3^n},\ K_1=1$$

（4）根据图 6.17 和图 6.18 所示的卡诺图，列出进位输出方程：

$$Z=Q_3^n$$

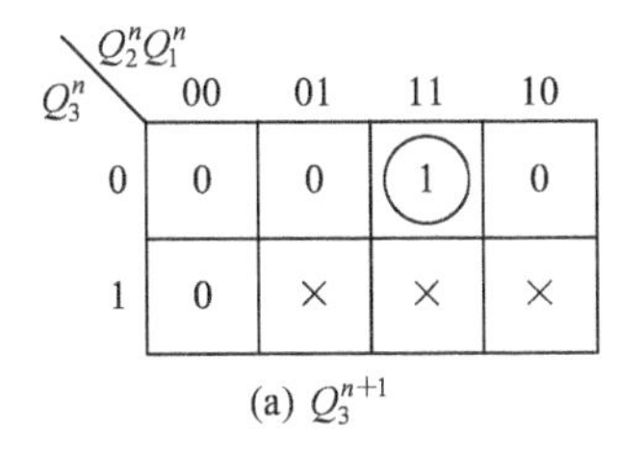

(a) Q_3^{n+1}

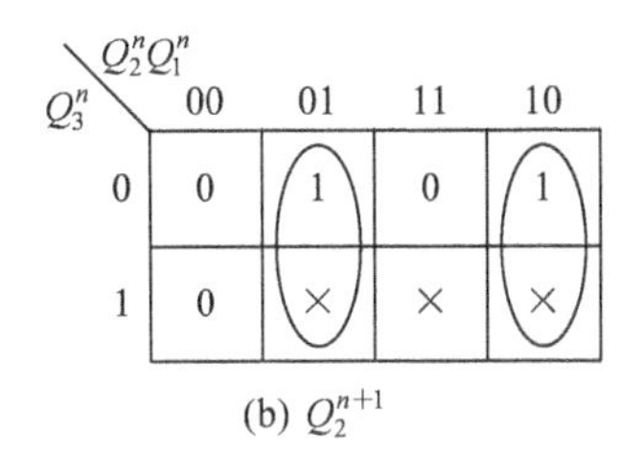

(b) Q_2^{n+1}

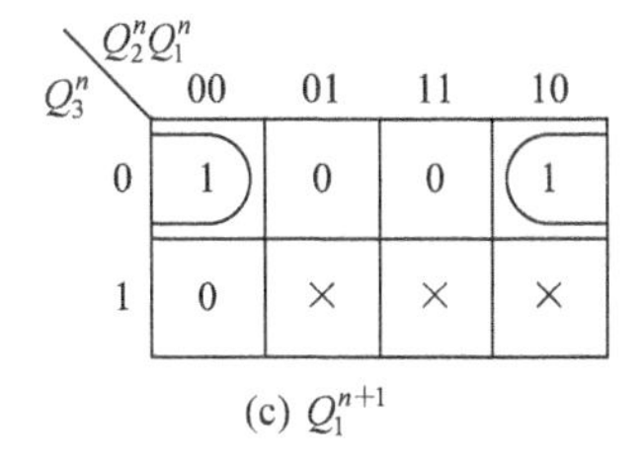

(c) Q_1^{n+1}

图 6.17　五进制加法计数器的卡诺图化简

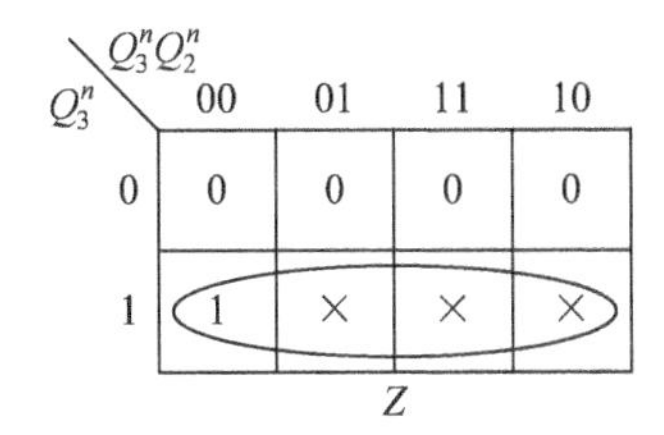

图 6.18　五进制加法计数器的卡诺图化简

（5）画出逻辑电路图，见图 6.19。

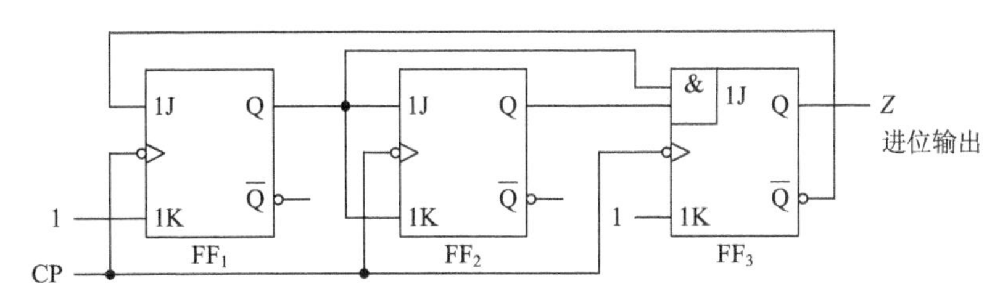

图 6.19　五进制加法计数器电路图

（6）画出如图 6.20 所示的状态转移图，检验是否可以自启动。

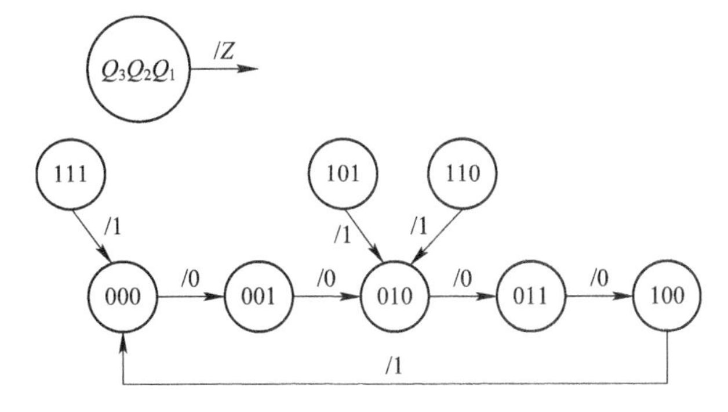

图 6.20　五进制加法计数器的状态转移图

由此可见，如果电路进入无效状态 101、110、111 时，在 1 个 CP 脉冲后，分别进入有效状态 010、010、000，因此电路能够自启动。在实际设计过程中，这三个无效状态的次态已经确定了，而且是五个主循环状态之一（见表 6.4），因此电路一定能实现自启动功能，无须再检验是否能够自启动。

【知识拓展】 开机复位电路

在图 6.21 的电路中，当打开电源的一瞬间，电容 C 上的电压不能突变，U_C 为 0 V。U_{CC}通过电阻 R 对电容 C 充电，电容上的电压逐渐升高。这样在打开电源的瞬间就产生了一个负脉冲，这个脉冲接在触发器的清零端，使得在打开电源时，各个触发器输出为 0 状态，则计数器的状态强迫进入 000 状态，而不会进入其他的无效状态，该电路称为上电复位电路。

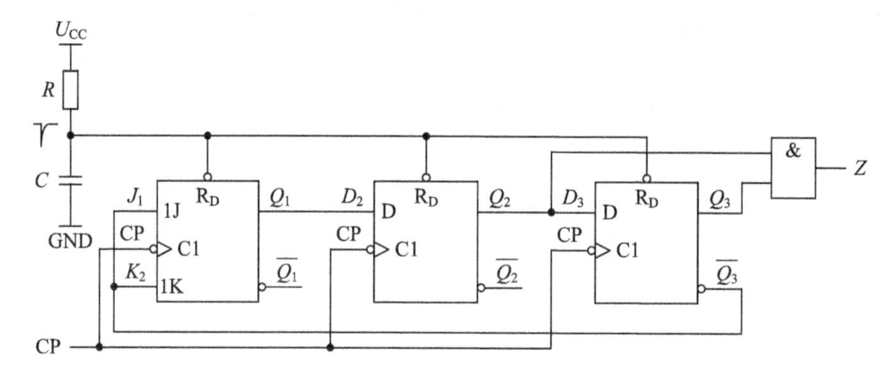

图 6.21 上电复位电路

但是，上电复位电路只能使电路在打开电源瞬间复位，不能解决自启动的问题。若电路在运行过程中进入死循环，则可用手动复位开关“AJ”，强迫进入 000 初始状态，使电路进入正常循环中，见图 6.22。

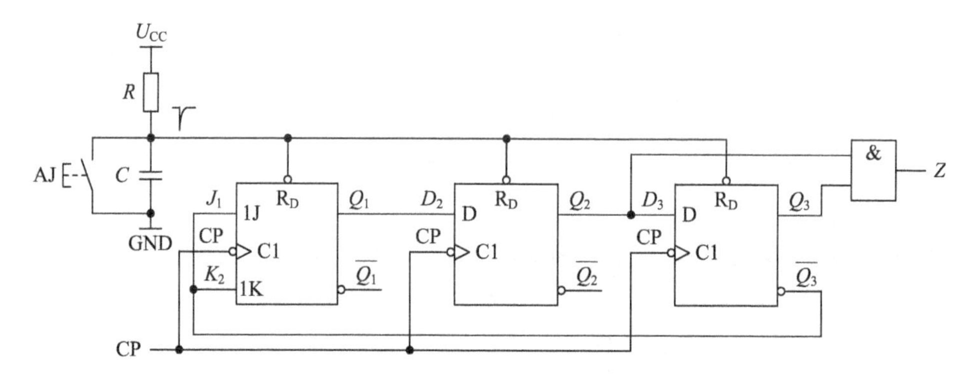

图 6.22 具有上电复位、手动复位的时序电路

6.3 集成计数器

计数器是一种随时钟输入(CP)的变化，其输出按一定顺序变化的时序电路。根据计数器变化的特点，可将计数器电路按以下几种方式进行分类。

(1) 按照时钟脉冲信号的特点不同，计数器分为同步计数器和异步计数器。其中，同步计数器中构成计数器的所有触发器的时钟端连在一起，且所有触发器在同一个时刻同时翻转；异步计数器中构成计数器的触发器的 CP 没有连在一起，或者触发器连在一起但各触发器不在同一时刻翻转。通常情况下，同步计数器较异步计数器具有更高的速度。

(2) 按照计数数码的升降不同，计数器分为加法计数器和减法计数器。也有一些计数器既能实现加计数，又能实现减计数，这类计数器称为可逆计数器。

(3) 按照输出的编码形式不同，计数器可分为二进制计数器、二-十进制计数器、循环码计数器等。

(4) 按计数的模数(或容量)不同，计数器分为十进制(模 10)计数器、十六进制计数(模 16)、六十进制(模 60)计数器等。

计数器不仅可以用于计数，还可以用于分频、定时等。计数器是时序电路中使用最广泛的一种时序电路。本节主要介绍以下几种常用的集成计数器。

6.3.1　4 位集成二进制同步加法计数器 74LS161

随着集成电路技术的飞速发展，集成计数器电路已被普遍使用，其中集成二进制计数器的使用较为广泛。二进制计数器的模并不是 2，而是 2^n，n 是构成二进制的触发器的个数。下面以 74LS161 为例说明集成二进制计数器的功能及使用方法。图 6.23(a)所示为 74LS161 的管脚图，图 6.23(b)所示为 74LS161 的逻辑符号，图 6.23(c)所示为 74LS161 的常用逻辑符号。

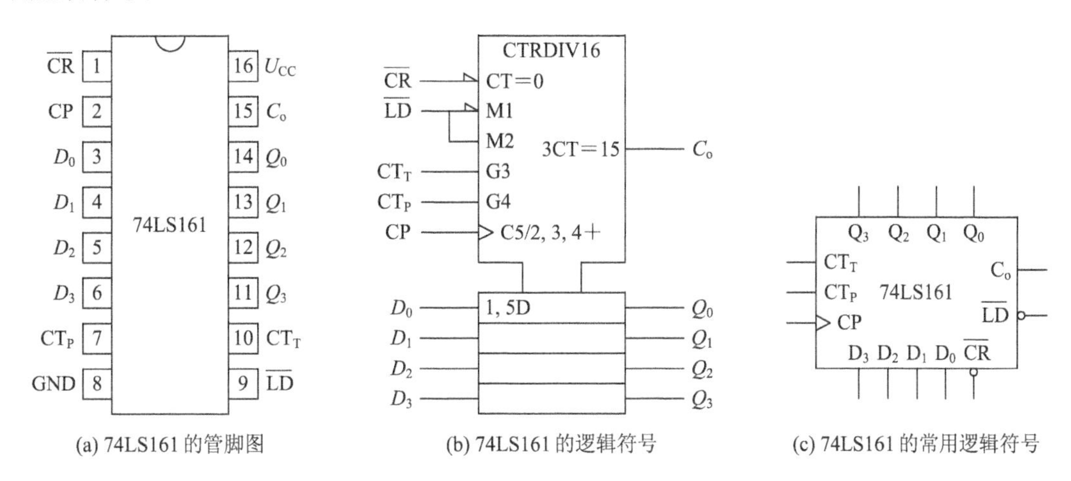

(a) 74LS161 的管脚图　(b) 74LS161 的逻辑符号　(c) 74LS161 的常用逻辑符号

图 6.23　74LS161 的管脚排布、逻辑符号、常用符号

计数器 74LS161 各个输入端和输出端的作用如下：

$\overline{CR}$为异步清零端。当低电平有效时，为异步方式清零，即当$\overline{CR}$输入为低电平时，无论当时的时钟状态和其他输入状态如何，计数器的输出端全为 0，$Q_3Q_2Q_1Q_0=0000$。

$\overline{LD}$为同步置数端。当低电平有效时，为同步置数。置数的作用是当满足一定的条件时，将输入端的数据 $D_3D_2D_1D_0$ 置入输出端 $Q_3Q_2Q_1Q_0$。同步置数是当$\overline{LD}$输入为低电平时，输入端的数据并不立刻反映到输出端，而是等到 CP 上升沿到来时，才将输入端数据 $D_3D_2D_1D_0$ 置入输出端 $Q_3Q_2Q_1Q_0$。所以，要成功地将输入端 $D_3D_2D_1D_0$ 的数据置入输出端 $Q_3Q_2Q_1Q_0$，就必须满足两个条件：① $\overline{LD}$端必须为低电平；② 必须等到 CP 上升沿到来的时刻。

Q_3、Q_2、Q_1、Q_0 为计数器的输出端。其中，Q_3 为最高位；Q_0 为最低位。

D_3、D_2、D_1、D_0 为计数器的预置输入端。通过置数端的作用可将此数据置入输出端。

C_0 为进位输出端。此输出端平时为低电平，当计数器计满一个周期时，输出高电平，即每 16 个时钟输出一个高电平脉冲。

CP 为时钟输入端。此输入端上升沿有效。

CT_T、CT_P 为两个功能扩展使能端。合理设置这两个输入端的状态，可实现各种计数器功能的扩展。

计数器 74LS161 的功能真值表见表 6.5。图 6.24 是 74LS161 的时序图。

表 6.5　74LS161 的功能真值表

CP	$\overline{CR}$	$\overline{LD}$	CT_T	CT_P	功　能
×	0	×	×	×	异步清零
↑	1	0	×	×	同步置数
×	1	1	0	×	保持，但 $C_o=0$
×	1	1	1	0	保持
↑	1	1	1	1	正常计数

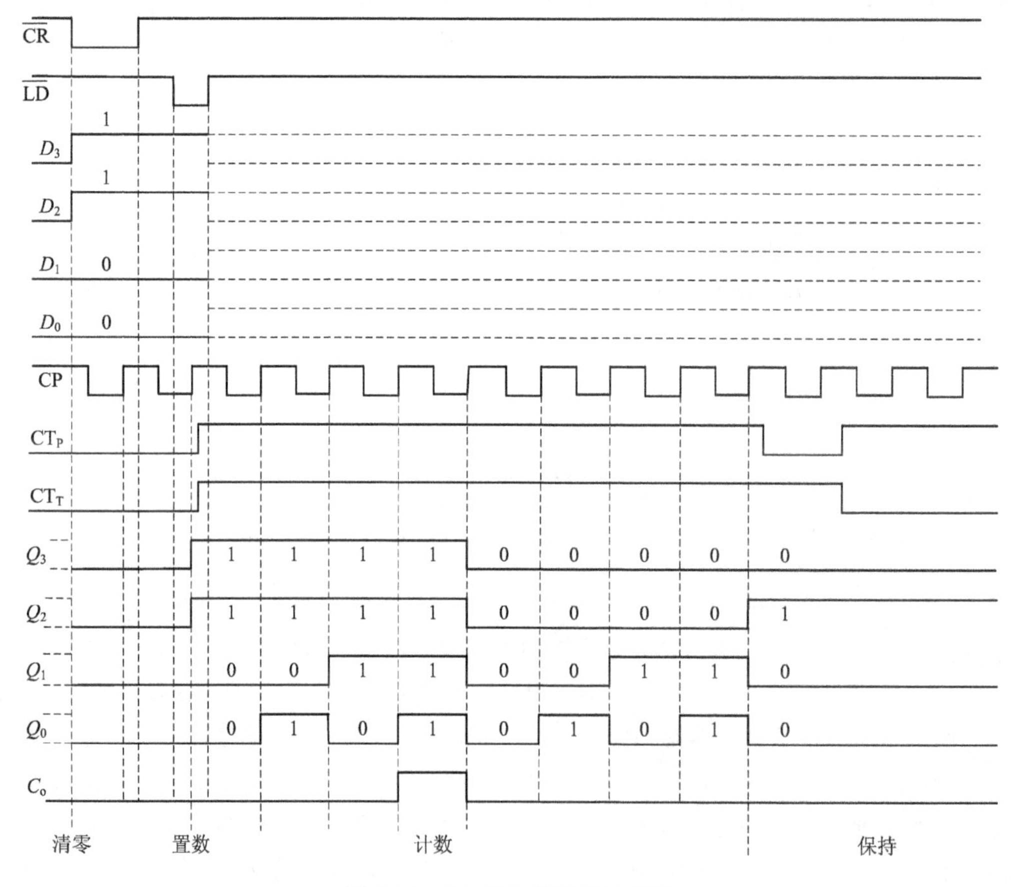

图 6.24　74LS161 的工作时序图

【知识拓展】　集成 4 位二进制同步加法计数器 74LS163

74LS163 的管脚排布与 74LS161 的基本相同，其逻辑符号也与 74LS161 的基本相同，区别在于 74LS163 的清零端为同步清零，即当 $\overline{CR}$ 置为低电平时，并不是立刻清零，而是要等到 CP 上升沿到时，才使输出端清零。计数器 74LS163 的工作时序图见图 6.25。请同学们仔细分析图 6.24 和图 6.25 的不同点和相同点。

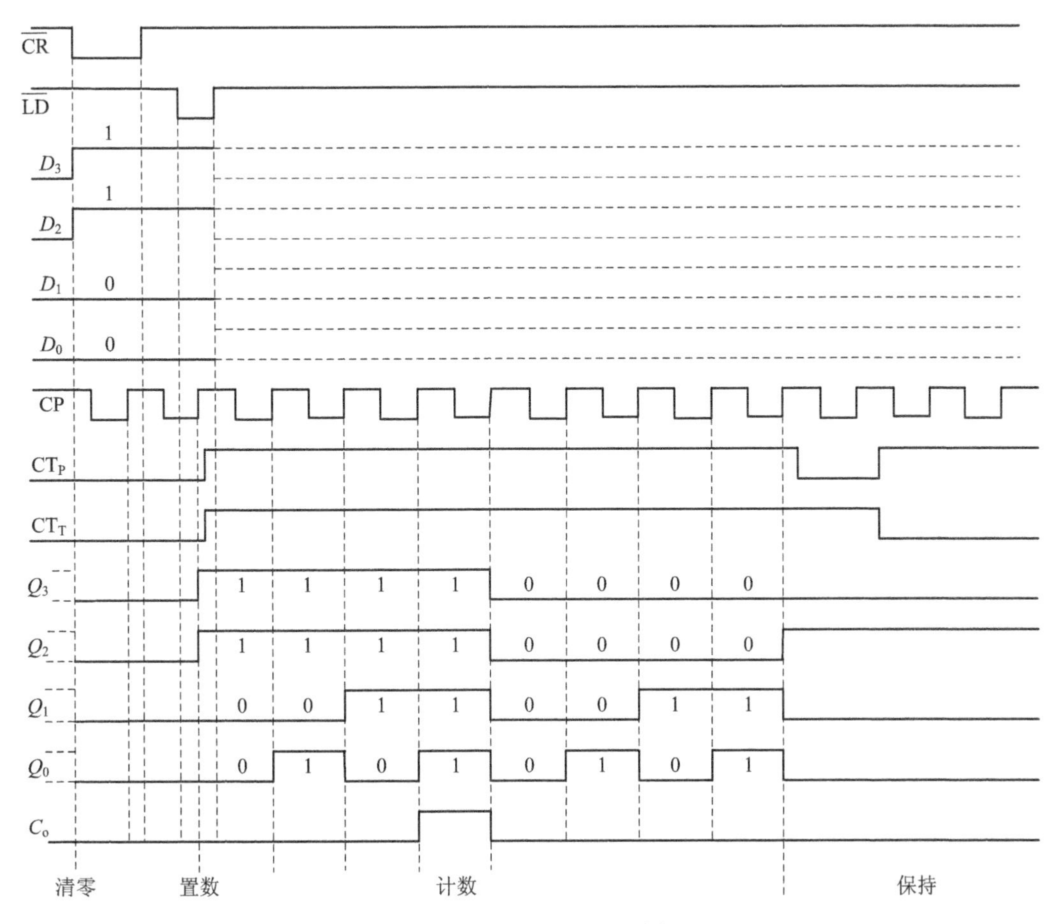

图 6.25　74LS163 的工作时序图

6.3.2　集成十进制同步加法计数器 74LS160、74LS162

74LS160 是 4 位 BCD 十进制加法计数器，同步置数(上升沿有效)，异步清零。它的管脚图和常用逻辑符号如图 6.26(a)、(b)所示。图 6.26(c)所示为 74LS160 计数方式下各使能端的接法，则输出端 $Q_3Q_2Q_1Q_0$ 的状态转移图如图 6.27 所示。

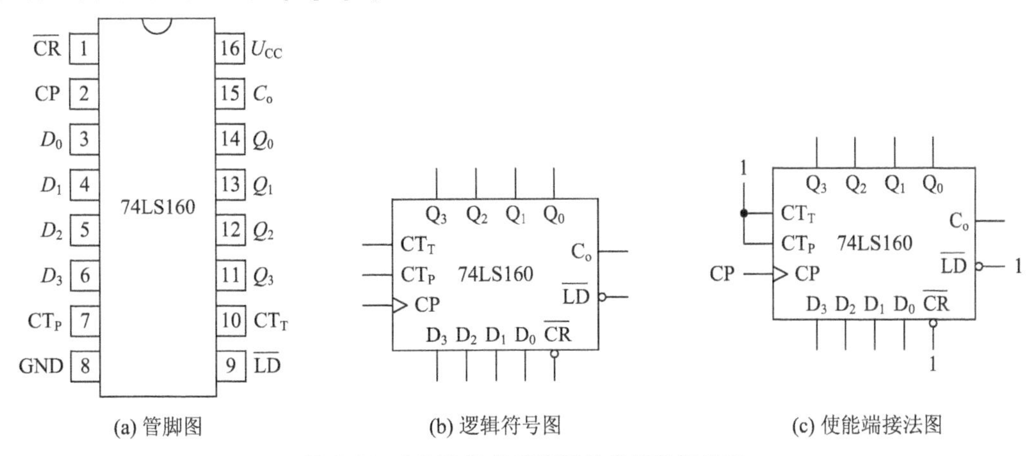

图 6.26　74LS160 的管脚图及常用逻辑符号

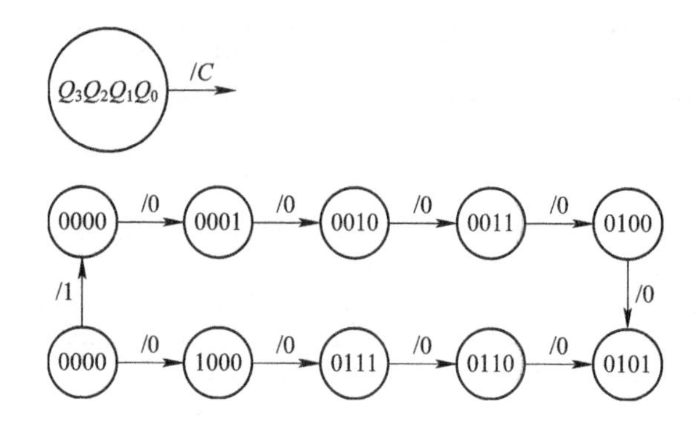

图 6.27 74LS160 十进制计数状态转移图

74LS162 和 74LS160 类似，也是 4 位 BCD 十进制加法计数器，预置和清零工作时在 CP 时钟的上升沿段同步。74LS162 与 74LS160 的差别仅在于 74LS160 是异步清零，而 74LS162 是同步清零。

6.3.3 集成十进制异步计数器 74LS390

6.3.1 节和 6.3.2 节我们学习了同步集成计数器，本节我们学习集成异步计数器的逻辑功能和使用方法。图 6.28 所示的计数器为二-五-十进制异步计数器，在 74LS390 集成芯片中封装了 2 个二-五-十进制异步计数器。二-五-十进制异步计数器是由一个二进制计数器和一个五进制计数器组合而成的，每个二-五-十进制计数器分别有各自的清零端 CLR。图 6.28(a)、(b)所示是 74LS390 的管脚图和常用逻辑符号。

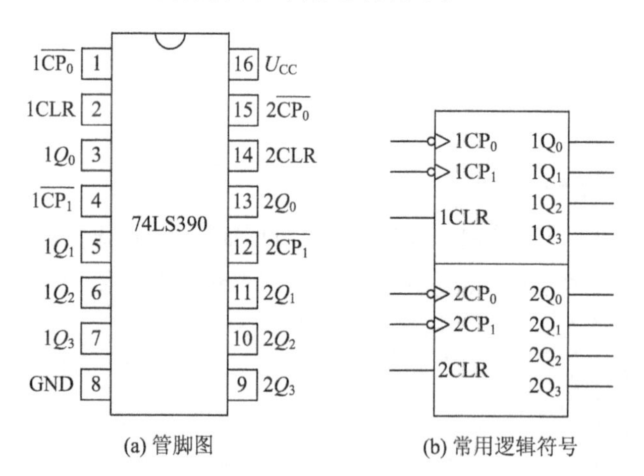

图 6.28 74LS390 的管脚图及常用逻辑符号

74LS390 各个输入/输出端的作用如下：

$1CP_0$：二进制计数器时钟输入端，下降沿有效。

$1CP_1$：五进制计数器时钟输入端，下降沿有效。

1CLR：清零端，高电平有效。当 CLR=1 时，输出 $1Q_3 1Q_2 1Q_1 1Q_0$ =0000。

Q_3、Q_2、Q_1、Q_0：计数器的输出端。其中，Q_0 是独立的，是二进制计数器的输出端；Q_3、Q_2、Q_1 是五进制计数器的输出端。如需实现十进制计数器功能，应将 Q_0 与 CP_1 相连或将 Q_3 与 CP_0 相连。采用这两种连接方式构成的十进制计数器其计数结果相同，但其编码结果不同，如图 6.29 所示。

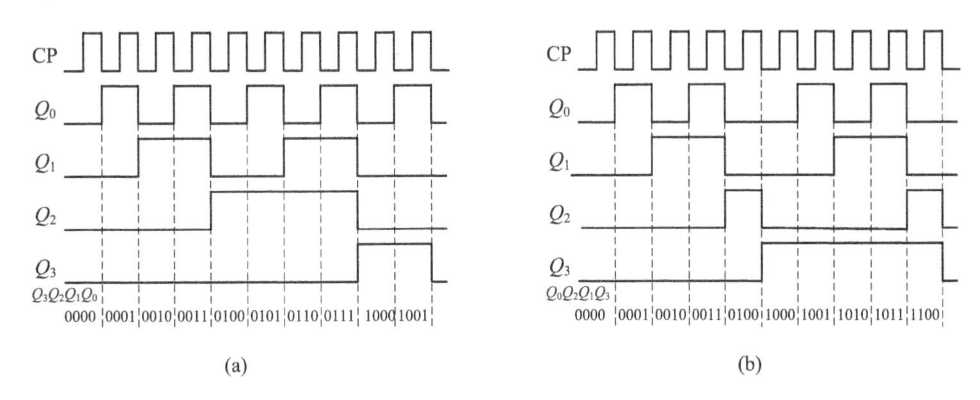

图 6.29　74LS390 两种连接方法的工作时序图

【演示】 74LS390 构成十进制计数器的两种不同接法。

图 6.30 所示是二-五-十进制计数器 74LS390 连接成十进制计数器的两种不同接法，从演示中可以看出，其输出的编码是不同的。

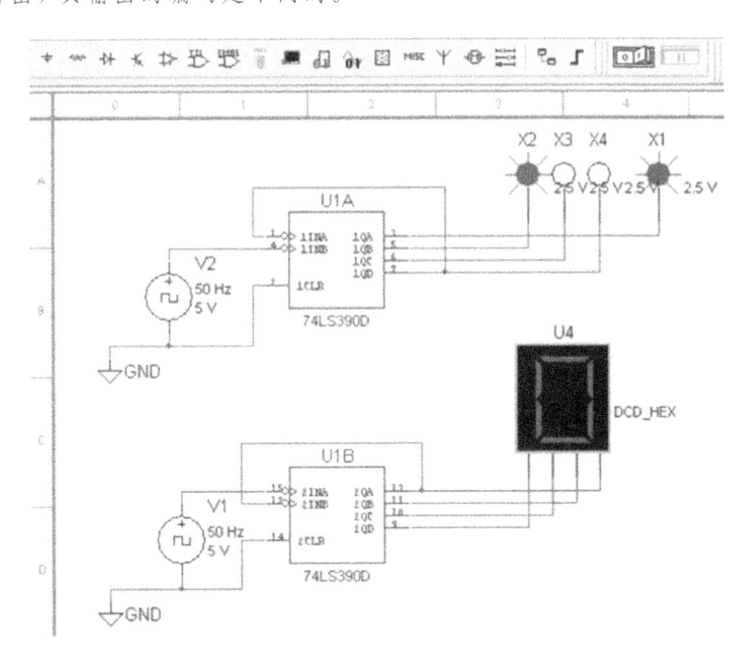

图 6.30　74LS390 构成十进制计数器的两种不同接法

除了上面介绍的 73LS390 异步计数器外，还有 74LS290 异步计数器、74LS193 可逆计数器等，在使用时应仔细阅读产品的数据手册，本书中不做详细介绍。

6.3.4　任意模数计数器的设计

前面我们介绍的大部分计数器为二进制计数器、十进制计数器等，而其他进制的计数器非常少见，如十二进制计数器、六十进制计数器等。要实现这样进制的计数器就必须对常见的计数器进行模数变化。通常计数器模数的变化有以下几种方式。

(1) 串接法：将若干计数器串接，其串接后的模数是每个计数器模数的乘积，故又称为乘数法。图 6.30 所示的 74LS390 构成的十进制计数器就采用了两种不同的串接方法，实际上是二进制计数器和五进制计数器进行串接，构成了十进制计数器。

(2) 清零法：如图 6.31(a)所示，利用清零法使计数器的模数变化为十进制。

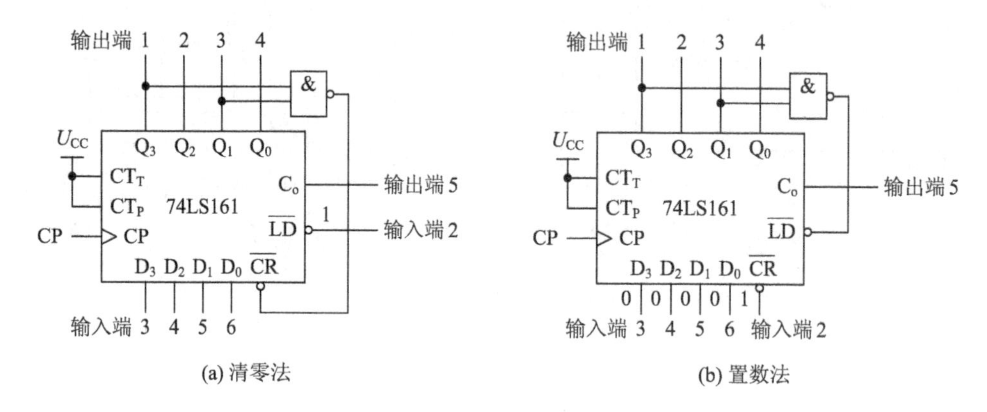

图 6.31 74LS161 构成十进制计数器的接线图

74LS161 的清零端为异步清零，因此当输出 $Q_3Q_2Q_1Q_0$ = 1010 时，$\overline{Q_3Q_1}$ 输出一个低电平送入异步清零端，则立刻将输出清零，即 $Q_3Q_2Q_1Q_0$ = 0000。此时计数器立刻从 1010 状态进入 0000 状态，因为 1010 是个瞬间，所以计数器立刻从 1001 状态进入 0000 状态，实现十进制计数器的逻辑功能，从而实现计数器模数的转换。图 6.32 所示是利用清零法转换计数器模数的状态转移图。

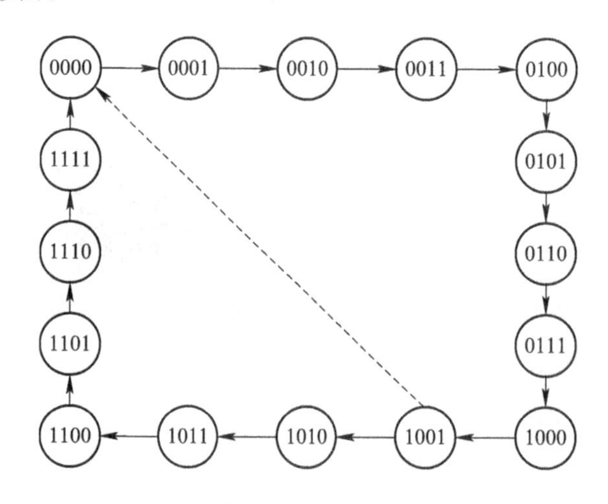

图 6.32 利用清零法转换计数器模数的状态转移图

(3) 置数法：如图 6.31(b)所示，利用置数法使计数器的模数变为十进制。

利用清零的方法可以进行模数的变化，但计数器必须从 0000 开始计数，而有些情况是希望计数器的输出不从零开始。例如，电梯的显示楼层、电视的预置台号等，若使用清零法就无法实现，所以我们采取置数法来实现。如要实现 1～8 的循环计数功能，我们只需在 1000 时将输出状态置为 0001 即可。

图 6.31(b)是用置数法构成 0～9 十进制计数器的接线图，在输出状态为 1001 时，使得

同步置数$\overline{LD}$端为低电平，等待 CP 计数脉冲的下一个上升沿到来时，将数 0000 置入输出端。

【演示】 用反馈清零法和反馈置数法将 74161 模 16 计数器构成模 10 计数器，演示图例见图 6.33。

在图 6.33(a)所示的反馈清零法中，由于输出端 $Q_3Q_2Q_1Q_0$ 各电平从低电平到高电平和高电平到低电平的时间不相同，可能产生误动作，所以经常采用如图6.34 所示的全译码方式。

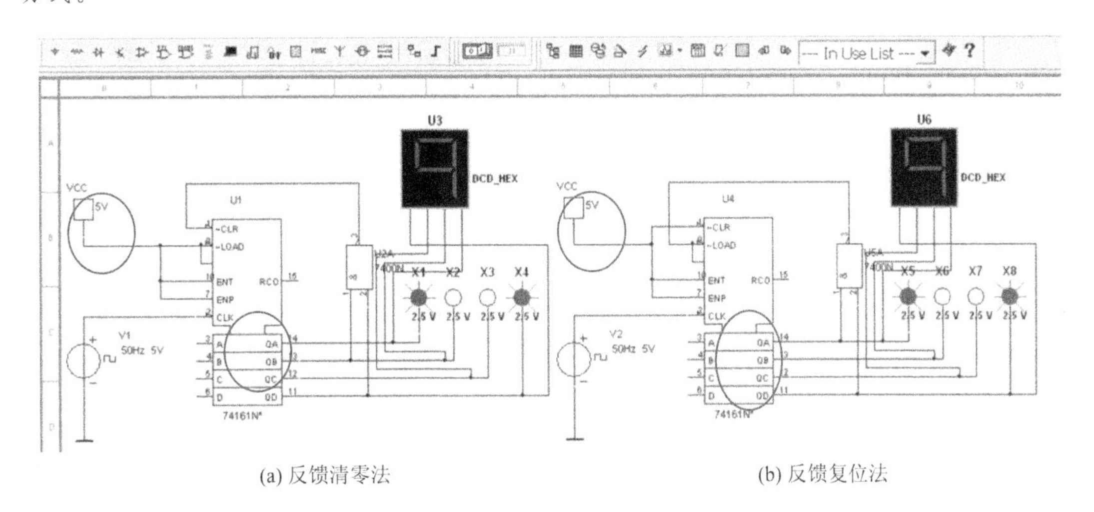

(a) 反馈清零法　　(b) 反馈复位法

图 6.33　用反馈清零法和反馈复位法构成模 10 计数器的演示图

由于清零信号随着计数器被清零而立即消失，其持续的时间很短，触发器可能来不及动作(复位)，清零信号已经过时，导致电路误动作，故采用清零法的电路其工作可靠性低。为了改善电路的性能，在清零信号产生端和清零信号输入端之间接一个基本 RS 触发器，如图 6.35 所示。

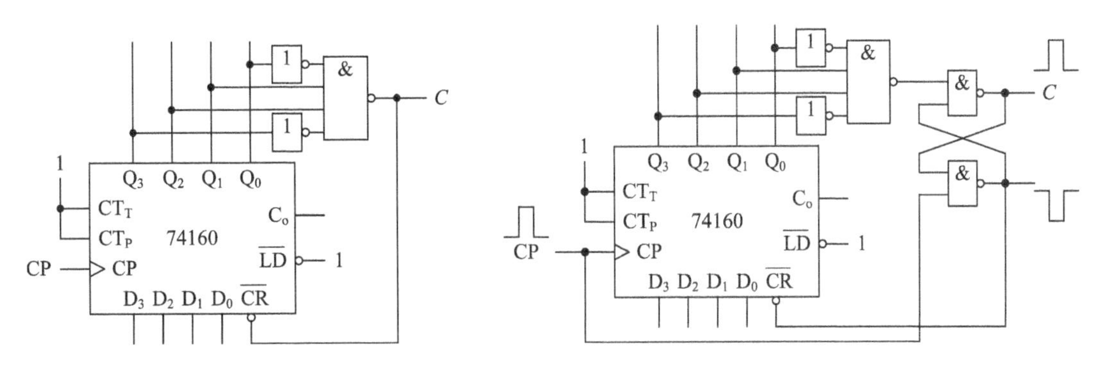

图 6.34　全译码方式反馈清零法　　图 6.35　反馈清零法的改善电路

清零法和置数法可以改变计数器的模数，但其模数必须小于集成计数器本身的模数。例如，可以用 74161 设计模数小于 16 的计数器。若要求设计模数大于 16 的计数器，该怎么办？我们知道可以采用串接法进行设计，因为串接后的模数就是每个计数器的模数的乘积。下面通过具体实例介绍任意进制计数器的设计方法。

【例 6.5】 用 74160 设计一个一百进制的计数器。

74160 是模 10 计数器，$M=M_1 \cdot M_2$，$10\times10=100$，因此只要把 2 个 74160 串接起来就可以得到模 100 计数器。串接方法有两种：一种是串行进位方式；另一种是并行进位方式。图 6.36 所示为两个 74160N 模 10 计数器采用串行进位方式构成的一百进制计数器的仿真图形。图 6.37 所示为两个 74160N 模 10 计数器采用并行进位方式构成的一百进制计数器的仿真图形。

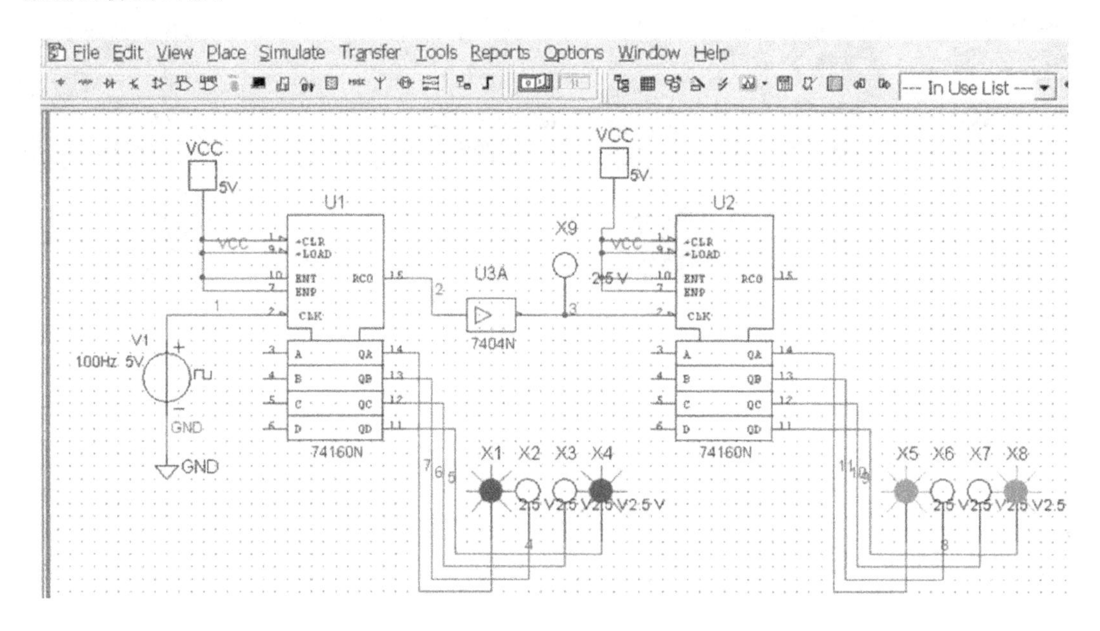

图 6.36　采用串行进位方式构成的一百进制计数器

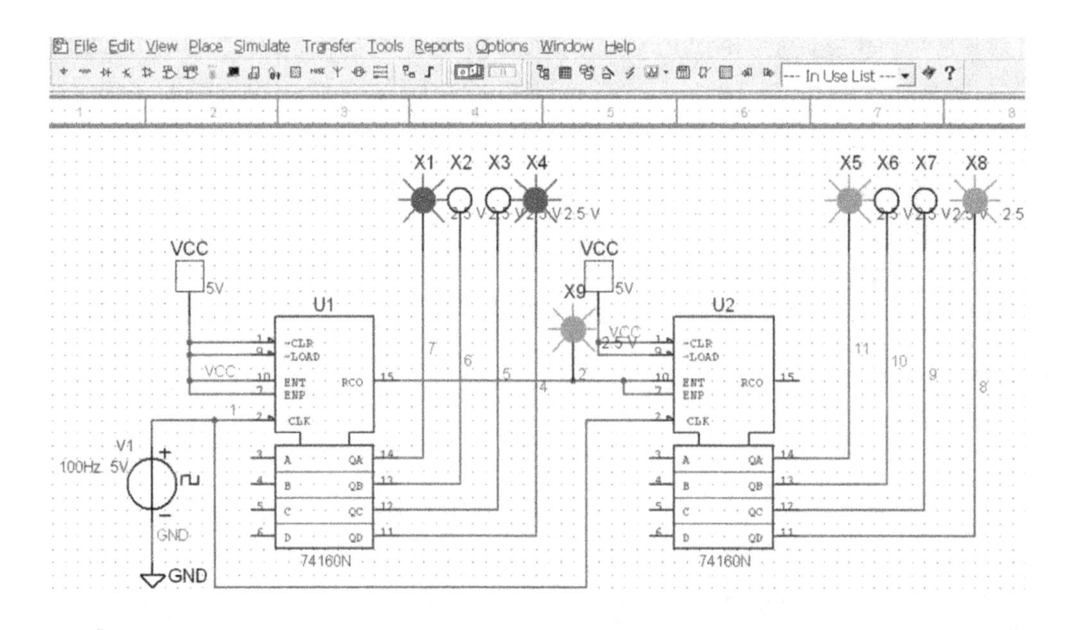

图 6.37　采用并行进位方式构成的一百进制计数器

6.4 移位寄存器

在数字电路中，用来存放二进制数据或代码的电路称为寄存器。寄存器是由具有存储功能的触发器组合起来构成的。一个触发器可以存储一位二进制代码，如果要存放 n 位二进制代码，则需用 n 个触发器来构成寄存器。

寄存器按功能可分为数据寄存器和移位寄存器。

移位寄存器中的数据可以在移位脉冲的作用下依次逐位右移或左移，数据既可以并行输入、并行输出，也可以串行输入、串行输出，还可以并行输入、串行输出和串行输入、并行输出，十分灵活，用途也很广。

目前，常用的集成移位寄存器种类很多，如 74164、74165、74166 均为 8 位单向移位寄存器，74195 为 4 位单向移位寄存器，74194 为 4 位双向移位寄存器，74198 为 8 位双向移位寄存器。

6.4.1 数据寄存器

图 6.38 所示为 4 位数据寄存器，它是由 4 个 D 触发器构成的。4 个 D 触发器的 CP 端并联接在一起，$D_3 \sim D_0$ 是数据输入端，$Q_3 \sim Q_0$ 是数据输出端。当 CP 上升沿到来时，$Q_3Q_2Q_1Q_0 = D_3D_2D_1D_0$，4 位数据被锁存在 4 个 D 触发器的输出端。通常，我们称电平触发方式的寄存器为锁存器，而边沿触发方式的寄存器为寄存器。

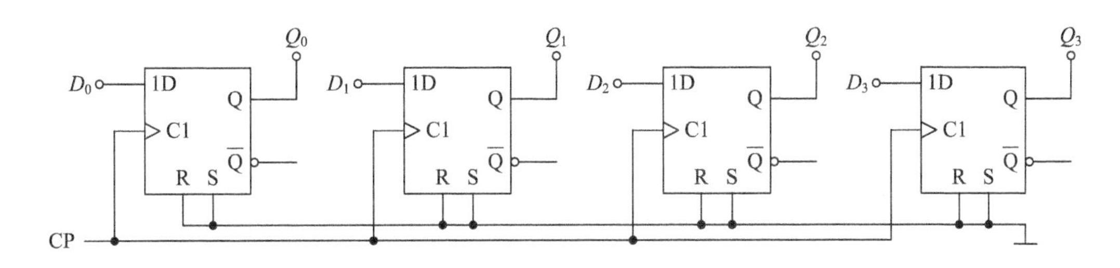

图 6.38　4 位数据寄存器

常用的集成数据锁存器有 74LS373，它具有 8 位数据锁存功能。74LS374 为 8 位数据寄存器。图 6.39 所示为两种集成电路的管脚图，表 6.6 所示为它们的功能真值表。从表 6.6 中可以看出，当输出使能$\overline{OE}$为高电平时，集成电路(无论是 74LS373 还是 74LS374)的输出皆为高阻态，也就是说它们的输出端都是可以挂于总线上的。当输出使能$\overline{OE}$为低电平时，74LS373 的输出取决于 LE，当 LE 为高电平时，输出 $Q_7 \sim Q_0$ 等于 $D_7 \sim D_0$，而当 LE 为低电平时，输出 $Q_7 \sim Q_0$ 锁存数据不变；74LS374 则不同，它的输出取决于 CP 脉冲，当 CP 上升沿到来时，输出 $Q_7 \sim Q_0$ 等于 $D_7 \sim D_0$，而 CP 的其余时间，输出皆不变。所以我们称 74LS373 为具有三态输出的 8D 数据锁存器，而 74LS374 为具有三态输出的 8 位数据寄存器。

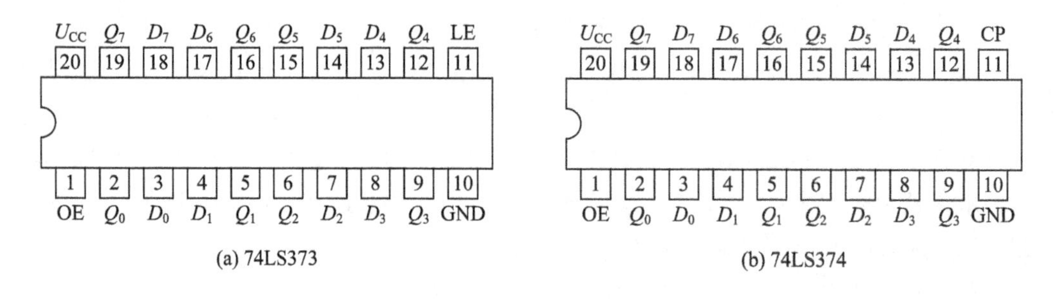

图 6.39　74LS373 和 74LS374 的管脚图

表 6.6　74LS373 和 74LS374 的真值表

D_n	LE	OE	Q^{n+1}	D_n	CP	OE	Q^{n+1}
1	1	0	1	1	↑	0	1
0	1	0	0	0	↑	0	0
×	0	0	Q^n	×	×	1	Z^n
×	×	1	Z^n				

6.4.2　移位寄存器

图 6.40 所示的右移寄存器由 4 个 D 触发器串联构成，DIN 为串行数据输入端，$Q_3Q_2Q_1Q_0$ 为并行数据输出端，Q_O 为串行数据输出端。若 D_I 上输入数据为 1，则当第 1 个 CP 上升沿到来时，D_I 上的“1”移到了 Q_0 上，随着第 2 个、第 3 个、第 4 个 CP 脉冲上升沿的到来，该数据“1”不断右移到 Q_1、Q_2、Q_3 上，当第 4 个脉冲到来时，从 Q_O 上得到了 D_I 上的数据。若 D_I 上的串行数据是 1101，则数据随着 CP 上升沿的到来不断右移，如表 6.7 所示，经过 4 个脉冲之后，在串行输出端 Q_O 得到串行输入的第 1 位数据，同时，在寄存器的并行输出 $Q_3Q_2Q_1Q_0$ 上得到了 4 位串行转并行的数据 1101，可以看出，在第 8 个脉冲结束后，在串行数据输出端 Q_O 上可以得到 4 位串行数据 1101。

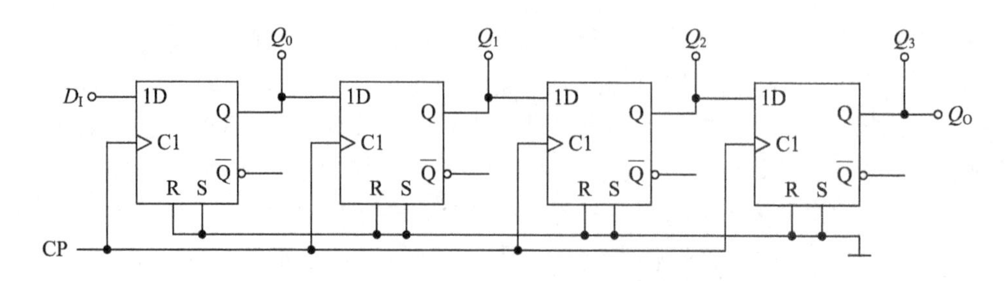

图 6.40　4 位移位(右移)寄存器

图 6.41 所示是 4 位左移寄存器。输入端 D_I 上的数据随着 CP 时钟的到来，依 $Q_3 \to Q_2 \to Q_1 \to Q_0$ 左移。

表 6.7　4 位移位(右移)寄存器的工作过程

CP	D_I	Q_0	Q_1	Q_2	$Q_3(Q_O)$
0	1101(1)	0	0	0	0
1	×101(1)	1	0	0	0
2	××01(0)	1	1	0	0
3	×××1(1)	0	1	1	0
4	××××(1)	1	0	1	1

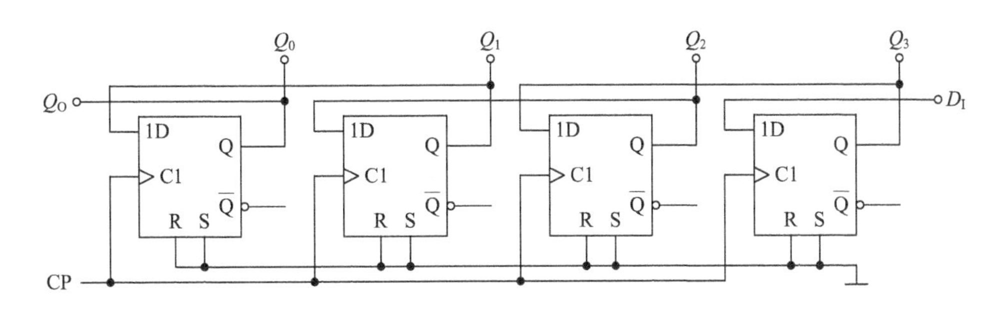

图 6.41　4 位移位(左移)寄存器

6.4.3　串行输入并行输出 8 位集成移位寄存器 74164

1. 74164 的逻辑符号及逻辑功能

74164 是串行输入并行输出 8 位集成移位寄存器，图 6.42 是它的管脚分布图和逻辑符号。该移位寄存器中，$\overline{\text{CLEAR}}$为直接清零端，低电平有效；CLOCK 为时钟输入端，上升沿有效；A 与 B 为两个相与非的串行数据输入端，其中一个可以作为控制端使用，若把 B 端作为控制端，则当 $B=0$ 时，禁止数据输入，当 $B=1$ 时，允许数据输入；$Q_0 \sim Q_7$ 为 8 位并行数据输出端，Q_7 为最终端的输出，也可以从 Q_7 得到串行数据的输出。表 6.8 是它的真值表。

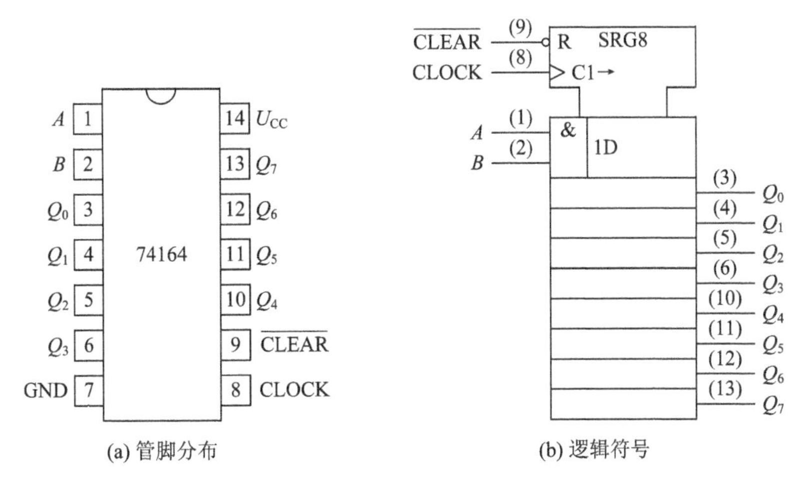

图 6.42　74164 的管脚分布和逻辑符号

表 6.8　集成移位寄存器 74164 的真值表

输　　入				输　　出			
$\overline{\text{CLEAR}}$	CLOCK	A	B	Q_0	Q_1	…	Q_7
L	×	×	×	L	L	…	L
H	↓	×	×	保持不变			
H	↑	L	×	L	Q_0	…	Q_6
H	↑	×	L	L	Q_0	…	Q_6
H	↑	H	H	H	Q_0	…	Q_6

2. 74164 构成的 1/16 分频器

如图 6.43 所示，首先置$\overline{\text{CLEAR}}$端为低电平，输出 $Q_7 \sim Q_0$ 全为“0”，Q_7 通过非门将“0”变成“1”送入 A，B 端接高电平。当 CP 上升沿到时，“1”移入 Q_0 端，其余的数据逐位右移，$Q_7 \sim Q_0$ 的状态变化为 00000000 → 00000001 → 00000011 → 00000111 → 00001111 → 00011111 → 00111111 → 01111111→11111111。可见，8 个脉冲之后，$Q_7 \sim Q_0$ 全为“1”，此时 Q_7 通过非门将“1”又变成“0”送入 A，再经过 8 个脉冲后，$Q_7 \sim Q_0$ 又全为 0，所以实际上构成模 16 计数器，每记 16 个脉冲循环一次，Q_7 上的波形的频率为时钟频率 CLOCK 的 1/16，且占空比为 50%。

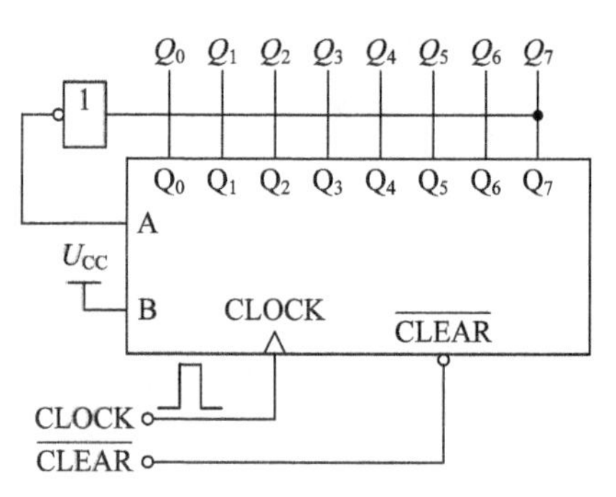

图 6.43　74164 连接成环形计数器

【演示】　74164 构成扭环形计数器(1/16 分频器)。

演示图如图 6.44 所示。

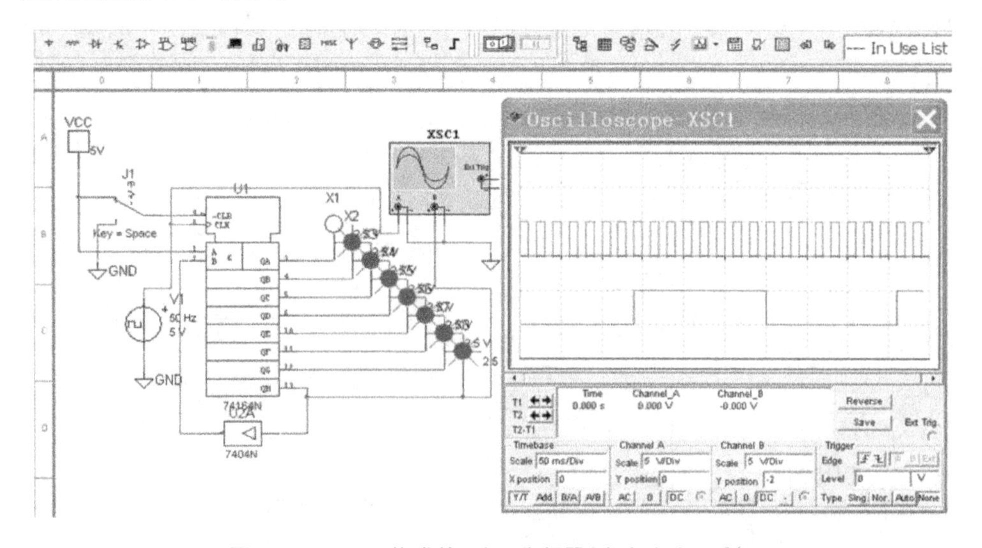

图 6.44　74164 构成的 1/16 分频器(占空比为 50%)

6.4.4　多功能 4 位并入并出(PIPO)集成移位寄存器 74194

寄存器 74194 是应用较广的移位寄存器，它的功能有：① 数据并入并出；② 数据左移；③ 数据右移；④ 数据保持。图 6.45 所示是它的管脚分布图和逻辑符号，其真值表见表 6.9。

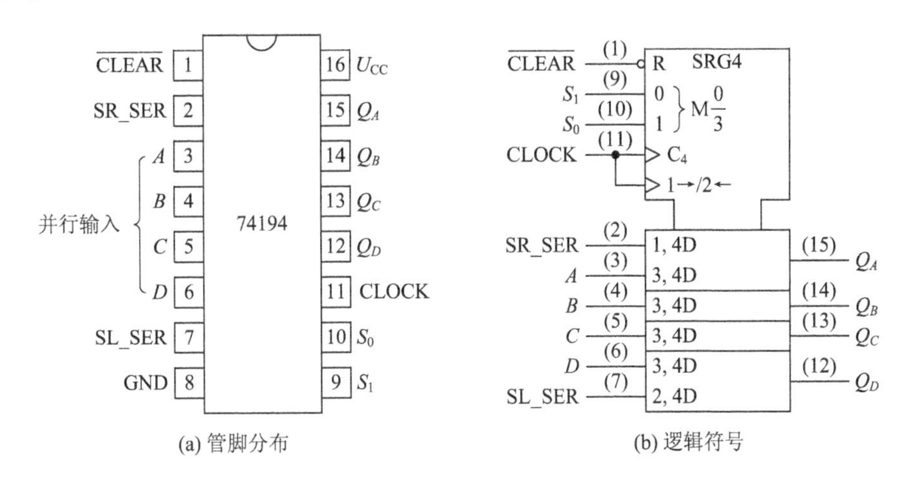

图 6.45　74194 的管脚分布和逻辑符号

表 6.9　集成移位寄存器 74194 的真值表

输　入										输　出			
$\overline{CLEAR}$	S_1	S_0	CLOCK	SL_SER	SR_SER	A	B	C	D	Q_A	Q_B	Q_C	Q_D
L	×	×	×	×	×	×	×	×	×	L	L	L	L
H	×	×	↓	×	×	×	×	×	×	Q_A^n	Q_B^n	Q_C^n	Q_D^n
H	H	H	↑	×	×	a	b	c	d	a	b	c	d
H	L	H	↑	×	H	×	×	×	×	H	Q_A^n	Q_B^n	Q_C^n
H	L	H	↑	×	L	×	×	×	×	L	Q_A^n	Q_B^n	Q_C^n
H	H	L	↑	H	×	×	×	×	×	Q_B^n	Q_C^n	Q_D^n	H
H	H	L	↑	L	×	×	×	×	×	Q_B^n	Q_C^n	Q_D^n	L
H	L	L	×	×	×	×	×	×	×	Q_A^n	Q_B^n	Q_C^n	Q_D^n

从图 6.45 和表 6.9 中我们可以看出，74194 是一款多功能的移位寄存器，它各管脚的功能如下：

$\overline{CLEAR}$(1 脚)：直接清零端，低电平有效。

CLOCK(11 脚)：时钟端，上升沿有效。

S_1、S_0(9、10 脚)：寄存器工作模式设置端。当 S_1S_0＝11 时，寄存器并入并出；当 S_1S_0＝

01 时，寄存器右移；当 $S_1S_0=10$ 时，寄存器左移；当 $S_1S_0=00$ 时，寄存器输出保持不变。

A、B、C、D(3、4、5、6 脚)：寄存器工作在并入并出工作模式下，4 位并行数据从 A、B、C、D 输入，在时钟上升沿到来时，置入输出 $Q_AQ_BQ_CQ_D$ 上。

SR_SER(2 脚)：右移串行数据输入端，当寄存器在右移工作模式时，串行数据从此端输入，每来一个时钟上升沿，数据在 $Q_AQ_BQ_CQ_D$ 上依次右移，4 个脉冲后，可以在 $Q_AQ_BQ_CQ_D$ 上并行取出 4 位右移的数据，也可以在 Q_D 依次串行输出。

SL_SER(7 脚)：左移串行数据输入端，当寄存器在左移工作模式时，串行数据从此端输入，每来一个时钟上升沿，数据在 $Q_AQ_BQ_CQ_D$ 上依次左移，4 个脉冲后，可以在 $Q_AQ_BQ_CQ_D$ 上并行取出 4 位左移的数据，也可以在 Q_A 依次串行输出。

$Q_AQ_BQ_CQ_D$(15、14、13、12 脚)：4 位并行数据输出端。

【演示】 寄存器 74194 构成扭环形计数器(1/8 分频器)。

从图 6.46 中可以看出，利用 74194 可以构成扭环形计数器，即构成 8 分频电路。从图 6.46 所示的示波器中可以看出，其串行输出端 Q_D 上得到的信号是时钟信号频率的 1/8。图 6.47 所示是寄存器 74194 构成的扭环形计数器的状态转移图。

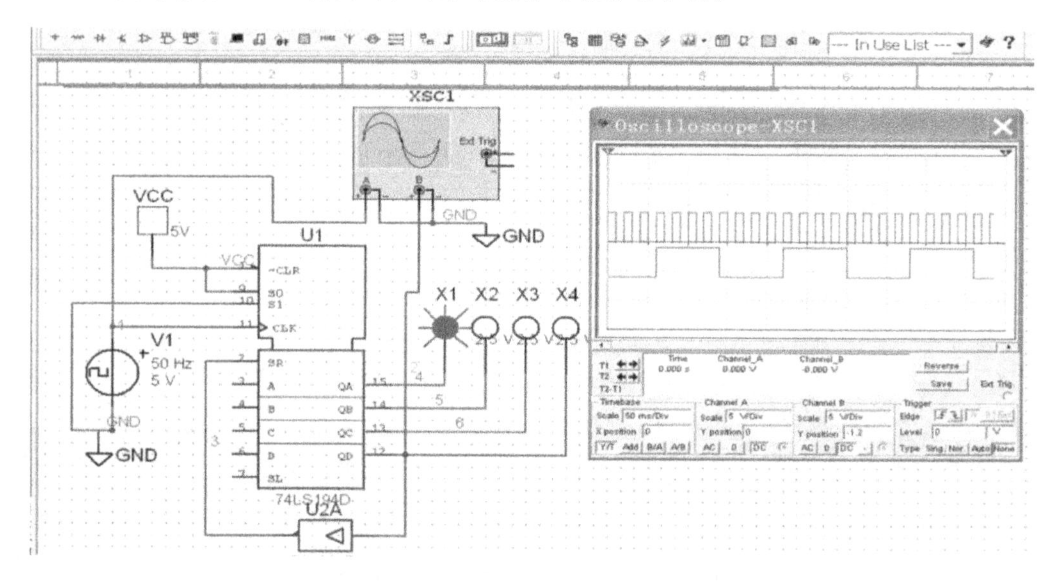

图 6.46 74194 构成的扭环形计数器

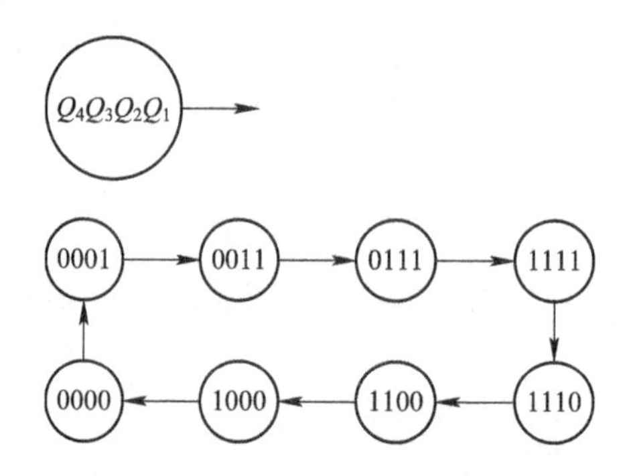

图 6.47 74194 构成的扭环形计数器的状态转移图

6.5　数字钟电路的设计与制作

【设计案例】 试用中小规模集成电路设计符合指标要求的数字钟电路。

指标要求：

(1) 12 个小时为一个周期；

(2) 显示时、分、秒；

(3) 具有校时功能，可以分别对时及分进行单独校时，使数字钟校正到标准时间；

(4) 计时过程具有报时功能，当时间到达整点前 10 秒时进行蜂鸣报时；

(5) 为了保证计时的稳定及准确，必须由晶体振荡器提供标准时间基准信号。

6.5.1　数字钟的构成

数字钟实际上是一个对标准 1 Hz 信号进行计数的计数电路。由于计数的起始时间不可能与标准时间(如北京时间)一致，因此必须在电路中加入一个校时电路，同时标准的 1 Hz 时间信号必须做到准确稳定。图 6.48 所示为数字钟的一般构成框图。

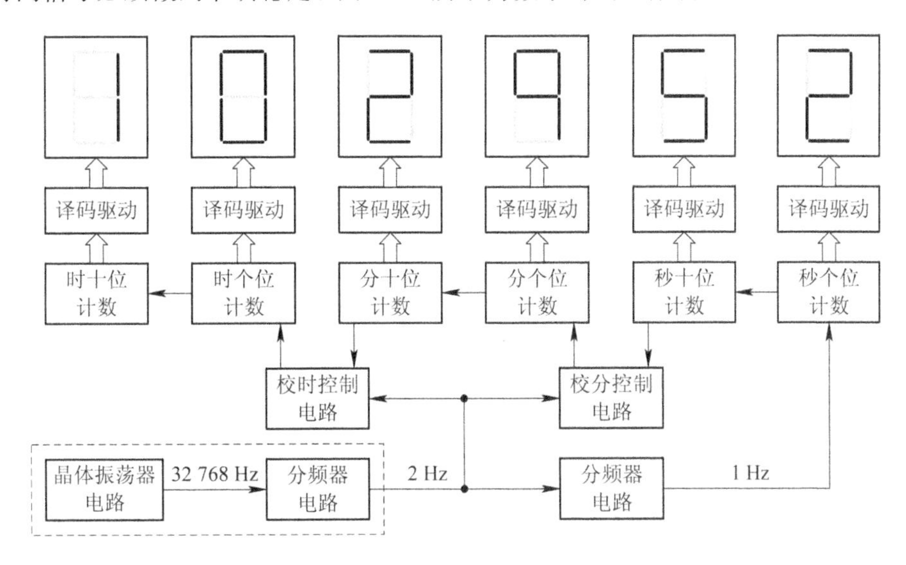

图 6.48　数字钟的组成框图

晶体振荡器电路：给数字钟提供一个频率稳定、准确的 32 768 Hz 的方波信号，可保证数字钟走时准确且稳定。例如，指针式电子钟和数字显示电子钟都使用了晶体振荡器电路。

分频器电路：将 32 768 Hz 的高频方波信号经 32 768(215)次分频后得到1 Hz 的方波信号供秒计数器进行计数。分频器实际上就是计数器。

时间计数器电路：由秒个位和秒十位计数器、分个位和分十位计数器及时个位和时十位计数器电路构成，其中秒个位和秒十位计数器、分个位和分十位计数器为六十进制计数器，而根据设计要求时个位和时十位计数器为十二进制计数器。

译码驱动电路：将计数器输出的 8421BCD 码转换为数码管需要的逻辑状态，并且为保证数码管正常工作提供足够的工作电流。

数码管：通常有发光二极管(LED)数码管和液晶(LCD)数码管，本设计使用的是 LED 数码管。

6.5.2 数字钟的工作原理

1. 晶体振荡器电路

晶体振荡器是构成数字式时钟的核心，其保证了时钟的走时准确及稳定。

一般输出为方波的数字式晶体振荡器电路有两类：一类是由 TTL 门电路构成的；另一类是由 CMOS 电路非门构成的。图 6.49 所示电路的结构非常简单。该电路被广泛应用于各种需要频率稳定且准确的数字电路(如数字钟、电子计算机、数字通信电路)中。

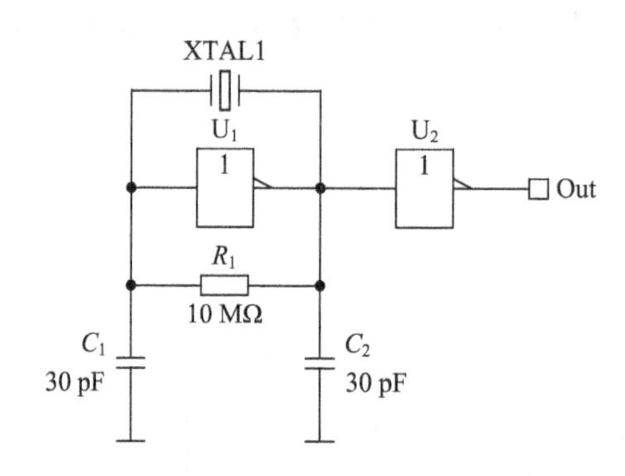

图 6.49 CMOS 晶体振荡器

图 6.49 中，CMOS 非门 U_1 与晶体电阻电容和电阻构成晶体振荡器电路；U_2 实现整形功能，将振荡器输出的近似于正弦波的波形转换为较理想的方波；输出反馈电阻 R_1 为与非门提供偏置，使电路工作于放大区域，即使非门近似于一个高增益的反相放大器；电容 C_1、C_2 与晶体构成一个谐振型网络来完成对振荡频率的控制功能，同时还提供了一个 180°相移，从而与非门构成了一个正反馈网络，实现了振荡器的功能。由于晶体具有较高的频率稳定性及准确性，因此保证了输出频率的稳定性和准确性。

2. 分频器电路

通常数字钟的晶体振荡器的输出频率较高，为了得到 1 Hz 的秒信号输入，需要对振荡器的输出信号进行分频。

通常实现分频功能的是计数器电路，一般采用多级二进制计数器来实现。例如，将 32 768 Hz 的振荡信号分频为 1 Hz 的分频倍数 32 768 或 2^{15}，实现该分频功能的计数器相当于 15 级二进制计数器。

3. 时间计数单元

时间计数单元有时计数单元、分计数单元和秒计数单元等。

时计数单元一般为十二进制计数器或二十四进制计数器，其输出为两位 8421BCD 码形式；分计数单元和秒计数单元为六十进制计数器，其输出也为 8421BCD 码。

一般采用十进制计数器(如 74LS290、74LS390 等)来实现时间计数单元的计数功能。欲实现十二进制和六十进制计数，还需进行计数模数转换。

4. 译码驱动及显示单元

计数器实现了对时间的累计并以 8421BCD 码的形式输出。为了将计数器输出的 8421BCD 码显示出来，需用显示译码电路将计数器的输出数码转换为数码显示器件所需要的输出逻辑和一定的电流。一般称这种译码器通常为七段译码显示驱动器。常用的七段译码显示驱动器有 CD4511 等。

数码显示器件通常有发光二极管(LED)数码管和液晶(LCD)数码管。由于液晶数码管的价格较高，驱动较复杂，并且仅能工作于有外界光线的场合，所以其使用较少。大多情况下使用的是发光二极管数码管(即 LED 数码管)，平时使用较多的 LED 数码管有单字和双字之分。

发光二极管的数码管通常还有尺寸之分，一般小的数码管每个笔画为一个发光二极管，而尺寸较大的数码管一个笔画可能是多个发光二极管串接而成的，这时一般无法直接用译码驱动器直接驱动(其输出高电平一般为 3 V 左右)。

5. 校时单元电路

当重新接通电源或数字钟运行出现误差时都需要对时间进行校正。

在通常情况下，校正时间的方法是：首先，截断正常的计数通路；然后，进行人工触发计数或将频率较高的方波信号加到需要校正的计数单元的输入端，并进行校正；最后，转入正常的计时状态即可。

6. 整点报时电路

一般时钟都应具备整点报时功能，即在时间出现整点前数秒，数字钟会自动报时。报时的方式是发出连续的或有节奏的音频声波，较复杂的也可以是实时语音提示。

6.5.3 电路设计及元器件选择

1. 振荡电路与分频电路

根据要求，振荡电路应选择晶体振荡电路。振荡电路可以由图 6.49 所示的电路来实现。为使电路具有更高的品质因数以提高振荡频率的稳定性，这里选择 CMOS 非门。从减小电路功耗的角度来考虑，这也是一种较好的选择，因此电路的其他部分也应尽量采用 CMOS 集成电路来实现。另外，若为适应低电压工作环境，还应考虑采用 74HC 系列(低压可达 2 V)集成电路。

晶体 XTAL 的频率选为 32 768 Hz。该元件专为数字钟电路而设计，其频率较低，有利于减小分频器级数。从有关手册中可查得 C_1、C_2 均应为 30 pF。当要求频率准确度和稳定度更高时，还可以接入校正电容并采取温度补偿措施。

由于 CMOS 电路的输入阻抗极高，因此反馈电阻 R_1 可选为 10 MΩ。较高的反馈电阻有利于提高振荡频率的稳定性。

非门电路可选 74HC00 或 74HC04 等。

由于晶体振荡器的输出频率为 32 768 Hz，因此为了得到 1 Hz 的秒信号输入，需要对振荡器的输出信号进行 15 级二进制分频。

实际上，从减少元器件数量的角度来考虑，这里可选用多级二进制计数电路 CD4060 和 CD4040 来构成分频电路。CD4060 和 CD4040 在数字集成电路中可实现的分频次数最高，而且 CD4060 还包含振荡电路所需的非门，使用更方便。

CD4060 为 14 级二进制计数器，可以将 32 768 Hz 的方波信号分频为 2 Hz，其内部框图如图 6.50 所示。从图 6.50 中可以看出，CD4060 的时钟输入端有两个串接的非门，因此可以直接实现振荡和分频功能。

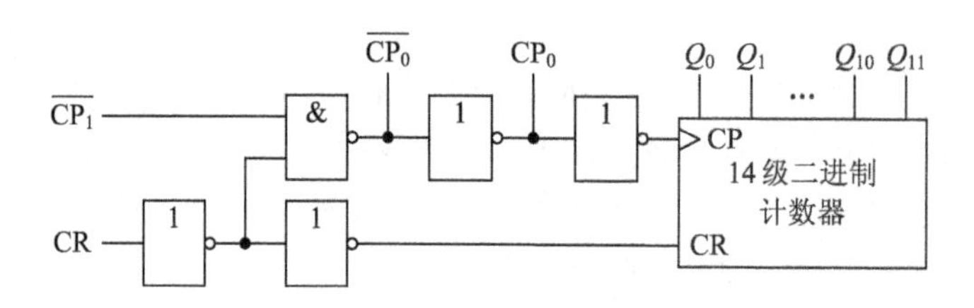

图 6.50　CD4060 的内部框图

CD4040 计数器的计数模数为 4096(2^{12})，其逻辑框图如图 6.51 所示。例如，将 32 768 Hz 信号分频为 1 Hz，则需外加一个 8 分频计数器，因此一般较少使用 CD4040 来实现分频。

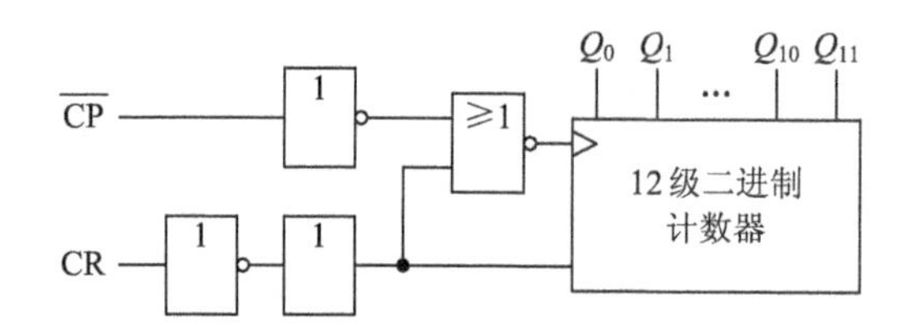

图 6.51　CD4040 的内部框图

综上所述，可选择 CD4060 同时构成振荡和分频电路。参照图 6.50，在$\overline{CP_0}$和$\overline{CP_0}$之间接入振荡器外接元件可实现振荡，利用时计数电路中多出的 2 分频器可实现 15 级 2 分频，即可得 1 Hz 信号。

2. 时间计数电路

一般采用十进制计数器来实现时间计数单元的计数功能。为减少器件的使用数量，可选用 74HC390，其内部逻辑框图如图 6.52 所示。该器件为双二-五-十异步计数器，并且每个计数器都提供了一个异步清零端(高电平有效)。

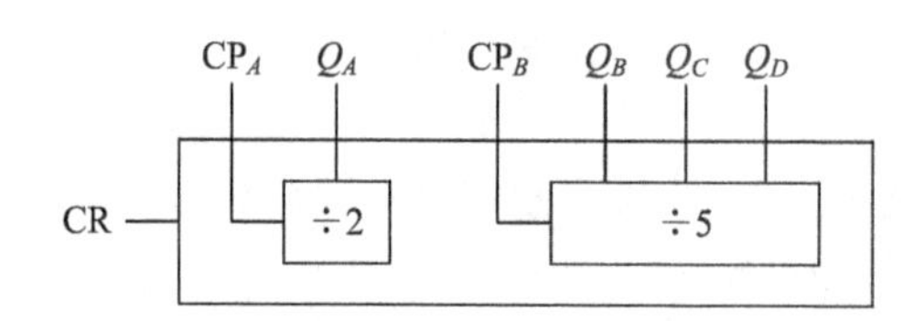

图 6.52　74HC390(1/2)的内部逻辑框图

秒个位计数单元为十进制计数器，无须进行进制转换，只需将 Q_A 与 CP_B(下降沿有效)相连即可。CP_A(下降沿有效)与 1 Hz 秒输入信号相连，Q_D 可作为向上的进位信号与秒十位计数单元的 CP_A 相连。

秒十位计数单元为六进制计数器，需要进行进制转换。将十进制计数器转换为六进制计数器的电路连接方法如图 6.53 所示。其中，Q_C 可作为向上的进位信号与分个位计数单元的 CP_A 相连。

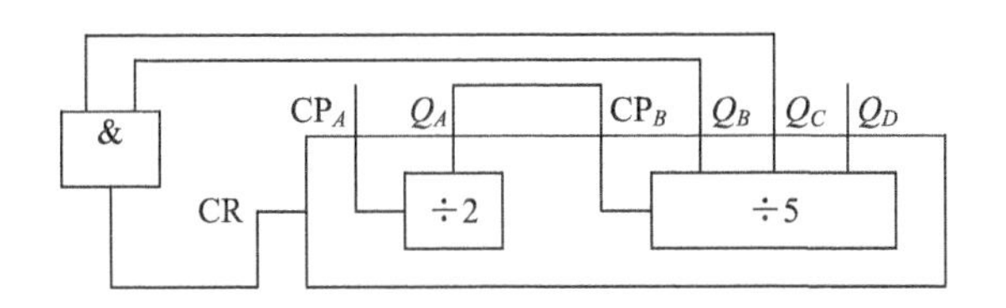

图 6.53　十进制-六进制计数器转换电路

分个位和分十位计数单元的电路结构分别与秒个位和秒十位计数单元的电路结构完全相同，只不过分个位计数单元的 Q_D 作为向上的进位信号应与分十位计数单元的 CP_A 相连，分十位计数单元的 Q_C 作为向上的进位信号应与时个位计数单元的 CP_A 相连。

时个位计数单元的电路结构仍与秒或分个位计数单元的电路结构相同，但根据要求，整个时计数单元应为十二进制计数器。由于进制不是 10 的整数倍，因此需将个位和十位计数单元合并为一个整体才能进行十二进制转换。利用 1 片 74HC390 实现十二进制计数功能的电路如图 6.54 所示。

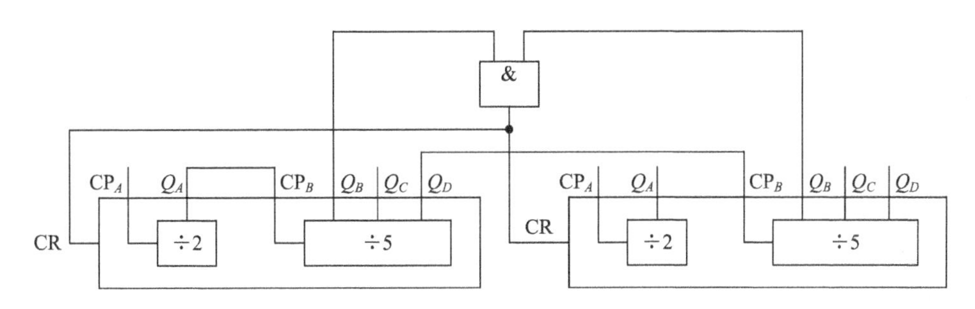

图 6.54　十二进制计数器电路

另外，图 6.54 所示电路中尚余 1 个二进制计数单元，正好用于将分频器的 2 Hz 输出信号转化为 1 Hz 信号。

3. 译码驱动及显示单元电路

选择 CD4511 作为显示译码电路，LED 数码管作为显示单元电路。

4. 校时电路

根据数字钟电路的要求，它应具有分校正和时校正的功能，因此应截断分个位和时个位的直接计数通路，并采用正常计时信号与校正信号可以随时切换的电路。图 6.55 所示为用 CMOS 与或非门来实现的时或分校时电路。图中，In_1 端与低位的进位信号相连；In_2 端与校正信号相连，校正信号可直接取自分频器产生的 1 Hz 或 2 Hz(不可太高或太低)信号；输出端则与分或时个位计时输入端相连。

如图 6.55 所示，当开关向下拨动时，由于校正信号与 0 相与的输出为 0，而开关的另一端接高电平，正常输入信号可以顺利通过与或门，因此校时电路处于正常计时状态；当开关向上拨动时，情况正好相反，这时校时电路处于校时状态。显然，这样的校时电路需要两个。若门电路采用 TTL 型，则可省去电阻 R_1 和 R_2。与或非门可选 74HC51，非门则可选 74HC00 或 74HC04 等。

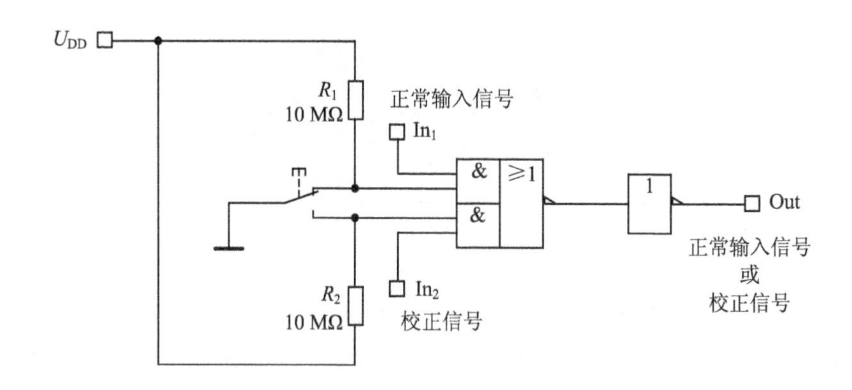

图 6.55　时或分校正电路

图 6.55 所示的校时电路存在开关抖动问题，电路无法正常工作，因此在实际使用时，必须对开关的状态进行消除抖动处理。通常采用基本 RS 触发器构成开关消抖动电路，如图 6.56 所示，其中与非门可选 74HC00 等。

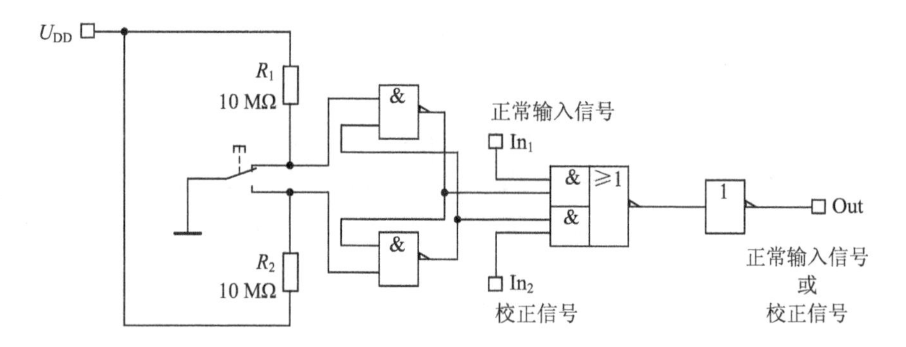

图 6.56　带有消抖动电路的校正电路

另外，在对分进行校时的时候应不影响时计数器的现状态，即当进行分校时时，如果产生进位，应该不影响时计数的计数或不产生进位作用。因此，可用分校时 RS 触发器的 0 输出状态来封锁进位输入信号，而 74HC51 正好为 3 输入与或非门，多出的输入端可以用于封锁信号输入。

5. 整点报时电路

根据数字钟电路的要求，电路应在整点前 10 秒钟内开始整点报时，即在 59 分 50 秒到 59 分 59 秒期间，报时电路产生报时控制信号。

在 59 分 50 秒到 59 分 59 秒期间，分十位、分个位和秒十位均保持不变，分别为 5、9 和 5，因此可将分计数器十位的 Q_C 和 Q_A、个位的 Q_D 和 Q_A 及秒计数器十位的 Q_C 和 Q_A 相与，从而产生报时控制信号。

报时电路可选 74HC30。74HC30 为 8 输入与非门。选蜂鸣器为电声器件。蜂鸣器是一种压电电声器件，当其两端加上一个直流电压时就会发出鸣叫声，两个输入端是有极性的，其较长管脚应与高电位相连。与非门 74HC30 输出端应与蜂鸣器的负极相连，而蜂鸣器的正极则应与电源相连。

6.5.4 数字钟电路的设计与制作

1. 任务要求

试用中小规模集成电路制作一个数字钟。

1）设计指标

（1）24 个小时为一个周期。

（2）显示时、分、秒。

（3）具有校时功能，可以分别对时及分进行单独校时，使其校正到标准时间。

（4）计时过程具有报时功能，当时间到达整点前 5 秒时进行蜂鸣报时。

（5）为了保证计时稳定且准确，必须由晶体振荡器提供标准时间基准信号。

2）设计要求

（1）课堂完成设计并用 Multisim 软件进行仿真验证。

（2）课后完成原理图绘制、元器件选型、电路装接与调试、电路性能检测。

（3）完成报告撰写。实训报告的具体内容包括：① 任务的具体功能指标；② 电路组成及框图；③ 数字钟原理图；④ 数字钟元件清单；⑤ 测试步骤及测试结果；⑥ 结果分析和结论。

2. 技能目标

（1）会用中规模集成电路设计具有一定功能的数字逻辑电路。

（2）会用 CMOS 非门设计晶体振荡器电路，会用集成计数器 74LS390 设计输出 8421BCD 码的十二进制、六十进制计时器电路。

（3）进一步理解数码显示电路和消抖动电路。

（4）了解整点报时电路的设计方法，理解校时、校分电路的设计方法。

（5）会正确绘制原理图，能根据图纸正确选用元器件，布线布局，焊接完成设计电路。

（6）能正确调试 8 人抢答器，解决调试中出现的问题。

（7）会用 Multisim 软件进行仿真验证。

（8）能按要求撰写实训报告。

3. 知识目标

（1）理解中规模集成电路，如 CD4060 14 级分频器、74LS390 计数器、CD4511 显示译码器、74HC51 与或非电路的逻辑功能。

（2）理解单元电路，如振荡与分频电路、计数电路、译码显示电路、校时电路等的工作原理。

（3）理解数字钟电路的结构和工作原理。

6.6 技能拓展

6.6.1 同步时序电路的逻辑功能仿真测试

1. 任务要求

（1）用同步时序逻辑电路分析方法分析图 6.57 所示电路的逻辑功能。

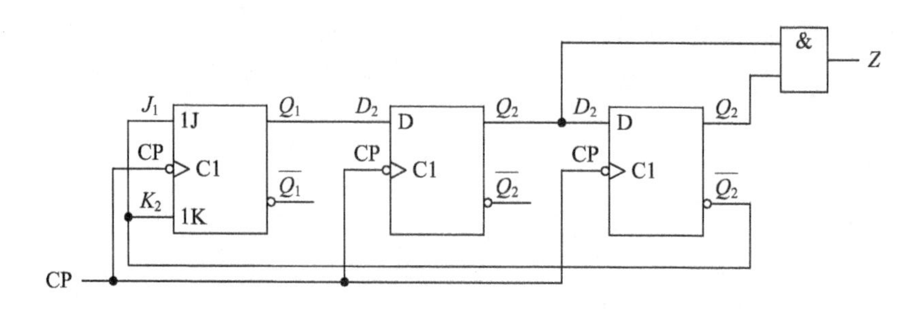

图 6.57　同步时序逻辑电路

(2) 用 Multisim 软件或同类软件仿真测试图 6.57 所示电路的逻辑功能，并与(1)的分析结果进行对比。

(3) 验证电路是否有自启动功能。

2. 测试电路

参考图 6.58 进行仿真测试。

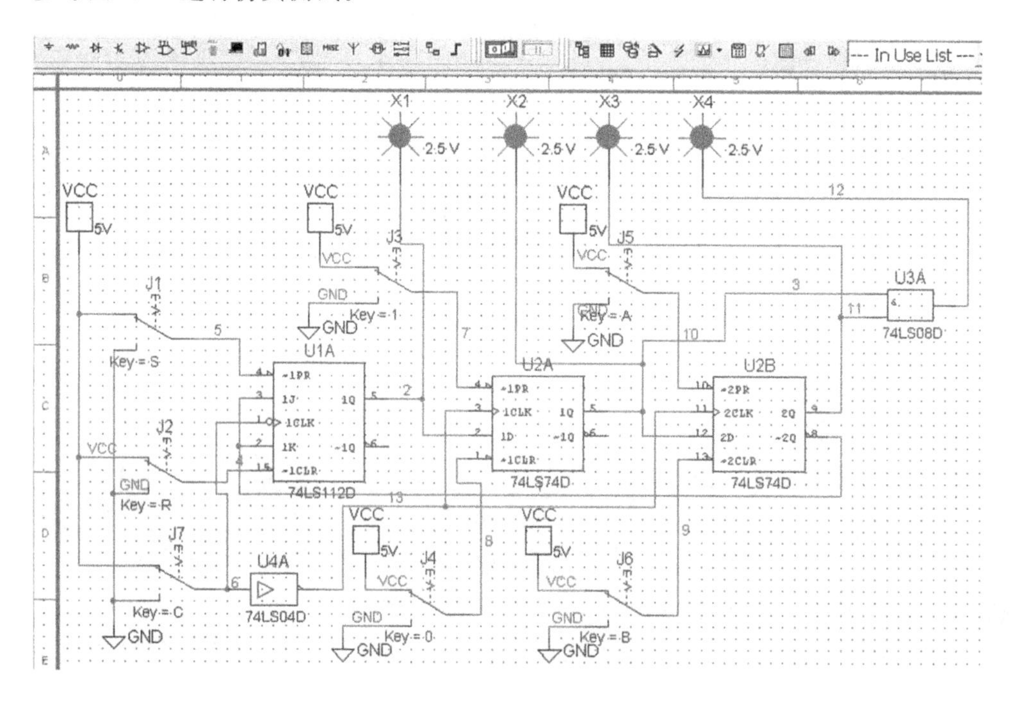

图 6.58　同步时序逻辑电路逻辑功能的仿真测试

3. 测试步骤

(1) 分析图 6.57 所示时序逻辑电路的功能，画出状态转移图。

(2) 打开 Multisim 软件，按图 6.58 连接电路。

① 图 6.58 中的 JK 触发器用 74LS112，D 触发器用 74LS74。由于 74LS112 为下降沿触发，而 74LS74 为上升沿触发，因此在 74LS112 的 CLK 信号之后接非门到 74LS74。

② 所有的置 0 端和置 1 端皆接于开关上，以便将触发器的输出置 0 或置 1。

③ 时钟信号 CLK 用开关模拟，这只能用于仿真中，在实际电路中，由于存在开关抖

动，因此不能用此方法产生时钟信号，必须加消抖动电路。

（3）正确接线后，将所有触发器的状态置 0。按动 CLK 信号的开关键，记录每来一个下降沿时触发器的状态变化。

结论：该电路的功能是______________________________，和分析的结果__________（一致/不一致）。

（4）将触发器的状态置 111，当时钟信号到来时，其下一个状态是________。

结论：该电路________（具有/不具有）自启动功能。

6.6.2　集成计数器 74LS161 的逻辑功能仿真测试

1. 任务要求

（1）测试集成计数器 74LS161 的逻辑功能。

（2）用 Multisim 软件或同类软件进行仿真验证，或在数字电路综合测试仪上验证。

2. 测试电路

测试电路参见图 6.59。

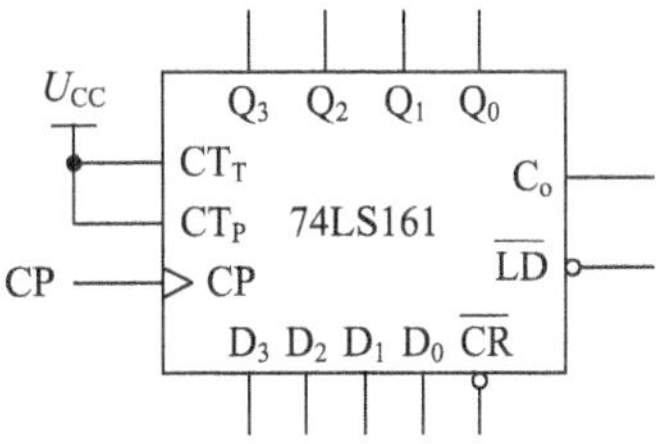

图 6.59　74LS161 的测试电路

3. 测试步骤

（1）按图 6.59 及图 6.31(a)连接测试电路，检查接线无误后，打开电源。

（2）将$\overline{R_D}$置低电平，改变 CT_T、CT_P、LD 和 CP 的状态，观察 Q_3、Q_2、Q_1、Q_0 的变化，将结果记入表 6.10 中。

结论：当$\overline{CR}$置低电平时，无论 CT_T、CT_P、$\overline{LD}$和 CP 的状态如何变化，输出 $Q_3Q_2Q_1Q_0$ 的状态始终为________，所以我们称$\overline{CR}$为异步清零端，且它是________（填高电平/低电平）有效。

表 6.10　74LS161 的功能测试表

CP	$\overline{CR}$	LD	CT_T	CT_P	Q_3^{n+1}	Q_2^{n+1}	Q_1^{n+1}	Q_0^{n+1}
×	0	×	×	×				
↑	1	0	×	×				
↓	1	0	×	×				
↑↓	1	1	0	0				
↑↓	1	1	0	1				
↑↓	1	1	1	0				
↑↓	1	1	1	1				

（3）将$\overline{CR}$置高电平，$\overline{LD}$置低电平，改变 $D_3D_2D_1D_0$ 的输入状态，改变 CP 变化 1 个周期（由高电平变为低电平，再由低电平变为高电平），观察输出 $Q_3Q_2Q_1Q_0$ 的状态变化，并记录在表 6.10 中。（状态保持时填写 $Q^{n+1}=Q^n$，置数时填写 $Q^{n+1}=D$。）

结论：当$\overline{CR}$置高电平、$\overline{LD}$置低电平时，改变 $D_3D_2D_1D_0$ 的输入状态，输出 $Q_3Q_2Q_1Q_0$

的状态立刻________(变化/不变化)。当 CP 脉冲________(上升沿/下降沿)到来时，输入端 $D_3D_2D_1D_0$ 的输入状态才反映在输出端 $Q_3Q_2Q_1Q_0$。所以我们称$\overline{LD}$端为同步置数端，因为它和________同步。置数的条件是：① $\overline{LD}$应为________(填高电平/低电平)；② 必须等到 CP 脉冲________(填上升沿/下降沿)的到来。

(4) 将$\overline{CR}$置高电平，$\overline{LD}$接高电平，分别将 CT_TCT_P 置 00、01、10、11，观察随着 CP 脉冲的变化，输出 $Q_3Q_2Q_1Q_0$ 的状态变化。

结论：当$\overline{CR}$置高电平、$\overline{LD}$置高电平时，随着 CP 脉冲的变化，若 CT_TCT_P 置 00 或 01，则输出 $Q_3Q_2Q_1Q_0$ 的状态________(变化/不变化)，但 $C_o=0$；

当 CT_TCT_P 置 10 时，输出 $Q_3Q_2Q_1Q_0$ 的状态________(变化/不变化)，C_o 保持不变；

当 CT_TCT_P 置 11 时，输出 $Q_3Q_2Q_1Q_0$ 的状态________(变化/不变化)，且呈现计数状态，每记满________个时钟，输出状态重复循环，所以 74LS161 是________(2/4)位二进制计数器，又称为模________(2/4/8/16)计数器。

(5) 根据测试结果，理解 74LS161 的工作时序图。

6.6.3　秒或分电路计数器设计(六十进制计数器)

1. 任务要求

(1) 分别用集成计数器 74LS160 和 74LS390 构成数字钟中的秒或分计数器。

(2) 用 Multisim 软件或同类软件进行仿真验证。

2. 测试电路

测试电路如图 6.60 和图 6.61 所示。

数字钟中的秒计时器和分计时器都是六十进制的，而数字钟中的时计时器为十二进制或二十四进制的。下面分别用 74LS160 和 74LS390 构成二十四进制的时计数器。

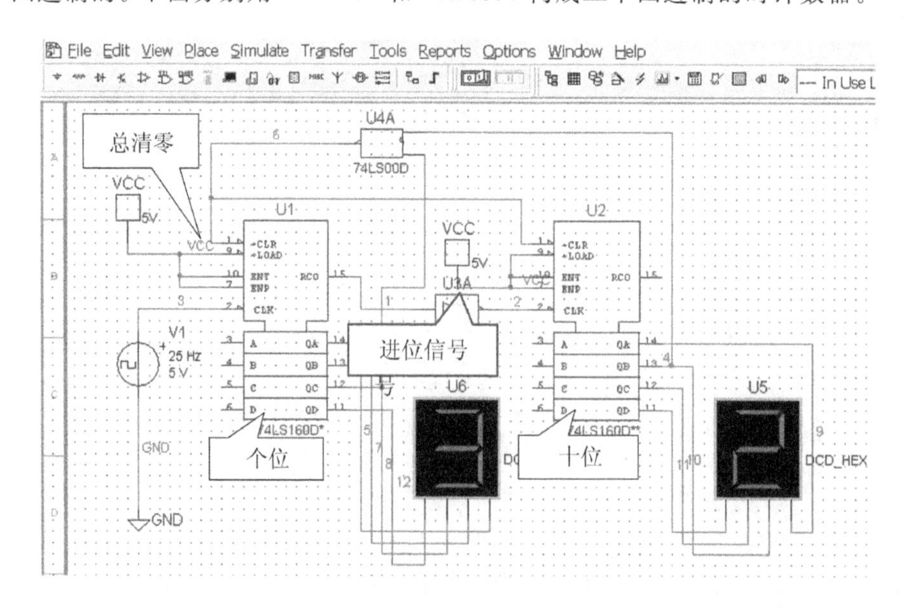

图 6.60　用 74LS160 构成的二十四进制时计数器的仿真图

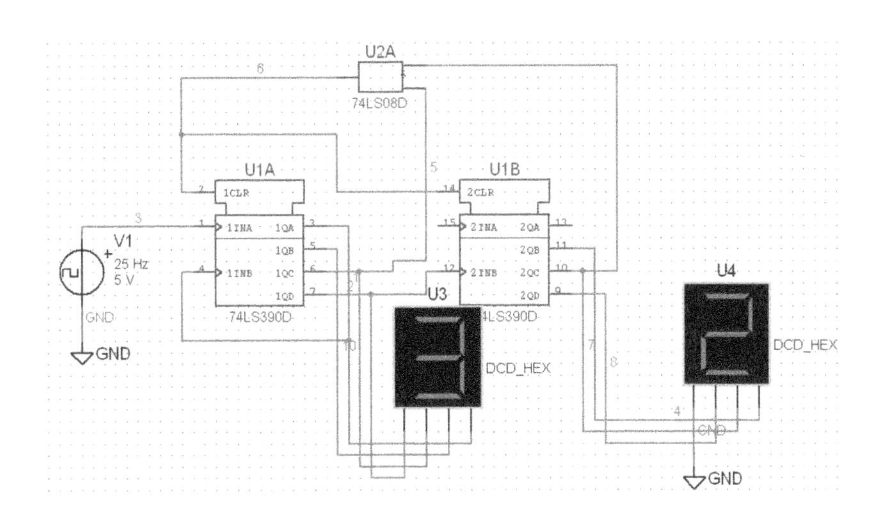

图 6.61 用 74LS390 构成的二十四进制时计数器的仿真图

该计数器的特点是：个位和十位输出皆为十进制输出(8421BCD 输出)，当个位计数满十之后，向十位进位，继续计数，当十位计数到 2，同时个位计数到 4，即 24 个脉冲之后，通过与非门 74LS00 送出总清零信号，使得个位和十位计数器同时清零，回到 00 状态，重新开始计数。图 6.60 所示是用 74LS160 构成的二十四进制时计时器的仿真图。图 6.61 所示是用 74LS390 构成的二十四进制时计时器的仿真图。

知识小结

(1) 时序电路的特点是：电路的当前状态及输出不仅取决于当前的输入状态，还与电路前一时刻的状态有关。时序电路分为同步时序电路和异步时序电路。

(2) 同步时序电路的分析步骤如下：

① 写出每个触发器的输入方程(驱动方程)。

② 根据触发器的特征方程写出触发器的状态方程。

③ 若有输出信号，写出电路的输出方程。

④ 根据状态方程和输出方程，列出真值表。

⑤ 画出状态转移表。

⑥ 判断电路的逻辑功能。

⑦ 判断电路是否可以自启动。所谓自启动，是指当电路由于干扰或其他因素进入无效工作状态时，能够经过一个或若干个脉冲回到主循环状态。

(3) 计数器是常用的时序逻辑电路之一。常用的集成计数器电路有 4 位二进制加法计数器 74LS161(异步清零、同步置数)，4 位二进制加法计数器 74LS163(同步清零、同步置数)、十进制加法计数器 74LS160(异步清零、同步置数)、74LS162(同步清零、同步置数)，十进制异步计数器 74LS390。

(4) 计数器模数变化的方法有串接法、反馈复位法(清零法)、反馈置数法。

(5) 数据锁存器和数据寄存器也是常用的时序逻辑电路之一。常用的数据锁存器为 74LS373。74LS374 为具有三态输出的数据寄存器。常用的移位寄存器为 74LS164，它是 8

位串入并出的移位寄存器，可以把它连接成环形计数器，实现占空比为50%的1/16分频器。74LS194是一款多功能寄存器，它可以实现数据串入并出、数据左移、数据右移、数据保持。合理连接移位寄存器可以实现流水灯等实用电路。

思考与练习

一、判断题(正确的打√，错误的打×)

1. 时序电路包含组合电路和存储电路两部分，组合电路是必不可少的。（　）
2. 寄存器、计数器都属于组合电路；编码器、译码器属于时序电路。（　）
3. 数字电路按照是否有记忆功能通常可分为两类：① 时序；② 组合。（　）
4. 组合逻辑电路中一般应有JK触发器。（　）
5. 各个触发器时钟端连在一起的时序电路一定是同步时序电路。（　）
6. 异步时序电路的各级触发器的类型不同。（　）
7. 同步时序逻辑电路和异步时序逻辑电路比较，其差别在于前者的时钟脉冲控制端连在一起。（　）
8. 同步时序电路中所有触发器的状态不同时发生变化。（　）
9. 同步二进制计数器的电路比异步二进制计数器复杂，所以实际应用中较少使用同步二进制计数器。（　）
10. 设计时序逻辑电路时若给定的状态数为N，触发器数为K，则$N \leqslant 2^K$。（　）
11. 时序电路中，若有3个触发器，则其相应的输出状态数最多为6个。（　）
12. 若要构成一个六进制计数器，最少用3个触发器，有2个无效状态。（　）
13. 用N个触发器构成计数器，可得到的最大计数长度是2^N-1。（　）
14. 寄存器要存放n位二进制数码时，需要2^n个触发器。（　）
15. 3位二进制计数器可以构成模值为2^3+1的计数器。（　）
16. 十进制计数器最高位输出的周期是输入CP脉冲周期的10倍。（　）
17. 设计一个同步十进制加法计数器，需要三个触发器。（　）
18. 同步时序逻辑电路中的无效状态是由于状态表没有达到最简导致的。（　）
19. 74LS161同步置数端$\overline{LD}$，若使输出状态与预置输入端相同，则需要$\overline{LD}=0$。（　）
20. 74LS163同步清零端$\overline{CR}$，若使输出端为0则需要$\overline{CR}=0$和CP脉冲共同作用。（　）
21. 74LS290内部的二进制和五进制计数器串接可构成七进制计数器。（　）
22. 74LS290内部的计数器有两种方式串接构成十进制计数器，其编码结果不同，分别为8421码和余三码。（　）
23. 在同步时序电路的设计中，若最简状态表中的状态数为2^N，而且用N级触发器来实现其电路，则不需检查电路的自启动性。（　）
24. 利用反馈归零法获得N进制计数器时，若为异步置零方式，则状态N只是短暂的过渡状态，不能稳定，且立刻变为0状态。（　）
25. 当用74LS290的内部二进制和五进制计数器DIV2和DIV5构成余三码十进制计

数器时，DIV5 的输出端最高位应与 DIV2/DIV5 的时钟端 CP 相连。（　）

26. 计数器相互串接，则新的计数器的模为每个计数器的模的和。（　）

27. 74LS161 为异步清零。若利用复位法实现十进制计数器，则在 $Q_3Q_2Q_1Q_0=1001$ 时计数器反馈清零。（　）

28. 某计数器用复位法实现十进制计数，当反馈脉冲出现在 $Q_3Q_2Q_1Q_0=1010$ 时，此计数器同步清 0。（　）

29. 采用复位法进行计数器的模数变换时，其计数器的最小输出数只能为 0。（　）

30. 74LS163 为同步清零。利用 74LS163 用复位法构成某计数器，若 $Q_3Q_2Q_1Q_0=1001$ 时计数器反馈清零，则此计数器模为十进制。（　）

31. 寄存器的工作模式有并入并出、串入串出、串入并出和并入串出。（　）

32. 移位寄存器 74LS194 具有左移、右移、翻转和保持四种状态。（　）

33. 移位寄存器不仅可以寄存代码，还可以实现数据的串并行转换和处理。（　）

34. 计数器不仅能对时钟脉冲计数，还可用于分频、定时和数字运算等。（　）

35. 移位寄存器 74LS194 可串行输入并行输出，但不能串行输入串行输出。（　）

36. 将几个 D 触发器进行串接，前一级触发器的输出与后一级触发器的输入连接起来，就构成了移位寄存器。（　）

37. 环形计数器在每个时钟脉冲 CP 作用时，仅有一位触发器发生状态更新。（　）

38. 环形计数器如果不作自启动修改，则总有孤立状态存在。（　）

39. 计数器的模是指构成计数器的触发器的个数。（　）

40. 计数器的模是指输入的计数脉冲的个数。（　）

41. 寄存器按照功能不同可分为两类：移位寄存器和数码寄存器。（　）

42. 由四位移位寄存器构成的顺序脉冲发生器可产生 4 个顺序脉冲。（　）

43. 5 个 D 触发器构成环形计数器，其计数长度为 5。（　）

44. 一个 8421BCD 码计数器至少需要 4 个触发器。（　）

45. 设计 0～32 的计数器，如采用同步二进制计数器，最少要用 5 级触发器。（　）

46. 8 位移位寄存器，经 8 个脉冲后，串行输入的 8 位数码全部出现在输出端。（　）

47. 移位寄存器由 5 个触发器构成，串行输入时，经过 5 个脉冲后，第一个数码出现在输出端。（　）

48. 8 个触发器构成的二进制计数器从 0 做加法计数，最大可计数到 256。（　）

49. 某移位寄存器的时钟脉冲频率为 100 kHz，将存放在该寄存器中的数左移 8 位，完成该操作需要 80 ms。（　）

50. 要产生 10 个顺序脉冲，需要 3 片四位双向移位寄存器 74LS194 来实现。（　）

51. 四位双向移位寄存器 74LS194 构成的扭环形计数器，其计数状态为 8 个。（　）

52. 位数相同的扭环形计数器比环形计数器的利用率高。（　）

53. 环形计数器不需要进行自启动修改。（　）

54. 在同步时序电路的设计中，若最简状态表中的状态数为 32，用 5 级触发器来实现其电路，则不需要检查电路的自启动性。（　）

55. n 位二进制计数器的容量等于 2^n。（　）

56. 设计 0、1、2、3、4、5、6、7 这几个数的计数器，采用同步二进制计数器，最少应

使用3级触发器。 (　　)

57. 有一个左移位寄存器，当预先置入1011后，其串行固定接0，在4个移位脉冲CP作用下，四位数据的移位过程是1011→0110→1100→1000→0000。 (　　)

58. 有一个右移位寄存器，当预先置入1011后，其串行固定接0，在4个移位脉冲CP作用下，四位数据的移位过程是1011→0110→1100→1000→0000。 (　　)

59. 一个4位二进制码加法计数器的起始值为0000，经过100个时钟脉冲作用后的值为0011。 (　　)

60. 十进制计数器最高位输出的频率是输入CP脉冲频率的1/10。 (　　)

二、填空题

1. 时序逻辑电路的输出不仅与(　　　　)有关，而且与(　　　　)有关。

2. 时序逻辑电路中的存储电路通常有两种形式：(　　　　)和(　　　　)。

3. (　　　　)是构成时序逻辑电路中存储电路的主要元件。

4. 组合逻辑电路的特点是任意时刻的输出状态取决于(　　　　)。

5. 时序逻辑电路的核心部分是(　　　　)。

6. 时序逻辑电路的记忆电路通常由(　　　　)来实现。

7. 时钟不连在一起，或者连在一起但触发器不同时翻转的时序电路称为(　　)。

8. 一般情况下同步时序电路的速度比异步时序电路的要(　　)(快/慢/相当)。

9. 时序逻辑电路一旦进入某个状态后，就无法进入其他状态，这种现象称为(　　)。

10. 同步时序电路设计中，如果给定的状态数为6个，则需要(　　)个触发器。

11. 同步时序电路设计中，如果输出状态有3个变量，则需要(　　)触发器。

12. 二进制计数器其模数为(　　)，N为构成计数器的(　　)个数。

13. 计数器除了计数还可以用于实现(　　)和(　　)。

14. 当74LS161异步清零端$\overline{CR}$为低电平时，输出端为(　　)(0/1)，此时与时钟端CP(　　)(上升沿有关/下降沿有关/无关)。

15. 计数器的清零端输入有效电平后，无论此时时钟状态如何，输出均变零，这种方式称为(　　)。

16. 计数器置数操作时，若需要置数信号和时钟脉冲共同作用，则称为(　　)。

17. 计数器清零操作时，若需要清零信号和CP时钟脉冲共同作用，则称为(　　)。

18. 74LS290有两个计数脉冲的输入端CP_0和CP_1，且二者互不相连，则74LS290为(　　)(同步/异步)计数器。

19. 74LS290内部有一个二进制计数器和一个五进制计数器，对其进行(　　)(串接/并接)可构成十进制计数器。

20. 74LS290内部的计数器有两种方式串接构成十进制计数器，其编码结果不同，分别为(　　)和(　　)。

21. 若用74LS290内部的二进制和五进制计数器DIV2和DIV5构成8421码十进制计数器，则(　　)(DIV2/DIV5)的输出端最高位应与(　　)(DIV2/DIV5)的时钟端CP相连。

22. 改变计数器的模数，通常的方法有(　　)、(　　)和(　　)。

23. 74LS163为同步清零。若利用74LS163通过复位法实现十进制计数器，则当$Q_3Q_2Q_1Q_0=$(　　)时计数器反馈清零。

24. 74LS161 为异步清零。若利用 74LS161 通过复位法实现某计数器，当 $Q_3Q_2Q_1Q_0$ = 1001 时计数器反馈清零，则此计数器的模为(　　　)。

25. 若计数器的输出的最小数可以不从 0 开始，则此计数器可用(　　　)(复位法/置数法)实现。

26. 移位寄存器 74LS194 可串行输入并行输出，(　　　)(可以/不可)串行输入串行输出。

27. 环形计数器由 4 个 D 触发器构成，其计数长度为(　　　)。

28. 如果需要构成 4 位二进制数码的寄存器，则需要(　　　)个触发器。

29. 欲设计 0、1、2、3、4、5、6、7 这几个数的计数器，采用同步二进制计数器，最少应使用(　　　)级触发器。

30. 串入串出移位寄存器由 4 个触发器相连而成，如果要四位数码全部输入寄存器中，则要等(　　　)个时钟周期的延迟。

31. 用二进制异步计数器从 0 做加法，计到十进制数 178，则最少需要(　　　)个触发器。

32. 某电视机的水平-垂直扫描发生器需要一个分频器将 31 500 Hz 的脉冲转换为 60 Hz 的脉冲，欲构成此分频器至少需要(　　　)个触发器。

33. 需要分频器将 15 000 Hz 的脉冲转换为 50 Hz 的脉冲，则构成此分频器至少需要(　　　)个触发器。

34. 左移移位寄存器的时钟脉冲为 100 kHz，100 μs 后寄存器中的数可左移(　　　)位。

35. 一片四位双向移位寄存器 74LS194 可以产生(　　　)个顺序脉冲。

36. 四位双向移位寄存器 74LS194 构成环形计数器，必须在一开始将其置为 0001、0010、(　　　)、(　　　)四个状态中的一种。

37. 若要设计一个脉冲序列为 11010011 的序列脉冲发生器，应选用(　　　)个触发器。

38. 环形计数器在一个时钟脉冲周期后，(　　　)(可有多位/只有一位)触发器发生状态更新。

39. 在同步时序电路的设计中，若最简状态表中的状态数为 8，用 3 级触发器来实现其电路，则(　　　)(需要/不需要)检查电路的自启动性。

40. 表示时序逻辑电路功能的方法主要有(　　　)、(　　　)、(　　　)、(　　　)。

41. 触发器在脉冲作用下同时翻转的计数器叫作(　　　)计数器，n 位二进制计数器的容量等于(　　　)。

42. 某计数器的状态转移图如图 6.62 所示，该电路为(　　　)进制计数器，它有(　　　)个无效状态，电路(　　　)自启动。

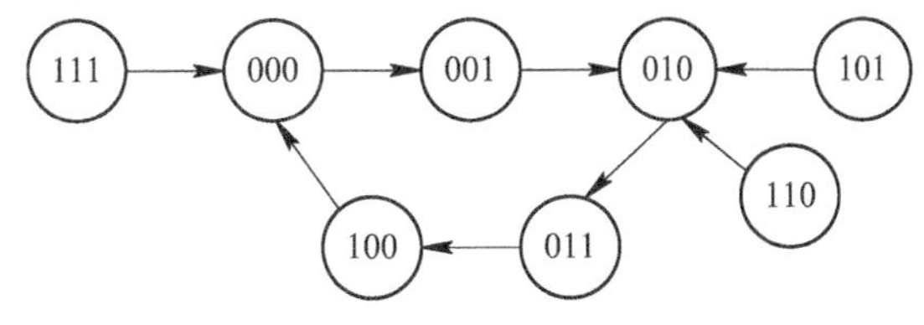

图 6.62　第 42 题图

三、练习题

1. 由 JK 触发器构成的计数器电路如图 6.63 所示。分析电路功能，说明电路是几进制计数器，能否自启动。画出电路的状态转移图和时序图。

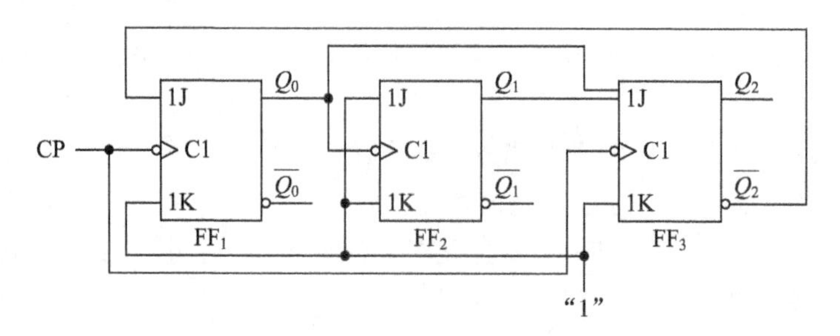

图 6.63 第 1 题图

2. 分析图 6.64 所示电路，画出电路的状态转移图。说明电路能否自启动。

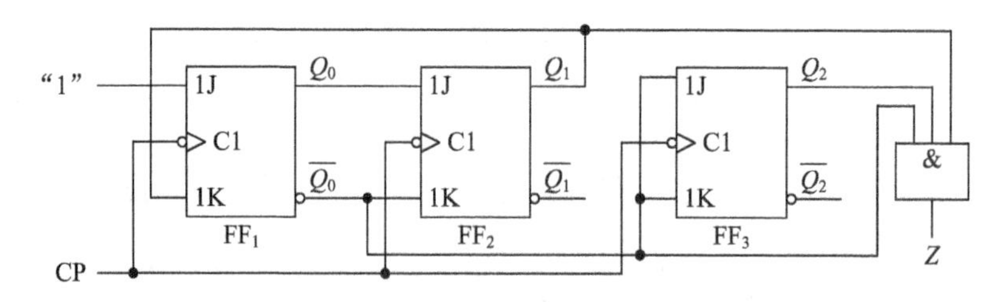

图 6.64 第 2 题图

3. D 触发器组成的同步计数电路如图 6.65 所示。分析电路功能，画出电路的状态转移图。

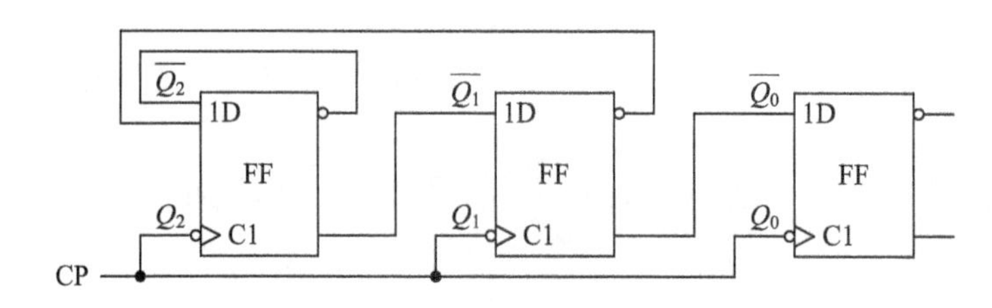

图 6.65 第 3 题图

4. 试用集成中规模同步计数器 74LS161 采用复位法(异步清 0)实现十二进制计数器，如图 6.66 所示。

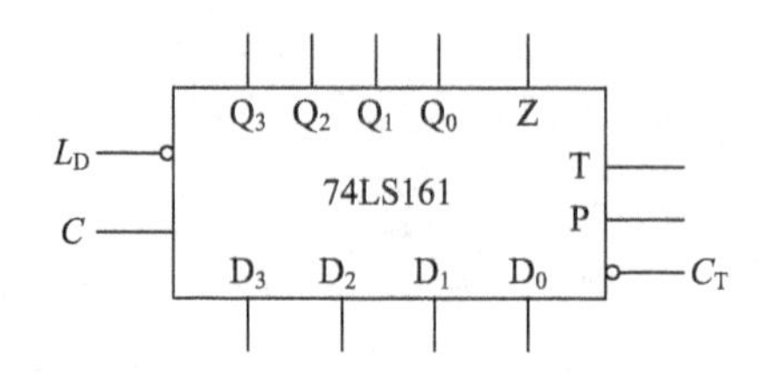

图 6.66 第 4 题图

5. 用集成中规模同步计数器 74LS161 采用置位法(同步置数)实现十二进制计数器，要求计数从 0 开始，如图 6.67 所示。

6. 74LS290 接成如图 6.68 所示的电路。该计数电路的模 M 为多少？

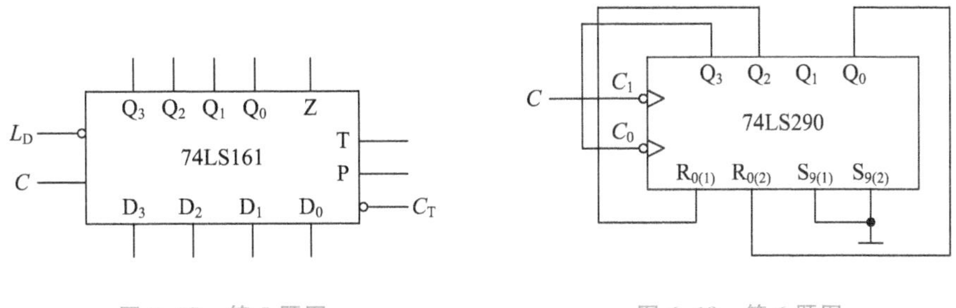

图 6.67　第 5 题图　　图 6.68　第 6 题图

7. 有一移位寄存器型计数器如图 6.69 所示。分析电路的循环长度，说明电路能否自启动，画出电路的状态转换图。

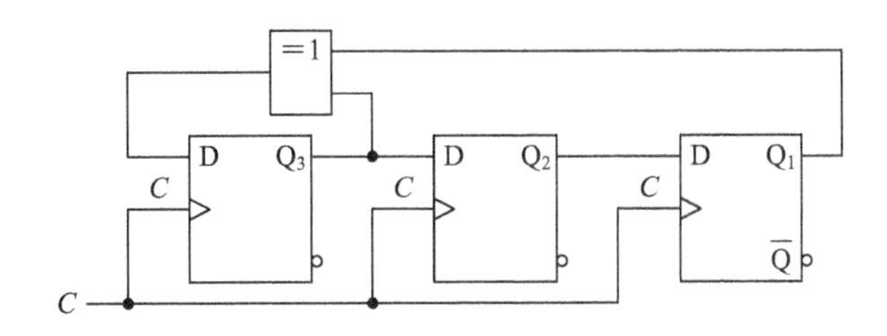

图 6.69　第 7 题图

8. 74LS290 接成如图 6.70 所示的电路。该计数电路的模 M 为多少？

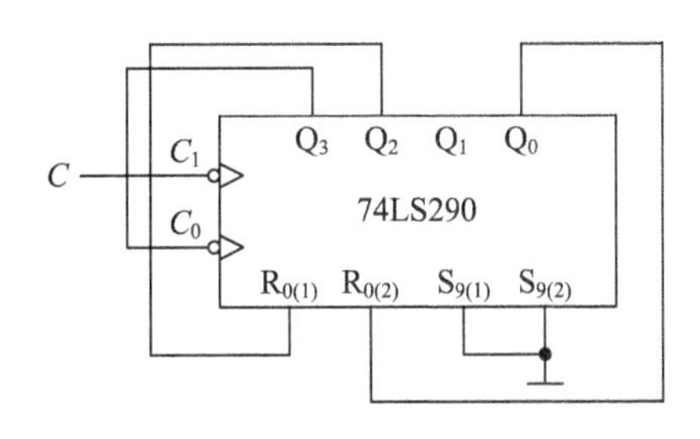

图 6.70　第 8 题图

四、技能题

试用集成计数器 74LS161 构成 0～7 模 8 计数器，分别用反馈清零法和反馈置数法完成。用 Multisim 软件或同类软件进行仿真验证，或在数字电路综合测试仪上验证。

测试电路：参见图 6.31 设计电路。(74LS161 的管脚图、逻辑符号、常用逻辑符号见图 6.26)

第7章　波形的产生与变换

本章导引

在数字电路中，最常用的信号为矩形脉冲信号。获取脉冲信号的方法有两种：一种是利用多谐振荡器直接产生矩形脉冲信号；另一种是利用波形变换电路，如施密特触发电路、单稳态电路等，将三角波、正弦波等周期变化的信号变换为矩形波，使之符合数字电路的需要。本章介绍了555定时器的电路结构与逻辑功能，并在此基础上介绍了利用555定时器组成的施密特触发器、单稳态触发器和多谐振荡器的工作原理、分析过程及应用。

知识点睛

通过本章的学习，读者可达到如下目的：

(1) 掌握555定时器的工作原理及逻辑功能。

(2) 理解并掌握施密特触发器的工作特性，掌握用555定时器组成施密特触发器的方法及施密特触发器的应用。

(3) 理解单稳态电路的工作原理，以及用555定时器组成单稳态电路的方法及单稳态电路的应用。

(4) 了解多谐振荡器的工作原理及构成方法。

应用举例

在数字电路中，矩形脉冲信号经过传输线，到达接收电路输入端的时候，信号往往会发生波形的畸变，一些信号的上升沿和下降沿会产生振荡现象，如图7.1(a)所示，还有一些脉冲信号会受到干扰，出现附加的噪声信号，如图7.1(b)所示。将这些畸变的脉冲信号输入整形电路，就可以得到较理想、边沿陡峭的矩形脉冲波形。

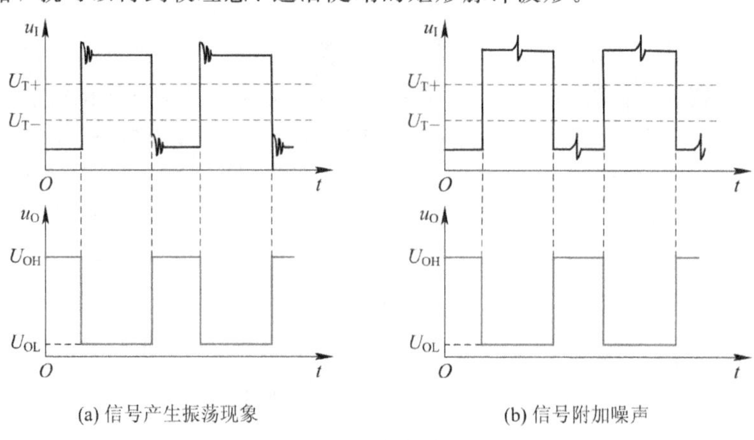

(a) 信号产生振荡现象　　(b) 信号附加噪声

图7.1　脉冲整形

7.1 555定时器的电路结构与逻辑功能

数字系统中常用的信号是矩形脉冲信号，尤其在同步时序电路中，矩形脉冲作为时钟信号，控制和协调着整个系统的运行，因此脉冲信号的特性对于电路系统能否正常工作起关键作用。

555定时器的电路结构与逻辑功能

555定时器(Timer)是一种常用的集成电路芯片，使用方便灵活，应用范围广。在电路中，555定时器可用作延时器件、触发器或起振元件，可构成施密特触发电路、单稳态电路和多谐振荡电路。

555定时器分成TTL型和CMOS型两种。TTL型单定时器的型号后三位为555，双定时器的为556；CMOS型单定时器的型号后四位为7555，双定时器的为7556。下面以7555定时器为例分析电路结构和逻辑功能。

7.1.1 555定时器的电路结构

CMOS型555定时器电路包含电阻分压器、电压比较器、RS锁存器、MOS开关管和输出缓冲级。图7.2所示为7555定时器的电路结构图。

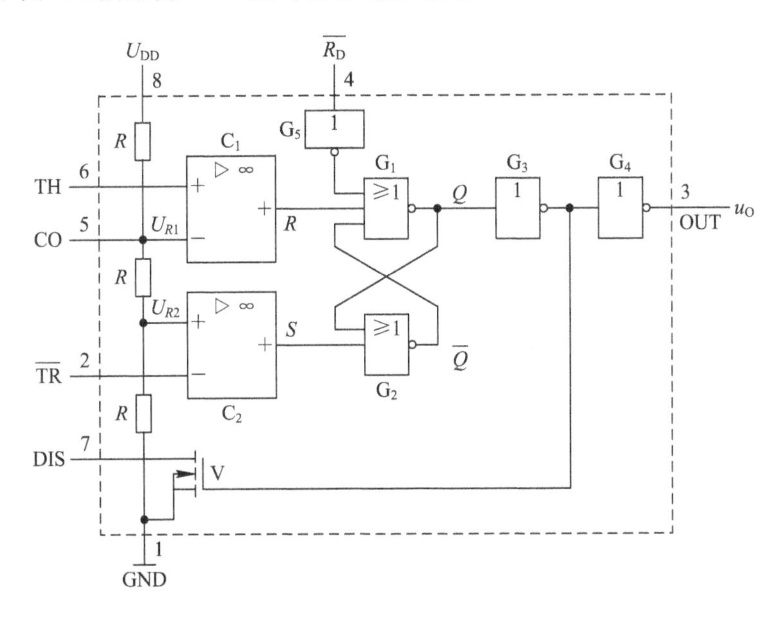

图7.2 7555定时器的电路结构

1. 电阻分压器

电阻分压器由三个阻值相等的电阻 R 串联而成，为比较器 C_1、C_2 提供基准电压。C_1 的基准电压 U_{R1} 为 $\frac{2}{3}U_{DD}$，C_2 的基准电压 U_{R2} 为 $\frac{1}{3}U_{DD}$，若在CO端加控制电压 U_{CO}，则 C_1、C_2 的基准电压分别为 U_{CO}、$\frac{1}{2}U_{CO}$。CO端不使用时，通常对地接0.01 μF电容，以消除高频干扰。

2. 电压比较器

C_1、C_2 是两个电压比较器，其输出决定 RS 锁存器的状态和定时器的输出状态。比较器由开环运放组成，其输入阻抗非常大，几乎不向外电路索取电流。

3. RS 锁存器

RS 锁存器由两个或非门 G_1、G_2 组成。$\bar{R}_D$ 为锁存器的复位端，低电平有效。当$\bar{R}_D=0$时，RS 锁存器置 0，$Q=0$，输出 $u_O=0$。正常工作时，$\bar{R}_D$ 端接高电平。

4. MOS 开关管

NMOS 管 V 作为开关管使用。当 Q 为低电平时，G_3 输出高电平，V 导通；当 Q 为高电平时，G_3 输出低电平，V 截止。

5. 输出缓冲级

G_3、G_4 组成输出缓冲级，具有较强的电流驱动能力，同时 G_4 还可以隔离外接负载对定时器工作的影响。

7.1.2 555 定时器的逻辑功能

下面根据图 7.2 所示的电路结构分析 555 定时器的逻辑功能。逻辑功能示意图如图 7.3 所示。TH 端是比较器 C_1 的输入端，也称阈值端，其电压值记为 TH，$\overline{\text{TR}}$端是比较器 C_2 的输入端，也称触发端，其电压值记为$\overline{\text{TR}}$，设电压比较器 C_1 的反相端电压 $U_{R1}=\frac{2}{3}U_{DD}$，C_2 的同相端电压 $U_{R1}=\frac{1}{3}U_{DD}$，则 555 定时器的工作状态如下：

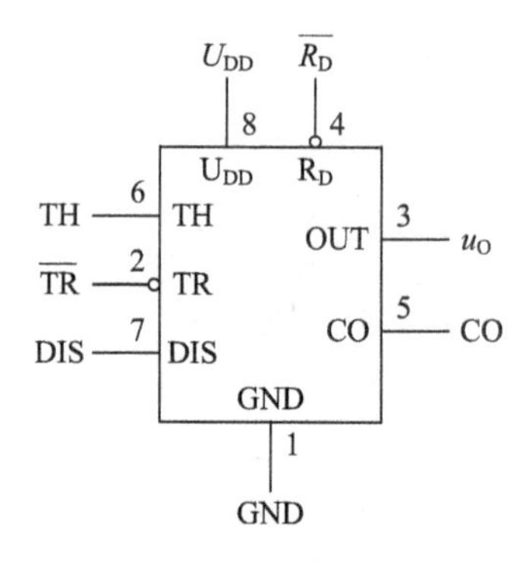

图 7.3 逻辑功能示意图

(1) 当$\bar{R}_D=0$时，输出 u_O 被置 0，不受其他输入端影响。

(2) 当$\bar{R}_D=1$时，电路有三种工作状态：

① 当 TH$>U_{R1}$，$\overline{\text{TR}}>U_{R2}$时，电压比较器 C_1、C_2 分别输出 $R=1$、$S=0$，RS 锁存器置 0，$Q=0$，输出 $u_O=0$，V 导通。

② 当 TII$<U_{R1}$，$\overline{\text{TR}}<U_{R2}$时，电压比较器 C_1、C_2 分别输出 $R=0$、$S=1$，RS 锁存器置 1，$Q=1$，输出 $u_O=1$，V 截止。

③ 当 TH$<U_{R1}$，$\overline{\text{TR}}>U_{R2}$时，电压比较器 C_1、C_2 分别输出 $R=0$、$S=0$，RS 锁存器保持不变，输出 u_O 保持不变。

由以上讨论可得 555 定时器的功能表如表 7.1 所示。

表 7.1　555 定时器的功能表

输　入			输　出	
TH	$\overline{\mathrm{TR}}$	$\overline{R_D}$	u_O	V
×	×	0	0	导通
$>\frac{2}{3}U_{DD}$	$>\frac{1}{3}U_{DD}$	1	0	导通
$<\frac{2}{3}U_{DD}$	$<\frac{1}{3}U_{DD}$	1	1	截止
$<\frac{2}{3}U_{DD}$	$>\frac{1}{3}U_{DD}$	1	保持原状态	保持原状态

7.2　施密特触发器

7.2.1　施密特触发器的工作特性

施密特触发器

施密特触发器(Schmitt Trigger)具有电压滞回特性，即输出的变化总是滞后于输入。其电压传输特性如图 7.4(a)、(b)所示。由图 7.4(a)可以看出：

(1) 输入电压 u_I 由低到高变化，当增大到 $u_I=U_{T+}$ 时，输出电压 u_O 由高电平跃变到低电平。

(2) 输入电压 u_I 由高到低变化，当减小到 $u_I=U_{T-}$ 时，输出电压 u_O 由低电平跃变到高电平。

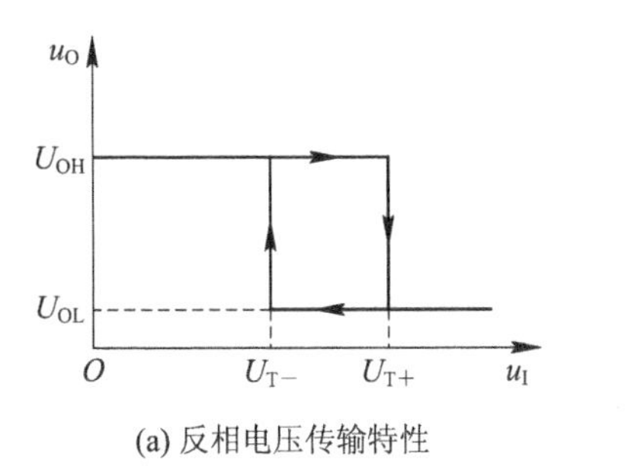

(a) 反相电压传输特性

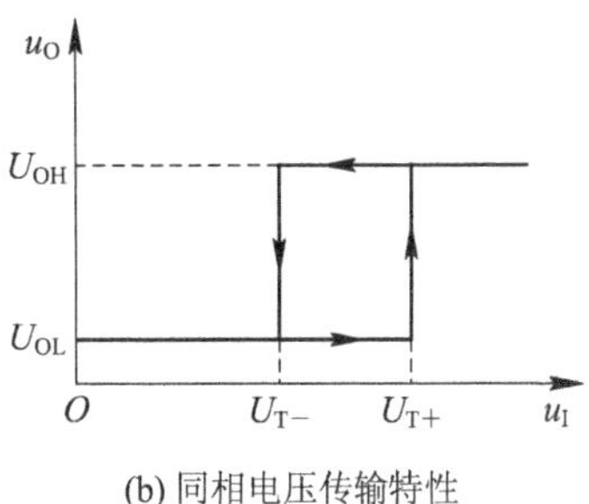

(b) 同相电压传输特性

图 7.4　施密特触发器的传输特性

这种特性称为反相电压传输特性。反之，称为同相电压传输特性，如图 7.4(b)所示。其中，U_{T+} 称为正向阈值电压，U_{T-} 称为负向阈值电压，$U_{T-}<U_{T+}$，其差值 ΔU_T 称为回差

电压。回差电压越大，电路的抗干扰能力越强。回差电压的计算式为

$$\Delta U_{T} = U_{T+} - U_{T-} \tag{7.1}$$

施密特触发器的逻辑符号如图 7.5(a)、(b)所示。

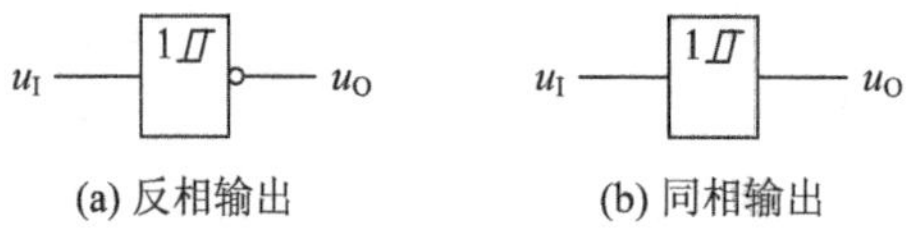

(a) 反相输出　　(b) 同相输出

图 7.5　施密特触发器的逻辑符号

施密特触发器属于电平触发型电路，当输入电压达到阈值时即可将输入信号波形变换为上升沿和下降沿陡峭的矩形脉冲。

7.2.2　用 555 定时器组成的施密特触发器

将 555 定时器的阈值端 TH 和触发端 $\overline{\text{TR}}$连在一起作为输入端，输入信号 u_I，OUT 端作为输出端，输出信号 u_O，即构成施密特触发器，其电路图和工作波形如图 7.6(a)、(b)所示。

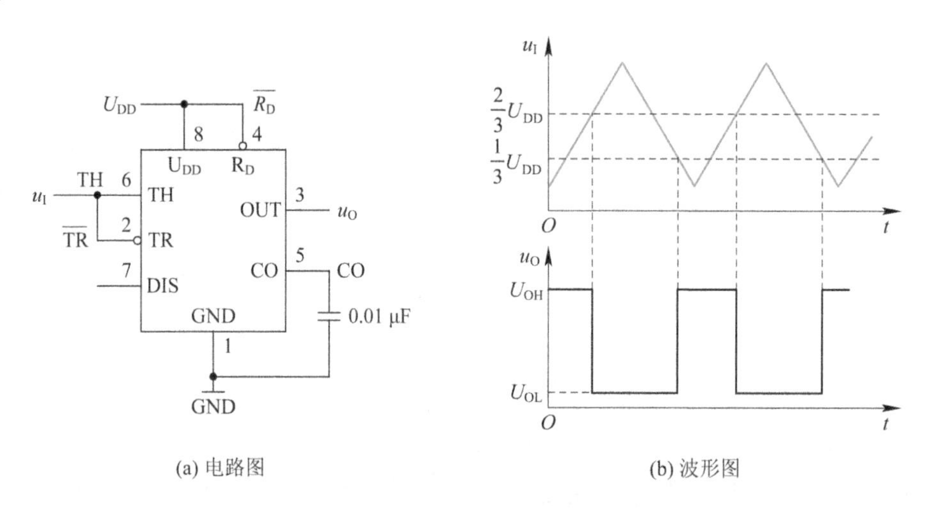

(a) 电路图　　(b) 波形图

图 7.6　555 定时器组成的施密特触发器

由于比较器 C_1、C_2 的参考电压不同，其相应的输出信号 R、S(分别对应 RS 锁存器的置 0、置 1 信号)必然对应着不同的 u_I 值，因此输出信号 u_O 从高电平变为低电平和从低电平变为高电平所对应的 u_I 值也是不同的，从而形成了施密特触发特性。下面根据图 7.6(b)所示的波形图来详细分析施密特触发器的工作原理。

首先，分析输入电压 u_I 从 0 逐渐上升的过程。

(1) 当 $u_I < \frac{1}{3}U_{DD}$时，比较器 C_1、C_2 分别输出 $R=0$，$S=1$，RS 锁存器置位，即 $Q=1$，输出高电平，即 $u_O = U_{OH}$。

(2) 当$\frac{1}{3}U_{DD} < u_I < \frac{2}{3}U_{DD}$时，比较器 C_1、C_2 分别输出 $R=0$，$S=0$，RS 锁存器保持不变，即 $Q=1$，输出 $u_O = U_{OH}$保持不变。

(3) 当 $u_I \geqslant \frac{2}{3}U_{DD}$时，比较器 C_1、C_2 分别输出 $R=1$，$S=0$，RS 锁存器复位，即 $Q=0$，输出电压跃变至低电平，即 $u_O=U_{OL}$，阈值电压 $U_{T+}=\frac{2}{3}U_{DD}$。

其次，分析输入电压 u_I 从高于$\frac{2}{3}U_{DD}$逐渐下降的过程。

(1) 当$\frac{1}{3}U_{DD}<u_I<\frac{2}{3}U_{DD}$时，$R=0$，$S=0$，$Q=0$，输出 $u_O=U_{OL}$保持不变。

(2) 当 $u_I<\frac{1}{3}U_{DD}$时，$R=0$，$S=1$，$Q=1$，输出电压跃变至高电平，$u_O=U_{OH}$，$U_{T-}=\frac{2}{3}U_{DD}$。

由此可得施密特触发器的回差电压为

$$\Delta U_T = U_{T+} - U_{T-} = \frac{1}{3}U_{DD} \tag{7.2}$$

图 7.7 所示为图 7.6 所示电路图对应的电压传输特性，是反相传输。

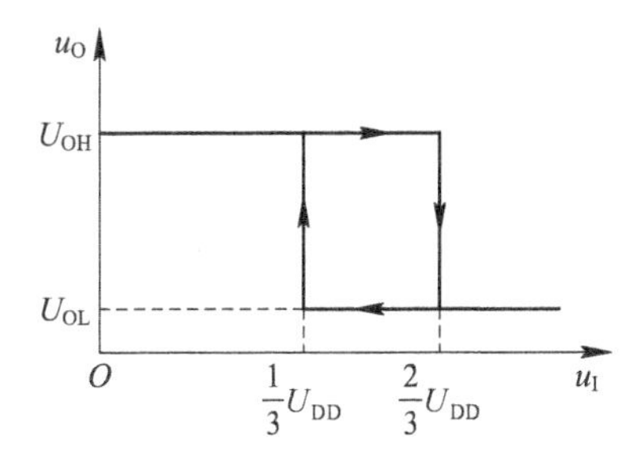

图 7.7　555 定时器组成的施密特触发器的电压传输特性

如果在 CO 控制端接入直流电压 U_{CO}，这时 $U_{T+}=U_{CO}$，$U_{T-}=\frac{1}{2}U_{CO}$，则 $\Delta U_T=\frac{1}{2}U_{CO}$。显然，通过调节 U_{CO}可以改变回差电压的大小。

7.2.3　施密特触发器的应用

施密特触发器主要用于波形变换、脉冲整形、幅度鉴别等。

1. 波形变换

利用施密特触发器可以将三角波、正弦波等周期性信号变成矩形脉冲信号，输出脉冲宽度可以通过改变回差电压进行调节，如图 7.8 所示。

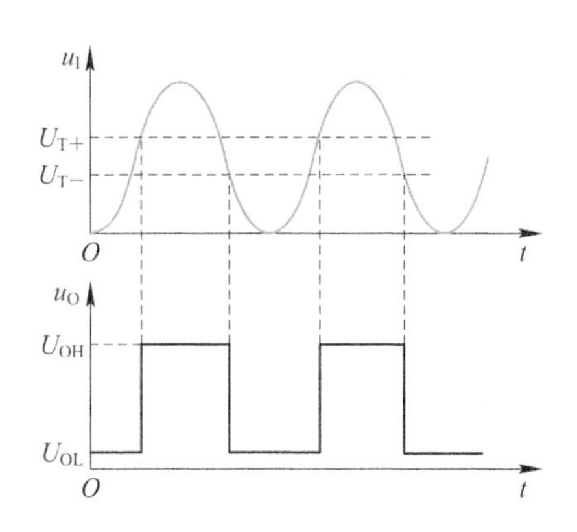

图 7.8　正弦波变换成矩形脉冲

2. 脉冲整形

脉冲整形是将不规则的信号或受到干扰的脉冲信号，通过设置施密特触发器的阈值电压使输出信号变换为标准的矩形脉冲信号，如图 7.9(a)、(b)所示。

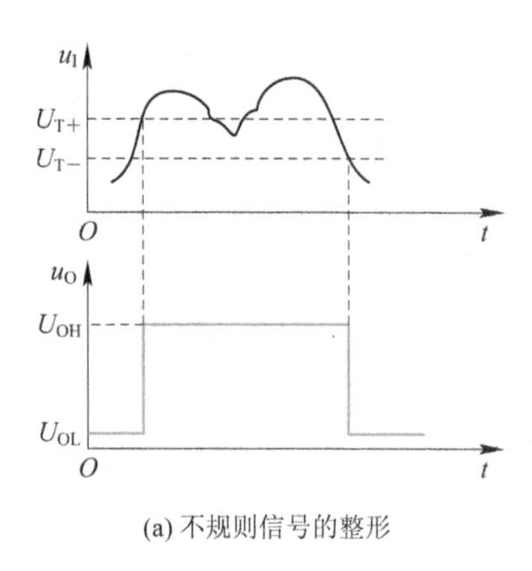

(a) 不规则信号的整形

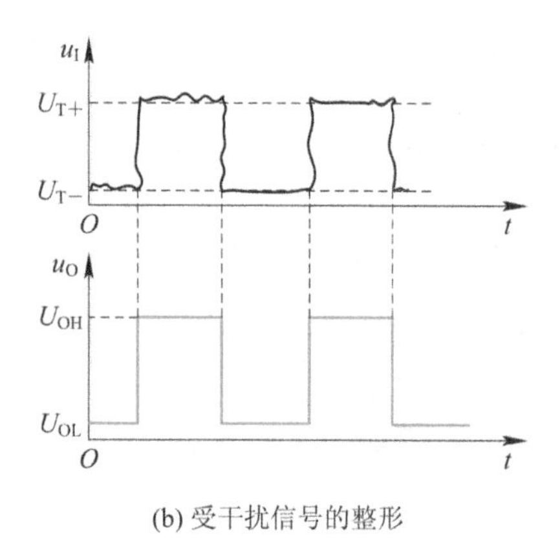

(b) 受干扰信号的整形

图 7.9　脉冲整形

3. 幅度鉴别

施密特触发器的输出信号取决于输入信号的电压值，只有当输入信号的幅度大于施密特触发器的正向阈值电压时才会产生输出电压。如图 7.10 所示，输入为一组幅度不同的脉冲信号，现要获得幅度大于一定值的脉冲，可将这组脉冲信号加到施密特触发器的输入端，即可鉴别出符合幅度要求的脉冲。因此，施密特触发器具有幅度鉴别的能力。

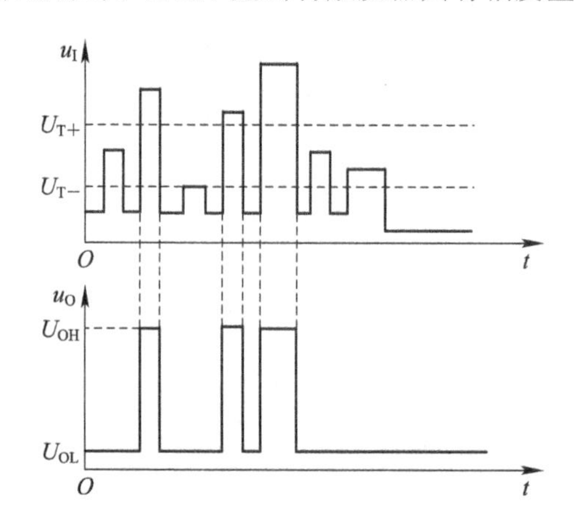

图 7.10　幅度鉴别

7.3　单稳态触发器

施密特触发器具有两个稳定状态，而单稳态电路只存在一个稳定状态。单稳态电路的工作特性如下：

单稳态触发器

(1) 电路有两个状态，即稳定状态(稳态)和暂时稳定状态(暂稳态)。

(2) 外加触发脉冲会使电路从稳态进入暂稳态，一段时间后，电路自动返回稳定状态。

(3) 暂稳态维持时间的长短取决于单稳态电路自身的参数，与外加触发信号无关。

因此，单稳态电路可用于脉冲整形、定时(产生固定时间宽度的脉冲)、延时(输出滞后于触发脉冲)等。

7.3.1　单稳态电路的工作原理

1. RC 积分与微分电路

单稳态电路的暂稳态是通过 RC 电路的充、放电来实现的，因此选取合适的 RC 电路可以构成积分型单稳态电路或微分型单稳态电路。图 7.11 所示为 RC 电路和波形。

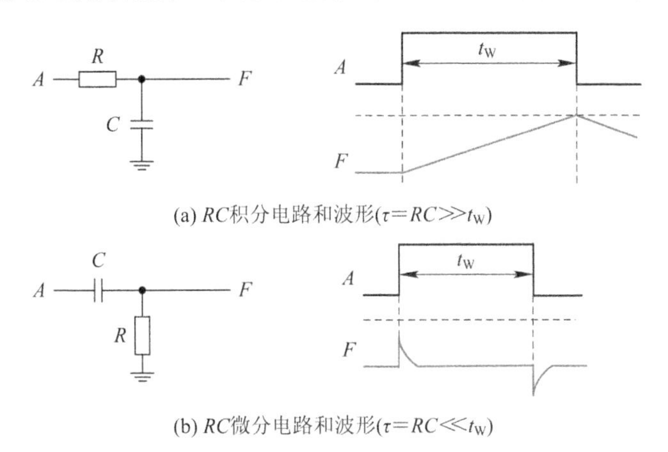

(a) RC积分电路和波形($\tau=RC\gg t_W$)

(b) RC微分电路和波形($\tau=RC\ll t_W$)

图 7.11　RC 电路和波形

2. RC 微分型单稳态电路

将与非门构成的 RS 锁存器的 $\bar{Q}$ 与 G_2 输入端断开，接入 RC 微分电路，并将 G_2 的两个输入端合并，如图 7.12 所示，此时 G_2 为一个非门，只要保证接入的电阻使输入为低电平，电路就会保持稳定状态，即 $Q=1$，$\bar{Q}=0$。此电路为单稳态电路。

单稳态电路的工作过程如图 7.13 所示。

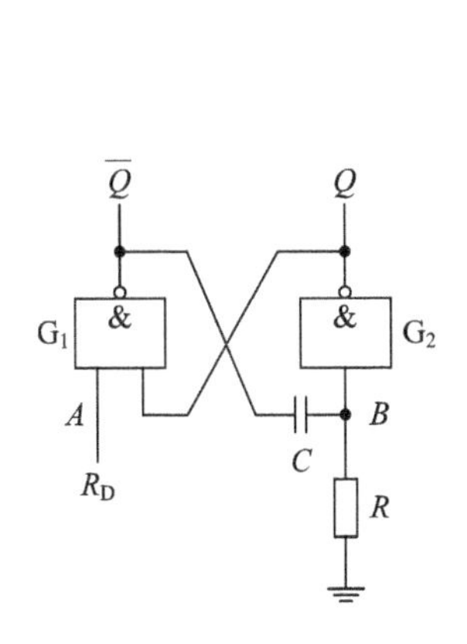

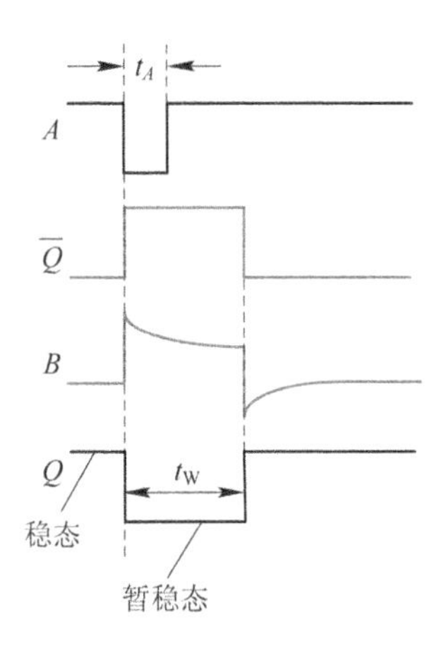

图 7.12　单稳态电路

图 7.13　单稳态电路的工作波形

1）稳态

电路无触发时，输入信号 A 一直处于高电平状态，即 $A=1$，此时由于 $B=0$，因此锁存器置位，即 $Q=1$，$\bar{Q}=0$。

2）暂稳态

当输入信号发生跃变时，引起电路状态随之改变，称为触发。当电路触发后，$A=0$，$\bar{Q}=1$，由于电容 C 两端电压不能发生突变，B 点电压随 $\bar{Q}$ 升高，变为高电平，即 $B=1$，因此 Q 由 1 变为 0，电路进入暂稳态阶段。

3）返回稳态

经过 t_A 后，A 重新回到高电平，由于 Q 为 0，因此 $\bar{Q}=1$，C 此时为充电状态，充电回路为 $\bar{Q}\to C\to R$，随着电容电压的上升，B 点电压下降。当 B 点电压降至 G_2 阈值电压以下时，Q 恢复高电平，暂稳态过程结束。电路进入稳定状态后，电容 C 放电，B 点经过一段时间，恢复到稳定值，这段时间称为恢复时间 t_{re}。输出脉冲的宽度 t_W 等于电容 C 从开始充电到 B 点电压下降至 G_2 阈值电压的这段时间。与稳态相比，这种状态只持续了一小段时间，所以称为暂稳态。

7.3.2　用 555 定时器组成的单稳态触发器

1. 用 555 定时器组成的单稳态触发器

以 555 定时器的 $\overline{TR}$ 端作为触发信号 u_I 的输入端，并将阈值端 TH 与放电端 DIS 连接，一端通过 R 连接电源，另一端通过 C 接地，构成单稳态触发器，电路结构和工作波形如图 7.14 所示。

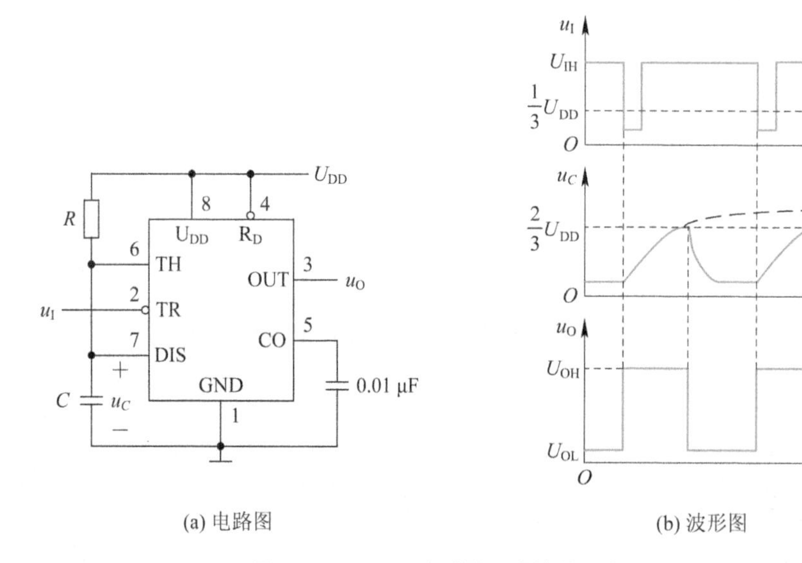

(a) 电路图　　(b) 波形图

图 7.14　用 555 定时器组成的单稳态触发器

2. 工作过程

1）稳态

无负跃变触发信号时，$u_I=U_{IH}>\frac{1}{3}U_{DD}$，$u_C$ 的初始状态为 0。

接通电源后，电路有一个进入稳态的过渡过程。电源经电阻对电容充电，u_C 升高。当 $u_C\geqslant\frac{2}{3}U_{DD}$ 时，$R=1$，$S=0$，$Q=0$，G_3 输出高电平，V 导通，电容通过 V 快速放电，$u_C\approx 0$，

$u_O = U_{OL}$。由于 $u_C = 0$，$u_I = U_{IH}$，因此 $R=0$，$S=0$，RS锁存器保持不变，$u_O = U_{OL}$，电路处于稳态。

2）暂稳态

输入负跃变触发信号，$u_I < \frac{1}{3}U_{DD}$，因此 $S=1$，$R=0$，RS锁存器置1，$Q=1$，输出 $u_O = U_{IH}$，此时V截止，电源对电容充电，电路进入暂稳态。

3）返回稳态

随着电容充电，u_C 随之升高，其间 u_I 变为 U_{IH}。当 $u_C \geq \frac{2}{3}U_{DD}$ 时，$R=1$，$S=0$，RS锁存器置0，$Q=0$，此时V导通，电容迅速放电，$u_C \approx 0$，$u_O = U_{OL}$，电路返回稳态。

3. 参数计算

电容由0充电至 $\frac{2}{3}U_{DD}$ 所需时间即为输出脉冲宽度 t_W。已知电容 C 的初始电压 $U_C(0^+)=0$，终止电压 $U_C(\infty)=U_{DD}$，时间常数 $\tau=RC$，t_W 时刻的电压值 $u_C(t_W)=\frac{2}{3}U_{DD}$，利用“三要素”公式：

$$u_C(t) = u_C(\infty) - [u_C(\infty) - u_C(0^+)]e^{-\frac{t}{\tau}} \tag{7.3}$$

求得

$$t_W = RC\ln\frac{U_{DD}-0}{U_{DD}-\frac{2}{3}U_{DD}} = RC\ln 3 \approx 1.1RC$$

当电路输入负脉冲宽度小于 t_W 时，电路才能稳定工作；否则，需要在输入信号 u_I 和触发输入端 $\overline{TR}$ 之间接 RC 微分电路才可正常工作。

7.3.3 集成单稳态触发器

集成单稳态电路既可用输入脉冲的正跃变触发，也可用负跃变触发，外接元件较少，使用灵活方便，有着广泛的应用。集成单稳态触发器可分为非重复触发型和重复触发型两种，其逻辑符号如图7.15所示。

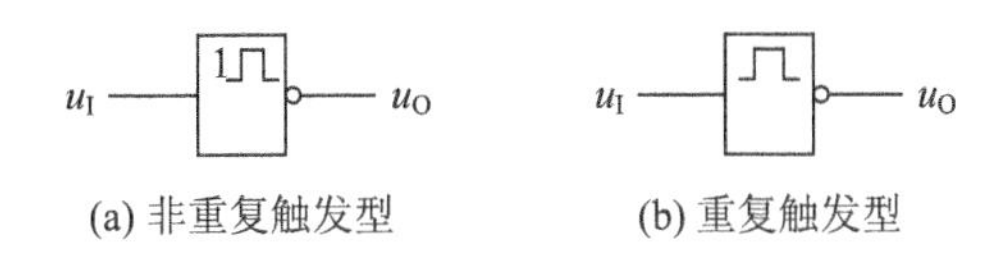

(a) 非重复触发型　(b) 重复触发型

图7.15 非重复触发型与重复触发型单稳态触发器的逻辑符号

非重复触发型单稳态触发器在第一个脉冲触发后，经暂稳态时间 t_W 回到稳定状态，在此暂稳态期间若有第二个触发脉冲，则不起作用，输出脉冲宽度仍从第一个触发脉冲开始计时，回到稳态后待下一个脉冲触发后再次经历暂稳态过程，如图7.16(a)所示。

重复触发型单稳态触发器在第一个脉冲触发后，进入暂稳态，在暂稳态结束之前，第二个脉冲使电路再次被触发，则输出脉冲在之前暂稳态的基础上继续拓宽一个 t_W 的时间，如图7.16(b)所示，电路不断被重复触发，暂稳态时间一直累加，直到第4个重复触发脉冲作用后，累加最后一个 t_W 的时间再回到稳态。

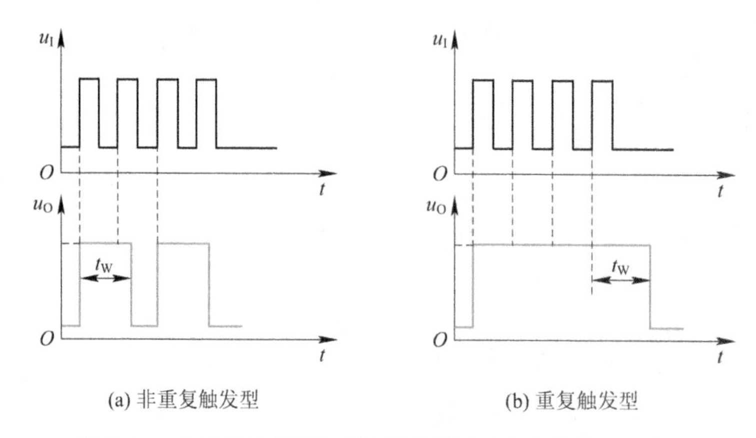

(a) 非重复触发型　　(b) 重复触发型

图 7.16　非重复触发型与重复触发型单稳态电路的工作波形

1. TTL 双单稳态电路 74221

74221 为非重复触发型单稳态电路，有两个独立的单稳态电路，电路连接如图 7.17(a)所示。74221 内部有一个阻值为 2 kΩ 的电阻，可简化外部连线，但因其阻值不大，故若想得到较宽的输出脉冲，则需外接电阻，如图 7.17(b)所示。输入端 A_1、A_2 为下降沿触发，B 为上升沿触发。其功能表如表 7.2 所示。

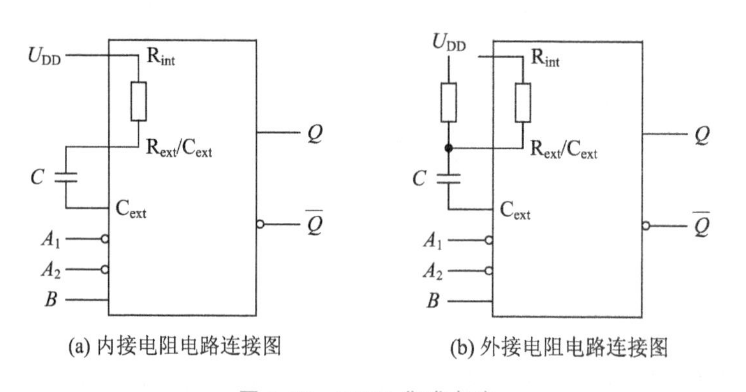

(a) 内接电阻电路连接图　　(b) 外接电阻电路连接图

图 7.17　74221 集成电路

表 7.2　74221 的功能表

A_1	A_2	B	Q	$\overline{Q}$
0	×	1	0	1
×	0	1		
×	×	0		
1	1	×		
1	↓	1		
↓	1	1		
↓	↓	1		
0	×	↑		
×	0	↑		

2. CMOS 双单稳态电路 4538

4538 为重复触发型单稳态电路，电路连接如图 7.18 所示。图中，A、B 为触发输入端，R_x的最小值为 5 kΩ，C_x 的最小值为 0。其功能表如表 7.3 所示。

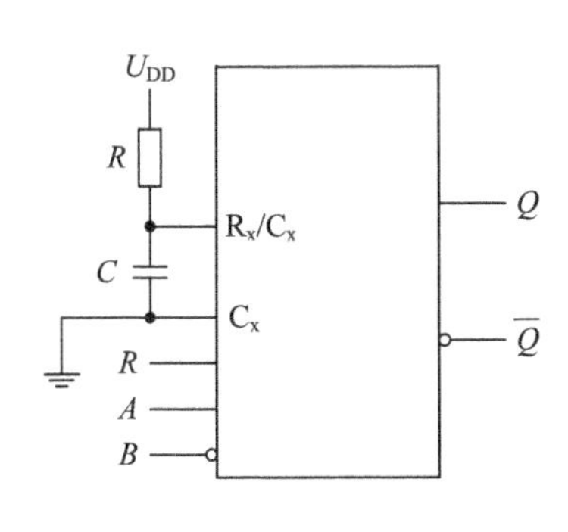

图 7.18　4538 集成电路

表 7.3　4538 的功能表

A	B	R	Q	$\overline{Q}$
1	×	1	0	1
×	0	1		
×	×	0		
0	↓	1	正脉冲波形	负脉冲波形
↑	1	1		
↑	↓	1		
0	1	↑		

7.3.4　单稳态触发器的应用

1. 脉冲整形

利用单稳态触发器的输出特性可将过窄或过宽的脉冲整形成固定宽度的脉冲波形。将需要整形的脉冲作为单稳态触发器的输入，通过调整 R、C 的参数即可得到所需宽度的输出脉冲信号。

2. 定时

单稳态触发器可以输出宽度为 t_W 的脉冲信号，将其输出脉冲信号作为与门的一个输入，则只在 t_W 时间内另一输入才能通过与门输出脉冲，如图 7.19 所示。

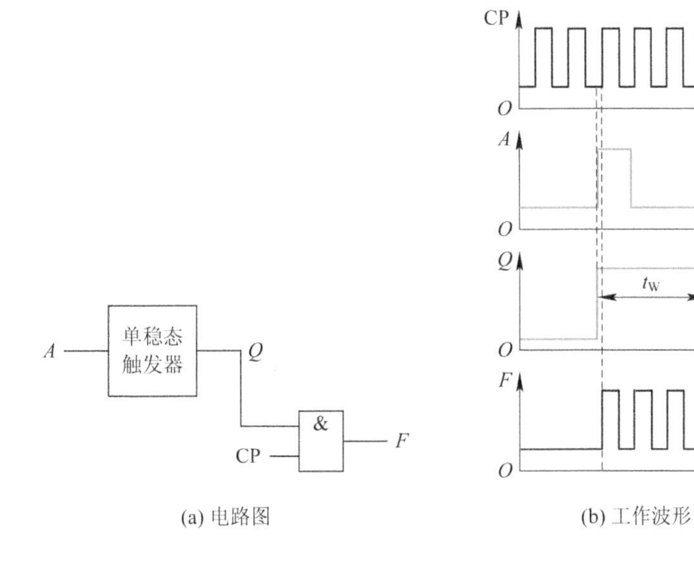

图 7.19　定时电路与工作波形

3. 延时

如图 7.20 所示，将两片集成单稳态触发器 CT74121 串联起来，输入信号为 u_1，用输入信号的上升沿启动一级 CT74121 得到输出 Q_1，将 Q_1 的输出接入第二级 CT74121 并将其下降沿作为触发信号，得到如图 7.21 所示的一系列波形。单稳态的延时作用常用于控制时序。

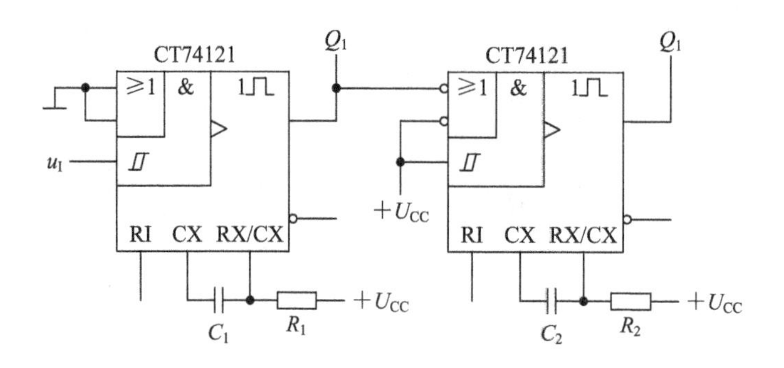

图 7.20　两级 CT74121 组成的电路

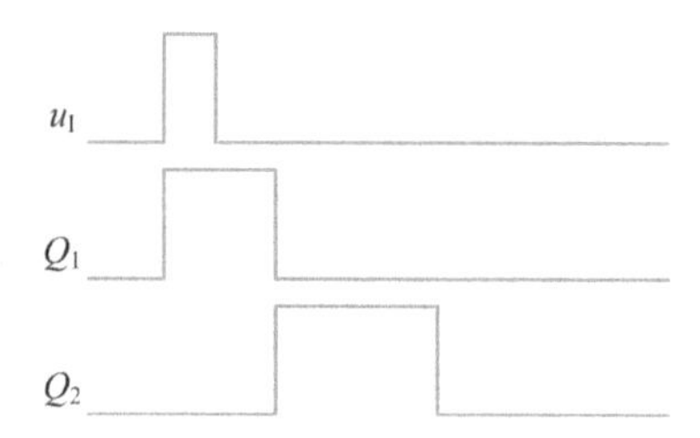

图 7.21　两级 CT74121 组成电路的输出波形

7.4　多谐振荡器

多谐振荡器是一种自激振荡器，它可以将电源提供的能量转换为一定幅值和频率的矩形脉冲，不需要输入触发信号，其振荡频率一般由 RC 定时电路决定，但频率稳定度和精度都较差。采用石英晶体多谐振荡器可提高振荡频率的稳定度。

由于矩形脉冲含有丰富的高次谐波分量，因此习惯上将矩形脉冲产生电路称为多谐振荡器。其逻辑符号如图 7.22 所示。

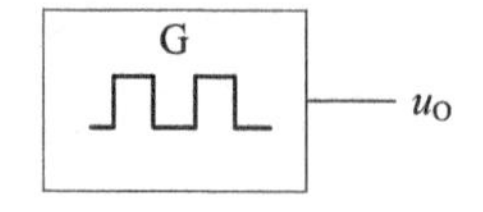

图 7.22　多谐振荡器的逻辑符号

7.4.1　环形多谐振荡器

图 7.23(a)所示为利用门电路的传输延迟时间将三个非门的输出与输入依次首尾相连

构成的环形多谐振荡器。下面参照如图 7.23(b)所示的信号波形讨论其工作过程。

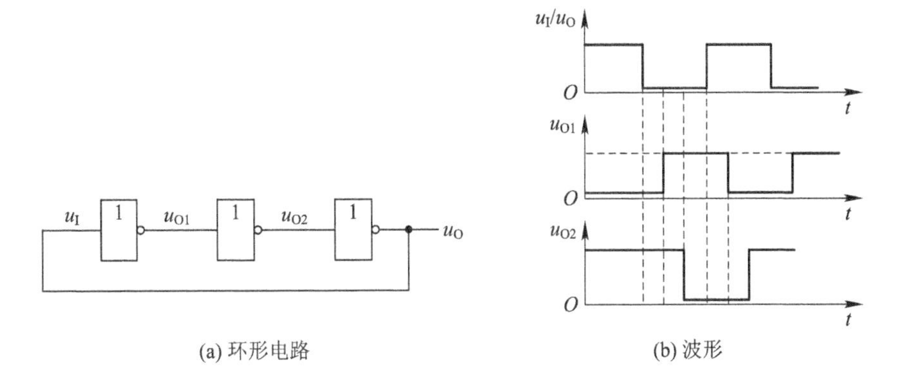

图 7.23　环形多谐振荡电路

设反相器的平均延迟时间为 t_{pd}。输入信号 u_i 由于某种原因产生负跳变，经过第一个非门传输延迟了第 1 个 t_{pd}时间，使 u_{O1} 产生正跳变。u_{O1} 经过第二个非门传输延迟了第 2 个 t_{pd}时间，使 u_{O2} 产生负跳变。u_{O2} 经过第三个非门传输延迟了第 3 个 t_{pd}时间，使 u_O产生正跳变。

因为 $u_I = u_O$，所以再经过 3 个 t_{pd}时间，u_O 自动返回到低电平，如此循环反复，输出矩形脉冲，产生振荡信号。其振荡周期

$$T = 2 \times 3t_{pd} = 6t_{pd} \tag{7.4}$$

以此类推，若将奇数个(大于 1)反相器首尾相连构成环形电路，则每个门电路的输出将会高低电平交替变化，形成多谐自激振荡器，振荡周期为

$$T = 2nt_{pd} \tag{7.5}$$

其中，n 为大于 1 的奇数。

门电路的平均传输延迟时间短，振荡频率高，但频率不易调节且不稳定，虽然电路简单，但不实用。在实际应用中，常加入 RC 电路，如图 7.24 所示。对于含有 RC 元件的脉冲电路，分析的关键是电容的充放电，而关键连接点是与电容相连的门电路的输入端。

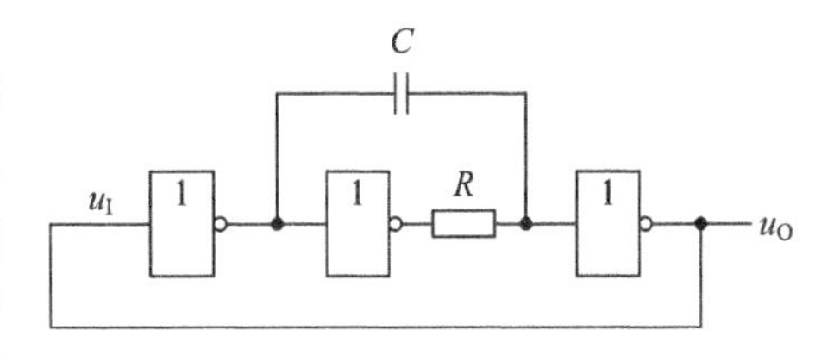

图 7.24　改进的环形振荡器

7.4.2　对称多谐振荡器

在 RC 微分型单稳态电路中，将 RS 锁存器中一个门电路的两输入端改为一个 RC 微分电路，结果使电路由具有两个稳态变成了具有一个稳态和一个暂稳态。如果将另一个门电路做同样的改变，则电路就变成了图 7.25 所示的电路。可以推想，这个电路没有稳态，只有两个交替出现的暂稳态，故称此电路为无稳态电路。Q 和 $\bar{Q}$ 输出的信号波形都是高、低电平交替变化的(若电路对称，则输出为方波)，这样的信号含有丰富的谐波成分。

为使电路更可靠地工作，将图 7.25 所示的电路做一些改变，将电阻接到两个门电路相应的输出端，就构成了常用的对称多谐振荡器，如图 7.26 所示。

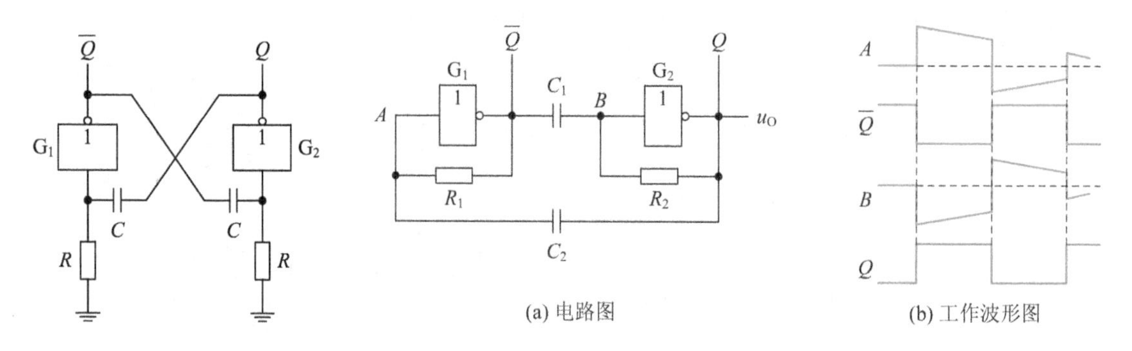

图 7.25　无稳态电路　　　　图 7.26　一种对称多谐振荡电路

如图 7.26(a)所示，电路有正反馈过程和暂稳态过程两种工作状态。当 A 点电压有正向跃变时，会引起电路中的如下正反馈过程：

$$A\uparrow \longrightarrow \overline{Q}\downarrow \longrightarrow B\downarrow \longrightarrow Q\uparrow$$

最终使 $\overline{Q}$ 降到低电平，Q 升到高电平。这个过程是瞬间完成的，之后电路进入第一个暂稳态过程，电容 C_1、C_2 开始按指数规律分别充电、放电，当 B 点电压达到 G_2 阈值电压时，电路又进入如下正反馈：

$$B\uparrow \longrightarrow Q\downarrow \longrightarrow A\downarrow \longrightarrow \overline{Q}\uparrow$$

从而使 Q 降到低电平，$\overline{Q}$ 升到高电平。电路进入另一个暂稳态，同时电容 C_1、C_2 开始放电、充电，如此往复循环，电路在两个暂稳态之间往复振荡，输出矩形脉冲。若电路对称，即 $R_1=R_2=R$，$C_1=C_2=C$，则输出方波，其重复周期为

$$T = 2t_W = 1.4RC \tag{7.6}$$

7.4.3　用 555 定时器组成多谐振荡器

1. 电路组成

将 555 定时器的阈值端 TH 和触发端 $\overline{\text{TR}}$ 相连，经电阻 R_1 和 R_2 接电源，经电容 C 接地，放电端 DIS 接在 R_1、R_2 之间，这样便组成了多谐振荡器。R_1、R_2 和 C 为定时元件。电路如图 7.27 所示。

2. 工作原理

接通电源前，电容 C 上的初始电压为 0；接通电源后，U_{DD} 经电阻 R_1 和 R_2 对电容 C 充电，u_C 随之上升。当 $u_C \geqslant \frac{2}{3}U_{DD}$ 时，比较器 C_1 和 C_2 输出 $R=1$、$S=0$，触发器置 0，$Q=0$，输出 u_O 跃到低电平 U_{OL}。与此同时，G_3 输出的高电平使 V 导通，C 经 R_2 和 V 放电，u_C 随之减小。当 $u_C \leqslant \frac{1}{3}U_{DD}$ 时，比较器输出 $R=0$、$S=1$，触发器置 1，$Q=1$，输出 u_O 由低电平

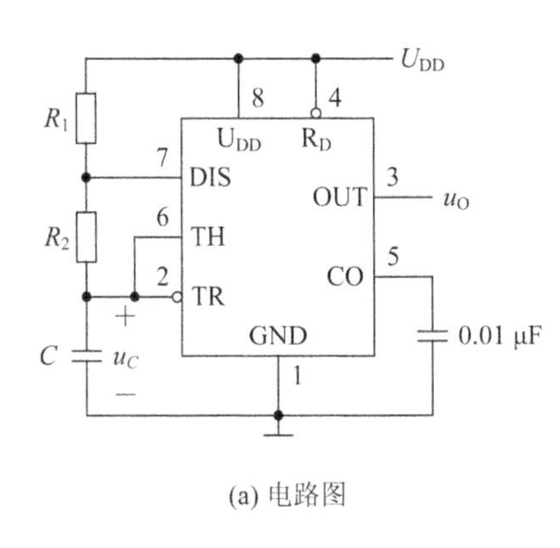

(a) 电路图

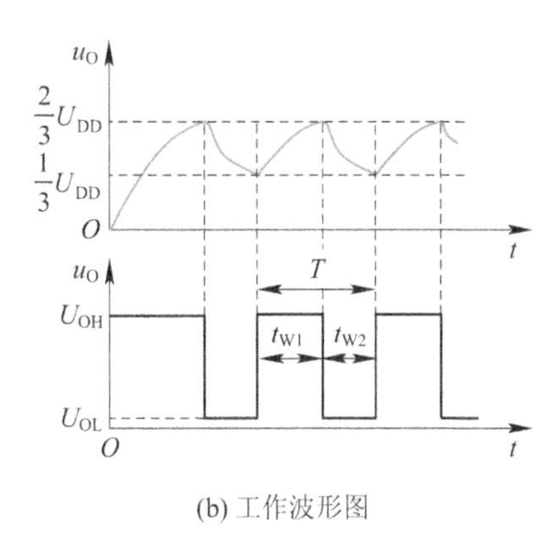

(b) 工作波形图

图 7.27　用 555 定时器组成的多谐振荡器及其工作波形

U_{OL}跃到高电平 U_{OH}，这时 V 截止，电源 U_{DD}又经 R_1 和 R_2 对 C 充电。当 $u_C \geqslant \frac{2}{3}U_{DD}$时，电路的输出状态又发生变化。电容 C 如此周而复始地充电和放电，便产生了振荡。由图 7.27(b)可得多谐振荡器的振荡周期 T 为

$$T = t_{W1} + t_{W2}$$

其中，t_{W1}为电容从$\frac{1}{3}U_{DD}$到$\frac{2}{3}U_{DD}$的充电时间。$U_C(0^+)=\frac{1}{3}U_{DD}$，$U_C(\infty)=U_{DD}$，$\tau=(R_1+R_2)C$，$U_C(t_{W1})=\frac{1}{3}U_{DD}$，利用“三要素”可得

$$t_{W1} = (R_1+R_2)C\ln\frac{U_{DD}-\frac{1}{3}U_{DD}}{U_{DD}-\frac{2}{3}U_{DD}} = 0.7(R_1+R_2)C$$

其中，t_{W2}为电容从$\frac{2}{3}U_{DD}$到$\frac{1}{3}U_{DD}$的放电时间，其为

$$t_{W2} = R_2C\ln\frac{0-\frac{2}{3}U_{DD}}{0-\frac{1}{3}U_{DD}} = 0.7R_2C$$

所以，多谐振荡器的振荡周期 T 为

$$T = 0.7(R_1+2R_2)C \tag{7.7}$$

7.4.4　石英晶体多谐振荡器

在很多数字系统中，要求时钟脉冲的频率很稳定，而多谐振荡器很难达到这个要求。这是因为电源电压的波动，温度的变化，R、C 参数的误差等因素都会使多谐振荡器振荡频率的稳定性变差，不能满足数字系统的要求。而采用频率很稳定和精度很高的石英晶体多谐振荡器就可以很好地解决这个问题，输出符合要求的矩形脉冲信号。

图 7.28(a)所示为石英晶体的阻抗频率特性。图 7.28(b)所示为石英晶体的符号。由图 7.28 可看出，只有外加信号的频率 f 和石英晶体的固有谐振频率 f 相同时，石英晶体才呈现极低的阻抗，而在其他频率时，石英晶体呈现很高的阻抗。因此，石英晶体具有很好的选

频特性。例如，将石英晶体串接在多谐振荡器的反馈环路中，就可获得振荡频率只取决于石英晶体本身固有谐振频率 f_0、而与电路中的 RC 值无关的脉冲信号。

图 7.29 所示为典型的石英晶体多谐振荡器。由于石英晶体工作在串联谐振频率，其他元件与振荡频率无关，电容 C 只起耦合作用，所以电容值应取大一些。

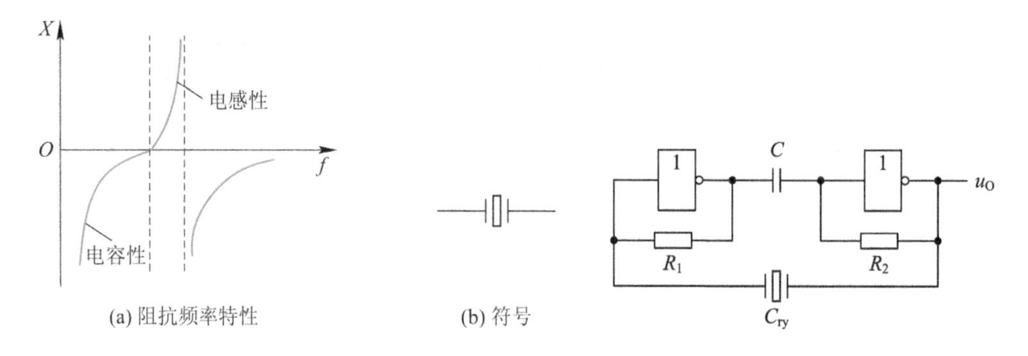

(a) 阻抗频率特性　　(b) 符号

图 7.28　石英晶体的阻抗频率特性和符号　　　　图 7.29　石英晶体多谐振荡器

7.5　技能拓展

本节进行基于 555 的占空比可调的脉冲发生器的仿真测试。

1. 任务要求

(1) 用 555 定时器组成多谐振荡器，产生一定频率的矩形脉冲波。

(2) 通过调节电位器改变占空比。

图 7.30 所示为占空比可调的脉冲发生器。图中，采用两个二极管的单向导电特性，使电容的充放电回路分开，U_{DD} 经 R_1、V_{D1} 对电容 C 充电，时间常数为 R_1C，C 经 V_{D2}、R_2 放电，时间常数为 R_2C，则

$$t_{W1} = 0.7R_1C$$
$$t_{W2} = 0.7R_2C$$

7.30　555 定时器构成的占空比可调的脉冲发生器

因此，占空比 q 为

$$q = \frac{t_{W1}}{T} = \frac{0.7R_1C}{0.7R_1C + 0.7R_2C} = \frac{R_1}{R_1 + R_2}$$

调节电位器 R_p，可改变 R_1、R_2 的值，从而改变占空比。

2. 测试步骤

(1) 打开 Multisim 软件或其他同类软件。

(2) 依次点击鼠标左键 Tool(工具)中 Circuit wizards(电路向导)的“555 timer wizard”(555 定时器向导)，出现如图 7.31 所示的弹窗。在 Type(类型)中选择“Astable operation”(非稳态运动)，设置相应参数，点击“Build circuit”(创建电路)。

(3) 依据图 7.30 所示的原理图修改 555 定时器的外围电路，在输出端连接示波器，如图7.32 所示。

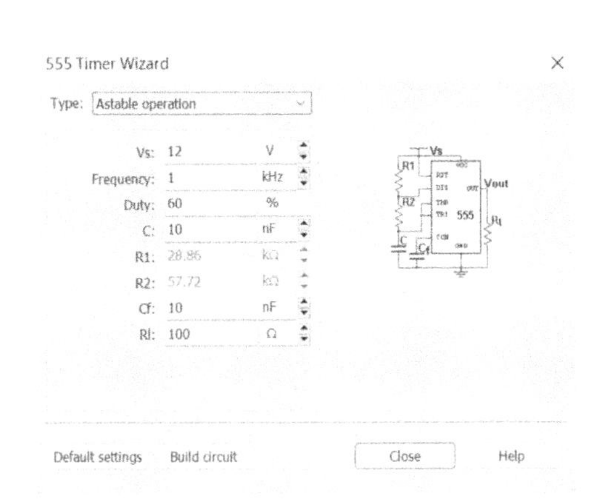

图 7.31 555 定时器向导弹窗

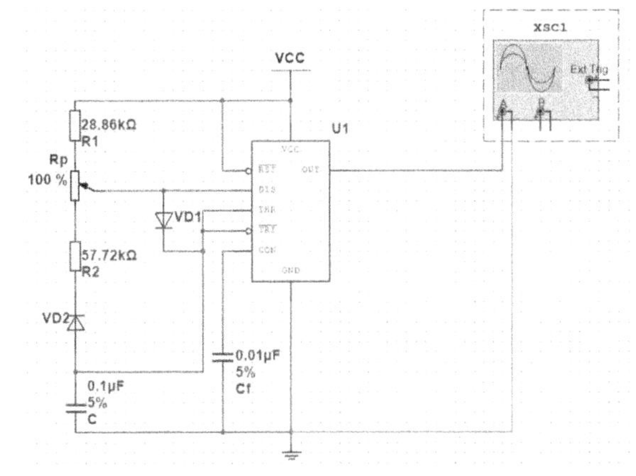

图 7.32 基于 555 定时器的占空比可调的脉冲发生器的仿真电路图

(4) 调节 R_p 的值，观察并记录示波器的仿真结果，如图 7.33 所示，验证上述理论计算。

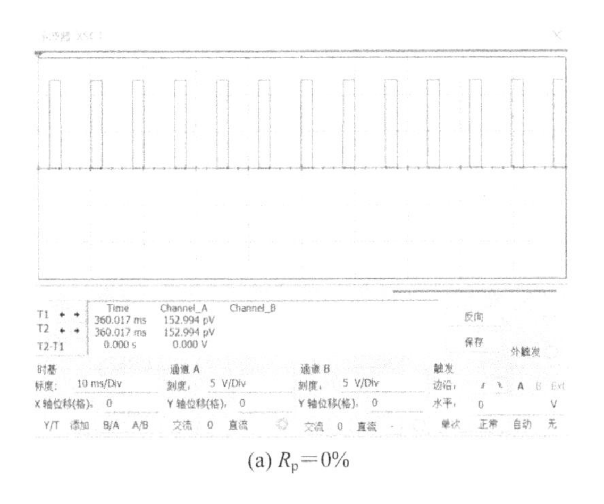

(a) $R_p=0\%$

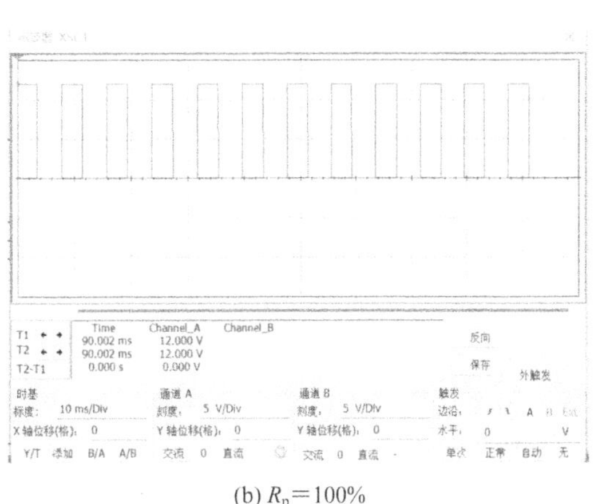

(b) $R_p=100\%$

图 7.33 调节 R_p 改变占空比的仿真结果

(1) 555 定时器是一种用途很广的多功能电路，只需外接少量的阻容元件就可很方便地组成施密特触发器、单稳态触发器和多谐振荡器等。其使用方便灵活，有较强的驱动负

载的能力，因此得到了广泛的应用。

(2) 施密特触发器有两个稳定状态，而每个稳定状态都是依靠输入电平来维持的。当输入电压大于触发器正向阈值电压 U_{T+} 时，则输出状态转换到另一个稳定状态；而当输入电压小于触发器负向阈值电压 U_{T-} 时，则输出状态又返回到原来的稳定状态。利用这个特性可将输入的任意电压波形变换成边沿陡峭的矩形脉冲，特别是可将边沿变化缓慢的信号变换成边沿陡峭的矩形脉冲。

施密特触发器具有回差特性，调节回差电压的大小，可改变电路的抗干扰能力。回差电压越大，则抗干扰能力越强。

在数字集成电路中有 TTL 和 CMOS 施密特触发器。其性能优越，正向阈值电压 U_{T+} 和负向阈值电压 U_{T-} 稳定，有很强的抗干扰能力。

施密特触发器主要用于波形变换、脉冲整形、幅度鉴别等。

(3) 单稳态触发器有一个稳定状态和一个暂稳态，在没有触发脉冲作用时电路处于稳定状态。在输入触发脉冲作用下，电路进入暂稳态，经一段时间后自动返回到稳定状态，从而输出宽度和幅度都符合要求的矩形脉冲。输出脉冲宽度取决于定时元件 R、C 值的大小，与输入触发脉冲没有关系。调节 R、C 值的大小，可改变输出脉冲的宽度。

集成单稳态触发器有非重复触发和可重复触发两类，两者的区别是在暂稳态期间触发信号对非重复触发的单稳态电路不能继续触发，而对重复触发的单稳态电路可连续触发，从而可以进行脉冲展宽。

单稳态触发器主要用于脉冲整形、定时、延时等。

(4) 多谐振荡器没有稳定状态，只有两个暂稳态。依靠电容的充电和放电，使两个暂稳态相互自动交换。因此，多谐振荡器接通电源后便可输出周期性的矩形脉冲。改变电容充、放电回路中的 R、C 值的大小，便可调节振荡频率。

在振荡频率稳定度要求很高的情况下，可采用石英晶体多谐振荡器。多谐振荡器主要用作信号源。

思考与练习

一、填空题

1. 施密特触发器主要应用于(　　　　)、(　　　　)、(　　　　)，它可以将变化缓慢的信号变换成边沿陡直的(　　　　)信号。

2. 施密特触发器有两个阈值电压，分别为(　　　　)和(　　　　)，它们之间的差值称为(　　　　)。

3. 555 定时器在正常工作时其置零端 $\overline{R_D}$ 必须接(　　　　)，通常接到(　　　　)上。

4. 单稳态触发器有一个稳态和一个(　　　　)，其输出脉冲宽度与(　　　　)成正比。

5. 用 555 定时器构成的多谐振荡器有两个(　　　　)态，其输出脉冲周期为(　　　　)。

6. 用 555 定时器构成的多谐振荡器工作在振荡状态时，$\overline{R_D}$ 应接(　　　　)，如要停止振荡，$\overline{R_D}$ 应接(　　　　)。

7. 555定时器CO端不使用时，内部比较器C_1和C_2的基准电压分别为(　　　　)，(　　　　)。

8. 555定时器CO加控制电压U_{CO}，则比较器基准电压分别变为(　　　　)，(　　　　)。

9. 单稳态电路从稳态翻转到暂稳态取决于(　　　　)，从暂稳态翻转到稳态取决于(　　　　)。

10. 要获得频率稳定度高的脉冲信号，应采用(　　　　)。

11. 若要将一串脉冲高电平宽度不等的脉冲信号，变换成脉冲高电平宽度相等的脉冲信号，应采用(　　　　)。

12. 555定时器由(　　　　)、(　　　　)、(　　　　)、(　　　　)、(　　　　)这几部分组成。

13. 施密特触发器具有回差特性，调节(　　　　)的大小，可改变电路的抗干扰能力。回差电压越大，抗干扰能力越(　　　　)。

14. 555定时器组成的施密特触发器中，$U_{CC}=9$ V，则U_{T+}为(　　　　)，U_{T-}为(　　　　)，ΔU_T为(　　　　)。

15. 为产生周期性矩形波，应采用(　　　　)。

16. 常见的脉冲产生电路有(　　　)，常见的脉冲整形电路有(　　　)，(　　　)。

17. 用555定时器组成施密特触发器，当输入控制端CO外接10 V电压时，回差电压为(　　　　)。

18. 用555定时器组成单稳态触发器，已知$R=33$ kΩ，$C=0.1$ μF，则输出电压脉冲宽度为(　　　　)。

二、练习题

1. 图7.6(b)所示是施密特触发器的反相传输波形，试画出同相传输波形。

2. 图7.34所示为555定时器组成的逻辑电平检测电路，将U_{CO}设置为3 V，则

(1) 可检测的逻辑高、低电平各为多少？

(2) 两个发光二极管如何点亮？

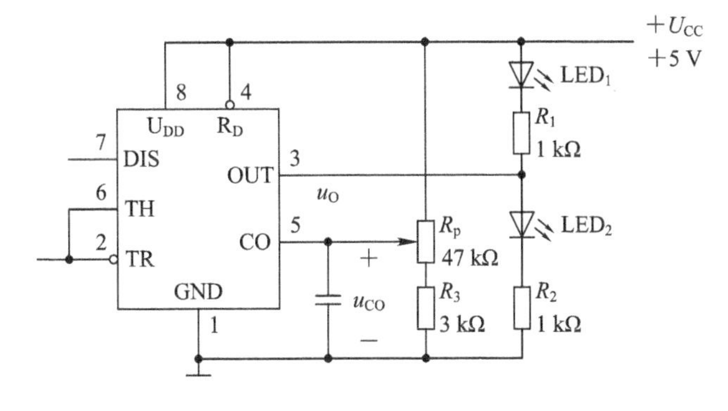

图7.34　第2题图

3. 图7.35所示为施密特触发器构成的路灯光控开关，其中R_L为光敏电阻，二极管VD用以保护555定时器。试说明其工作原理。

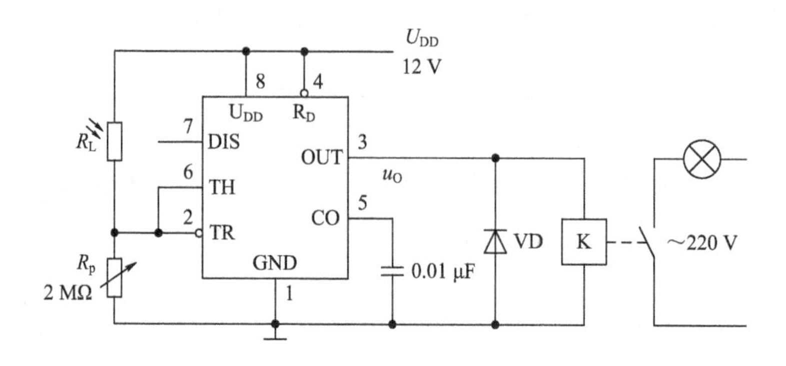

图 7.35　第 3 题图

4. 某生产线上有 4 道工序，4 道工序要求的加工时间分别为 10 s、20 s、30 s、40 s，请用施密特触发器 CT74121 进行电路设计，使加工时间可以自动控制，并画出波形图。

5. 图 7.36 所示为 555 定时器构成的防盗报警电路。其主体部分为 555 定时器组成的多谐振荡器，用导线 ab 的通断来表示场地是否被入侵。试分析其报警原理。

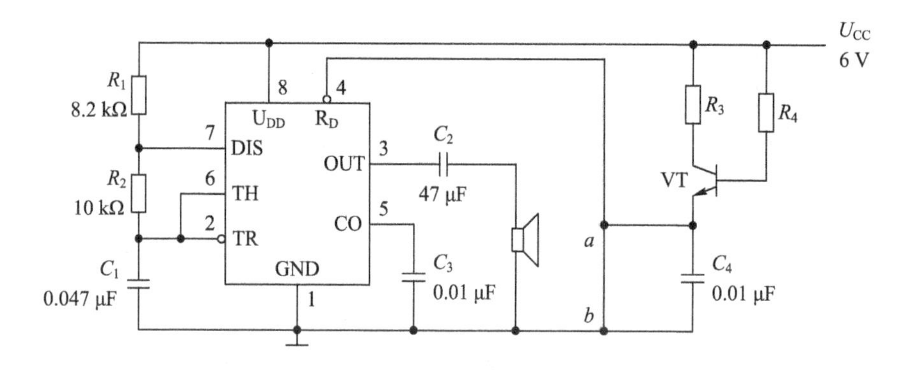

图 7.36　第 5 题图

6. 图 7.36 所示电路中，多谐振荡器的工作频率为多少？

第 8 章　数/模转换和模/数转换电路

本章导引

随着数字技术，特别是计算机技术的飞速发展，在现代控制、通信及检测领域，信号处理均采用了计算机技术。在日常生活中，绝大多数物理量都是连续变化的模拟量，如温度、压力、位移等。这些模拟量经传感器转换后所产生的电信号仍然是模拟信号，数字系统要对这些模拟信号进行处理，就需要用电路实现模拟信号与数字信号之间的转换。完成模拟信号转换为数字信号的电路称为模/数转换器(Analog to Digital Converter，ADC 或 A/D 转换器)；完成数字信号转换成模拟信号的电路称为数/模转换器(Digital to Analog Converter，DAC 或 D/A 转换器)。本章简单介绍 D/A 转换和 A/D 转换的基本过程和工作原理。

知识点睛

通过本章的学习，读者可达到如下目的：

(1) 了解 D/A 转换的原理。

(2) 掌握到 T 形电阻网络 D/A 转换器的工作原理。

(3) 了解集成 D/A 转换器的主要参数和使用方法。

(4) 掌握 A/D 转换的四个步骤，了解采样、保持、量化、编码的工作过程，理解采样定理，了解 A/D 转换的工作原理。

(5) 了解逐次逼近比较式 A/D 转换器的工作原理。

(6) 了解集成 A/D 转换器的主要参数和使用方法。

应用举例

当今世界已经是一个高度信息化、自动化的社会，推动社会高速发展的原动力无疑是日新月异的数字通信技术。数字技术对人类的发展产生了巨大的影响，我们亲身经历了数字技术的蓬勃发展，目睹了它以惊人的速度渗透到社会与生活的方方面面。从日常使用的手机到随处可及的互联网，我们无时无刻不在享受着数字通信技术给生活带来的方便和快捷。数字信号在数字通信技术中扮演着重要的角色，但是大自然中的很多信号都是模拟信号，如图像信号、语言信号、压力信号、温度信号等，那么如何将自然界中的模拟信号转换为数字信号并对其进行处理和传输？如何将数字信号重新转换为模拟信号来控制实际系统？

模/数转换与数/模转换概述

图 8.1 所示是 ADC 和 DAC 在控制系统中的应用举例。在很多生产场合中，我们需要

对控制对象如工作台的速度、位移等非电量模拟信号进行控制，采用相应的传感器感知这些非电量并将其转化成电信号，但这些电信号很弱，需要借助信号调节电路转换成电压、电流、频率等信号，以便于显示、传输、记录等。模/数转换器(ADC)将调节后的模拟信号转换成相应的数字信号，并送到数字控制计算机中，处理后输出数字控制信号，通过数/模转换器(DAC)将数字信号转换为模拟信号，并送到模拟控制器，驱动执行机构，控制工作台的运动状态。

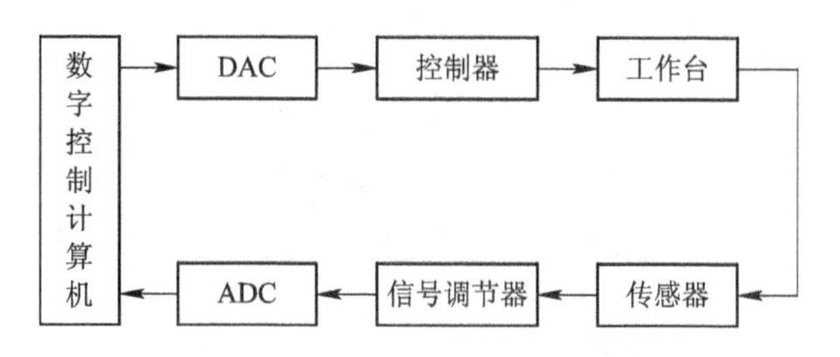

图 8.1　ADC 和 DAC 在控制系统中的应用

8.1　D/A 转换电路

数/模转换器(DAC)的基本功能是将 N 位数字信号 D 转换成与之相对应的模拟信号 A 后输出。

D/A 转换的基本原理

8.1.1　D/A 转换的基本原理

数/模转换电路接收的是数字信息，通过转换将输入的数字量以模拟量的形式输出，而且输出的模拟量大小与输入的数字量成正比。如图 8.2 所示，将输入的每一位二进制代码 D 按其权的大小转换成相应的模拟量，然后将代表各位的模拟量相加，所得的总模拟量就与数字量成正比，这样便实现了数字量到模拟量的转换。

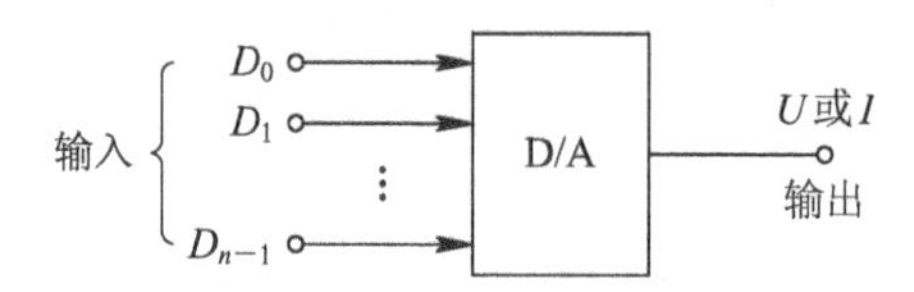

图 8.2　D/A 转换原理

假设 D/A 转换的比例系数为 k，则输出的模拟电压为

$$U = k\sum_{i=0}^{n-1}(D_i \times 2^i) = kD_n \tag{8.1}$$

其中，$D_n = \sum_{i=0}^{n-1}(D_i \times 2^i)$ 为输入的二进制数按位展开得到的十进制数值。

图 8.3 所示为 3 位二进制数字量与经过 D/A 转换($k=1$)后输出的电压模拟量之间的对应关系。两个相邻数码转换出的模拟电压值是不连续的，两者的电压差值由最低码位所代表的位权值决定。它是 DAC 所能分辨的最小数字量(Least Significant Bit，LSB)表示。

对应最大输入数字量的最大模拟电压输出值(绝对值)，称为满量程输出值(Full Scale Range，FSR)表示。

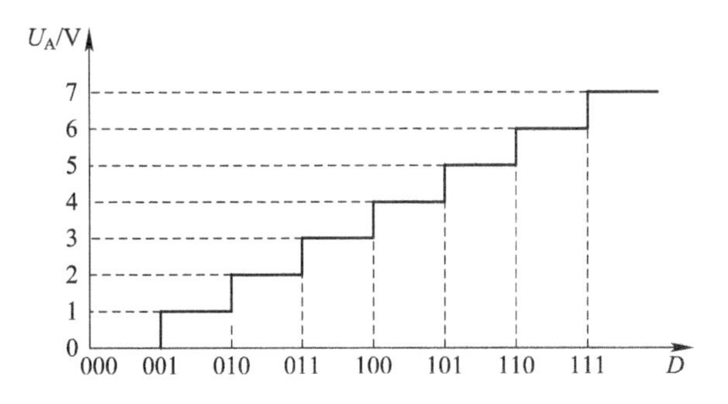

图 8.3　数字输入与输出电压之间的对应关系

在集成电路的 DAC 中，很少采用间接式 DAC，多采用直接式 DAC，如权电阻式或 T 形电阻式 DAC。在 DAC 中，往往会将 ADC 作为反馈部件来使用。一般电阻式 DAC 的结构图如图 8.4 所示。

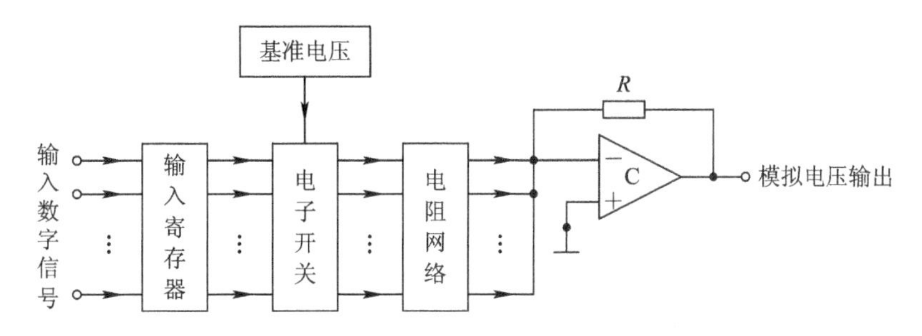

图 8.4　DAC 的组成框图

DAC 的种类有很多。根据工作方式的不同，DAC 可分为电压相加型和电流相加型。根据译码网络的不同，DAC 可分为权电阻网络型 DAC、倒 T 形电阻网络型 DAC 等。

1. 权电阻网络型 DAC

图 8.5 所示是 4 位权电阻网络型 DAC 的原理图，它由权电阻网络、4 个模拟开关和 1 个求和放大器组成。

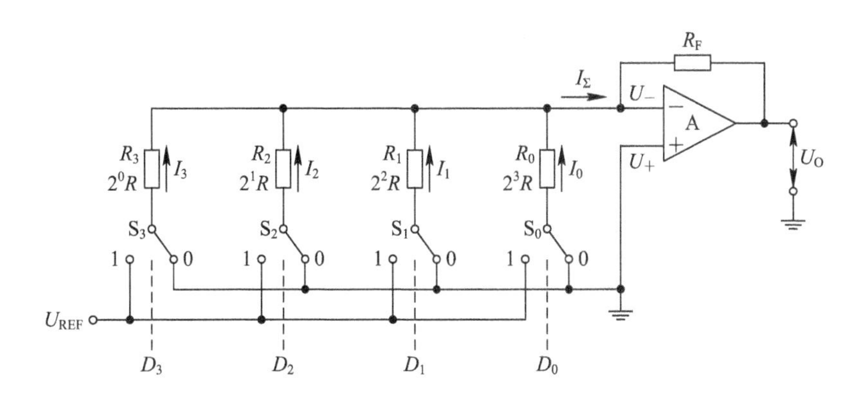

图 8.5　4 位二进制权电阻网络型 DAC

$S_0 \sim S_3$ 为模拟开关，它们的状态分别受输入代码 D_i 的取值控制。当 $D_i=1$ 时，开关接参考电压 U_{REF} 上，此时有支路电流 I_i 流向求和放大器；当 $D_i=0$ 时，开关接地，此时支路电流为零。

求和放大器是一个接成负反馈的运算放大器。为了简化分析计算，可以把运算放大器近似地看成理想放大器——它的开环放大倍数为无穷大，输入电流为零(输入电阻为无穷大)，输出电阻为零。当同相输入端 U_+ 的电位高于反相输入端 U_- 的电位时，输出端对地电压 U_O 为正；当 U_- 高于 U_+ 时，U_O 为负。

当参考电压经电阻网络加到 U_- 时，只要 U_- 稍高于 U_+，便产生负的输出电压。U_O 经 R_F 反馈到 U_- 端使 U_- 降低，其结果必然使 $U_- \approx U_+ = 0$。

假设运算放大器的输入电流为零，可以得到：

$$U_O = -R_F I_\Sigma = -R_F(I_3 + I_2 + I_1 + I_0) \tag{8.2}$$

由于 $U_+ \approx 0$，因而各支路电流分别为

$$I_3 = \frac{U_{REF}}{2^0 R} D_3 \tag{8.3}$$

$$I_2 = \frac{U_{REF}}{2^1 R} D_2 \tag{8.4}$$

$$I_1 = \frac{U_{REF}}{2^2 R} D_1 \tag{8.5}$$

$$I_0 = \frac{U_{REF}}{2^3 R} D_0 \tag{8.6}$$

将它们代入输出 U_O 中并取 $R_F = R/2$，则得

$$U_O = -\frac{U_{REF}}{2^4}(D_3 \cdot 2^3 + D_2 \cdot 2^2 + D_1 \cdot 2^1 + D_0 \cdot 2^0) = -\frac{U_{REF}}{2^4} D_4 \tag{8.7}$$

对于 n 位权电阻网络型 DAC，当反馈电阻取为 $R/2$ 时，输出电压的计算公式为

$$U_O = -\frac{U_{REF}}{2^n}(D_{n-1} \cdot 2^{n-1} + D_{n-2} \cdot 2^{n-2} + \cdots + D_1 \cdot 2^1 + D_0 \cdot 2^0) = -\frac{U_{REF}}{2^n} D_n \tag{8.8}$$

式(8.8)表明，输出的模拟电压正比于输入的数字量 D_n，从而实现了从数字量到模拟量的转换。当 $D_n=0$ 时，$U_O=0$，当 $D_n=11\cdots11$ 时，$U_O = -\frac{2^n-1}{2^n}U_{REF}$，所以 U_O 的最大变化范围是 $0 \sim -\frac{2^n-1}{2^n}U_{REF}$。从上面的分析计算可以看到，在 U_{REF} 为正电压时输出电压 U_O 始终为负值。要想得到正的输出电压，可以将 U_{REF} 取为负值。

权电阻网络型 DAC 的结构比较简单，所用的电阻元件数很少，但是各个电阻的阻值相差较大，尤其在输入信号的位数较多时，这个问题更加突出。要想在极为宽广的阻值范围内保证每个电阻都有很高的精度是十分困难的，尤其在制作集成电路时更是如此。为了克服这个缺点，可以采用双级权电阻网络型 DAC 或者其他形式的 DAC。

2. 倒 T 形电阻网络型 DAC

下面以 4 位倒 T 形电阻网络型 DAC 为例介绍 D/A 的转换原理。图 8.6 所示的电路由三个部分组成：

(1) 模拟开关 S_3、S_2、S_1、S_0。输入的数字信号 D_3、D_2、D_1、D_0 控制模拟开关的位置，

当输入数字信号为“0”时，开关打向右边，将图中的 $2R$ 电阻与地相连接；当输入数字信号为“1”时，开关打向左边，将图中的 $2R$ 电阻接入运算放大器的反相输入端。但是无论开关打向左边还是右边都是接地，因为运算放大器的反相输入端为“虚地”。

(2) R-$2R$ 电阻倒 T 形网络。倒 T 形网络由一系列电阻构成，在每个电阻右侧的等效电阻为 R，因此从电阻的左侧看进去都是 $2R$ 电阻。电阻网络中电阻种类只有两种：R 和 $2R$。

(3) 运算放大器电路。这部分的作用是将电阻网络中流进运算放大器的电流相加并转换成电压的形式输出。

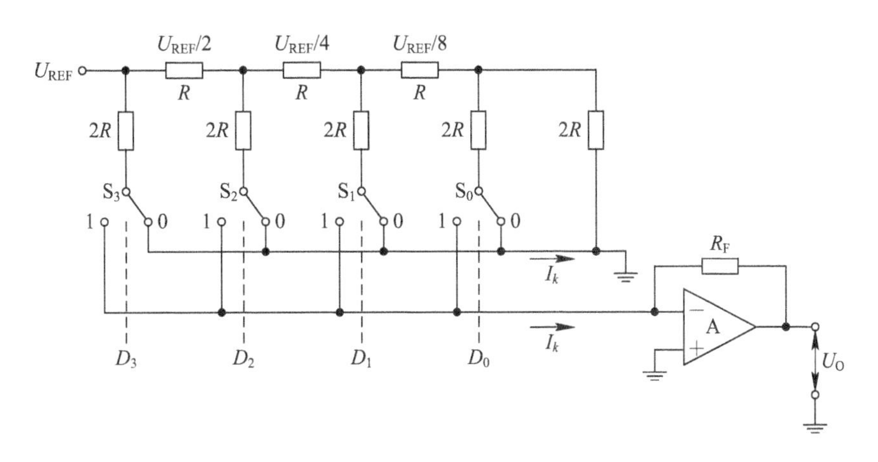

图 8.6　倒 T 形电阻网络型 DAC

转换器的输出电压 U_O 为

$$U_O = -I_k R_F = -\frac{U_{REF} R_F}{2^4 R}(D_3 \cdot 2^3 + D_2 \cdot 2^2 + D_1 \cdot 2^1 + D_0 \cdot 2^0)$$

$$= -\frac{U_{REF} R_F}{2^4 R} D_4 \tag{8.9}$$

式(8.9)表明，输入的数字量转换成与其成正比的模拟量输出。

如果是 n 位数字量输入，则式(8.9)可改写为

$$U_O = -I_k R_F$$

$$= -\frac{U_{REF} R_F}{2^n R}(D_{n-1} \cdot 2^{n-1} + D_{n-2} \cdot 2^{n-2} + \cdots + D_1 \cdot 2^1 + D_0 \cdot 2^0)$$

$$= -\frac{U_{REF} R_F}{2^n R} D_n \tag{8.10}$$

式中，n 为二进制位数；$D_n = \sum_{i=0}^{n-1}(D_i \cdot 2^i)$。

倒 T 形电阻网络是目前集成 DAC 芯片中使用最多的一种，其特点如下：

(1) 电路中电阻的种类很少，便于集成和提高精度。

(2) 无论模拟开关如何变换，由于各支路中的电流保持不变，因此各支路电流的建立时间为 0，从而提高了转换速度。

【例 8.1】　设在倒 T 形电阻网络中，输入的二进制数字量的位数 $n=6$，参考电压 $U_{REF}=10$ V，当输入 $X=110101$，R_F 分别为 $R/2$、R 和 $2R$ 时，输出电压 U_O 为多少？

解 (1) 当 $R_F=R/2$ 时：

$$U_O=-\frac{U_{REF}R_F}{2^nR}D_n$$
$$=-\frac{10\times(R/2)}{2^6\times R}\times(1\times2^5+1\times2^4+1\times2^2+1\times2^0)$$
$$=-\frac{10}{2^7}\times53$$
$$\approx-4.14\ \text{V}$$

(2) 当 $R_F=R$ 时：

$$U_O=-\frac{10\times R}{2^6\times R}\times53=-\frac{10}{2^6}\times53\approx-8.28\ \text{V}$$

(3) 当 $R_F=2R$ 时：

$$U_O=-\frac{10\times 2R}{2^6\times R}\times53=-\frac{10}{2^5}\times53\approx-16.56\ \text{V}$$

8.1.2 DAC的性能指标

1. 转换精度

在 DAC 中，一般用分辨率和转换误差来描述转换精度。

1) 分辨率

DAC 的分辨率是指输入数字量中当数字量的最低位发生单位数码变化时输出模拟电压的变化量 ΔU 与满度值输出电压 U 之比。在 n 位 DAC 中，输出的模拟电压应能区分出输入代码的 2^n 个不同的状态，给出 2^n 个不同等级的输出模拟电压，因此分辨率可表示为

$$分辨率=\frac{1}{2^n-1}$$

式中，n 为 DAC 中输入数字量的位数。

分辨率表示 DAC 在理论上能够达到的精度。因此，分辨率取决于 DAC 的位数，其位数越多，则分辨率的值越小，即在相同情况下输出的最小电压越小，分辨能力就越强。在实际使用中，通常把 2^n 或 n 叫作分辨率，如 16 位 DAC 的分辨率为 2^{16} 或 16 位。

【例 8.2】 某 DAC 输入数字量的位数为 10 位，试求其分辨率。

解 由题意可得，$n=10$，则

$$分辨率=\frac{1}{2^n-1}=\frac{1}{2^{10}-1}=\frac{1}{1023}$$

【例 8.3】 已知 8 位 DAC 的满刻度输出电压 $U_m=5$ V。

(1) 求输入最低位 D_0 对应的输出电压增量 U_{LSB}；

(2) 如要求分辨的最小电压为 2.5 mV，试问至少应选用多少位的 DAC。

解 根据分辨率的定义，可得

$$分辨率=\frac{1}{2^n-1}=\frac{U_{LSB}}{U_m}$$

将 $n=8$，$U_{\mathrm{m}}=5\ \mathrm{V}$ 代入上式得

$$U_{\mathrm{LSB}}=\frac{1}{2^n-1}\times U_{\mathrm{m}}=\frac{1}{2^8-1}\times 5=0.02\ \mathrm{V}$$

根据题意，$U_{\mathrm{LSB}}=2.5\ \mathrm{mV}$，$U_{\mathrm{m}}=5\ \mathrm{V}$，可得

$$\frac{1}{2^n-1}=\frac{0.0025}{5}$$

可得，$n\approx 11$。

由以上分析可知，在题意给定的情况下应选择 11 位 DAC。

2）转换误差

DAC 的转换误差是指电路在稳定工作时实际模拟输出值与理论值之间的最大偏差。通常以输入电压满刻度(FSR)的百分数来表示，如 DAC 的线性误差为 0.05% FSR，即转换误差为满量程的 0.05%。有时误差用最小数字量的倍数来表示，如给出的转换误差为 LSB/2，这就表明输出模拟电压的绝对误差等于输入量为 0…0001 时所对应的输出模拟电压值的一半。

例如，一个 8 位的 DAC，对应的最大数字量的模拟理论输出值为 $\frac{255}{256}U_{\mathrm{REF}}$，$\frac{1}{2}\mathrm{LSB}=\frac{1}{512}U_{\mathrm{REF}}$，所以实际值不应超过 $\left(\frac{255}{256}\pm\frac{1}{512}\right)U_{\mathrm{REF}}$。

常见的误差主要包括以下三种：非线性误差、漂移误差和增益误差。

(1) 非线性误差。理想 DAC 的转换特性是通过原点和满量程输出理论值的一条直线。而实际 DAC 的转换特性会偏离理想直线，通常为一条曲线，如图 8.7 所示。产生该误差的原因主要是模拟电子开关的导通电阻和导通压降以及 R、$2R$ 电阻值的偏差，而且因为这些偏差在电路的不同部分是不同的，是一种随机偏差，所以以非线性误差的形式反映在输出电压上。

(2) 漂移误差。误差电压与输入数字量的大小无关，输出电压的转换特性曲线在竖直方向上下平移，但不改变转换特性的线性度，如图 8.8 所示，通常把这种性质的误差称作漂移误差或平移误差。产生该误差的主要原因是运算放大器的零点漂移。

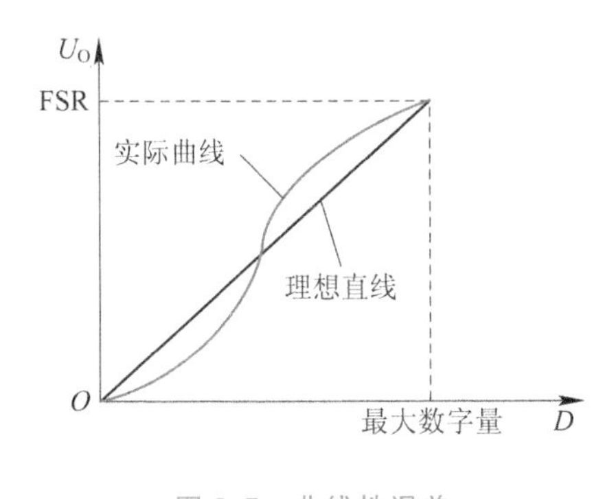

图 8.7　非线性误差

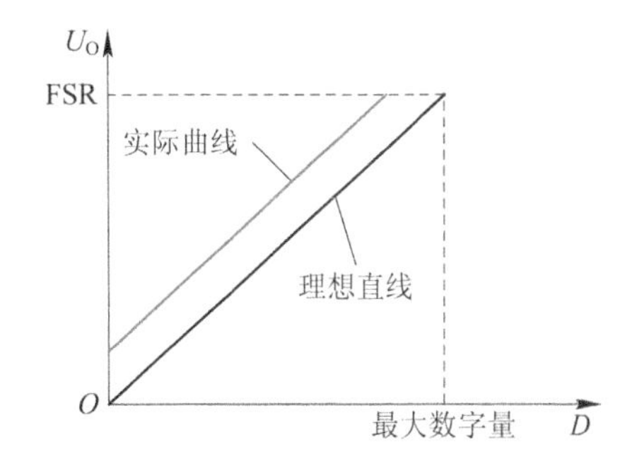

图 8.8　漂移误差

(3) 增益误差。增益误差只改变理想转换特性的斜率，并不破坏其线性，也称作比例系数误差，如图 8.9 所示。该误差主要是由参考电压 U_{REF} 和 R_{F}/R 的不稳定造成的。增益校准只能暂时消除增益误差。

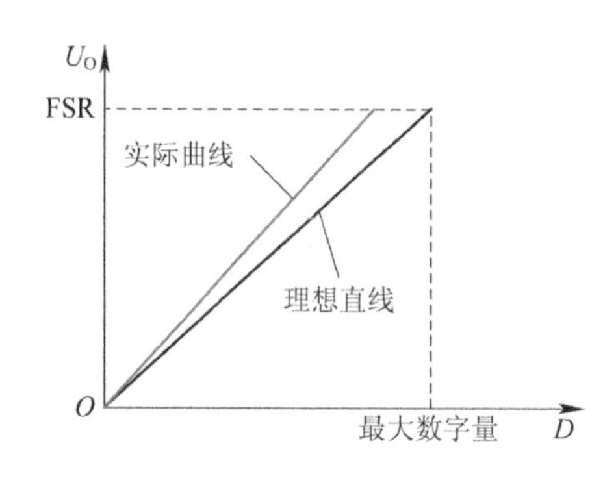

图 8.9　增益误差

产生 DAC 误差的原因有：基准电压 U_{REF} 的波动、运算放大器中的零点漂移、电阻网络中电阻值的偏差及非线性失真等。

DAC 的分辨率和转换误差共同决定了其转换精度，它们是相关的。要提高转换精度，不仅要选用位数多的 DAC，还要选用稳定度高的基准电压源和低温漂型运算放大器与其配合。

2. 转换速度

通常以建立时间 t_s 表征 DAC 的转换速度。建立时间 t_s 是指输入数字量从全"0"到全"1"(或从全"1"到全"0"，即输入变化为满度值)时输出电压达到规定的误差范围(±1/2LSB)所需的时间。建立时间又称为转换时间。DAC0832 的转换时间小于 500 ns。

3. 电源抑制比

在高质量的转换器中，要求模拟开关电路和运算放大器的电源电压发生变化时，对输出电压的影响非常小。输出电压的变化与对应的电源电压的变化之比，称为电源抑制比。

4. 温度系数

温度系数是指在输入不变的情况下输出模拟电压随温度变化产生的变化量。一般用满刻度输出条件下温度每升高 1℃，输出电压变化的百分数作为温度系数。

此外，还有线性度、功率、功耗、高低输入电平、输入电阻、输入电容等指标。

8.1.3　集成 D/A 转换芯片 DAC0832

1. DAC0832 框图及管脚

目前，根据分辨率、转换速度、兼容性以及接口特性的不同，集成 DAC 有多种不同类型和不同系列的产品。DAC0832 是 DAC0830 系列，是 CMOS 集成电路。DAC0832 是 8 位倒 T 形电阻网络型 DAC。它有 8 位数据输入，与单片机、CPLD、FPGA 可直接连接，且其接口电路简单，转换控制容易，使用方便。DAC0832 在单片机及数字系统中得到了广泛应用。值得注意的是，DAC0832 是电流输出型芯片，要外接运算放大器，将输出模拟电流转换为模拟输出电压。DAC0832 的管脚图和逻辑图分别如图 8.10、图 8.11 所示。

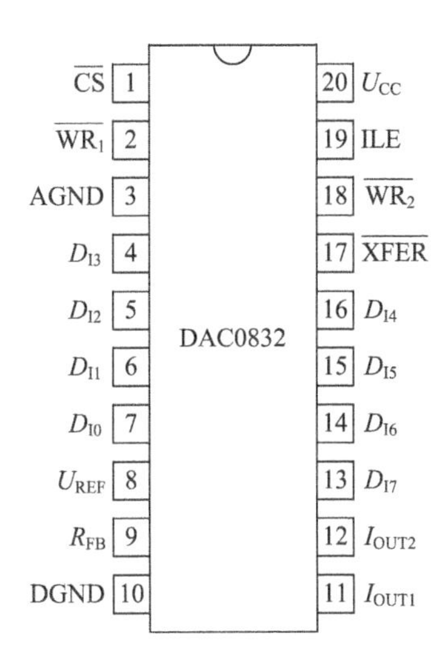

图 8.10　DAC0832 的管脚图

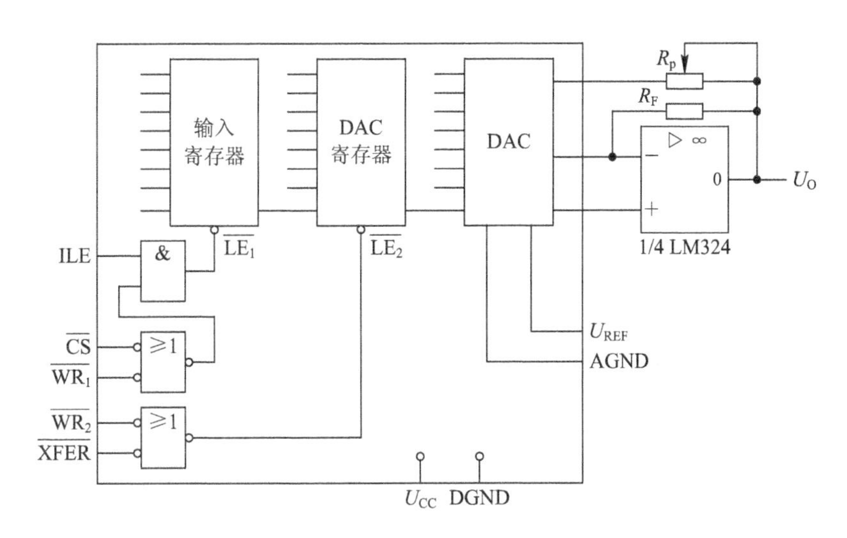

图 8.11　DAC0832 的逻辑图

DAC0832 主要由两个 8 位寄存器(输入寄存器和 DAC 寄存器)和一个 8 位 DAC 组成。使用两个寄存器的好处是能简化某些应用中硬件接口电路的设计。该 DAC 为 20 脚双列直插式封装，各管脚的含义如下：

$D_{I0} \sim D_{I7}$：8 位数字量数据输入线。

ILE：数字锁存允许信号，高电平有效。

$\overline{\text{CS}}$：输入寄存器的选通信号，低电平有效。

$\overline{\text{WR}_1}$：输入寄存器的写选通信号，低电平有效。由逻辑电路图可知，片内输入寄存器的选通信号$\overline{\text{LE}_1}=\overline{\overline{\text{CS}}+\overline{\text{WR}_1}}\cdot \text{ILE}$。当$\overline{\text{LE}_1}=1$时，输入寄存器的状态随输入状态变化；当$\text{LE}_{\overline{1}}=0$时，锁存输入数据。

$\overline{\text{XFER}}$：数据传输信号线，低电平有效。

$\overline{WR_2}$：DAC寄存器的写选通信号，低电平有效。DAC寄存器的选通信号$\overline{LE_2}=\overline{\overline{XFER}+\overline{WR_2}}$。当$\overline{LE_2}=1$时，DAC寄存器的状态随输入状态变化；当$\overline{LE_2}=0$时，锁存输入状态。

U_{REF}：基准电压输入线。

R_{FB}：反馈信号输入线。芯片内已有反馈电阻。

I_{OUT1}、I_{OUT2}：电流输出线。I_{OUT1}与I_{OUT2}的和为常数，I_{OUT1}、I_{OUT2}随DAC中的数据线性变化。

U_{CC}：电源线。

DGND：数字地。

AGND：模拟地。

D/A转换芯片输入的是数字量，输出的是模拟量。模拟信号很容易受到电源和数字信号等的干扰而波动。为提高输出的稳定性，并减少误差，模拟信号部分必须采用高精度基准电源U_R和独立的地线，一般数字地和模拟地必须分开。

模拟地是指模拟信号及基准电源的参考地。其余信号的参考地(包括工作电源、时钟、数据、地址、控制等的数字逻辑地)都是数字地。应用时，应注意合理布线，两种地线在基准电源处一点共地比较恰当。

DAC0832具有两个输入寄存器(寄存器具有在时钟的作用下暂时存放数据和取出数据的功能)。输入的8位数据首先存入输入寄存器，而输出的模拟量由DAC寄存器中的数据决定。当把数据从输入寄存器转入DAC寄存器后，输入寄存器就可以接收新的数据而不会影响模拟量的输出。

2. DAC0832的工作方式

DAC0832共有三种工作方式。

1) 单缓冲工作方式

单缓冲工作方式的接法如图8.12(a)所示。这种工作方式是：在DAC两个寄存器中有一个是常通状态，或者使两个寄存器同时选通及锁存。

2) 双缓冲工作方式

双缓冲工作方式的接法如图8.12(b)所示。这种工作方式是通过控制信号将输入数据锁存于输入寄存器中，当需要D/A转换时，再将输入寄存器的数据转入DAC寄存器中，并进行D/A转换。对于多路D/A转换接口，当要求并行输出时，必须采用双缓冲同步工作方式。

采用双缓冲工作方式的优点是：可以消除在输入数据更新时输出模拟量不稳定的现象；可以在模拟量输出的同时就将下一次要转换的数据输入到输入寄存器中，提高了转换速度；用这种工作方式可同时更新多个D/A输出，这样给多处理系统中的DAC的协调一致带来了方便。

3) 直通工作方式

直通工作方式的接法如图8.12(c)所示。这种工作方式是：使两个寄存器一直处于选通状态，寄存器的输出随输入数据的变化而变化，输出模拟量也随输入数据同时变化。

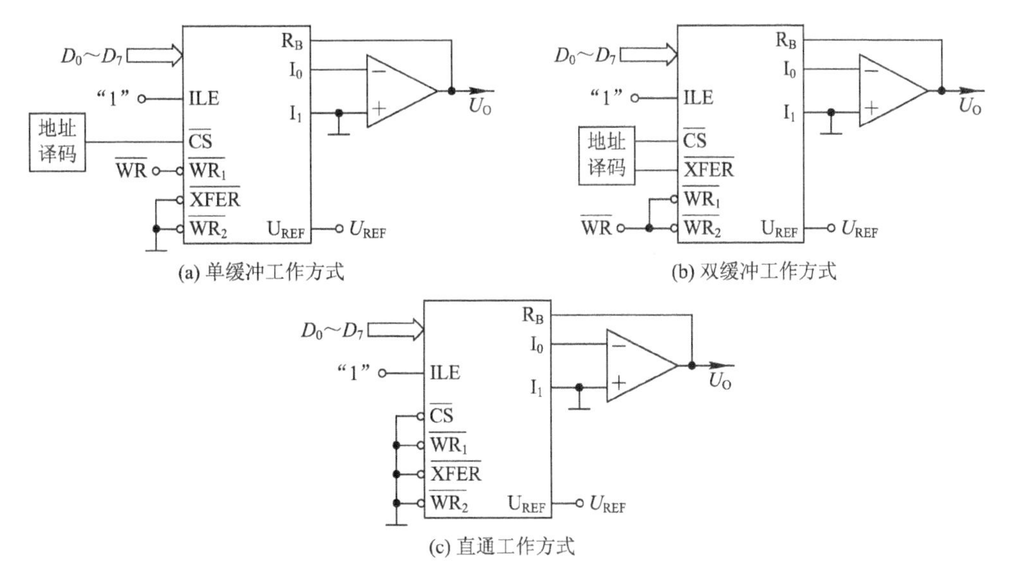

(a) 单缓冲工作方式　(b) 双缓冲工作方式　(c) 直通工作方式

图 8.12　DAC0832 的三种工作方式

3. DAC0832 的应用

DAC0832 的输出是电流型的，因此必须用运算放大器将模拟电流转换为模拟电压。它的输出有单极性输出和双极性输出两种形式。

1）单极性输出应用电路

图 8.13(a)所示是 DAC0832 单极性输出电路的原理图。由于$\overline{WR_2}$、$\overline{XFER}$同时接地，因此芯片内的两个寄存器直接接通，数据 D_0～D_7 可直接输入 DAC 寄存器中。由于 ILE 恒为高电平，输入由$\overline{CS}$和$\overline{WR_1}$控制，其间要满足确定的时序关系，因此在$\overline{CS}$置低之后，再将$\overline{WR_1}$置低，将输入数据写入 DAC0832 中。其时序如图 8.13(b)所示。

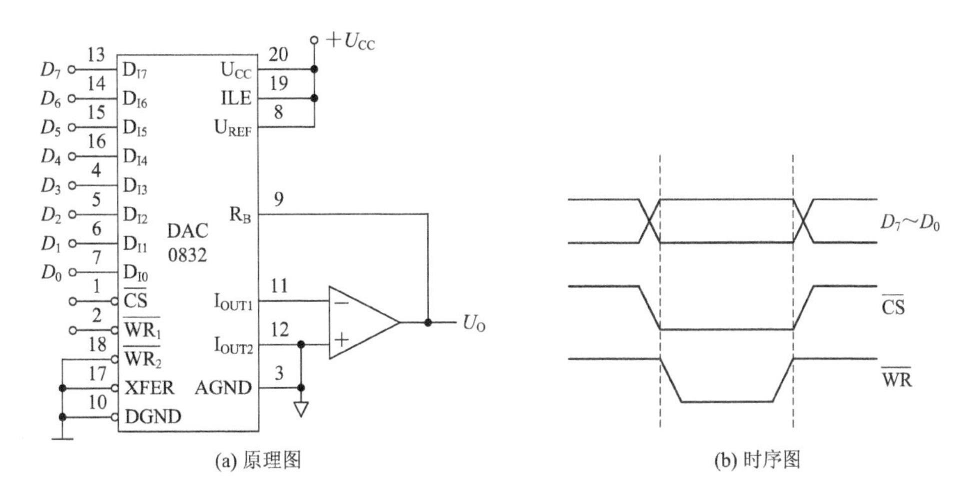

(a) 原理图　(b) 时序图

图 8.13　DAC0832 单极性输出电路

DAC0832 单极性输出时，输出模拟量和输入数字量之间的关系为

$$U_O = \pm U_{REF}\left(\frac{D}{2^8}\right) \tag{8.11}$$

式中，$D=\sum_{i=0}^{n-1}2^i$。当基准电压为 +5 V(或 −5 V) 时，输出电压 U_O 的范围是 0 ～ −5 V(0 ～ +5 V)；当基准电压为 +15 V(或 −15 V)时，输出电压 U_O 的范围是 0～−15 V(0～+15 V)。

2) 双极性输出应用电路

前述 DAC 转换的是不带符号的数字，若要求将带有符号的数字转换为相应的模拟量，则应有正、负极性输出。在二进制算术运算中，通常将带符号的数字用二进制的补码表示，因此希望 DAC 将输入的正、负补码分别转换成具有正、负极性的模拟电压。图 8.14 所示是双极性输出电路。

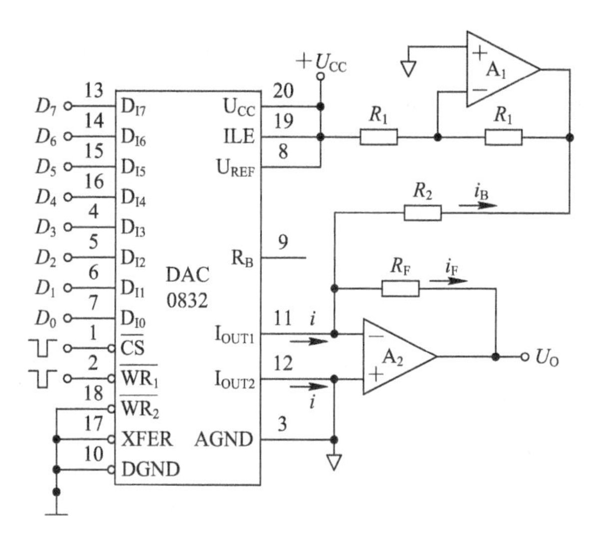

图 8.14 DAC0832 双极性输出电路

输出模拟电压的计算式如下：

$$U_O=-\frac{U_{REF}R_F}{2^8R}D_8 \tag{8.12}$$

其中，D_8 为补码。当最高位为 0 时，表示正数，直接代入计算即可；当最高位为 1 时，表示负数，后面各位按位取反，最低位再加 1，将此数值代入式(8.12)才能得到转换结果。

8.2 A/D 转换电路

8.2.1 A/D 转换的过程

A/D 转换的基本原理

A/D 转换是将时间和数值连续变化的模拟量转换成时间离散变化且数值离散变化的数字量。

A/D 转换就是按照一定时间间隔对输入的模拟量进行周期性读取，然后把这些采样的值变成数字量输出。周期性读取的过程称为采样；将采样的信号转换成数字量的过程称为量化；将量化结果用编码形式表示的过程，称为编码。编码形成的这些代码就是 A/D 转换的输出量。由于量化和编码都需要一定的时间，所以在采样之后必须保持一定的时间，这个过程称为保持。A/D 转换的基本过程为采样、保持、量化、编码，如图 8.15 所示。

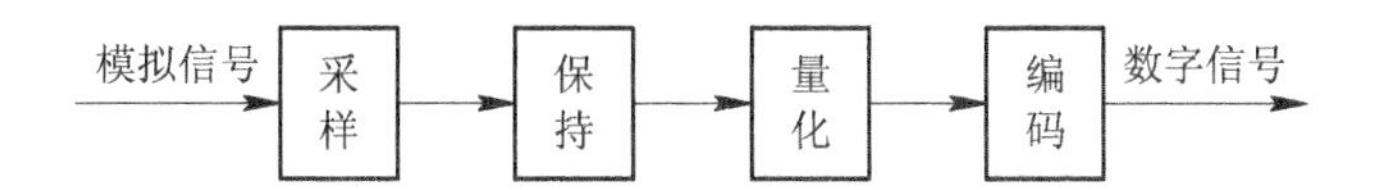

图 8.15　A/D 转换原理框图

A/D 转换电路输入的电压信号与输出的数字信号 D 之间的关系为

$$D = k\,\frac{u_1}{u_{\text{REF}}} \tag{8.13}$$

其中，k 为比例系数，对于不同的 A/D 转换电路，k 各不相同；u_{REF} 为实现 A/D 转换所需要的参考电压。

由式(8.13)可以看出，A/D 转换电路输出的数字信号与输入的模拟信号在幅度上成正比。

1. 采样与保持

采样是对模拟信号 $u_I(t)$ 的值进行周期性读取的过程，用于将时间上连续变化的模拟信号转换成时间上离散的采样信号 $u_O(t)$。图 8.16 所示是采样的工作过程。

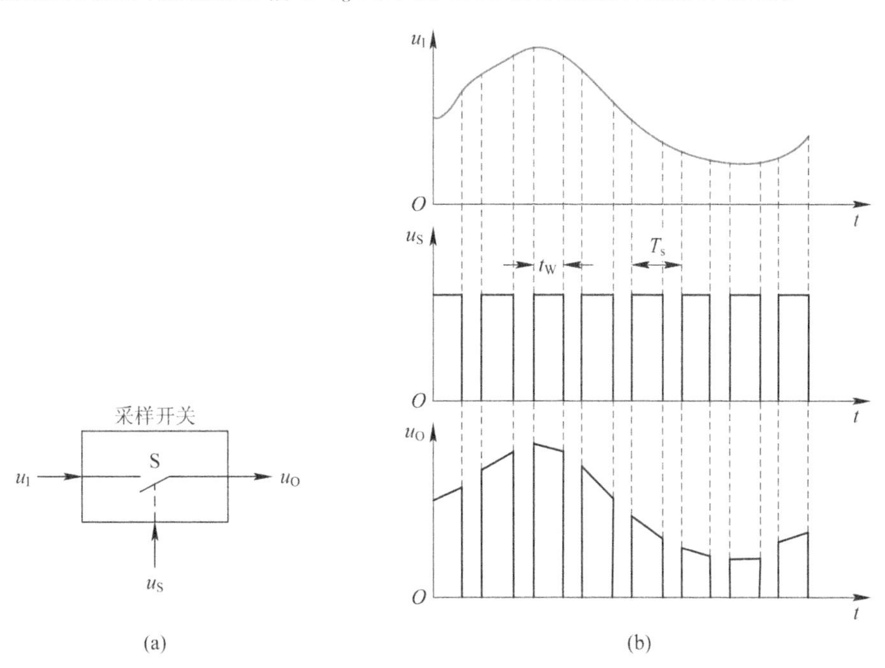

图 8.16　采样的工作过程

图 8.16(a)所示为模拟采样开关，图(b)所示为模拟信号 $u_I(t)$ 在采样信号 $u_S(t)$ 的作用下得到采样信号 $u_O(t)$ 的过程中的波形图。

在图 8.16 中，如果采样频率太低，则其输出信号就不能严格保留输入信号的信息；但如果采样频率太高，则其转换的输出与输入波形能做到尽量一致，但是输出的脉冲数也会较多，这又是不希望的。那么取样的频率如何确定才能保证采样信号 $u_O(t)$ 准确无误地表示模拟信号 $u_I(t)$ 呢？对于一个频率有限的模拟信号，可以由采样定理确定采样频率：

$$f_s \geqslant 2f_{imax}$$

式中，f_s 为采样频率；f_{imax} 为输入模拟信号频率的上限值。实际使用时，f_s 一般取输入模拟信号最高频率的 2.5～3.0 倍。表 8.1 给出了常用的基带信号(即原始信号)频率和取样频率。

表 8.1　常用的基带信号频率和取样频率

应用场合	基带信号	基带信号频率/kHz	取样频率/kHz
语音通信	语音信号	0.3～3.4	8.0
调频广播	语音及音乐	0.02～10.0	22.0
CD 音乐	音乐和语音	0.02～20.0	44.1
高保真音响	音乐信号	0.02～20.0	48.0

对采样信号进行数字化处理需要一定的时间，而采样信号的宽度很小，量化装置来不及处理，因此为了获得一个稳定的取样值，每个采样信号都要保持一个周期，直至下一次采样为止。在通常情况下，采样和保持利用采样保持器一次完成。采样保持器的原理电路与工作波形如图 8.17 所示。

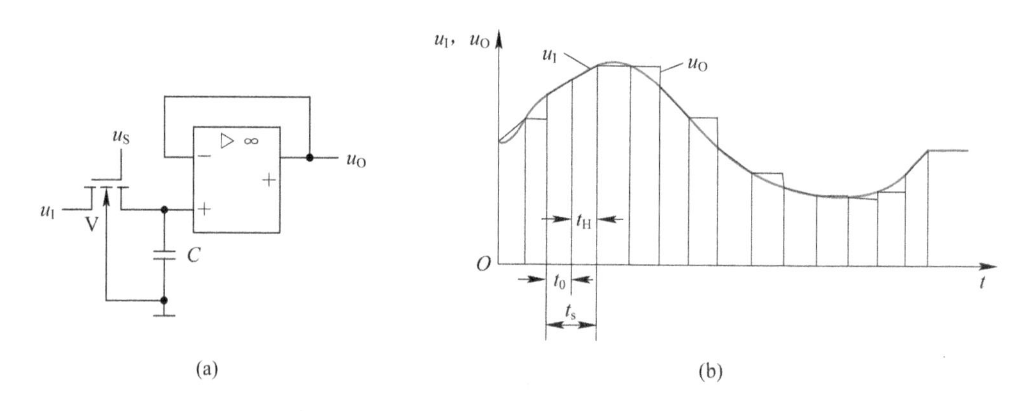

图 8.17　采样保持器的原理电路与工作波形

图 8.17 中，运算放大器构成的射极跟随器利用其阻抗变换特性构成隔离级，NMOS 管 V 为取样开关，C 为存储电容。

在采样持续时间 t_0 期间，NMOS 管处于导通状态，输入模拟电压通过 V 向电容 C 充电。当电路充电时间常数 $\tau = R_{ON}C$ 远小于 t_0(采样脉冲高电平时间)时，电容器上的电压跟随输入电压 u_I 的变化而变化，因此放大器的输出电压 u_O 也跟随输入电压 u_I 的变化而变化。t_0 称为采样时间。当采样脉冲结束后，V 截止，如果场效应管和电容器的漏电流及运算放大器的输入电流均可忽略，则电容上的电压保持为 V 截止前 u_I 的电压值，直到下一个采样脉冲来到，这段时间 t_H 称为保持时间。到下一个采样周期时，电容 C 上的值又跳回到输入电压 u_I 的值。t_0 和 t_H 构成一个采样周期 t_s。采样保持器的输出电压如图 8.17(b)所示。

2. 量化和编码

取样和保持后的信号仍然是时间上离散的模拟信号，取样信号的取值是任意的，而数字信号的取值是有限的或离散的。要实现幅度的离散化，就要用具体的数字量来近似地表示对应的模拟值。任意一个数字量的大小都是以某个最小数量单位的整数倍来表示的，这个最小的数量单位称为量化单位，用 Δ 表示。例如，把 0～5 V 模拟电压用 4 位二进制数来表示，则只有 16 种状态，也就是有 0000～1111 共 16 个离散的取值，这时可取 $\Delta=\frac{5}{16}$ V。采样信号和量化单位进行比较而转换为量化单位的整数倍的过程称为量化。量化一般有以下两种方法：

1）舍尾取整法

舍尾取整法取最小量化单位 $\Delta=\frac{U_{\mathrm{m}}}{2^n}$，$U_{\mathrm{m}}$ 为模拟信号电压的最大值，n 为数字代码的位数。当输入信号的幅值为 0～Δ 时，量化的结果取 0；当输入信号的幅值在 Δ～2Δ 之间时，量化结果取 Δ。以此类推，这种量化方法是只舍不入(或称舍尾取整法)，其量化误差 $\delta<\Delta$。

2）四舍五入法

四舍五入法以量化级的中间值作为基准的量化方法。取 $\Delta=\frac{2U_{\mathrm{m}}}{2^{n+1}-1}$。当输入信号的幅值为 0～$\frac{\Delta}{2}$时，量化结果的取值为 0；当输入信号的幅值在$\frac{\Delta}{2}$～$\frac{3\Delta}{2}$之间时，量化取值为 Δ。依次类推，这种量化的结果是有舍有入，其量化误差 $\delta<\frac{\Delta}{2}$。

由上述分析可得，为减少量化误差，应选择四舍五入法。

0～1 V 模拟信号转换为 3 位二进制代码，划分量化电平的两种方法如图 8.18 所示。

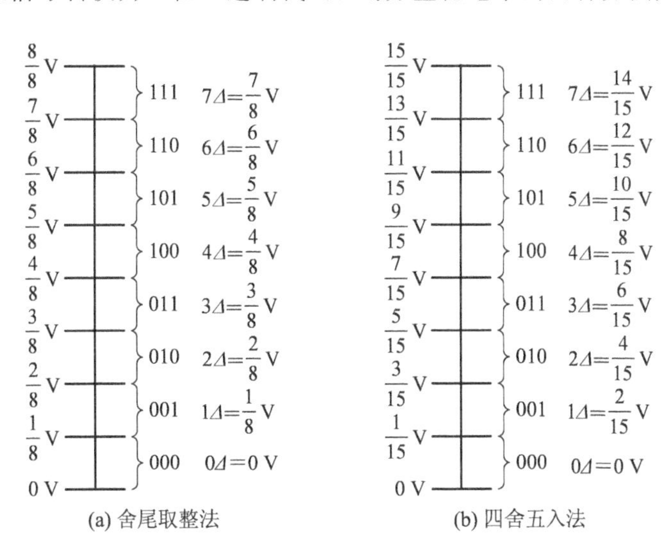

图 8.18　划分量化电平的两种方法

用数字代码表示量化结果的过程就是编码。这些代码就是 A/D 转换的输出结果，编码过程不会产生误差。

8.2.2　ADC 的常用类型和基本原理

根据原理 ADC 可分为两大类：一类是直接型 ADC；另一类是间接型 ADC。在直接型 ADC 中，输入的模拟电压被直接转换成数字代码，其中不经过任何中间变量；而在间接型

ADC中，首先把输入的模拟电压转换成某种中间变量(时间、频率、脉冲宽度等)，然后将这些中间变量转换为数字代码后输出。

尽管ADC的类型很多，但目前应用较多的主要有三种：逐次逼近式ADC(也称逐次比较式ADC)、双积分式ADC和V/F式ADC。下面简单介绍前两种ADC的基本原理。

1. 逐次逼近式ADC的原理

图8.19所示是逐次逼近式ADC的原理电路图。从图8.19中可以看出，逐次逼近式ADC由比较器、控制逻辑电路、逐次逼近寄存器、电压输出D/A转换电路等组成。

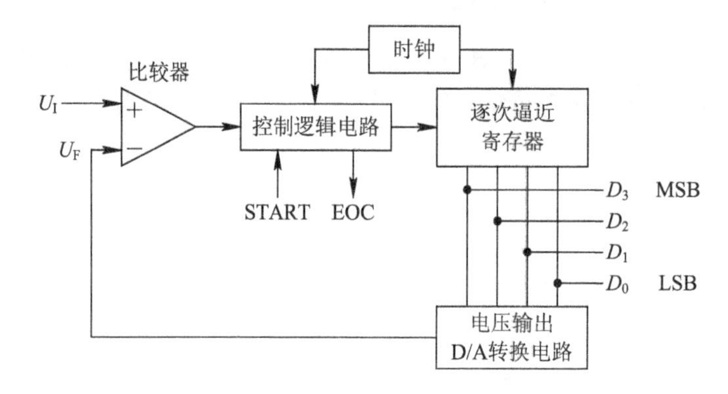

图8.19　逐渐逼近式ADC的原理电路图

逐次逼近式ADC的主要原理是：将一待转换的模拟输入信号U_I与一个推测信号U_F相比较，根据推测信号大于还是小于输入信号来确定增大还是减小该推测信号，以便向输入模拟信号逼近。推测信号由DAC的输出获得，当推测信号与模拟输入信号相等时，向DAC输入的数值就是对应模拟输入信号的数字量。

逐次逼近式ADC的工作原理与天平称物体质量的原理相似。下面举例说明它的工作过程，其工作波形见图8.20。

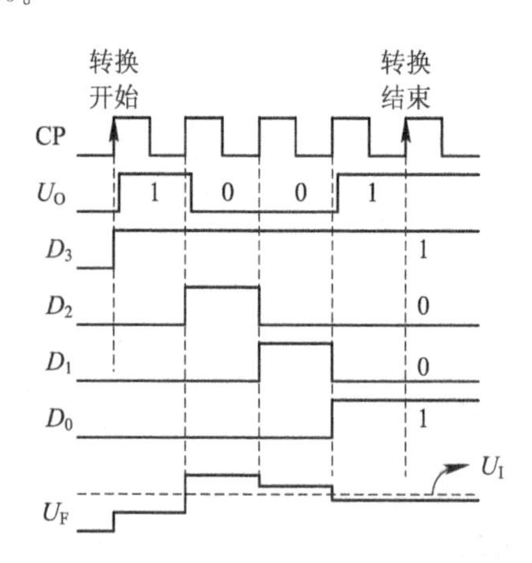

图8.20　逐渐逼近式ADC的工作波形图

工作开始时，首先将逐次逼近寄存器清零，这时加在D/A转换电路上的输入数字量为0，其输出也为0。

第一个时钟上升沿到来时，逐次逼近寄存器将输入数码的最高位D_3置为1，则输入DAC的数码为1000，D/A转换电路输出一个对应于1000的模拟电压值。这个电压U_F加在比较器的反相输入端，它与加在比较器同相输入端的输入模拟电压 U_I 比较。由图 8.20 可以看出，D/A 转换电路输出的电压小于输入电压，这时比较器的输出为高电平。

第二个时钟信号上升沿到来时，控制逻辑电路控制逐次逼近寄存器完成两项工作：一是检测比较器的输出是否高电平，如果为高电平，则 D_3 的状态保持高电平，否则回到 0；二是将次高位的 D_2 置为 1，这时送入 DAC 的数字量为 1100，DAC 输出 U_F 与模拟输入信号 U_I 比较。从图 8.20 中可以看出：D/A 转换电路输出的电压大于输入电压，这时比较器的输出为低电平。

第三个时钟上升沿到来时，控制逻辑电路仍然控制逐次逼近寄存器完成两项工作。从图 8.20 中可以看出，这时比较器的输出为低电平，则将 D_2 回到 0；将 D_1 置为 1，这时输入 DAC 的数字量为 1010，其转换后的模拟电压 U_F 仍然高于 U_I，则比较器的输出为 0。

第四个时钟上升沿到来时，其工作过程与前三个脉冲的工作过程一致。

第五个时钟上升沿到来时，仅判断比较器的输出是高电平还是低电平。图 8.20 所示为高电平，则 D_0 保持为 1。由于本例中 ADC 的输出仅为 4 位，因此这是最后一步，$D_3D_2D_1D_0$ 就是 ADC 转换的结果。

【例 8.4】　设 ADC 满量程输入电压 $U_{Imax}=10$ V，现将 $U_I=7.39$ V 的输入电压转换成二进制数。

解　ADC 满量程为 10 V 时，输入 DAC 的二进制数的各位数值为 1 时所对应的输出电压见表 8.2。

表 8.2　DAC 各位对应的输出电压值

DAC 输入	DAC 输出/V
D_7	5.0000
D_6	2.5000
D_5	1.2500
D_4	0.6250
D_3	0.3125
D_2	0.156 25
D_1	0.078 125
D_0	0.039 062 5

首先来一个启动脉冲，逐次逼近寄存器的各位清零，转换开始。

第一个 CP 上升沿到来时，逐次逼近寄存器的最高位置 1，逐次逼近寄存器的输出为 1000 0000，经 D/A 转换后 $U_O=5$ V。因为 $U_I(7.39\text{ V})>U_O(5\text{ V})$，所以最高位保持 1 不变，逐次逼近寄存器中的数据为 1000 0000。

第二个 CP 上升沿到来时，逐次逼近寄存器次高位置 1，逐次逼近寄存器的输出为 1100 0000，经 D/A 转换后 $U_O=5\text{ V}+2.5\text{ V}=7.5$ V。因为 $U_I(7.39\text{ V})<U_O(7.5\text{ V})$，所以次高位必须重新置 0。逐次逼近寄存器中的数据为 1000 0000。

第三个 CP 上升沿到来时，逐次逼近寄存器的输出为 1010 0000，经 D/A 转换后 $U_O=5\text{ V}+1.25\text{ V}=6.25$ V。因为 $U_I(7.39\text{ V})>U_O(6.25\text{ V})$，所以经过比较，逐次逼近寄存器

中的数据为 1010 0000。

随着时钟脉冲的不断输入，ADC 逐位进行比较，直至最低位，最后逐次逼近寄存器中的数据为 1011 1101。

通过上述分析可看出，逐次逼近式 ADC 的速度较慢，转换时间 t 与 A/D 转换的位数 N 和时钟周期有如下关系：

$$t=(N+1)T$$

逐次逼近式 ADC 由于结构简单，因此得到了广泛应用，一般用于中速的 A/D 转换场合。

2. 双积分式 ADC 的原理

图 8.21 是双积分式 ADC 的工作原理图。

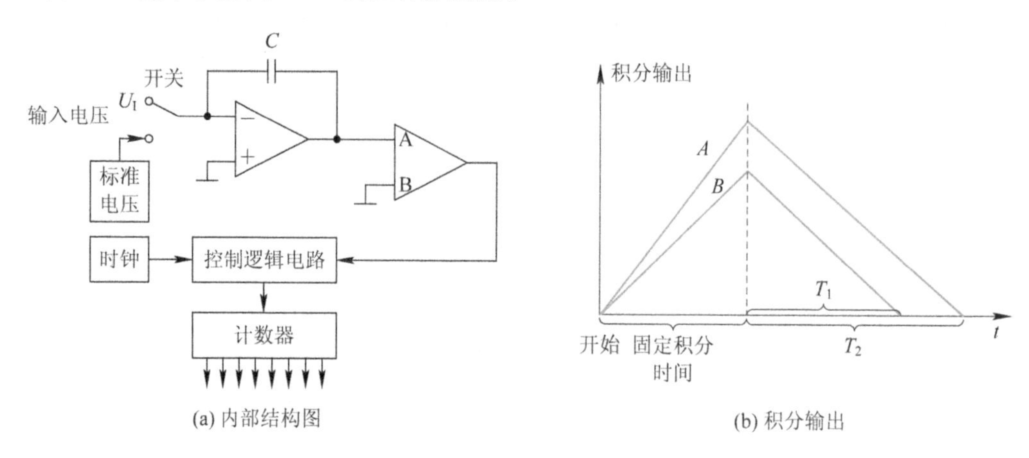

图 8.21 双积分式 ADC 的工作原理图

双积分式 ADC 由积分器、比较器、控制逻辑电路、计数器等构成，如图 8.21(a)所示。

在进行 A/D 转换的过程中，首先将开关拨至输入电压端，对模拟输入电压 U_I 进行固定时间积分，称为一次积分；当积分时间结束时，再将开关拨至标准电压输入端，进行反向积分，称为二次积分，在此过程中通过计数器进行计时，当积分输出回到 0 时，积分结束。由于标准电压是恒定的，因此可以通过一次积分时间、反向积分时间等参数计算出模拟输入电压 U_I。

如图 8.21(b)所示，由于曲线 A 对应的输入电压较大，曲线 B 对应的输入电压较小，因此在固定积分时间内 A 对应的积分输出大于 B 对应的积分输出，而在二次积分过程中，由于标准电压是恒定的，所对应的积分曲线斜率也是恒定的，因此二次积分的时间 T_1 和 T_2 的比例等于模拟输入电压的比例。

由于双积分式 ADC 是对输入电压的平均值进行变换，所以它具有很强的抗工频干扰能力，被广泛应用于数字测量。

8.2.3 ADC 的主要参数

1. ADC 的转换精度

在 A/D 转换电路中，也是用分辨率和转换误差来表示转换精度的。

1）分辨率

ADC 的分辨率是指输出数字量的最低位变化一个数码时，对应输入模拟量的变化量，即

$$分辨率 = \frac{模拟输入量的满度值}{2^n - 1}$$

式中，n 为转换器的位数。例如，10 位 ADC 的模拟输入电压的变化范围是 0～10 V，则其分辨率为 9.76 mV。分辨率也常用 ADC 输出的二进制数或十进制数的位数来表示。

2）转换误差

转换误差表示转换器输出的数字量与理想输出的数字量之间的差别，用最低有效位的倍数来表示。转换误差由系统中的量化误差和其他误差之和来确定。量化误差通常为 $\pm\frac{1}{2}$LSB，其他误差包括基准电压不稳或设定不精确、比较器工作不够理想所造成的误差。

ADC 的位数应满足所要求的转换误差。例如，ADC 的模拟输入电压的范围是 0～5 V，要求其转换误差为 0.05%，则其允许的最大误差为 2.5 mV。在此条件下，如果不考虑其他误差，则选用 12 位的 A/D 转换芯片就能满足精度要求。如果考虑到其他误差，则应相应地增加 A/D 转换的位数，才能使转换误差不超出所要求的范围。

2. ADC 的转换速度

ADC 的转换速度用 ADC 的转换时间和转换频率来表示。转换时间是指完成一次 A/D 转换所需要的时间，即从接到转换控制信号开始到得到稳定的数字量输出为止所需要的时间。ADC 的转换速度主要取决于 ADC 的转换类型。例如，直接 ADC 中并行 ADC 比逐次逼近式 ADC 的转换速度快得多。间接 ADC 要比直接 ADC 的转换速度低得多。ADC 的转换速度是指单位时间内完成的转换次数。

此外，在组成高速 ADC 时，还应将采样和保持电路中的采样时间计入转换时间内。

【例 8.5】 若时钟频率为 2 MHz，8 个脉冲完成一次转换，则转换速度为多少？

解　完成一次转换时间为

$$t = 8 \times \frac{1}{2 \times 10^6} \times 10^6 = 4\ \mu s$$

转换速度为

$$C = \frac{1}{t} = 250\ 000\ 次/s$$

3. 电源抑制

在模拟输入信号不变的情况下，当转换电路的供电电源发生变化时，对输出也会产生影响。这种影响可用输出数字量的绝对变化量来表示。

此外，还有功率消耗、稳定系数、模拟输入电压范围以及输出数字信号的逻辑电平等技术指标。

8.2.4　集成 ADC 的应用——ADC0809

8 位逐次逼近式 A/D 转换器 ADC0809 是一种单片 CMOS 器件，它内部包含 8 位的数/模转换器、8 通道多路转换器和与微处理器兼容的控制逻辑。8 通道多路转换器直接

连接 8 个单端模拟信号中的任意一个。图 8.22 所示是 ADC0809 的管脚图，图 8.23 所示是 ADC0809 的逻辑框图。

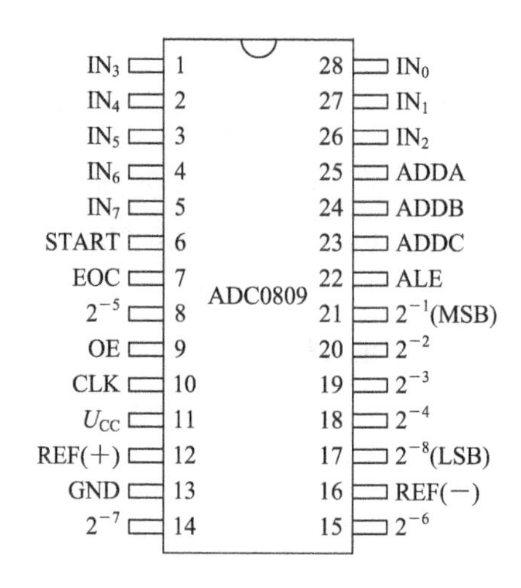

图 8.22　ADC0809 的管脚图

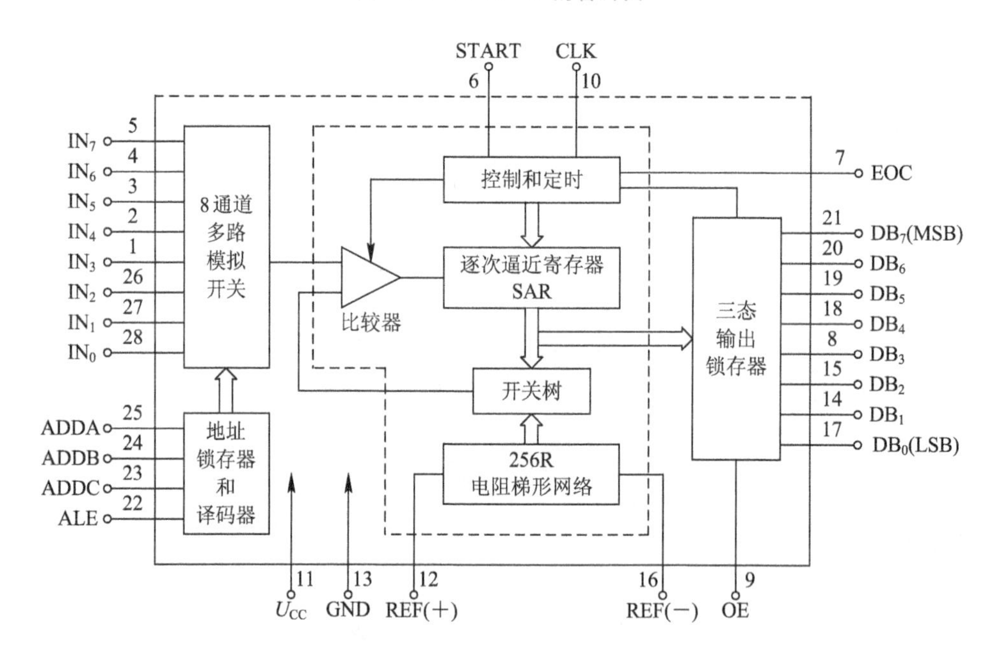

图 8.23　ADC0809 的内部框图

ADC0809 各管脚功能介绍如下：

$IN_0 \sim IN_7$：8 路输入通道的模拟量输入端口。

$2^{-1} \sim 2^{-8}$：$DB_7 \sim DB_0$，8 位数字量输出端口。

START、ALE：START 为启动控制输入端口，ALE 为地址锁存控制信号端口。这两个信号连接在一起，当给一个正脉冲时，便立刻启动模/数转换。

EOC、OE：EOC 为转换结束信号脉冲输出端口，OE 为输出允许控制端口。这两个信号也可连接在一起，表示转换结束。OE 端的电平由低变高，打开三态输出锁存器，将转换结果的数字量输出到数据总线上。

REF(＋)、REF(－)、U_{CC}、GND：REF(＋)与REF(－)为参考电源输入端，U_{CC}为主电源输入端，GND为接地端。一般REF(＋)与U_{CC}连接在一起，REF(－)与GND连接在一起。

CLK：时钟输入端。

ADDA、ADDB、ADDC：8路模拟开关三位地址选通输入端，以选择对应的输入通道，其对应关系如表8.3所示。

表8.3 地址码与输入通道的对应关系

地 址 码			对应输入通道
ADDC	ADDB	ADDA	
0	0	0	IN_0
0	0	1	IN_1
0	1	0	IN_2
0	1	1	IN_3
1	0	0	IN_4
1	0	1	IN_5
1	1	0	IN_6
1	1	1	IN_7

ADC0809常用于单片机的外围芯片，将需要送入单片机的0～5 V模拟电压转换成8位数字信号，送入单片机处理。它和单片机的接口通常有三种方式：查询方式、中断方式和等待延时方式。

A/D转换集成电路的种类很多，ADC080X系列ADC如ADC0801、ADC0802、ADC0803、ADC0804、ADC0805是较流行的中速廉价型单通道8位MOS ADC。该集成ADC是美国国家半导体公司(National Semi-conduct Corporation)的产品。这一系列的五个不同型号产品的结构原理基本相同，但非线性误差不同。其最大非线性误差ADC0801为$\pm\frac{1}{4}$LSB，ADC0802/0803为$\pm\frac{1}{2}$LSB，ADC0804/0805为±1 LSB。显然，ADC0801的精度最高，其市场售价也最高。

思考：

(1) 实现A/D转换一般要经过哪四个过程？按工作原理不同分类，ADC可分为哪两种？

(2) DB_7～DB_0哪一位是最高位？

(3) ADC0804的分辨率是多少？

(4) 参考电压的输入能否超过＋5V？

(5) 若ADC0804的5脚未与3脚相连，应如何保证其工作？

(6) 在ADC转换过程中，采样保持电路的作用是什么？

(7) 量化的方法有哪些？哪种量化方法的误差比较小？

(8) 编码有什么作用？试举例说明。

(9) 为什么双积分型 ADC 的抗工频干扰能力强?

8.3 数字电压表的设计与制作

1. 设计指标

(1) 测量范围：0～2 V 分为两挡，即 200 mV 和 2 V。

(2) 测量速度：$\frac{1}{T}$=(2～5)次/s 任选，一次 A/D 转换的时间约占 16 400 个时钟脉冲。其中积分时间约占 4000 个时钟脉冲。

(3) 分辨率：0.1 mV。误差 $\gamma<\pm0.1\%$。

(4) 主要功能：具有正负电压极性显示、量程自动切换、小数点显示等功能。

(5) 扩展功能：量程可以扩展。

2. 任务要求

(1) 画出简易数字电压表的电路原理图。

(2) 选择合适的元器件，计算各元件的数值。主要 A/D 芯片可选择 CC14433 $3\frac{1}{2}$双积分式 ADC 或 ICL7107 $3\frac{1}{2}$双积分式 ADC。

(3) 安装设计电路，按照数字电压表的调试步骤，逐步进行测试和功能检查。

(4) 测试数字电压表各项功能和主要性能指标是否满足设计指标。

3. 器件简介——CC14433 $3\frac{1}{2}$双积分 ADC

1) CC14433 的管脚分布

CC14433 $3\frac{1}{2}$双积分式 ADC 用 CMOS 工艺制造，它将数字电路和模拟电路集成在一个芯片中，芯片有 24 个管脚，采用双列直插式封装，其管脚排列与功能如图 8.24 所示。

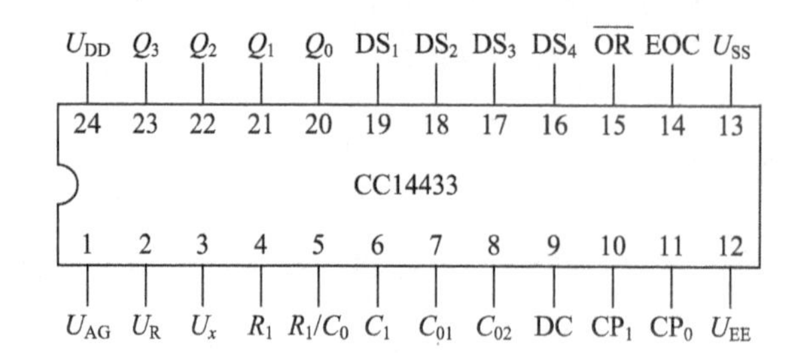

图 8.24 CC14433 的管脚图

2) 管脚功能说明

- U_{AG}(1 脚)：被测电压 U_x 和基准电压 U_R 的参考地。
- U_R(2 脚)：外接基准电压(2 V 或 200 mV)输入端。
- U_x(3 脚)：被测电压输入端。
- R_1(4 脚)、R_1/C_1(5 脚)、C_1(6 脚)：外接积分阻容元件端。

• C_1=0.1 μF(聚酯薄膜电容器)，R_1=470 kΩ(2 V 量程)，R_1=27 kΩ(200 mV 量程)。

• C_{01}(7 脚)、C_{02}(8 脚)：外接失调补偿电容端，典型值为 0.1 μF。

• DU(9 脚)：实时显示控制输入端。若与 EOC(14 脚)端连接，则每次 A/D 转换均显示。

• CP_1(10 脚)、CP_0(11 脚)：时钟振荡外接电阻端，典型值为 470 kΩ。

• U_{EE}(12 脚)：电路的电源最负端，接−5 V。

• U_{SS}(13 脚)：除 CP 外所有输入端的低电平基准(通常与 1 脚连接)。

• EOC(14 脚)：转换周期结束标记输出端，每一次 A/D 转换周期结束，EOC 输出一个正脉冲，宽度为时钟周期的 1/2。

• $\overline{OR}$(15 脚)：过量程标志输出端，当$|U_x|>U_R$时，$\overline{OR}$输出为低电平。

• DS_4～DS_1(16～19 脚)：多路选通脉冲输入端，DS_1 对应于千位，DS_2对应于百位，DS_3对应于十位，DS_4 对应于个位。

• Q_0～Q_3(20～23 脚)：BCD 码数据输出端，DS_2、DS_3、DS_4 选通脉冲期间，输出三位完整的十进制数，在 DS_1 选通脉冲期间，输出千位 0 或 1 及过量程、欠量程和被测电压极性标志信号。

CC14433 具有自动调零、自动极性转换等功能，可测量正或负的电压值。当 CP_1、CP_0 端接入 470 kΩ 电阻时，时钟频率约为 66 kHz，每秒钟可进行 4 次 A/D 转换。它的使用调试简便，能与微处理机或其他数字系统兼容，广泛用于数字面板表、数字万用表、数字温度计、数字量具，以及遥测、遥控系统。

4. CC14433 的功能和使用说明

(1) 电路内部具有自动调零和自动极性转换功能，可以测量输入为正或负的电压值。

(2) 当 CP_1、CP_0 接入 R_C=470 kΩ 时，时钟频率约等于 66 kHz，每秒钟可进行 4 次 A/D 转换。

(3) 此芯片有两个基本量程，当 C_1=0.1 μF，R_1=470 kΩ，U_{REF}=2 V 时，满量程读数为 1.999 V。当 C_1=0.1 μF，R_1=27 kΩ，U_{REF}=200 mV 时，满量程读数为 199.9 mV。输入端接入一个 1 MΩ 和 0.01 μF 组成的滤波网络。若在电容器两端并接两只正、反向二极管，则对输入端将起到保护作用。为扩大量程，可接入电阻分压网络。

(4) 显示译码器选用 CD4511。BCD 码输入，七段码输出。

(5) 数字显示采用动态逐位扫描方式，工作时自高位向低位以每位每次约 300 μs 的速率循环显示，即一个四位数的循环周期是 1.2 ms。当选通端 DS_1、DS_2、DS_3 和 DS_4 依次被置 1 时，相应地选通千位、百位、十位和个位数码管。与此同时，输出端 $Q_3Q_2Q_1Q_0$ 与选通端同步，依次输出相应的数值，通过显示译码器后，驱动数码管显示相应的数值。

(6) $3\frac{1}{2}$数字电压表使用 4 位数码管显示读数，为满足动态扫描、逐位显示要求，各数码管同名笔画端应和相应的译码显示输出端连在一起。但其中最高位数码管要求仅 b、c 两笔画接入电路，使它满足显示 1 和 0(灭 0)的功能。

(7) CC14433 的最高位不是通常的 BCD 码，而是如表 8.4 所示的特殊编码。

表 8.4　最高位的真值表

<table>
<tr><th>最高位编码条件</th><th>Q_3</th><th>Q_2</th><th>Q_1</th><th>Q_0</th><th colspan="2">七端显示器指示</th></tr>
<tr><td>+0</td><td>1</td><td>1</td><td>1</td><td>0</td><td colspan="2" rowspan="4">灭灯、不显示</td></tr>
<tr><td>−0</td><td>1</td><td>0</td><td>1</td><td>0</td></tr>
<tr><td>+0 欠量程</td><td>1</td><td>1</td><td>1</td><td>1</td></tr>
<tr><td>−0 欠量程</td><td>1</td><td>0</td><td>1</td><td>1</td></tr>
<tr><td>+1</td><td>0</td><td>1</td><td>0</td><td>0</td><td>4→1</td><td rowspan="4">最高位显示器仅
接入 b、c 两笔画</td></tr>
<tr><td>−1</td><td>0</td><td>0</td><td>0</td><td>0</td><td>0→1</td></tr>
<tr><td>+1 溢出</td><td>0</td><td>1</td><td>1</td><td>1</td><td>7→1</td></tr>
<tr><td>−1 溢出</td><td>0</td><td>0</td><td>1</td><td>1</td><td>3→1</td></tr>
</table>

由表 8.4 可得：

① 当最高位为 0 时，输出 $Q_3Q_2Q_1Q_0$ 均超过了 1001，通过 CD4511 译码后使数码管灯灭；当最高位为 1 时，由于只接入了 b、c 两笔画，因而数码管只显示 1。

② Q_2 可以作为被测电压的极性指示信号。当被测信号为"+"时，$Q_2=1$；当被测信号为"−"时，$Q_2=0$。可用它来驱动最高位数码管的 g 笔画位。

③ 从 Q_3Q_0 两位输出中可以看出是欠压还是过压。当转换结果小于 0180 时，表明是欠压量程状态，这时 $Q_3=1$，$Q_0=1$($Q_3Q_0=1$)，表明电压表已欠压，说明电压表可以减小一个量程，小数点向左移一位，以增加有效读数位。当转换结果大于 1999(已溢出)时，$Q_3=0$，$Q_0=1$($\overline{Q_3}Q_0=1$)，表明电压表处于超量程状态，此时要求电压表增大一挡量程，小数点向右移一位，电压表才能正常读数。上述信号控制电压表的量程切换电路，可达到量程自动变换的目的。

8.4　技能拓展

8.4.1　DAC0832 器件的逻辑功能测试

1. 任务要求

(1) 测试 DAC0832 在直通工作模式下的单极性输出情况。

(2) 正确使用实验装置和数字万用表。

(3) 正确连接测试电路。

(4) 正确测试 DAC0832 的逻辑功能。

(5) 撰写测试报告。

2. 测试设备及器件

±12 V、+5 V 直流稳压电源，数字电路实验装置，数字万用表，双列直插集成电路。

3. 测试步骤

(1) 按图 8.25 接好电路，检查接线无误后，打开电源。

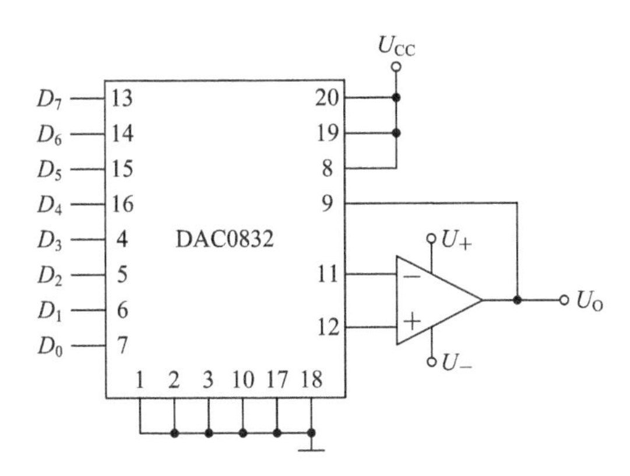

图 8.25　DAC0832 器件的逻辑功能测试电路

(2) 令 $D_7 \sim D_0$ 全为 0。

(3) 按表 8.5 所示数字信号，测量放大器的输出电压，并记录在表中。

表 8.5　放大器的输入/输出

输入数字量								输出模拟量
D_7	D_6	D_5	D_4	D_3	D_2	D_1	D_0	$U_{CC}=5$ V
0	0	0	0	0	0	0	0	
0	0	0	0	0	0	0	1	
0	0	0	0	0	0	1	0	
0	0	0	0	0	1	0	0	
0	0	0	0	1	0	0	0	
0	0	0	1	0	0	0	0	
0	0	1	0	0	0	0	0	
0	1	0	0	0	0	0	0	
1	0	0	0	0	0	0	0	
1	1	1	1	1	1	1	1	

分析：

(1) DAC0832 可以将输入的________(填数字量/模拟量)转换为________(填数字量/模拟量)。

(2) 当输入的数字量 $D_7D_6D_5D_4D_3D_2D_1D_0=00000000$ 时，模拟输出电压为________V。

(3) 当 U_{CC}=5 V时，系统输入的数字量 $D_7D_6D_5D_4D_3D_2D_1D_0$=10000000，模拟输出电压为________V；

(4) 当 U_{CC}=15 V时，系统输入的数字量 $D_7D_6D_5D_4D_3D_2D_1D_0$=11111111，模拟输出电压为________V。

由以上测试可以看出，模拟输出量的值与数字输入量的每一位值直接相关。

思考：

(1) 改变数字输入量每一位上的值，模拟输出量的变化是否一样？

(2) 如果要模拟输出量为 $U_{CC}/2$，则数字输入量的值为多少？

(3) 如果改变 U_{CC} 的值为15 V，保持数字输入量不变，则模拟输出量是否变化？

(4) 数/模转换的输出与参考电压 U_{CC} 有无关系？

8.4.2　ADC0804器件的逻辑功能测试

1. 任务要求

(1) 正确使用实验装置和数字万用表；

(2) 正确连接测试电路；

(3) 正确测试ADC0804的逻辑功能；

(4) 撰写测试报告。

2. 测试设备及器件

测试设备及器件如表8.6所示。

表8.6　测试设备及器件

设备及器件名称	型号或规格	数量
±12 V、+5V直流稳压电源		1台
数字电路实验装置		1套
数字万用表		1块
双列直插集成电路	ADC0804	1只
电阻 R	10 kΩ	1只
电容 C	150 pF	1只

3. 测试步骤

(1) 按图8.26接好电路，检查接线无误后，打开电源。

(2) 调节电位器，按表8.7送入不同电压值的模拟电压。

(3) 将开关S闭合，再打开，由于图8.26所示接法为循环转换模式，所以可以直接测试其相应的模拟输入电压下的数字量输出，并记录在表8.7中。

(4) 与理论计算结果进行对比，并验证其测试正确性。

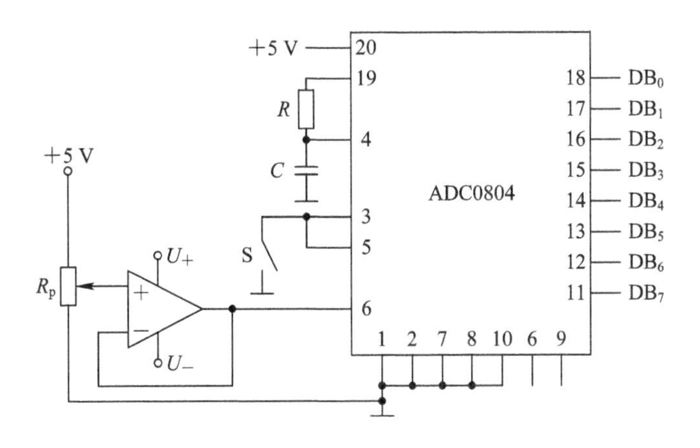

图 8.26　ADC0804 器件的逻辑功能测试电路

表 8.7　模拟电压

输入电压值/V	DB_7	DB_6	DB_5	DB_4	DB_3	DB_2	DB_1	DB_0	理论值
+5									
+4									
+2.5									
+1									
0									

分析：

(1) ADC0804 可以将输入的 __________（填数字量/模拟量）转换成__________（填数字量/模拟量）。

(2) 当输入电压为 +5 V 时，输出的数字量 $DB_7DB_6DB_5DB_4DB_3DB_2DB_1DB_0$ 为 ____________________；

(3) 当输入电压为 +2.5 V 时，输出的数字量 $DB_7DB_6DB_5DB_4DB_3DB_2DB_1DB_0$ 为 ____________________；

(4) 当输入电压为 0 V 时，输出的数字量 $DB_7DB_6DB_5DB_4DB_3DB_2DB_1DB_0$ 为 ____________________；

(5) 若测得一输出的数字量 $DB_7DB_6DB_5DB_4DB_3DB_2DB_1DB_0$ = 00110000，则其输入电压值应为__________ V。

思考：

(1) DB_7～DB_0 中哪一位是最高位？

(2) ADC0804 的分辨率是多少？

(3) 参考电压的输入能否超过+5V？

(4) 若 ADC0804 的 5 脚未与 3 脚相连，应如何保证其工作？

知识小结

(1) D/A 转换是将数字信号转换为模拟信号。完成 D/A 转换的电路称为 DAC。常用的数模转换器有 DAC0832 等。

(2) A/D 转换是将模拟信号转换为数字信号。完成 A/D 转换的电路称为 ADC。常用的 ADC 有 ADC0804、ADC0809 等。

(3) DAC 和 ADC 的性能用如下指标描述：① 转换精度(分辨率和转换误差)；② 转换速度；③ 电源抑制比等。

(4) 倒 T 形电阻网络型 DAC 的输出电压为

$$U_O=-\frac{U_R R_F}{2^n R}D_n$$

式中，n 为二进制位数，$D_n=\sum_{i=0}^{n-1}(d_i\times 2^i)$。

(5) DAC0832 有三种工作模式：① 直通式；② 单缓冲式；③ 双缓冲式。

(6) 对于一个频率有限的模拟信号，可以由采样定理确定采样频率：$f_s\geqslant 2f_{imax}$。其中，f_s 为采样频率。其中，f_{imax} 为输入模拟信号频率的上限值。

(7) A/D 转换是经过采样、保持、量化、编码这四个过程完成的。

(8) ADC 的类型很多，应用较广泛的主要有三种类型，逐次逼近式 ADC、双积分式 ADC 和 V/F 式 ADC。8 位 ADC0809 是逐次逼近式 ADC，它常用于单片机、CPLD 外围电路，将模拟信号转换为数字信号后送入单片机和 CPLD 进行处理。

思考与练习

一、判断题(正确的打√，错误的打×)

1. 权电阻网络型 DAC 的电路简单且便于用集成工艺制造，因此被广泛使用。(　　)
2. DAC 的最大输出电压的绝对值可达到基准电压 U_{REF}。(　　)
3. DAC 的位数越多，能够分辨的最小输出电压变化量就越小。(　　)
4. DAC 的位数越多，转换精度越高。(　　)
5. ADC 的二进制数的位数越多，量化单位 Δ 越小。(　　)
6. A/D 转换过程中，必然会出现量化误差。(　　)
7. ADC 的二进制数的位数越多，量化级分得越多，量化误差就可以减小到 0。(　　)
8. 一个 N 位逐次逼近式 ADC 完成一次转换要进行 N 次比较，需要 $N+2$ 个时钟脉冲。(　　)
9. 双积分型 ADC 的转换精度高，抗干扰能力强，因此常用于数字式仪表中。(　　)
10. 采样定理的规定是为了不失真地恢复原模拟信号，而又不使电路过于复杂。(　　)

二、选择题(选择正确的答案填入括号内)

1. 一个输入无符号 8 位数字量的 DAC，其分辨率为(　　)位。

A. 1　　B. 3　　C. 4　　D. 8

2. 一个输入无符号 10 位数字的 DAC，其输出电平的级数为(　　)。

A. 4　　B. 10　　C. 1024　　D. 210

3. 一个无符号 4 位权电阻型 DAC，最低位处的电阻为 40 kΩ，则最高位处的电阻为(　　)。

A. 4 kΩ　　B. 5 kΩ　　C. 10 kΩ　　D. 20 kΩ

4. 4 位倒 T 形电阻网络型 DAC 的电阻取值有(　　)种。

A. 1　　B. 2　　C. 4　　D. 8

5. 为使采样输出信号不失真地代表模拟输入信号，采样频率 f_s 和模拟输入信号的最高频率 f_{imax} 的关系是(　　)。

A. $f_s \geqslant f_{imax}$　　B. $f_s \geqslant f_{imax}$　　C. $f_s \geqslant 2f_{imax}$　　D. $f_s \leqslant 2f_{imax}$

6. 将一个时间上连续变化的模拟量转换为时间上断续(离散)的模拟量的过程称为(　)。

A. 采样　　B. 量化　　C. 保持　　D. 编码

7. 用二进制码表示指定离散电平的过程称为(　　)。

A. 采样　　B. 量化　　C. 保持　　D. 编码

8. 将幅值、时间上的离散的阶梯电平统一归并到最邻近的指定电平的过程称为(　　)。

A. 采样　　B. 量化　　C. 保持　　D. 编码

9. 若某 ADC 取量化单位 $\Delta=\frac{1}{8}U_{REF}$，并规定对于输入电压 u_I，在 $0\leqslant u_I\leqslant\frac{1}{8}U_{REF}$ 时，认为输入的模拟电压为 0 V，输出的二进制数为 000，则 $\frac{5}{8}U_{REF}\leqslant u_I\leqslant\frac{6}{8}U_{REF}$ 时，输出的二进制数为(　　)。

A. 001　　B. 101　　C. 110　　D. 111

10. 以下四种转换器，属 ADC 且转换速度最高的是(　　)。

A. 并联比较型　　B. 逐次逼近型　　C. 双积分型　　D. 施密特触发器

三、练习题

1. 若 DAC 的最小分辨电压为 2 mV，最大满刻度输出电压为 5 V，计算 DAC 输入二进制数的位数。

2. 对于 10 位 DAC，已知其最大满刻度输出模拟电压为 5 V，计算该 DAC 的最小分辨电压和分辨率。

3. 某一控制系统中，要求所用 DAC 的精度小于 0.25%，应该选用多少位的 DAC?

4. 在图 8.5 所示的电路中，若 $R_F=\frac{R}{2}$，$U_{REF}=5$ V，当输入数字量为 $D_3D_2D_1D_0=1100$ 时，求输出电压 U_O。

5. 在图 8.6 所示电路中，若 $U_{REF}=5$ V，$R_F=R$，输入数字量为 $D_3D_2D_1D_0=0101$ 时，求输出电压 U_O。

6. 对于 10 位 DAC AD7520，若要求输入数字量为 $(200)_{16}$ 时输出电压为 5 V，U_{REF} 应取多少?

7. 将 4 位二进制加法计数器的输出作为 4 位二进制 DAC 的输入，若时钟的频率为 128 kHz，试画出 DAC 的输出波形，并求出输出波形的频率。

8. 模拟信号的最高频率分量 $f=10$ kHz，对该信号取样时最低取样频率应是多少？

9. 试说明 DAC 和 ADC 的转换精度和转换速度与哪些因素有关。

10. 在 8 位逐次逼近型 ADC 电路中，若满量程输入电压为 10 V，将 8.26 V 的输入电压转换成二进制数是多少？

11. 对于 8 位逐次逼近式 ADC，已知时钟频率为 1 MHz，则完成一次转换需要多长时间？如果要求完成一次转换的时间小于 100 μs，时钟频率应取多少？

12. 在应用 A/D 转换过程中应注意哪些主要问题？如某人使用满刻度为 5 V 的 16 位 ADC 对输入信号幅度为 0.5 V 的电压进行模/数转换，你认为这样正确吗？为什么？

13. 某 A/D 转换系统，输入模拟电压为 0～4 V，信号源内阻为 300 Ω，采样保持芯片使用 HTS0025，其输入旁路电流为 14 nA，输出电压下降率为 0.2 mV/μs，A/D 转换的时间为 100 μs，试计算由采样保持电路引起的最大误差。

14. 如果要将一个最大幅值为 5.1 V 的模拟信号转换为数字信号，要求模拟信号每变化 20 mV 能使数字信号最低位发生变化，所用的 ADC 至少要多少位？

第9章　可编程逻辑器件基础

可编程逻辑器件(Programmable Logic Device，PLD)是20世纪80年代发展起来的新型器件。PLD是作为一种通用集成电路产生的，它的逻辑功能是按照用户对器件的编程来确定的。一般的PLD的集成度很高，足以满足一般数字系统的设计需要。设计人员可以自行编程且把一个数字系统“集成”在一片PLD上，而不必去请芯片制造厂商设计和制作专用的集成电路芯片。本书中前面所介绍的小规模、中规模、大规模器件(如计数器74LS161、移位寄存器74LS164等)都是由厂家定制的具有某些特定功能的芯片，用户只能根据其提供的功能及管脚来设计所需要的电路。通用器件由于通用性，在使用时有些功能是多余的。而PLD内部的数字电路可以在出厂后根据用户需要自行设计确定，且大多数PLD都允许在设计之后再次进行改动，这是PLD的特点；而一般数字芯片在出厂前就已经决定其内部电路，无法在出厂后再次改动。事实上，一般的模拟芯片、混合芯片也都一样，在出厂后就无法对其内部电路进行调修了。

9.1　可编程逻辑器件的特点

9.1.1　固定逻辑器件和可编程逻辑器件

逻辑器件可分为两大类——固定逻辑器件和可编程逻辑器件。固定逻辑器件中的电路是固定的、不可改变的，它们完成一种或一组功能，一旦制造完成，就无法改变；而PLD是能够为客户提供范围广泛的多种逻辑能力、特性、速度和电压特性的标准成品部件，且此类器件可在任何时间改变，从而完成许多不同的功能。

对于固定逻辑器件，根据其复杂性，从设计、原型制作到最终生产所需要的时间为数月至一年多不等。而且，如果器件工作不合适，或者应用要求发生了变化，那么就必须重新设计和生产。设计和验证固定逻辑器件的前期工作需要大量的非重发性工程成本或NRE(NRE表示在固定逻辑器件最终从芯片制造厂制造出来以前客户需要投入的所有成本，这些成本包括工程资源、昂贵的软件设计工具、用来制造芯片不同金属层的昂贵光刻掩模组以及初始原型器件的生产成本，从数十万美元至数百万美元不等)。

对于PLD，设计人员可利用软件工具进行快速开发、仿真和测试。然后，可将设计编程到PLD中，在实际运行的电路中对PLD进行测试。原型中使用的PLD器件与正式生产最终设备(如网络路由器、DSL调制解调器、DVD播放器、汽车导航系统)时所使用的PLD完全相同。这样就没有了NRE，最终的时间也比采用定制的固定逻辑器件所用的时间更短。

采用PLD的另一个优势是在设计阶段中，用户可根据需要修改电路，直到满意为止。这是因为PLD基于可重写的存储器技术，要改变设计，只需要简单地对器件进行重新编程。一旦设计完成，用户可立即投入生产，只需要利用最终软件设计文件简单地编程所需要数量的PLD就可以了。

9.1.2 PLD的优点

固定逻辑器件和PLD各有优点。例如，固定逻辑器件更适合大批量应用，因为它们可以更为经济地大批量生产。对有些极高性能的需求，固定逻辑器件也可能是最佳的选择。

PLD的优点有以下几点：

(1) PLD在设计过程中为用户提供了更多的方便。对于PLD来说，用户只需要简单地改变编程文件就可以改变设计，而且改变设计的结果可立即在工作器件中看到。

(2) 降低产品设计成本。PLD不需要漫长的前置时间来制造原型或正式产品，PLD放在分销商的货架上并可随时付运。PLD不需要客户支付高昂的NRE和购买昂贵的掩模组，PLD供应商在设计其可编程器件时已经支付了这些费用，并且可通过PLD产品线延续多年的生命期来分摊这些成本。

(3) 缩短产品的设计周期，便于产品升级。PLD甚至在设备交付运行以后还可以重新编程。事实上，有了PLD，一些设备制造商尝试为已经安装在现场的产品增加新的功能或者进行升级时，只需要通过因特网将新的编程文件上传到PLD就可以在系统中创建出新的硬件逻辑。

(4) 采用先进工艺，不断提高PLD的集成度、运行速度，降低功耗及成本。在过去的几年时间里，可编程逻辑技术取得了巨大的进步，使得现在PLD被众多设计人员视为逻辑解决方案的当然之选。能够实现这一点的重要原因之一是像Xilinx(PLD设计厂商)这样的PLD供应商是无晶圆制造企业，他们并不直接拥有芯片制造工厂，而是将芯片制造工作外包给IBM Microelectronics和UMC这样的主要业务就是制造芯片的合作伙伴。这一策略使Xilinx可以集中精力设计新产品结构、软件工具和IP核，同时还可以利用最先进的半导体制造工艺技术。先进的工艺技术在一系列关键领域为PLD提供了帮助，使其得以实现更快的速度，集成更多功能，降低功耗和成本等。目前，Xilinx采用先进的0.13 μm低K铜金属工艺生产可编程逻辑器件，这也是业界最先进的工艺之一。

在数年前，最大规模的FPGA器件仅为数万系统门，工作在40 MHz，当时最先进的FPGA器件大约要150美元/个。然而，今天具有先进特性的FPGA可提供百万门的逻辑容量，工作在300 MHz，成本低至不到10美元/个，并且还提供了更高水平的集成特性。

(5) 提供丰富的IP核资源，进一步加快产品的研发速度。PLD现在有越来越多的知识产权(Intellectual Property，IP)核库的支持，用户可利用这些预定义和预测试的软件模块在PLD内迅速实现系统功能。IP核包括从复杂数字信号处理算法和存储器控制器到总线接口和成熟的软件微处理器的一切。此类IP核心为客户节约了大量的时间和费用，否则，用户可能需要花费数月的时间才能实现这些功能，而且会进一步延迟产品推向市场的时间。

(6) 可靠性高，保密性强。可靠性是数字系统的一项重要指标。根据可靠性理论可知，随着产品数量的不断增加，系统的可靠性会下降；反之，可靠性将提高。采用PLD可减少系统中器件的数量，同时也减少了PCB布线的数量，减少了器件之间的交叉干扰和可能产生的噪声源，使系统的运行更可靠。另外，PLD的配置信息以编程文件形式下载到PLD内部，且下载时可进行加密处理，因此保密性更强。

9.1.3　可编程逻辑器件的分类

可编程逻辑器件的种类很多，分类方法也很多。如图 9.1 所示。可编程逻辑器件分为工厂可编程逻辑器件和现场可编程逻辑器件。现场可编程逻辑器件按集成度的大小分为简单可编辑逻辑器件(Simple Programmable Logic Device，SPLD)、复杂可编程逻辑器件(Complex Programmable Logic Device，CPLD)和现场可编程门阵列(Filed Programmable Gate Array，FPGA)。简单可编程逻辑器件是早期出现的可编程逻辑器件，它的集成度低，可用的逻辑门数在 500 门以下。简单可编程逻辑器件包括可编程只读存储器、可编程逻辑阵列、可编程阵列逻辑、通用阵列逻辑几种。复杂可编程逻辑器件的集成度高，这种逻辑器件在近几年得到了广泛的应用。

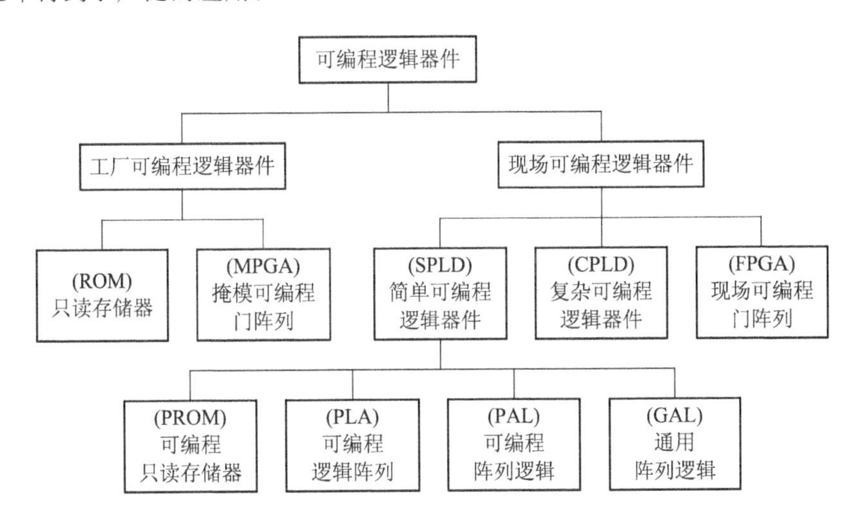

图 9.1　PLD 的分类

9.1.4　可编程逻辑器件的基本结构

逻辑电路可分为组合逻辑电路和时序逻辑电路两大类，其中时序逻辑电路是组合逻辑电路加上存储单元(触发器)构成的。任何组合逻辑电路都可以用与或表达式来表示，因而其可以用与门和或门两种基本逻辑门来实现(假设输入变量允许使用反变量)。由此可见，只要有与门、或门和触发器就可以实现任何功能的逻辑函数。可编程逻辑器件的基本结构就是由与阵列、或阵列、输入电路和输出电路构成的，如图 9.2 所示。在输入电路中，输入信号经过输入缓冲单元产生每个输入变量的原变量和反变量，并作为与阵列的输入项。与阵列由若干与门组成，输入缓冲单元提供的各输入项被有选择地连接到各个与门输入端，每个与门的输出则是部分输入变量的乘积项。各与门输出又作为或阵列的输入，这样或阵列的输出就是输入变量的与或形式。输出控制电路将或阵列输出的与或式通过三态门、寄存器等电路，一方面产生输出信号，另一方面作为反馈信号送回输入端，以便实现更复杂的逻辑功能。因此，利用 PLD 可以方便地实现各种逻辑函数。

PLD 中的与阵列和或阵列是其核心组成部分。与阵列产生与项，或阵列将所有与项构成与或的形式。PLD 的与阵列和或阵列从物理结构上可分为两类：一类由实际的与门和或

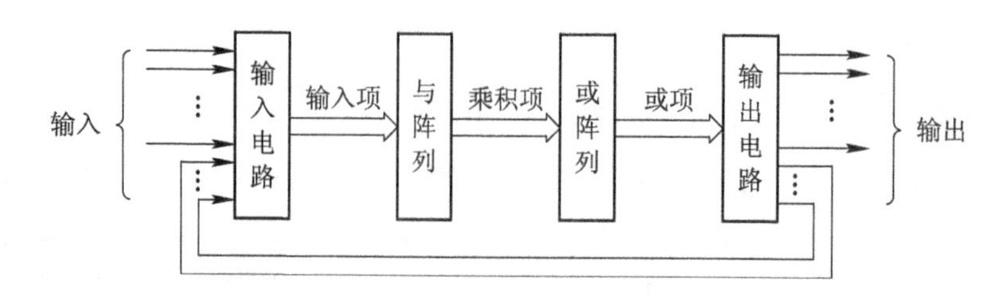

图 9.2　PLD 的基本结构图

门构成，此类 PLD 称为乘积项(Product-Term)结构器件，大部分简单的 PLD 和 CPLD 都属于乘积项结构器件；另一类通过简单的查找表(Look Up Table，LUT)来实现与或逻辑功能。查找表的原理类似于 ROM，其物理结构是静态存储器(SRAM)。图 9.3 所示是一个 16×1 SRAM 构成的查找表，$ABCD$ 为 4 位地址输入，F 为 1 位数据输出，如果把一个 4 变量的逻辑函数的所有可能的结果写入查找表，把输入变量当作查找表地址进行查找，找出地址对应的输入和输出，即可实现逻辑功能。如表 9.1 所示，函数 $F=abcd$，把 $abcd$ 的所有取值作为 SRAM 的地址，在 16 个地址中存入相应的结果。由此可见，一个 4 输入的查找表可以实现任意 4 变量的组合逻辑函数。采用这种查找表结构的 PLD 称为查找表结构器件。FPGA 就属于查找表结构器件。

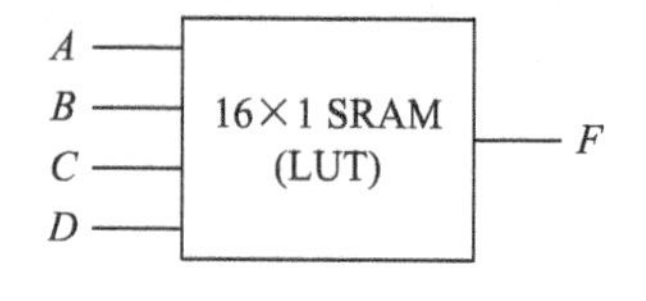

图 9.3　PLD 的基本结构

表 9.1　用 LUT 实现逻辑函数的例子

实际逻辑电路		LUT 的实现方式	
a b c d 输入		地址线 a b c d 16×1 RAM (LUT) 输出	
a、b、c、d 输入	逻辑输出	地址	RAM 中存储的内容
0 0 0 0	0	0000	0
0 0 0 1	0	0001	0
⋮	⋮	⋮	⋮
1 1 1 1	1	1111	1

9.2　可编程逻辑器件的结构与原理

简单 PLD 是较早出现的 PLD，由于其逻辑规模比较小，因此只能实现简单的 PLD 电路。进入 20 世纪 90 年代以后，简单 PLD 已很少使用，但是简单 PLD 和复杂 PLD 在结构上和工作原理上有很多相似之处，理解简单 PLD 的结构和工作原理对理解复杂 PLD 的结构和工作原理有很大的帮助，所以我们有必要介绍简单 PLD 的结构和工作原理。

1. PLD 的电路符号表示方法

PLD 的核心由与阵列和或阵列构成。由于阵列规模远大于普通电路，用传统的符号已不能满足 PLD 原理图的表示，因此在 PLD 中有关器件有其专有的表示方法。

1）PLD 缓冲器表示方法

为了使输入信号具有足够的驱动能力并产生原码和反码两个互补信号，PLD 的输入缓冲器和反馈缓冲器都采用互补的缓冲结构，如图 9.4 所示。

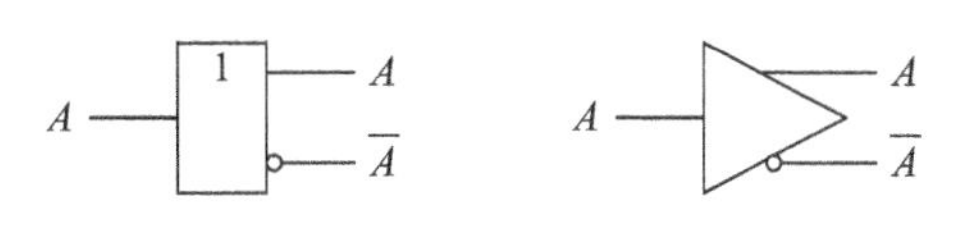

图 9.4　输入缓冲电路

2）PLD 与门表示法、或门表示方法

PLD 与门表示法如图 9.5(a)所示，PLD 或门表示法如图 9.5(b)所示。

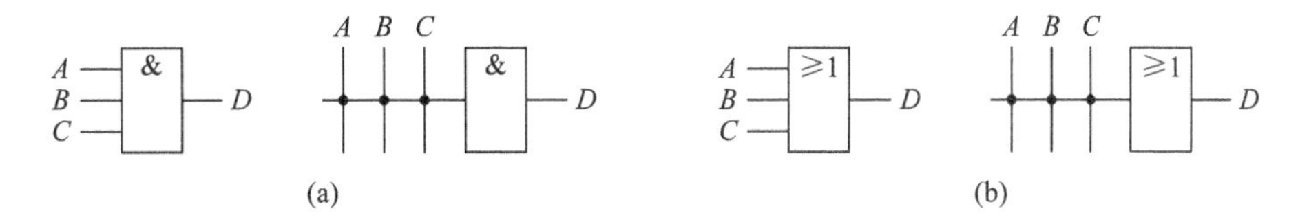

图 9.5　PLD 中与门、或门的省略画法

3）PLD 连接表示方法

如图 9.6 所示，“·”表示连接，“×”表示可编程连接，“+”表示断开连接。

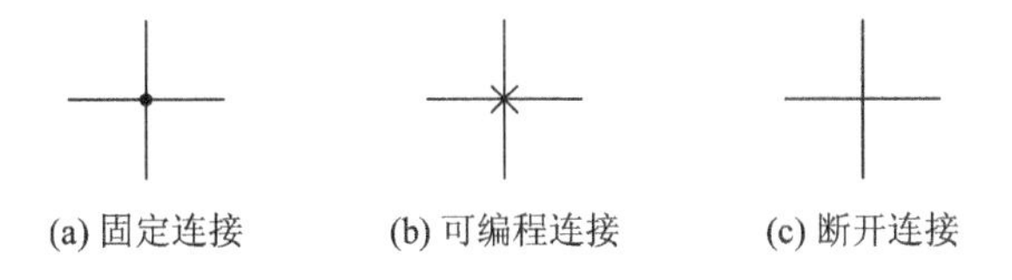

图 9.6　PLD 连接方法

2. 与、或阵列表示方法

与或阵列是 PLD 中最基本的结构，通过编程改变与阵列和或阵列内部连接，就可以实现不同的逻辑功能。图 9.7(a)所示是与阵列的表示方法，图 9.7(b)所示是或阵列的表示方法。

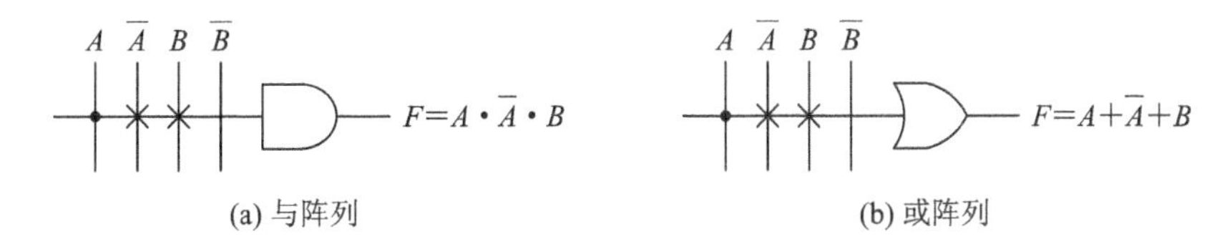

图 9.7　PLD 与或阵列表示方法

依据可编程的部位可将 SPLD 器件分为可编程只读存储器(PROM)、可编程逻辑阵列(PLA)、可编程阵列逻辑(PAL)、通用阵列逻辑(GAL)共 4 种最基本的类型，如表 9.2

所示。

表 9.2　按可编程部位分类 PLD

分　类	与阵列	或阵列	输出电路
可编程逻辑只读存储器(PROM)	固定	可编程	固定
可编程逻辑阵列(PLA)	可编程	可编程	固定
可编程阵列逻辑(PAL)	可编程	固定	固定
通用阵列逻辑(GAL)	可编程	固定	可组态

1）可编程只读存储器

可编程只读存储器(Programmable Read Only Memory，PROM)最初是作为计算机存储器设计和使用的，后来才被用作 PLD。PROM 的内部结构是固定的与阵列和可编程的或阵列，如图 9.8 所示，它包含了两变量的全部最小项。图 9.9 所示是用 PROM 实现半加器的例子，$F_0=A_0\overline{A_1}+\overline{A_0}A_1=A\oplus B$，$F_1=A_1A_0$。

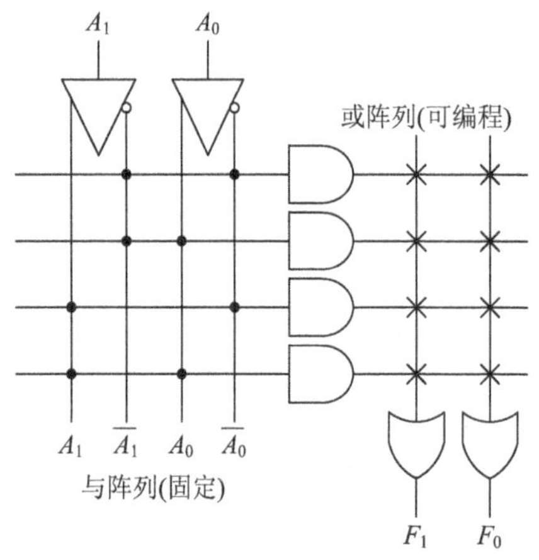

图 9.8　PROM 表示的 PLD 阵列

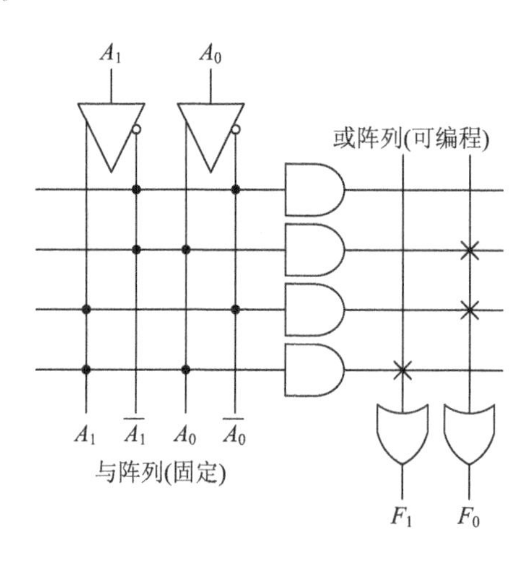

图 9.9　PROM 完成半加器示例

2）可编程逻辑阵列

可编程逻辑阵列(Programmable logic Array，PLA)的结构示意图如图 9.10 所示。与 PROM 相比，PLA 在结构方面作了改进，与阵列和或阵列都是可编程的，而且缩小了与阵列的规模，从而避免了硬件的浪费。PLA 的与阵列是可编程的，因此可以通过编程产生所需要的乘积项。

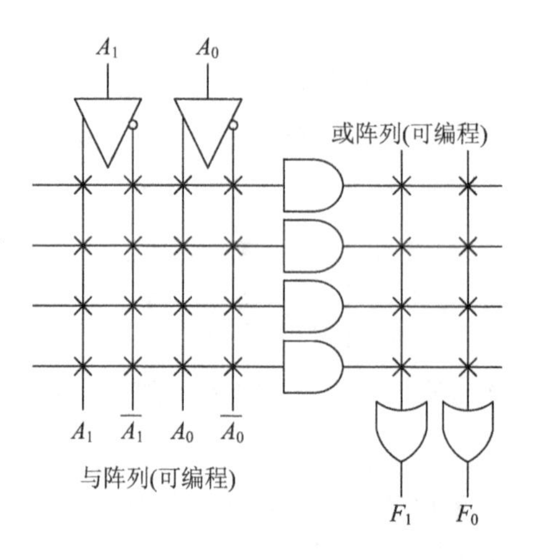

图 9.10　PLA 逻辑阵列示意图

3）可编程阵列逻辑

可编程阵列逻辑(Programmable Array logic，PAL)的利用率很高，但由于与阵列和或阵列都是可编程的结构，因此 EDA 软件算法过于复杂，效率下降，也会使器件的运行速度下载。PAL 采用了或阵列固定、与阵列可编程的结构，如图 9.11 所示。

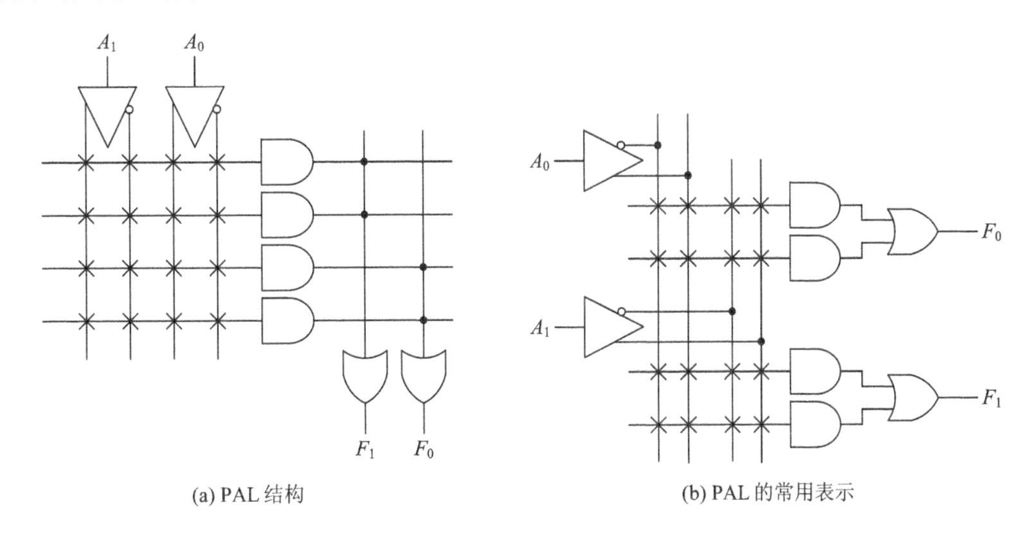

(a) PAL 结构　　(b) PAL 的常用表示

图 9.11　PAL 阵列逻辑示意图

在典型的逻辑设计中，一般函数有 3～4 个与项。在常见的 PAL 器件中，输入变量最多可达 20 个，与阵列输出的乘积项最多有 80 个，或阵列的输出端最多有 10 个，每个或门的输入端最多可达 16 个。

为了适应不同的应用需要，在不同型号的 PAL 中采用不同结构的输出电路。这些结构主要有以下几类：

(1) 专用输出结构。

专用输出结构如图 9.12 所示。专用输出结构最简单，其 F 管脚只能当输出端使用而不能当输入端使用。显然，专用输出结构只能用来构成组合逻辑电路。

(2) 带反馈的可编程 I/O 结构。

带反馈的可编程 I/O 结构如图 9.13 所示。输出端为一个可编程控制的三态缓冲器。当最上面的与门输出为 0 时，三态缓冲输出为高阻态，对应的 I/O 管脚作为输入使用；当与门输出为 1 时，三态缓冲器处于工作状态，对应的 I/O 管脚作为输出使用。

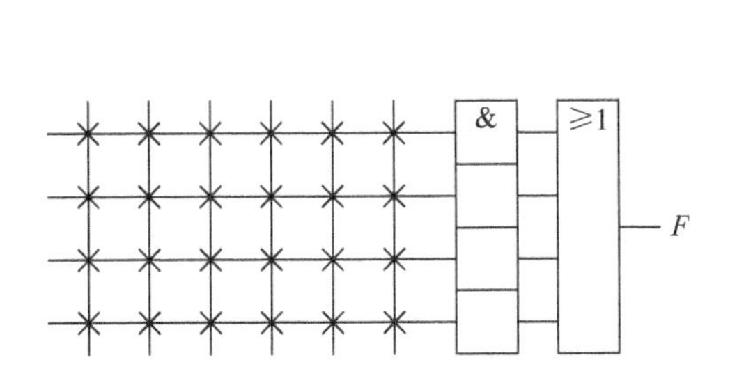

图 9.12　专用输出结构

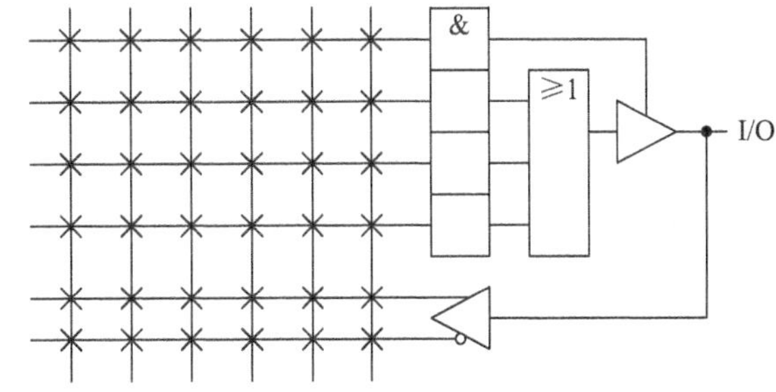

图 9.13　带反馈的可编程 I/O 结构

输出端经过一个互补输出的缓冲器反馈到与逻辑阵列。

(3) 带异或门的可编程 I/O 结构。

带异或门的可编程 I/O 结构如图 9.14 所示。异或门的一个输入端是可以编程的，当

$B=1$时，S与A反相；当$B=0$时，S与A同相。当所设计的与或逻辑函数乘积项多于或门的输入端个数时，可以先通过与阵列产生反函数，再对异或门编程求反，最后得到所求函数。例如，一个三变量的逻辑函数$F(A, B, C)=m_0+m_1+m_2+m_5+m_6+m_7$一共有六项，多于或门的输入端个数，则无法直接实现。然而其反函数$\overline{F(A, B, C)}=m_3+m_4$，一共只有两项，因此可以先实现其反函数，再通过异或门编程其为反相器，从而得到原函数。

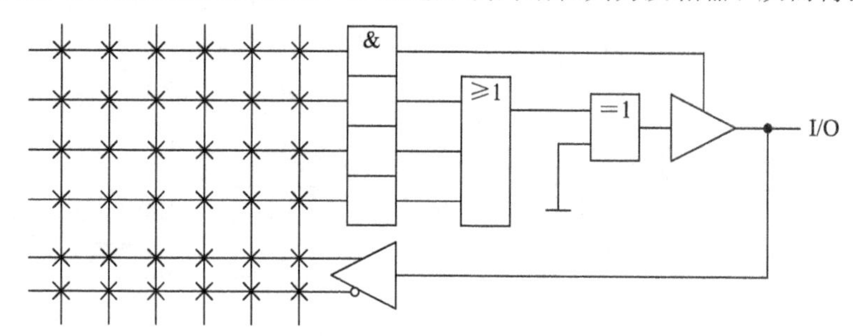

图 9.14　带异或门的可编程 I/O 结构

(4) 带反馈的寄存器输出结构。

带反馈的寄存器输出结构如图 9.15 所示。寄存器输出结构可以很方便地实现各种时序逻辑电路。

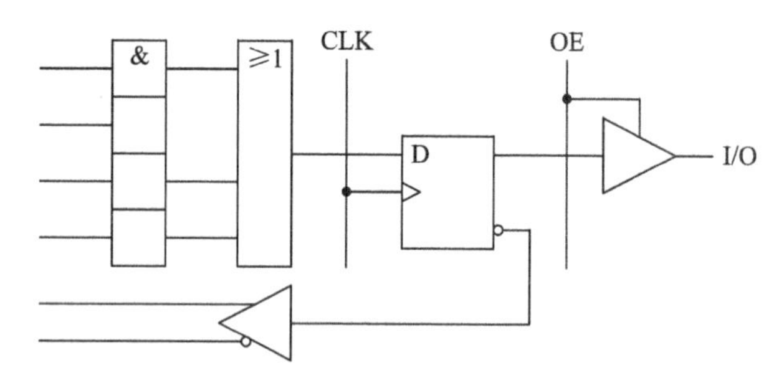

图 9.15　带反馈的寄存器输出结构

4) 通用阵列逻辑

通用阵列逻辑(Generic Array Logic，GAL)是一种电擦除可重复编程的 PLD，具有灵活的可编程输出结构，使得为数不多的几种 GAL 器件几乎能够代替所有 PAL 器件和数百种中小规模标准器件。而且，GAL 器件采用先进的 EECMOS 工艺，可以在几秒钟内完成对芯片的擦除和写入，并允许反复改写，为研制开发新的逻辑系统提供了方便，因此 GAL 器件被广泛应用。

GAL 可分为普通型 GAL 和新一代 GAL 两类。普通型 GAL 器件与 PAL 器件有相同的阵列结构，均采用与阵列可编程、或阵列固定的结构。普通型 GAL 器件有 GAL16V8、GAL16V8A、GAL16V8B、GAL20V8、GAL20V8A、GAL20V8B。新一代 GAL 的与阵列和或阵列都可编程，如 LATTICE 公司的 GAL39V18 等。下面以 GAL16V8 为例介绍 GAL 器件的基本组成原理。

图 9.16 所示为 GAL16V8 的逻辑图，它由输入缓冲器(左边 8 个缓冲器)、输出三态缓冲器(右边 8 个缓冲器)、与阵列、输出反馈/输入缓冲器(中间 8 个缓冲器)、输出逻辑宏单元 OLMC(其中包含或门阵列)以及时钟和输出选通信号缓冲器组成。GAL 器件的可编程

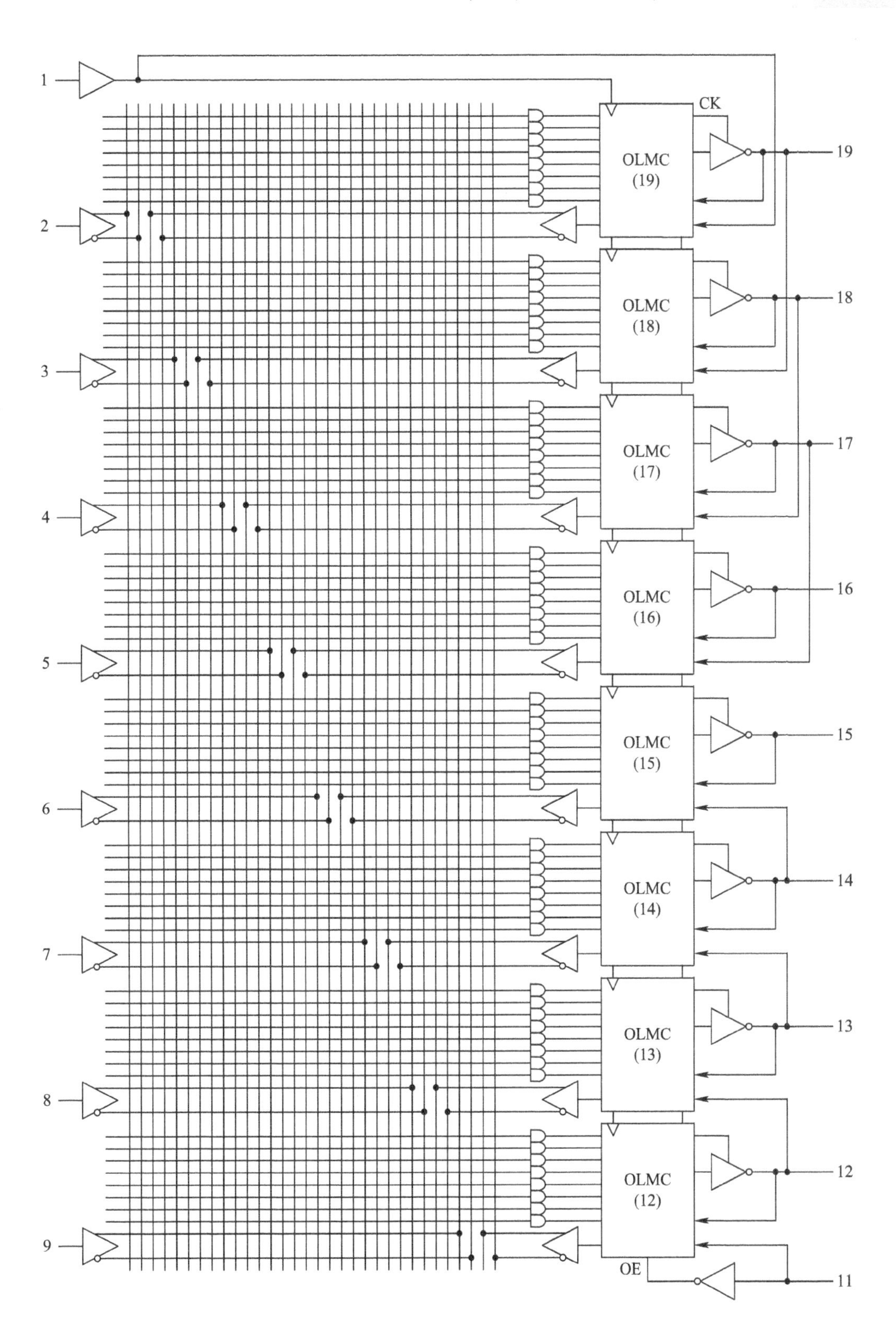

图 9.16　GAL16V8 的逻辑图

与阵列和PAL器件相同，由8×8个与门构成；每个与门的输入端既可以接收8个固定的输入信号(2～9管脚)，也可以接收将输出端(12～19管脚)配置成输入模式的8个信号。因此，GAL16V8最多有16个输入信号、8个输出信号。GAL器件与PAL器件的主要区别在于它的每个输出端都集成有一个输出逻辑宏单元。下面重点分析GAL器件的输出逻辑宏单元。

图9.17所示为GAL器件的输出逻辑宏单元OLMC的结构图。OLMC由1个8输入或门、1个异或门、1个D触发器和4个数据选择器组成。8输入或门接收来自可编程与阵列的7～8个与门的输出信号，完成乘积项的或运算。异或门用来控制输出极性。当XOR(n)=0时，异或门输出极性不变；当XOR(n)=1时，异或门输出极性与原来相反。D触发器作为状态存储器，使GAL器件能够适应时序逻辑电路。4个多路数据选择器是OLMC的关键器件，它们分别是乘积项数据选择器、输出三态控制数据选择器、输出控制数据选择器及反馈控制数据选择器。

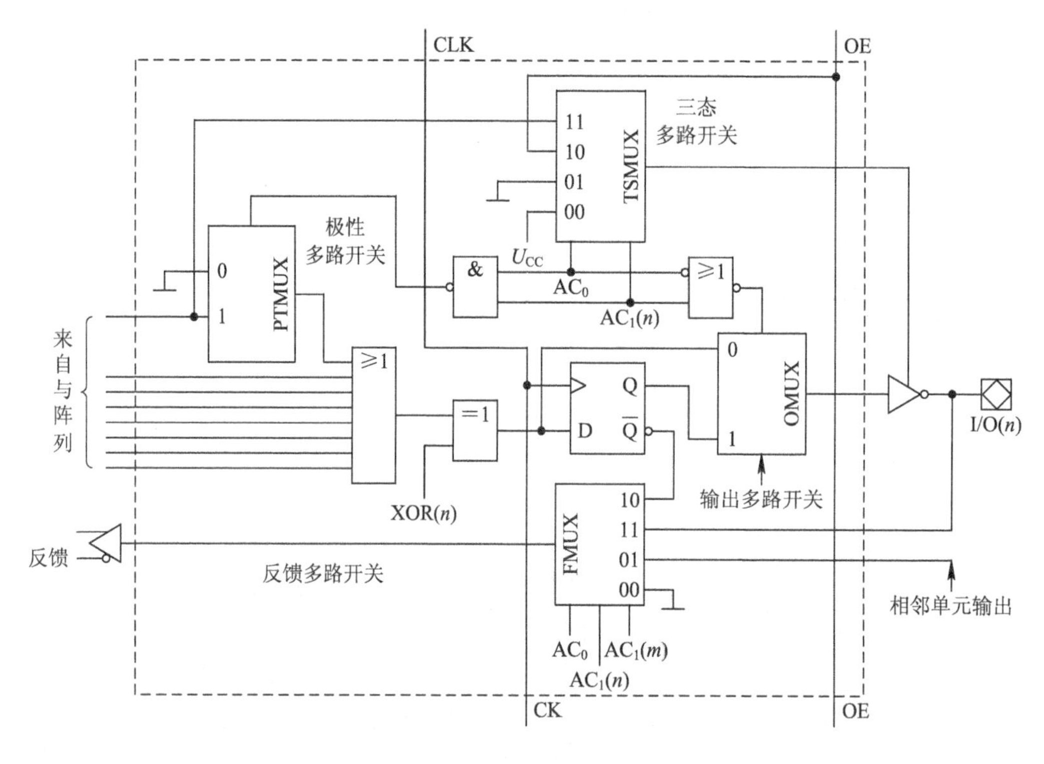

图9.17　输出逻辑宏单元PLMC的内部逻辑连接

(1) 乘积项数据选择器。

乘积项多路选择器(PTMUX)用于控制来自与阵列的第一个乘积项，完成二选一功能。若信号$AC_0 \cdot AC_1(n)=1$，则第一乘积项作为8输入或门的一个输入项；若$AC_0 \cdot AC_1(n)=0$，则该数据选择器选择地信号送或门输入端，这时或门只能接收7个来自与阵列的乘积项。如果输出三态门不用第一个乘积项控制，数据选择器将选择乘积项送或门输入端，这样或门可以接收8个与阵列输出的乘积项。

(2) 输出控制数据选择器。

输出控制数据选择器(OMUX)是一个二选一多路选择器，它在信号$AC_0+AC_1(n)$的控制下分别选择异或门输出端(称为组合型输出)及D触发器输出端(称为寄存型输出)送输出三态门，以便适用于组合电路和时序电路。若 $AC_0+AC_1(n)=0$，则异或门的输出送到输出缓冲器，输出是组合的；若 $AC_0+AC_1(n)=1$，则 D 触发器的输出 Q 值送到输出缓冲器，输出是寄存的。

(3) 输出三态控制数据选择器。

输出三态控制数据选择器(TSMUX)是一个四选一多路选择器，其受信号 AC_0、$AC_1(n)$控制，若 $AC_0AC_1(n)$为 00，则取电源 U_{CC}为三态控制信号，输出缓冲器被选通；若 $AC_0AC_1(n)$为 01，则地电平为三态控制信号，输出缓冲器呈高阻态；若 $AC_0AC_1(n)$为 10，则 OE 为三态控制信号；若 $AC_0AC_1(n)$为 11，则取第一乘积项为三态控制信号，使输出三态门受第一乘积项控制。

(4) 反馈控制数据选择器。

反馈控制多路选择器(FMUX)也是一个四选一多路选择器，用于选择不同信号反馈给与阵列作为输入信号，它受 $AC_0 \cdot AC_1(n) \cdot AC_1(m)$控制，使反馈信号可为地电平，也可为本级 D 触发器的 Q 端或本级输出三态门的输出。当 $AC_0 \cdot AC_1(n) \cdot AC_1(m)$为 01 时，反馈信号来自邻级三态门的输出，由于邻级(m)电路的 $AC_0 \cdot AC_1(m)$为 01，其三态门处于断开状态，故此时把邻级的输出端作为输入端用，本级(n)为其提供通向与阵列的通路。

图 9.17 所示异或门用于控制输出信号的极性。当 XOR(n)为 1 时，异或门起反相器作用，再经过输出门的反相后，使输出为高电平有效。当 XOR(n)为 0 时，异或门输出与或门输出同相，经输出门的反相后，使输出为低电平有效。AC_0、$AC_1(n)$、XOR(n)、$AC_1(m)$及 SYN 都是 OLMC 的控制信号，它们是结构控制字中的可编程位，由编译器按照用户输入的方程式经编译而成。其中，XOR(n)和 $AC_1(m)$是针对每个输出管脚的控制信号，n 为对应的 OLMC 的输出管脚号，而 m 则代表相邻的一位，即 m 为 $n+1$ 或 $n-1$，视极性多路开关的位置而定。AC_0 只有一个，为各路所共有。SYN 也只有一个，它决定 GAL 是皆为组合型输出还是寄存型输出，并决定时钟输入 CLK 和外部提供的三态门控制线 OE 的用法。若 SYN=1，则所有输出都没有工作在寄存器输出方式，1 脚(CK)和 11 脚(OE)都可作为一般的输入来用；若 SYN=0，则至少有一个工作在寄存器输出方式，1 脚(CK)和 11 脚(OE)就不能当作一般的输入来用，而必须分别作为时钟输入端和输出三态门的使能端。

综上所述，GAL 有以下几种工作方式。

(1) 纯输入方式：1 脚和 11 脚为数据输入端，三态门不通(呈高阻抗)。

(2) 纯组合输出：1 脚和 11 脚为数据输入端，所有输出是组合型的，三态门总是选通的。

(3) 带反馈的组合输出：1 脚和 11 脚为数据输入端，所有输出是组合型的，但三态门由第一乘积项选通。

(4) 时序方式：1 脚为 CLK，11 脚为 OE，至少有一个宏单元的输出是寄存型的。

9.3　复杂可编程逻辑器件简介

前面介绍的简单 PLD 目前基本已经被淘汰，只有 GAL 在中小规模数字逻辑方面还有应用。简单 PLD 存在以下问题：

(1) 阵列容量较小，不适用于实现规模较大的设计对象。

(2) 片内触发器资源不足，不能适用于规模较大的时序电路。

(3) 输入/输出控制不够完善，限制了芯片硬件资源的利用率和它与外部电路连接的灵活性。

(4) 编程下载时必须将芯片插入专用设备，使得编程不够方便，设计人员期盼一种更加便捷、不必拔插待编程芯片就可下载的编程技术。

目前，可编程逻辑器件应用以采用大规模和超大规模制造工艺的复杂可编程逻辑器件为主。复杂PLD由PAL和GAL发展而来。从目前的发展趋势来看，复杂PLD有两大分支：CPLD(Complex Programmable Logic device 复杂可编程逻辑器件)和FPGA(Filed Programmable Gate Array，现场可编程门阵列)。一般来说，把基于乘积项技术和Flash工艺的复杂PLD称为CPLD；把基于查找表技术、SRAM工艺且要外接E^2PROM的复杂PLD称为FPGA。FPGA和CPLD的主要供货商有Xilinx、Altera、Lattice、Actel、Atmel等。

9.3.1 CPLD的内部结构

图9.18所示是Altera公司MAX7000系列CPLD器件的内部框图。从图9.18中可以看出，一块CPLD芯片内部的主要组成部分有：

(1) 逻辑阵列块(Logic Array Blocks，LAB)。

(2) 可编程的互联阵列(Programmable Interconnect Array，PIA)。

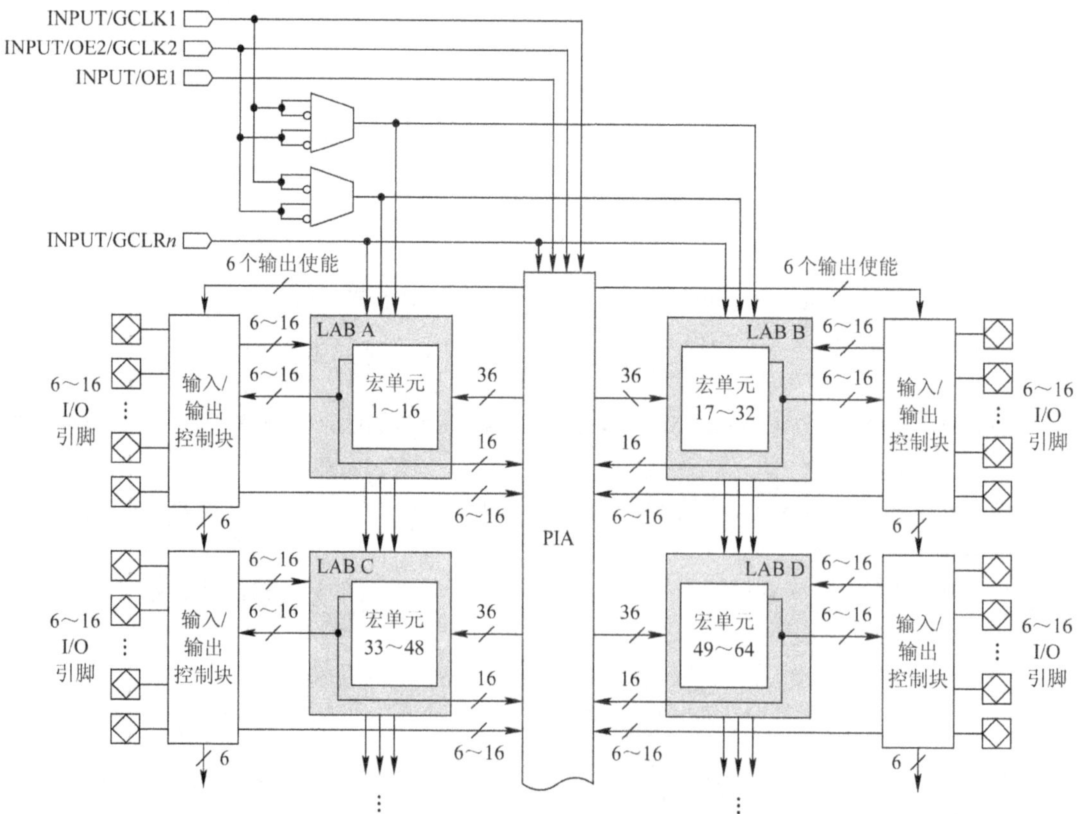

图9.18 CPLD(MAX7000系列)的内部框图

(3) 输入/输出控制块(I/O Control Blocks，IOCB)。

每个 LAB 中包含 16 个宏单元，可编程器件中的组合逻辑资源和触发器资源就是由这些宏单元提供的。对应每个逻辑阵列块有相应的 I/O 控制块与其相连，几个逻辑阵列块通过 PIA 组成的全局总线相连，所有的全局控制信号、I/O 管脚信号、宏单元的输出信号都是 PIA 的输入信号。每个 LAB 的输入信号有：

(1) 由 PIA 输入的 36 个逻辑输入信号。

(2) 用于触发器辅助控制的全局控制信号。

(3) 从 I/O 管脚到寄存器的直接输入通道，用来实现 MAX7000S 和 MAX7000E 系列器件的快速建立。

此外，如图 9.18 所示，每个 LAB 的输出信号可直接送到 PIA 和 I/O 控制块。

1. 逻辑阵列块

逻辑阵列块 LAB 由 16 个宏单元构成。图 9.19 所示是 MAX7000 系列宏单元的结构图。从图 9.19 中可见，宏单元主要是由逻辑阵列、乘积项选择矩阵和可编程触发器组成。

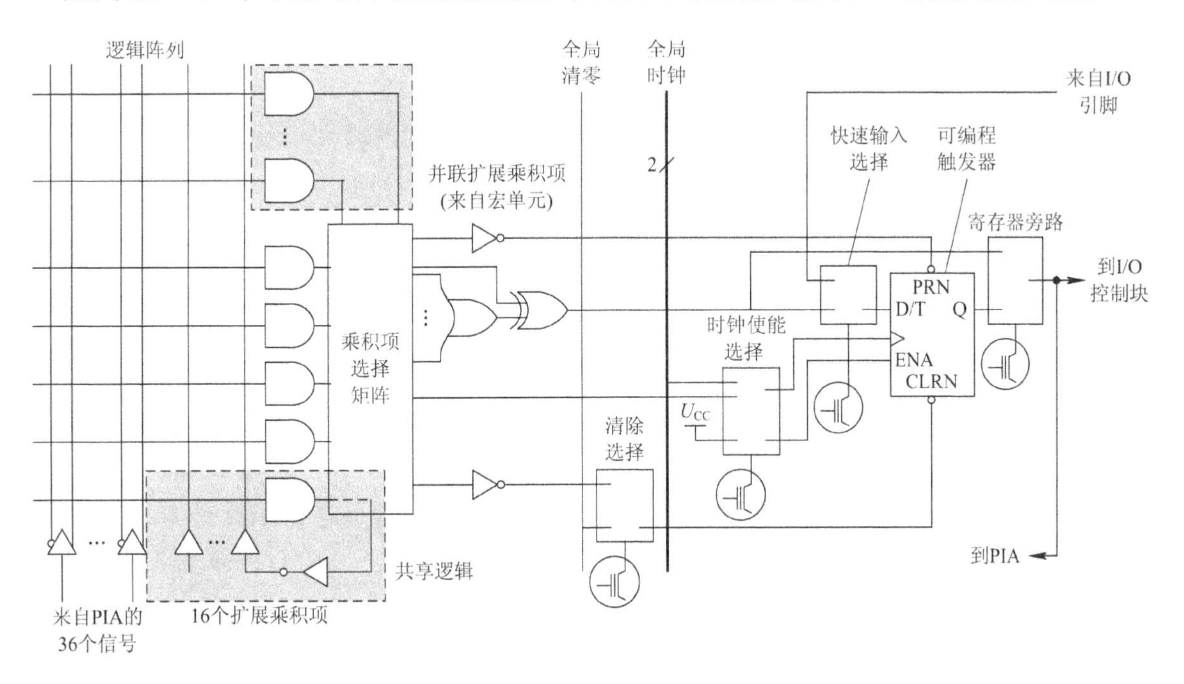

图 9.19　CPLD(MAX7000 系列)的宏单元

(1) 逻辑阵列(Logic Array)：为每个宏单元提供 5 个乘积项，用于实现组合逻辑功能，或者用作宏单元中寄存器的辅助控制信号。逻辑阵列的输入信号包括 36 路来自 PIA 的信号和由共享扩展乘积项提供的 16 路共享信号。

(2) 乘积项选择矩阵(Product-term Select Matrix)：可选用逻辑阵列中的 5 个乘积项组成逻辑函数，或将这 5 个乘积项作为触发器的辅助控制信号，如清零信号、置数信号、时钟信号或时钟使能信号。大多数逻辑函数用 5 个乘积项就能实现，但有些复杂的逻辑函数需要用更多的乘积项。虽然可以用另外的宏单元来提供所需的逻辑资源，但 MAX7000 系列提供了两种形式的扩展乘积项(共享扩展乘积项和并联扩展乘积项)，使得在逻辑综合时用尽可能少的逻辑资源获得尽可能快的速度。

(3) 可编程触发器(Programmable Register):可被编程为D、T、JK或RS触发器。触发器的时钟源也可以编程选择以下形式之一:

① 全局时钟(Global Clock):这种形式提供了最快的时钟控制;

② 高电平有效的时钟使能信号控制的全局时钟:与全局时钟有着同样的快速时钟性能,不同的是每个触发器的工作受使能信号的控制。

③ 逻辑阵列中的一个乘积项:在这种模式下,触发器的时钟可以由隐藏的宏单元信号或I/O脚信号提供。

2. 可编程的互联阵列

可编程互联阵列为逻辑阵列块之间提供相互连接。这种可编程控制的全局总线可以将器件中的任意信号源连接到器件中的任意一处。

MAX7000中的所有专用输入信号、I/O管脚和宏单元的输出信号都是可编程互联矩阵的输入,使得这些信号在芯片的各处都可以被引用。PIA只将每个LAB实际使用的信号实际送到相应的块中。

3. 输入/输出控制块

I/O控制块将各个I/O管脚单独配置为输入管脚、输出管脚或输入/输出双向管脚。所有的I/O管脚都由一个独立的三态门控制。三态门的控制端可以由一个全局的输出使能信号控制或直接连接到U_{CC}或地。

9.3.2 FPGA的内部结构

图9.20所示是Xilinx公司Spartan-Ⅱ系列的FPGA器件内部框图,它主要包含以下基本单元:

(1) 可编程的连线矩阵(Programmable Routing Matrix, PRM)。内部互连由可编程的开关矩阵及连线实现。连线分局部连线与全局连线、通用连线与专用连线、I/O连线几种形式,可实现不同层次的连线需要。经过优化,PRM在长线传输时能有效降低时延。

(2) 输入/输出块(Input/Output Blocks, IOB)。该部分提供管脚与内部逻辑之间的接口。

(3) 块RAM(Block RAM)。RAM以列的形式放置,所有Spartan-Ⅱ系列器件中含有2列这样的块RAM,沿着芯片的垂直边沿放满。每个块RAM的长度为4个可配置的逻辑块的高。

(4) 延时锁定环(Delay-Locked Loop, DLL)。DLL是一个全数字的延时锁定环,它与全局时钟的输入缓冲器相连,用来消除时钟信号进入芯片后产生的畸变。每个延时锁定环可以用来驱动2个全局时钟网络。DLL根据输入时钟的频率调整延时,使得内部的全局时钟正好比输入的全局时钟信号延时一个周期,保证内部触发器上得到的时钟信号与实际输入的时钟信号同步。除了消除全局时钟的分布时延外,DLL还提供时钟信号源的4个正交信号,提供时钟信号的1.5、2、2.5、3、4、5、8或16倍频或分频,并可以输出其中的6个信号。

(5) 可配置的逻辑块(Configurable Logic Blocks, CLB)。CLB为实现逻辑功能提供所需的逻辑资源;每个CLB含4个逻辑单元LC(Logic Cell)。每2个逻辑单元放在1个切片

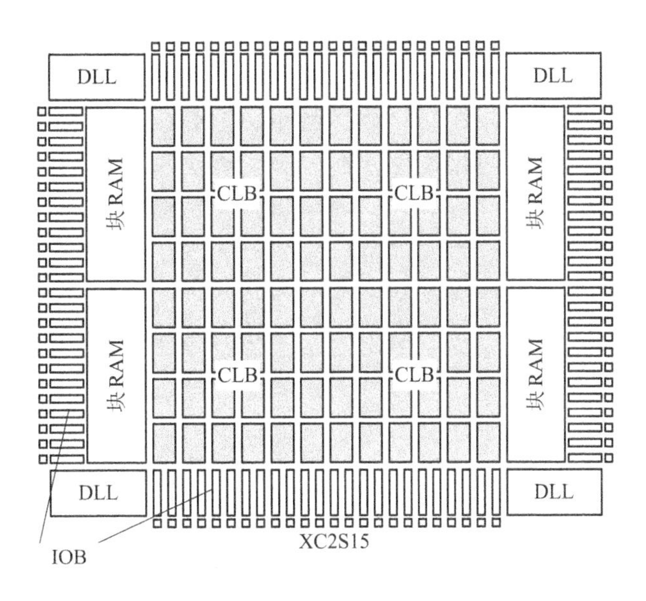

图 9.20　FPGA(Spartan-Ⅱ系列)的内部框图

上。图 9.21 是 1 个切片(内含 2 个逻辑单元)的内部结构图。从图 9.21 中可见，每个逻辑单元包含：

① 1 个 4 输入的函数发生器。Spartan-Ⅱ系列中的函数信号发生器是由 1 个 4 输入的查找表(Look_Up Tables，LUT)实现的。除了能实现函数发生器之外，LUT 还可以组成 1 个 16×1 bit 的同步 RAM。此外，还可同一个切片中的 LUT 可以组合，组成 1 个 16×2 bit 或 1 个 32×1 bit 的同步 RAM，或者组成 1 个 16×1 bit 双端口同步 RAM。

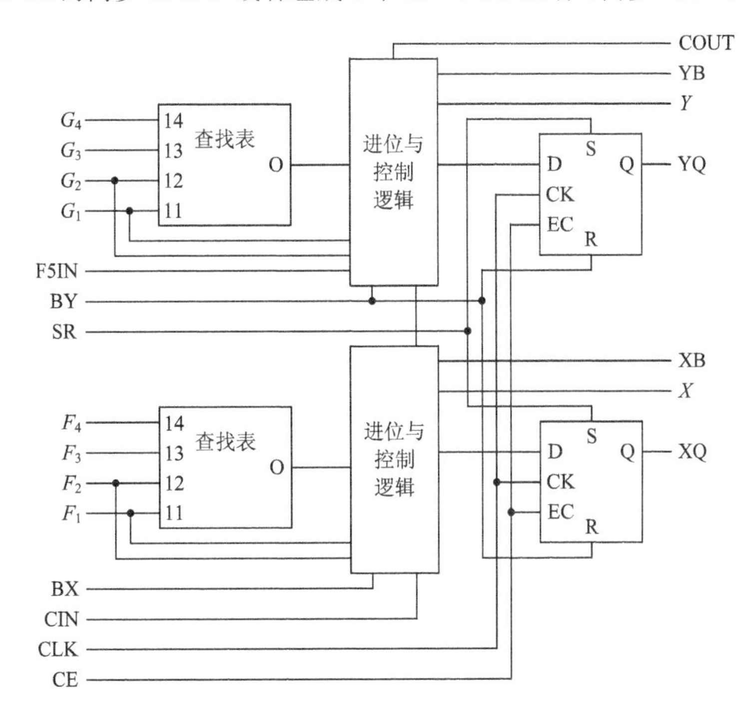

图 9.21　FPGA(Spartan-Ⅱ系列)的逻辑单元(LC)

此外，查找表还可以组成1个16位的移位寄存器，用于捕捉高速或突发模式的数据。

② 1个存储单元。Spartan-Ⅱ系列中的存储单元可以配置成为边沿D触发器或电平型锁存器。D触发器的输入可以是函数发生器的输出，也可以是输入到切片的信号。

③ 进位与控制逻辑。进位与控制逻辑同CLB模块中的运算逻辑相配合，可以在两个LC中实现1个1位全加器。在LC中，每个函数发生器的输出可以驱动CLB模块的输出，也可以作为D触发器的输入。

前面主要介绍了可编程逻辑器件(SPLD、CPLD、FPGA)的结构形式，由于篇幅有限，对CPLD和FPGA的设计方法不再赘述，有兴趣的同学请参考可编程逻辑器件的相关书籍。

附录 A　数字电路器件型号命名方法

1. 数字集成电路型号的组成及符号的意义

数字集成电路的型号组成一般由前缀、编号、后缀三大部分组成，前缀代表制造厂商，编号包括产品系列号、器件系列号，后缀一般表示温度等级、封装形式等。表 1 所示为 TTL74 系列数字集成电路型号的组成及符号的意义。

表 1　TTL74 系列数字集成电路型号的组成及符号的意义

<table>
<tr><td>第 1 部分</td><td colspan="2">第 2 部分</td><td colspan="2">第 3 部分</td><td colspan="2">第 4 部分</td><td colspan="2">第 5 部分</td></tr>
<tr><td>前缀</td><td colspan="2">产品系列</td><td colspan="2">器件类型</td><td colspan="2">器件功能</td><td colspan="2">器件封装形式、温度范围</td></tr>
<tr><td rowspan="7">代表制造厂商</td><td>符号</td><td>意义</td><td>符号</td><td>意义</td><td>符号</td><td>意义</td><td>符号</td><td>意义</td></tr>
<tr><td rowspan="3">54</td><td rowspan="3">军用电路
−55～+125℃</td><td></td><td>标准电路</td><td rowspan="6">阿拉伯数字</td><td rowspan="6">器件功能</td><td>W</td><td>陶瓷扁平</td></tr>
<tr><td>H</td><td>高速电路</td><td>B</td><td>塑封扁平</td></tr>
<tr><td>S</td><td>肖特基电路</td><td>F</td><td>全密封扁平</td></tr>
<tr><td rowspan="3">74</td><td rowspan="3">民用通用电路</td><td>LS</td><td>低功耗肖特基电路</td><td>D</td><td>陶瓷双列直插</td></tr>
<tr><td>ALS</td><td>先进低功耗肖特基电路</td><td>P</td><td>塑封双列直插</td></tr>
<tr><td>AS</td><td>先进肖特基电路</td><td></td><td></td></tr>
</table>

2. 4000 系列 CMOS 器件型号的组成及符号的意义

4000 系列 CMOS 器件型号的组成及符号的意义见表 2。

表 2　4000 系列 CMOS 器件型号的组成及符号意义

<table>
<tr><td colspan="2">第 1 部分</td><td colspan="2">第 2 部分</td><td colspan="2">第 3 部分</td><td colspan="2">第 4 部分</td></tr>
<tr><td colspan="2">型号前缀的意义</td><td colspan="2">器 件 系 列</td><td colspan="2">器 件 种 类</td><td colspan="2">工作温度范围、封装形式</td></tr>
<tr><td colspan="2">代表制造厂商</td><td>符 号</td><td>意 义</td><td>符 号</td><td>意 义</td><td>符号</td><td>意 义</td></tr>
<tr><td>CD</td><td>美国无线电公司产品</td><td rowspan="4">40
45</td><td rowspan="4">产品系列号</td><td rowspan="4">阿拉伯数字</td><td rowspan="4">器件功能</td><td>C</td><td>0～70℃</td></tr>
<tr><td>CC</td><td>中国制造</td><td>E</td><td>−40～85℃</td></tr>
<tr><td>TC</td><td>日本东芝公司产品</td><td>R</td><td>−55～85℃</td></tr>
<tr><td>MC</td><td>摩托罗拉公司产品</td><td>M</td><td>−55～125℃</td></tr>
</table>

3. 举例说明

1）CT74LS00P

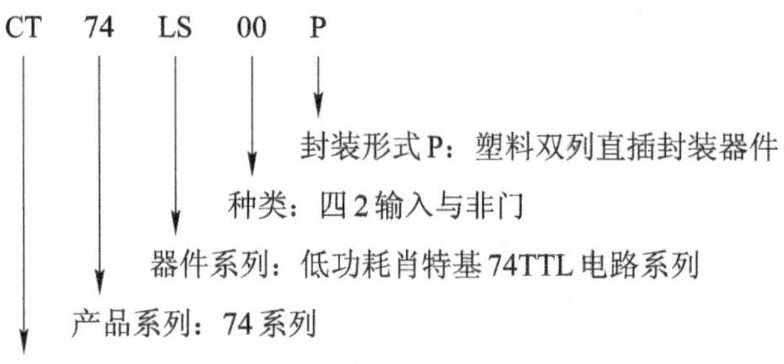

因此，CT74LS00P为国产的(采用塑料双列直插封装)TTL四2输入与非门。

2）SN74S195J

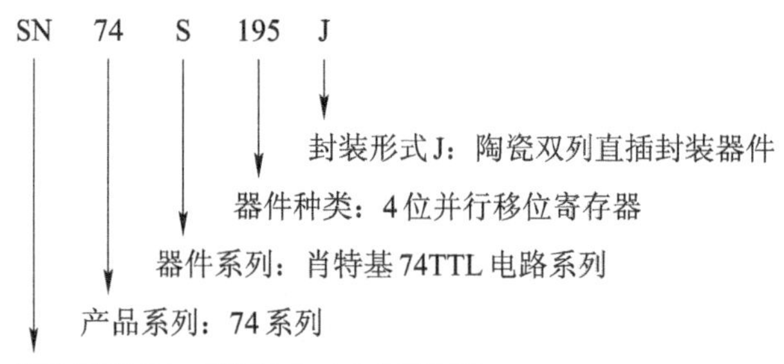

因此，SN74S195J为美国TEXAS公司制造的采用陶瓷双列直插封装的4位并行移位寄存器。

同一型号集成电路的原理相同，通常又冠以不同的前缀、后缀，前缀代表制造商(有部分型号省略了前缀)，后缀代表器件工作温度范围或封装形式。由于制造厂商众多，加之同一型号又分为不同的等级，因此同一功能、型号的IC其名称的书写形式多样。例如，CMOS双D触发器4013有以下型号：CD4013AD、CD4013AE、CD4013CJ、CD4013CN、CD4013BD、CD4013BE、CD4013BF、CD4013UBD、CD4013UBE、CD4013BCJ、CD4013BCN、HFC4013、HFC4013BE、HCF4013BF、HCC4013BD/BF/BK、HEF4013BD/BP、HBC4013AD/AE/AK/AF、SCL4013AD/AE/AC/AF、MB84013/M、MC14013CP/BCP、TC4013BP。

一般情况下，这些型号之间可以互换使用。

附录 B　数字电路常用器件管脚图

74××00（74LS00）

引脚	号	号	引脚
1A	1	14	U_{CC}
1B	2	13	4A
1Y	3	12	4B
2A	4	11	4Y
2B	5	10	3A
2Y	6	9	3B
GND	7	8	3Y

74××04（74LS04）

引脚	号	号	引脚
1A	1	14	U_{CC}
1Y	2	13	6A
2A	3	12	6Y
2Y	4	11	5A
3A	5	10	5Y
3Y	6	9	4A
GND	7	8	4Y

74××08（74LS08）

引脚	号	号	引脚
1A	1	14	U_{CC}
1B	2	13	4A
1Y	3	12	4B
2A	4	11	4Y
2B	5	10	3A
2Y	6	9	3B
GND	7	8	3Y

74××10（74LS10）

引脚	号	号	引脚
1A	1	14	U_{CC}
1B	2	13	1C
2A	3	12	1Y
2B	4	11	3A
2C	5	10	3B
2Y	6	9	3C
GND	7	8	3Y

74××20（74LS20）

引脚	号	号	引脚
1A	1	14	U_{CC}
1B	2	13	2A
NC	3	12	2B
1C	4	11	NC
1D	5	10	2C
1Y	6	9	2D
GND	7	8	2Y

74××32（74LS32）

引脚	号	号	引脚
1A	1	14	U_{CC}
1B	2	13	4A
1Y	3	12	4B
2A	4	11	4Y
2B	5	10	3A
2Y	6	9	3B
GND	7	8	3Y

74××86（74LS86）

引脚	号	号	引脚
1A	1	14	U_{CC}
1B	2	13	4A
1Y	3	12	4B
2A	4	11	4Y
2B	5	10	3A
2Y	6	9	3B
GND	7	8	3Y

74××112（74LS112）

引脚	号	号	引脚
$1\overline{CP}$	1	16	U_{CC}
1K	2	15	$1\overline{R}_D$
1J	3	14	$2\overline{R}_D$
$1\overline{S}_D$	4	13	$2\overline{CP}$
1Q	5	12	2K
$1\overline{Q}$	6	11	2J
$2\overline{Q}$	7	10	$2\overline{S}_D$
GND	8	9	2Q

74××138（74LS138）

引脚	号	号	引脚
A_0	1	16	U_{CC}
A_1	2	15	$\overline{Y}_0$
A_2	3	14	$\overline{Y}_1$
$\overline{ST}_B$	4	13	$\overline{Y}_2$
$\overline{ST}_C$	5	12	$\overline{Y}_3$
ST_A	6	11	$\overline{Y}_4$
$\overline{Y}_7$	7	10	$\overline{Y}_5$
GND	8	9	$\overline{Y}_6$

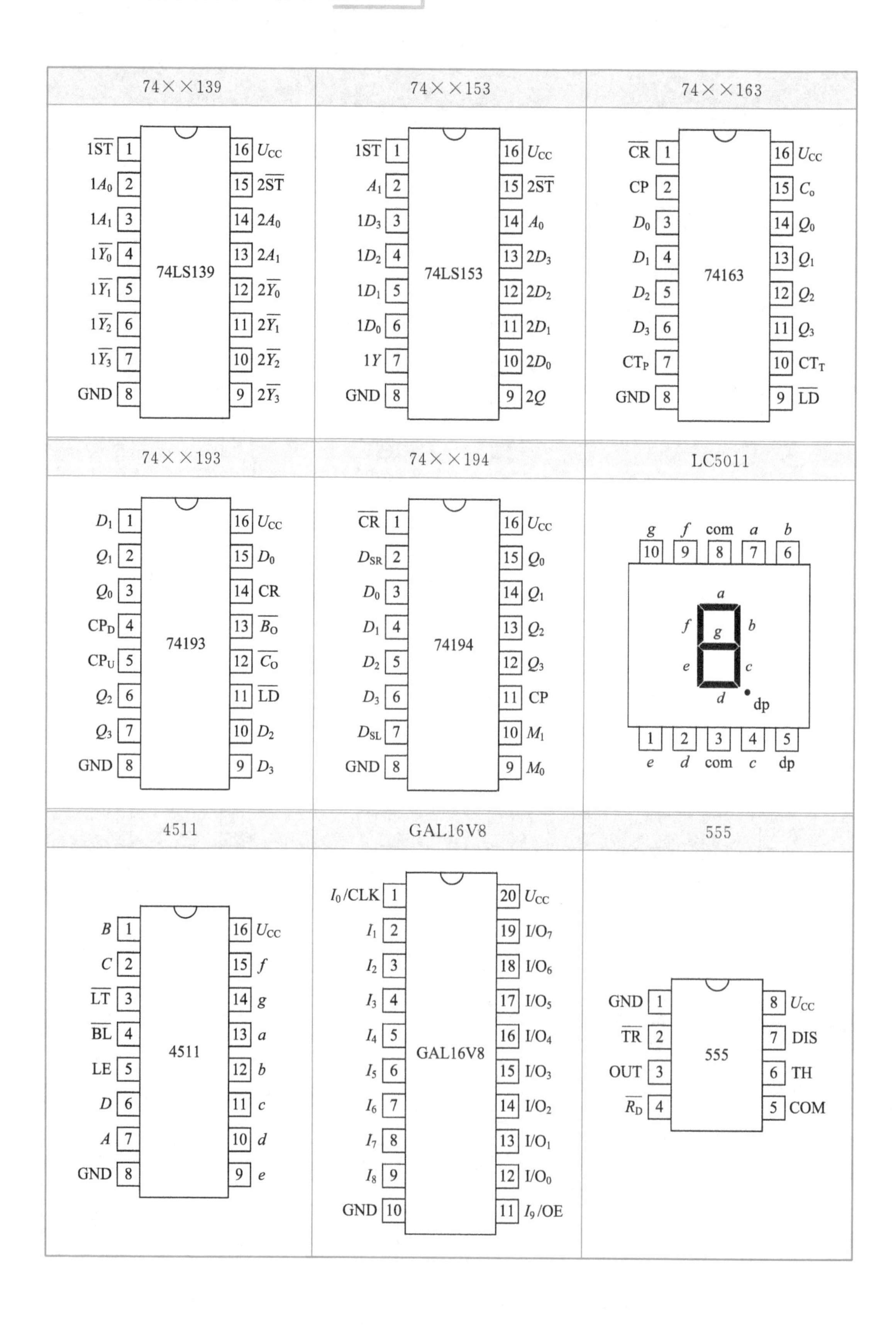

74××139
74LS139
1ST 1, 1A0 2, 1A1 3, 1Y0 4, 1Y1 5, 1Y2 6, 1Y3 7, GND 8
16 UCC, 15 2ST, 14 2A0, 13 2A1, 12 2Y0, 11 2Y1, 10 2Y2, 9 2Y3
74××153
74LS153
1ST 1, A1 2, 1D3 3, 1D2 4, 1D1 5, 1D0 6, 1Y 7, GND 8
16 UCC, 15 2ST, 14 A0, 13 2D3, 12 2D2, 11 2D1, 10 2D0, 9 2Q
74××163
74163
CR 1, CP 2, D0 3, D1 4, D2 5, D3 6, CTP 7, GND 8
16 UCC, 15 Co, 14 Q0, 13 Q1, 12 Q2, 11 Q3, 10 CTT, 9 LD
74××193
74193
D1 1, Q1 2, Q0 3, CPD 4, CPU 5, Q2 6, Q3 7, GND 8
16 UCC, 15 D0, 14 CR, 13 BO, 12 CO, 11 LD, 10 D2, 9 D3
74××194
74194
CR 1, DSR 2, D0 3, D1 4, D2 5, D3 6, DSL 7, GND 8
16 UCC, 15 Q0, 14 Q1, 13 Q2, 12 Q3, 11 CP, 10 M1, 9 M0
LC5011
g 10, f 9, com 8, a 7, b 6
a, b, c, d, e, f, g, dp
e 1, d 2, com 3, c 4, dp 5
4511
4511
B 1, C 2, LT 3, BL 4, LE 5, D 6, A 7, GND 8
16 UCC, 15 f, 14 g, 13 a, 12 b, 11 c, 10 d, 9 e
GAL16V8
GAL16V8
I0/CLK 1, I1 2, I2 3, I3 4, I4 5, I5 6, I6 7, I7 8, I8 9, GND 10
20 UCC, 19 I/O7, 18 I/O6, 17 I/O5, 16 I/O4, 15 I/O3, 14 I/O2, 13 I/O1, 12 I/O0, 11 I9/OE
555
555
GND 1, TR 2, OUT 3, RD 4
8 UCC, 7 DIS, 6 TH, 5 COM

参考文献

[1] 阎石. 数字电子技术基础[M]. 6版. 北京：高等教育出版社，2016.
[2] 杨春玲. 数字电子技术基础[M]. 2版. 北京：高等教育出版社，2017.
[3] 李玲. 数字逻辑电路测试与设计[M]. 北京：机械工业出版社，2014.
[4] 康华光. 电子技术基础 数字部分[M]. 7版. 北京：高等教育出版社，2021.
[5] 臧利林. 数字电子技术基础[M]. 北京：清华大学出版社，2022.
[6] 王美玲. 数字电子技术基础[M]. 4版. 北京：机械工业出版社，2021.
[7] 张俊涛. 数字电子技术基础[M]. 西安：西安电子科技大学出版社，2017.
[8] 韩焱. 数字电子技术基础[M]. 2版. 北京：电子工业出版社，2014.
[9] 吴慎山. 数字电子技术实验与仿真[M]. 北京：电子工业出版社，2018.
[10] 程勇. 数字电子技术仿真实训教程[M]. 北京：北京邮电大学出版社，2021.